Die Klimate der Welt

Die Klimate der Welt

Aktuelle Daten und Erläuterungen

Peter Schröder

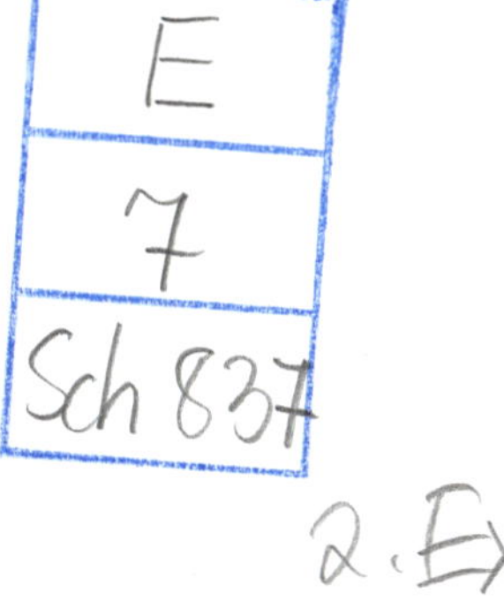

2000
ENKE
im Georg Thieme Verlag
Stuttgart

Anschrift
Peter Schröder
Dobelstraße 21
71229 Leonberg

Die Deutsche Bibliothek – CIP-Einheitsaufnahme
Schröder, Peter:
Die Klimate der Welt : aktuelle Daten und Erläuterungen / Peter Schröder. - Stuttgart : Enke im Thieme-Verl., 2000

Rüdigerstr.14, 70469 Stuttgart
Printed in Germany

Umschlaggestaltung: Cyclus DTP Loenicker, Stuttgart
Druck: Gulde-Druck, Tübingen

ISBN 3-13-119051-5

1 2 3 4 5 6

Vorwort

Die vorliegende Veröffentlichung verfolgt mehrere Ziele: Zunächst soll mit der Bereitstellung von Klimadaten der Jahre 1961-90, die von der World Meteorological Organization (WMO) zur neuen Normalperiode erklärt wurden, einem größeren Kreis von Interessenten der Zugang zu aktuellem Zahlenmaterial erleichtert werden. Längst hat sich ja gezeigt, daß sich die klimatischen Verhältnisse durchaus kurzfristig, also auch innerhalb eines Jahrhunderts, verändern können. Mögen diese Änderungen auch gering erscheinen, so dürfen sie doch nicht unbeachtet bleiben. Auf jeden Fall erscheint es wenig sinnvoll, das Klima der heutigen Zeit mit Daten aus der Periode 1931-60 oder noch weiter zurückliegenden Zeiträumen belegen zu wollen, wie es bislang noch häufig in Ermangelung neuerer Daten geschieht.

Von einer Datensammlung unterscheidet sich dieses Buch dadurch, daß ein großer Teil der Tabellen durch Texte ergänzt wurde. Sie sollen die Aufmerksamkeit des Lesers auf Besonderheiten des jeweiligen Klimas lenken, insbesondere auch großräumige Zusammenhänge aufzeigen, Vergleichsmöglichkeiten anbieten und Zusatzinformationen geben. Die Beschränkung auf jeweils eine Druckseite pro Klimastation hat natürlich Auslassungen und Vereinfachungen erforderlich gemacht.

Gewiß kann das Klima eines Ortes nicht aus Mittelwerten allein erfaßt und erst recht nicht in seiner Entstehung begründet werden. Deshalb sind die Texte zu den Tabellen nicht als Interpretationsversuche zu verstehen, sondern eher als Randbemerkungen, die es dem Benutzer erleichtern sollen, die klimatischen Gegebenheiten der jeweiligen Station in einen größeren Zusammenhang einzuordnen.

Wenn auch die Auswahl der Stationen so vorgenommen wurde, daß nahezu alle Klimate der Erde repräsentiert sind, so kann und will die vorliegende Veröffentlichung eine regionale Klimageographie natürlich nicht ersetzen. In diesem Zusammenhang sei auf die „Regionale Klimatologie“ von WEISCHET verwiesen, deren erster Band 1996 erschienen ist, sowie auf die umfangreichen, bereits in den 60er und 70er Jahren von LANDSBERG und anderen herausgegebenen Bände „Climates of the World“.

Das vorliegende Buch wendet sich an Studierende des Faches Geographie, die ihre Kenntnisse in regionaler Hinsicht vertiefen möchten. Der Verfasser würde sich freuen, wenn es darüber hinaus auch landeskundlich interessierten Reisenden, Entwicklungshelfern, Fachlehrern der Geographie und allen, die an den Klimaten der Erde in ihrer Mannigfaltigkeit interessiert sind, von Nutzen sein könnte.

Leonberg, im September 1999 PETER SCHRÖDER

Inhaltsverzeichnis

Vorwort ... V

Teil 1 Einführung

1 Klimabeobachtung und Datengewinnung ... 1
2 Normalperiode und Klimadefinition ... 2
3 Typisierung des Klimas ... 3
4 Abgrenzungskriterien der Klimaklassifikation nach Köppen ... 4
5 Anordnung und Aufbau der Klimatabellen ... 6
6 Kenngrößen des Klimas ... 6

Teil 2 Klimadaten und Erläuterungen

7 Europa ... 9
8 Nord- und Zentralasien ... 31
9 Ostasien ... 37
10 Südwestasien ... 47
11 Süd- und Südostasien ... 57
12 Afrika ... 67
13 Australien ... 89
14 Nordamerika ... 93
15 Mittelamerika, Karibik ... 111
16 Südamerika ... 119
17 Atlantischer Ozean ... 137
18 Indischer Ozean ... 140
19 Pazifischer Ozean ... 143
20 Arktis ... 149
21 Antarktis ... 150

Anhang ... 151
Verdunstung ... 151
Sonnenscheindauer ... 153
Feuchtemaße ... 153
Glossar ... 154

Literatur ... 156

Register ... 158

Teil 1
Einführung

1 Klimabeobachtung und Datengewinnung

Nicht die einzige, aber doch eine sehr wichtige Grundlage für die Erfassung des Klimas sind instrumentell gewonnene Daten zu einzelnen Klimaelementen. Die Klimaforschung interessiert allerdings weniger der momentane Zustand der Atmosphäre, der sich in diesen Daten widerspiegelt, sondern vielmehr der "mittlere Zustand und gewöhnliche Verlauf der Witterung" (KÖPPEN), bzw. die charakteristische "Zusammenfassung der meteorologischen Zustände und Vorgänge" (SCHNEIDER-CARIUS).

Um die im Rahmen der Klimabeobachtung tagtäglich in großer Zahl anfallenden Daten nutzen zu können, müssen sie aufbereitet und überschaubar gemacht werden. Von den zahlreichen statistischen Verfahren, die hier zur Anwendung kommen, spielt die Mittelwertbildung eine besondere Rolle. Ein sinnvoller Umgang mit diesen Mittelwerten ist aber nur möglich, wenn die Vergleichbarkeit der Daten in regionaler wie auch in zeitlicher Hinsicht gesichert ist.

Dies setzt voraus, daß die Bedingungen, unter denen die Erfassung der Daten erfolgt, vereinheitlicht sind. Insbesondere müssen Beschaffenheit und Aufstellung der Meßinstrumente sowie die Ableseverfahren und Weiterverarbeitung der Daten einheitlich geregelt sein.

Schon die Mittelwertbildung ist problematischer, als es zunächst erscheinen mag. Da die kontinuierliche Registrierung eines Klimaelements, z.B. der Temperatur, dieses Element in Abhängigkeit von der Zeit darstellt, könnte der Mittelwert für eine bestimmte Zeitspanne durch Ausgleich der Kurve durch eine zur Zeitachse parallele Gerade veranschaulicht werden. Zu dem gleichen Ergebnis würde das Ausplanimetrieren der Fläche zwischen der Zeitachse und der Kurve und nachfolgender Division durch die Zeit führen.

Praktikabler ist ein Verfahren, bei dem an Stelle der kontinuierlichen Registrierung Messungen zu bestimmten Zeitpunkten durchgeführt werden und aus deren Ergebnissen das arithmetische Mittel gebildet wird. Die Zeitpunkte, auch Klimatermine genannt, sollten so gewählt werden, daß ihr Mittel eine möglichst geringe Abweichung vom wahren Mittel aufweist. Außerdem gilt es, Rücksicht auf die praktische Möglichkeiten an den Beobachtungsstationen Rücksicht zu nehmen, d.h., die Zahl der Messungen gering zu halten und auf arbeitstechnisch günstige Termine zu legen.

In der Praxis haben sich bestimmte Meßtermine durchgesetzt, die diesen Anspruch mehr oder minder erfüllen. In vielen Ländern bevorzugt werden die "Mannheimer Stunden", nämlich die Beobachtungstermine 7, 14 und 21 Uhr, die von der Societas Meteorologica Palatina eingeführt wurden. Diese erste meteorologische Vereinigung wurde 1780 von Kurfürst KARL THEODOR in Mannheim gegründet und schuf während ihres 15jährigen Bestehens, vor allem durch das Bemühen ihres Sekretärs, des Hofkaplans Johann Jakob HEMMER, ein nach einheitlichen Regeln arbeitendes Beobachtungsnetz, dessen Stationen von Nordamerika bis zum Ural reichten.

Für die Berechnung von Tagesmittelwerten werden die einzelnen Meßergebnisse der Klimatermine addiert und durch die Zahl der Messungen dividiert. Es hat sich allerdings herausgestellt, daß man dem wahren Mittel näher kommt, wenn der dritte Klimatermin (21 Uhr) doppelt berücksichtigt wird und das Ergebnis durch 4 dividiert wird. So wird beispielsweise in Deutschland verfahren.

In anderen Ländern haben die zuständigen Klimadienste andere Termine festgelegt, z.B. bei der Temperatur tägliche Messungen um 1, 7, 13 und 19 Uhr, wie 1936 von der damaligen Internationalen Meteorologischen Organisation empfohlen wurde. Das Bemühen geht allerdings dahin, die für das Personal ungünstig gelegenen nächtlichen Ablesetermine zu vermeiden. Weit verbreitet ist die Praxis, die Tagesmittel aus nur zwei Werten, nämlich dem jeweiligen Tageshöchst- und -tiefstwert, zu berechnen. Gelegentlich werden auch nur mittlere Maxima und Minima, jedoch keine Tagesmittel veröffentlicht.

Wie bereits angedeutet, handelt es sich bei der Festlegung von Klimaterminen um Kompromißlösungen. Sie führen zu Mittelwerten, deren Abweichungen von den "wahren" Mittelwerten je nach Jahreszeit und Region unterschiedlich sind. Mittelwerte aus den täglichen Maxima und Minima fallen in der Regel gegenüber dem wahren Mittel zu hoch aus, da die Temperatur nachts längere Zeit in der Nähe des Minimums verharrt als tagsüber in der Nähe des Maximums. Eine Umstellung der Mittelwertbildung würde also in diesem Fall zu Daten führen, die den Eindruck eines Temperaturrückgangs erwecken müßten. Wo Messungen nach den "Mannheimer Stunden" die

Grundlage bilden, dürften bei Mittelwerten über längere Zeiträume hinweg die Abweichungen vom wahren Mittel kaum mehr als 0,1 K betragen.
Anzumerken ist, daß sich die Klimatermine nach der jeweiligen Ortszeit richten – im Gegensatz zu den Terminen der Wetterbeobachtung, die das Ziel haben, ein synoptisches Bild des Zustandes der Atmosphäre zu gewinnen und deshalb auf weltweiter Gleichzeitigkeit der Beobachtung ausgelegt sind. Häufig, aber nicht immer, sind Wetterstationen mit Klimastationen kombiniert, d.h., das Personal der Wetterstation ist in diesen Fällen zugleich für die Erfassung von Klimadaten zuständig.
Die weiteren Schritte der Datenaufbereitung, nämlich die Zusammenfassung von Tagesmittelwerten zu Monatsmittelwerten, aus denen dann Jahresmittelwerte gewonnen werden, sind weniger problematisch. Bei addierbaren Elementen wie Niederschlag und Sonnenscheindauer werden entsprechend Summen gebildet.

2 Normalperiode und Klimadefinition

Wie die Erfahrung zeigt, ist ein Jahr nicht geeignet, das Klima eines Ortes zu repräsentieren. Die Frage, wie lang der Zeitraum sein muß bzw. darf, dessen Mittelwerte als repräsentativ für das Klima eines Ortes angesehen werden kann, ist schwer zu beantworten. Es sind zudem Unterschiede zwischen tropischem Klima mit geringen Variationen und dem Klima der Mittelbreiten (höhere Variationen) zu beachten. Ist der Beobachtungszeitraum kurz (z.B. fünf Jahre), bekommen zufällige Schwankungen ein zu großes Gewicht, wird er sehr lang (z.B. 100 Jahre) gewählt, werden kurzfristige Änderungen des Klimas nicht erkennbar.
Regionale oder zeitliche Vergleiche von Mittelwerten sind aber nur möglich, wenn auch in dieser Frage einheitlich verfahren wird. Deshalb wurden von der World Meteorological Organization (WMO), einer Unterorganisation der UNO mit Sitz in Genf, "Climatological Normals" (CLINO) festgelegt. Sie sind definiert als "Mittelwerte, die für einen einheitlichen und relativ langen Zeitraum berechnet wurden und mindestens drei aufeinanderfolgende Zehnjahresperioden umfassen". Eine weitere Vereinheitlichung wurde durch die Definition von "Climatological standard normals" angestrebt, die die Zeitabschnitte 1901-30 und 1931-60 umfassen. Nach Vorliegen einer ausreichenden Zahl von Daten für die Jahre 1961-90 wurde dieser Zeitraum als aktuelle Periode festgelegt. Allerdings ist die Datenbasis in einer Reihe von Ländern nicht ausreichend, um die Vorgaben zu erfüllen. Kriegerische Ereignisse, Katastrophen oder organisatorische Umstrukturierungen, Schließung oder Verlegungen von Stationen sind häufige Gründe für Lücken in den Beobachtungsreihen. In diesen Fällen wurden die gesicherten Daten nur berücksichtigt, wenn die Kriterien zumindest annähernd erfüllt waren. Die von der WMO zusammengestellten Daten wurden in einer Loseblattsammlung unter dem Titel "Climatological Normals (CLINO) for the period 1961-1990" (Genf 1996) veröffentlicht.
Hinsichtlich der Zuverlässigkeit der Daten läßt sich kein allgemeingültiges Urteil abgeben. Der Entwicklungsstand der nationalen Dienste, die der WMO Daten zur Verfügung stellen, ist sehr unterschiedlich. Hinzu kommt, daß nicht in allen Ländern die Daten nach den gleichen Methoden erhoben bzw. bearbeitet werden. Die sich hieraus ergebenden Probleme lassen sich nicht ohne weiteres und meist nicht rückwirkend beheben. Doch werden auch Daten, die auf korrekten Meßergebnissen und sorgfältiger Aufbereitung beruhen, in ihrer Aussagekraft leicht überschätzt.
Die Aussagekraft von Mittelwerten hängt nicht nur von dem betrachteten Klimaelement und der Fragestellung ab, sondern auch von den jeweiligen klimatischen Verhältnissen, insbesondere der Spannweite der vorkommenden Werte – einfach gesagt: von der Veränderlichkeit des Wetters. So kommen z.B. Monatsmittelwerte der Temperatur in den inneren Tropen den tatsächlichen Verhältnissen weitaus näher als etwa in den höheren Breiten mit ihrem typischen Auf und Ab der Temperaturen. In Irland entsprechen andererseits mittlere Jahressummen des Niederschlags weitaus eher den tatsächlichen Jahressummen, als dies in Griechenland der Fall ist.
Eine wesentliche Problematik von Mittelwerten besteht also darin, daß sie nicht erkennen lassen, ob die angedeutete Gleichförmigkeit tatsächlich existiert oder ob sie das Ergebnis der statistischen Glättung ist. Mittelwerte allein sind deshalb nicht ausreichend, um ein Klima zu charakterisieren. Sie sollten nach Möglichkeit durch Extremwerte, Andauerwerte, Häufigkeitsverteilungen usw. ergänzt werden.

Auch im Wandel des Klimabegriffs ist eine veränderte Einstellung gegenüber Mittelwerten zu erkennen. Während früher das Klima als "mittlerer Zustand der Atmosphäre" oder zeitliche Summation der Wettervorgänge aufgefaßt wurde stellten spätere Definitionen den "typischen Witterungsablauf" in den Vordergrund. Der "Mittelwertklimatologie" wurde damit eine "Witterungsklimatologie" gegenübergestellt, die allerdings auch nicht ohne Mittelwerte auskommt. Definierte HANN 1883 das Klima noch als "Gesamtheit der meteorologischen Erscheinungen, welche den mittleren Zustand der Atmosphäre ... charakterisieren", so ist in späteren Definitionen von "Mittel" oder "Durchschnitt" kaum mehr die Rede. Bezeichnend ist die Definition von SCHNEIDER-CARIUS, der 1961 formulierte: "Das Klima ist die für einen Ort geltende Zusammenfassung der meteorologischen Zustände und Vorgänge während einer Zeit, die hinreichend lang sein muß, um alle für diesen Ort bezeichnenden atmosphärischen Vorgänge in charakteristischer Häufigkeitsverteilung zu erhalten."

3 Typisierung des Klimas

So schwierig es ist, eine allgemein anerkannte Definition des Klimas zu geben, so schwierig ist es auch, die regional unterschiedlichen klimatischen Verhältnisse zu Klimatypen zusammenzufassen. Grundsätzlich läßt sich hierbei zwischen genetischer und effektiver Klassifikation unterscheiden. Die genetische Klassifikation stellt verursachende Faktoren in den Vordergrund (z.B. Luftmassen, Sonnenstrahlung, planetarische Zirkulation). Die effektive Klassifikation versucht, das Klima, wie es aus der Fülle von Einzelbeobachtungen, langjährigen Messungen usw. deutlich wird, zu bestimmten Typen zusammenzufassen, so daß sich Raumeinheiten abgrenzen lassen. Obwohl die effektive Klassifikation sich weitgehend auf eine Beschreibung der Klimate beschränkt, gibt es auch hier unterschiedliche Vorgehensweisen, die zu stark abweichenden Ergebnissen führen können.

International weit verbreitet ist die Klassifikation, die WLADIMIR KÖPPEN im Jahre 1900 vorgestellt und später erweitert hat. Wie andere Klassifikationen hat auch sie ihre Vor- und Nachteile. Die Vorteile liegen darin, daß sie leicht anwendbar ist, da eine Zuordnung an Hand leicht verfügbarer Monats- und Jahresmittelwerte sowie Andauerwerte von Temperatur und Niederschlag durchführbar ist. Dank eines einfachen, aber unter mnemotechnischen Gesichtspunkten günstig gewählten und bei Bedarf erweiterbaren Buchstabencodes lassen sich alle Klimate der Erde prägnant benennen.

Wichtiger aber ist die gute Übereinstimmung der Klimatypen der Köppenschen Klassifikation mit den Vegetationszonen der Erde. Nach Ansicht KÖPPENs wirken sich die klimatischen Gegebenheiten in der Zusammensetzung der Vegetation in einem solchem Maße aus, daß sie als Indikator des Klimas benutzt werden kann. Die von ihm zur Abgrenzung von Klimatypen festgelegten Grenzwerte wurden so gewählt, daß sich die entstehenden Raumeinheiten mit vegetationsgeographischen Einheiten möglichst weitgehend decken.

In gewissen Bereichen erscheint KÖPPENs Klassifikation allerdings als zu wenig differenziert. So werden beispielsweise die Klimate der tropischen Hochgebirge auf Grund der dort herrschenden Temperaturmittelwerte den polaren E-Klimaten gleichgesetzt, obwohl die Strahlungsverhältnisse sowie der Tages- und Jahresgang der Temperatur völlig unterschiedlich sind.

4 Abgrenzungskriterien der Klimaklassifikation nach KÖPPEN

Nach der mittleren Jahressumme des Niederschlags wird zwischen Trocken- und Feuchtklimaten unterschieden.

Trockenklimate: Die Niederschläge (in mm) bleiben unterhalb einer vom Jahresmittel der Temperatur (t) und der Niederschlagsverteilung abhängigen Grenze, und zwar unterhalb von

20 t + 280 (bei Sommerregen)
20 t (bei Winterregen)
20 t + 140 (Regenmaximum fehlt)

Feuchtklimate: Die Niederschläge übersteigen die oben angeführtenTrockengrenzen.

Einteilung der Trockenklimate

Unterteilung der B-Klimate durch einen zweiten Buchstaben:

W Wüstenklima: Der Niederschlag bleibt unter der Hälfte des Grenzwertes für B-Klimate.
S Savannenklima: Der Niederschlag erreicht mindestens die Hälfte des Grenzwertes für B-Klimate.

Weitere Unterteilungen der B-Klimate durch einen dritten Buchstaben:

w Warmes Trockenklima: Jahresmittel mindestens 18 °C
k Kaltes Trockenklima: Jahresmittel unter 18 °C

Einteilung der Feuchtklimate

A Tropische Regenklimate: Die mittlere Temperatur bleibt in allen Monaten über 18 °C.
C Warm-gemäßigte Klimate: Die mittlere Temperatur des wärmsten Monats liegt über 10 °C, die des kältesten zwischen 18 und -3 °C.
D Boreale Klimate: Die mittlere Temperatur des kältesten Monats liegt unter -3 °C, die des wärmsten Monats über 10 °C.
E Schneeklimate: Die mittlere Temperatur des wärmsten Monats liegt unter 10 °C.

Unterteilung innerhalb der A-Klimate durch einen zweiten Buchstaben:

f Jeder Monat erhält mindestens 60 mm Niederschlag.
m Einige Monate bleiben unter 60 mm Niederschlag; der Niederschlag des trockensten Monats ist größer als 4 % der Differenz von Jahresniederschlag minus 250 mm.
w Einige Monate bleiben unter 60 mm Niederschlag; der Niederschlag des trockensten Monats ist kleiner als 4 % der Differenz von Jahresniederschlag minus 250 mm.

Unterteilung innerhalb der C- und D-Klimate durch einen zweiten Buchstaben:

f ganzjährig Niederschlag
w Wintertrockenheit, d.h. der trockenste Wintermonat erhält im Mittel weniger als 1/10 der Niederschlagssumme des feuchtesten Sommermonats.
s Sommertrockenheit, der trockenste Sommermonat erhält weniger als 40 mm und weniger als 1/3 der Niederschlagssumme des feuchtesten Wintermonats.

Weitere Unterteilungen der C- und D-Klimate durch einen dritten Buchstaben:

a Wärmster Monat im Mittel über 22 °C
b Wärmster Monat unter 22 °C, mindestens vier Monate mit mindestens 10 °C
c Wärmster Monat unter 22 °C, ein bis drei Monate mit mindestens 10 °C
d Kältester Monat unter -38 °C

Unterteilung der E-Klimate durch einen zweiten Buchstaben:

T Tundrenklima: mindestens ein Monat über 0 °C
F Klima ewigen Frostes: kein Monat über 0 °C

Abbildung rechts: Bestimmungsschlüssel zur Klimaklassifikation von Köppen. Der Inhalt eines jeden Kästchens ist als Frage zu verstehen. Bei Bejahung ist die ausgezogene Linie in Pfeilrichtung zum nächsten Kästchen zu verfolgen, bei Verneinung die unterbrochene Linie. N = Niederschlag bzw. Jahressumme des Niederschlags, t = Jahresmittel der Temperatur.

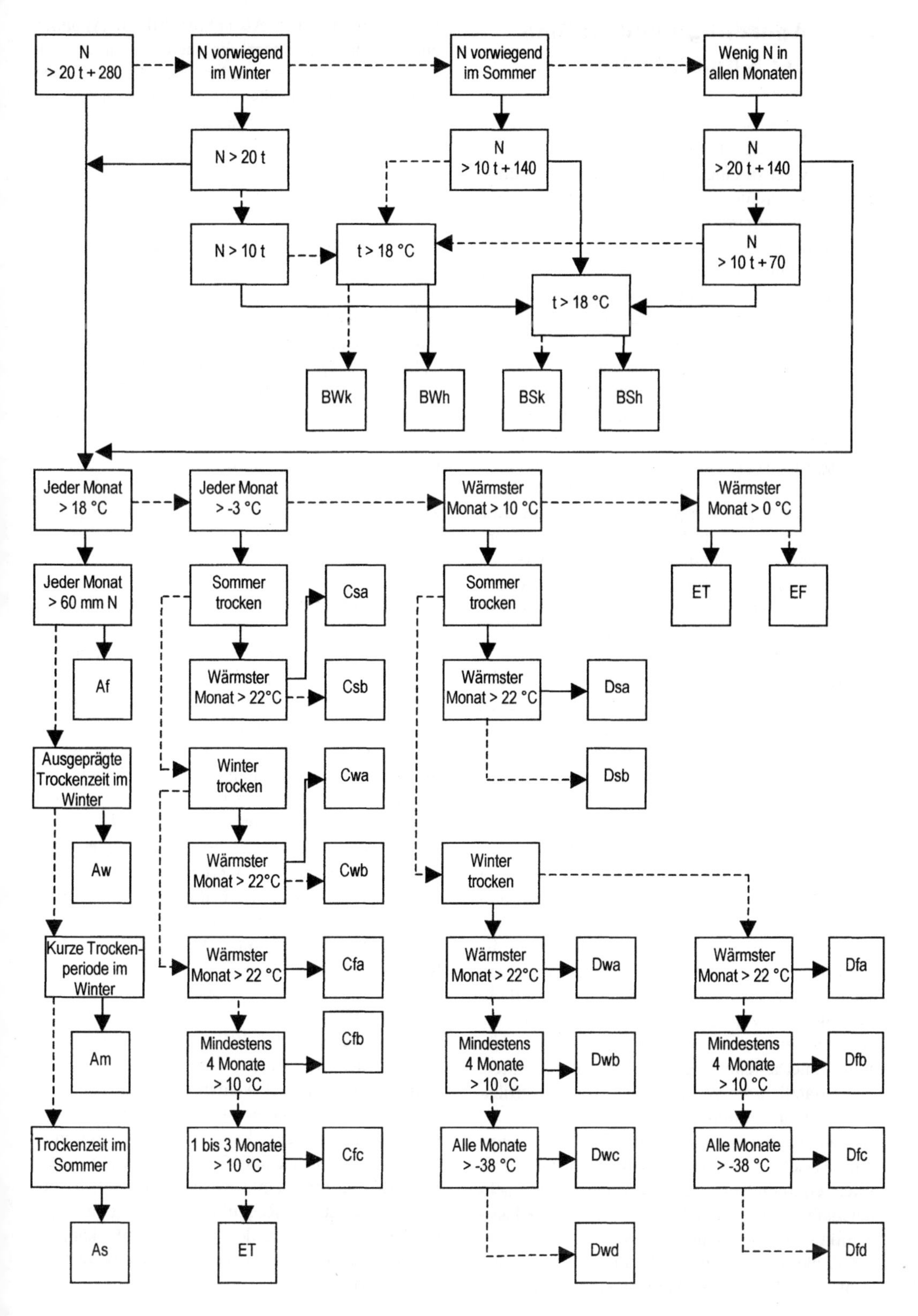
N
> 20 t + 280
N vorwiegend im Winter
N vorwiegend im Sommer
Wenig N in allen Monaten
N > 20 t
N > 10 t + 140
N > 20 t + 140
N > 10 t
t > 18 °C
N > 10 t + 70
t > 18 °C
BWk
BWh
BSk
BSh
Jeder Monat > 18 °C
Jeder Monat > -3 °C
Wärmster Monat > 10 °C
Wärmster Monat > 0 °C
Jeder Monat > 60 mm N
Sommer trocken
Csa
Sommer trocken
ET
EF
Af
Wärmster Monat > 22°C
Csb
Wärmster Monat > 22 °C
Dsa
Ausgeprägte Trockenzeit im Winter
Winter trocken
Cwa
Dsb
Aw
Wärmster Monat > 22°C
Cwb
Winter trocken
Kurze Trockenperiode im Winter
Wärmster Monat > 22 °C
Cfa
Wärmster Monat > 22°C
Dwa
Wärmster Monat > 22 °C
Dfa
Am
Mindestens 4 Monate > 10 °C
Cfb
Mindestens 4 Monate > 10 °C
Dwb
Mindestens 4 Monate > 10 °C
Dfb
Trockenzeit im Sommer
1 bis 3 Monate > 10 °C
Cfc
Alle Monate > -38 °C
Dwc
Alle Monate > -38 °C
Dfc
As
ET
Dwd
Dfd

5 Anordnung und Aufbau der Klimatabellen

Den Hauptteil der vorliegenden Zusammenstellung bilden unterschiedlich umfangreiche Tabellen, die Daten zu einer größeren Zahl von Klimaelementen enthalten und durch Text ergänzt sind. Welche Klimaelemente in den einzelnen Tabellen Berücksichtigung finden, ist abhängig von dem zur Verfügung stehenden (und von Station zu Station wechselnden) Datenmaterial und dem auf der Seite verfügbaren Platz. Bei der in vielen Fällen notwendigen Auswahl wurde Klimaelementen, die charakteristische Merkmale des Klimas erkennen lassen, der Vorzug gegeben.
Um Daten für eine größere Anzahl von Klimastationen aufnehmen zu können, wurden für jede Region zusätzlich unkommentierte "Kurztabellen" zusammengestellt. Sie enthalten in der Regel nur Mittelwerte der Temperatur bzw. der Maxima und Minima sowie mittlere Niederschlagssummen (in einzelnen Fällen auch andere Daten).
Die Anordnung der Stationen erfolgt nach Großräumen (Kontinenten) und innerhalb der Großräume nach der geographischen Breite von Norden nach Süden.
Die Benennung der Klimastationen erfolgt in der Regel in der von der WMO angegebenen Schreibweise. Soweit andere Schreibweisen im deutschen Sprachraum bekannter bzw. Exonyme gebräuchlich sind, werden diese bevorzugt (z.B. Moskau statt Moskva) oder zusätzlich angeführt. Wo es erforderlich erschien, wurden auch andere bzw. frühere Namen genannt.
Nach einer knappen Beschreibung der Lage der Klimastationen folgt die Angabe der geographischen Koordinaten. Dadurch ist eine eindeutige Lokalisierung auch dann gewährleistet, wenn die Klimastation nicht den Namen einer allgemein bekannten bzw. im Atlas verzeichneten Örtlichkeit trägt. Um Verwechslungen mit benachbarten Stationen ähnlichen Namens (bzw. mit nicht mehr unterhaltenen Stationen) auszuschalten, wird zusätzlich die von der WMO zur Identifikation zugeteilte Nummer angeführt.
Die allgemeine Klimacharakteristik soll eine erste Einschätzung der klimatischen Gegebenheiten ermöglichen. Zusätzlich wird das Buchstabenkürzel für den Klimatyp nach der Klassifikation von Köppen angegeben.
Die Zahlenwerte wurden in der Regel in der Form, wie sie in den Quellenwerken vorliegen, übernommen. Eine Ausnahme bilden Angaben zur Sonnenscheindauer, die nachträglich auf volle Stunden gerundet wurden. Aus diesem Grund kann die Summierung der Monatswerte zu geringfügig von der Jahressumme abweichenden Ergebnissen führen.

6 Kenngrößen des Klimas

6.1 Luftdruck

Angaben zum Luftdruck wurden vereinzelt in die Tabellen aufgenommen, insbesondere wenn es sich um ungewöhnlich hohe bzw. niedrige Werte handelt, die für die betreffende Region als besonders charakteristisch anzusehen sind.
Die Angaben zum Luftdruck sind auf Meeresniveau und Normalschwere umgerechnet (reduziert). Maßeinheit für den Luftdruck ist das Hektopascal (hPa).

6.2 Temperatur

Wie bereits erwähnt, erfolgt die Bestimmung der mittleren Temperatur nicht in allen Ländern einheitlich. Weit verbreitet ist die Berücksichtigung der Meßwerte von 7 Uhr, 14 Uhr und 21 Uhr Ortszeit für die Bestimmung des Tagesmittels, wobei der Wert von 21 Uhr doppelt in die Berechnung einfließt. Die Abweichung gegenüber Mittelwerten, die aus stündlichen Meßterminen gewonnen wurden, ist minimal.
In einigen Ländern ist es üblich, die Tagesmittel aus nur drei oder zwei Werten (tägliche Extremwerte, d.h. Maxima und Minima) zu berechnen. Hier können sich etwas größere Abweichungen gegenüber der Berechnung aus stündlichen Meßterminen ergeben.

Mittlere Maxima

Aus den täglichen Höchstwerten der Temperatur gewonnene Mittelwerte des Beobachtungszeitraumes. In der Regel werden die Höchstwerte in den mittleren Breiten im Winter am frühen Nachmittag erreicht, können sich im Sommer aber auch erst zwischen 15 und 16 Uhr einstellen. Regelmäßig einsetzender Seewind (z.B. Esperance) oder starke Regenfälle können den nachmittäglichen Anstieg der Temperaturen kappen, so daß das tägliche Maximum bereits mittags erreicht wird.

Mittlere Minima
Aus den täglichen Tiefstwerten der Temperatur gewonnene Mittelwerte des Beobachtungszeitraumes. Der Tiefstwert der Temperatur wird in der Regel unmittelbar vor Sonnenaufgang erreicht, wenn die diffuse Himmelstrahlung in ihrer Wirkung auf die Temperatur die Ausstrahlung zu übertreffen beginnt.

Absolutes Maximum (Minimum)
Das absolute Maximum (Minimum) ist ein Extremwert, d.h. die höchste (tiefste) innerhalb des Beobachtungszeitraumes mindestens einmal gemessene Temperatur.

Jahres- bzw. Tagesamplitude der Temperatur
Mit Jahresamplitude wird die Differenz zwischen dem Monatsmittel des wärmsten und des kältesten Monats bezeichnet. Mit Tagesamplitude wird die Differenz zwischen mittlerem Maximum und mittlerem Minimum eines Monats bezeichnet. Temperaturdifferenzen werden generell in Kelvin angegeben.

6.3 Dampfdruck

Der Dampfdruck bezeichnet den Druck, den der Wasserdampf der Atmosphäre ausübt. Er ist ein Partialdruck des Luftdrucks und wird wie dieser in Hektopascal (hPa) angegeben. Der Dampfdruck ist proportional zu der vorhandenen Wasserdampfmenge und damit ein Maß für den Wasserdampfgehalt der Luft. Für die Umrechnung in Gramm Wasserdampf je Kilogramm Luft (spezifische Feuchte s) gilt:

$$s = 623\, e / (p - 0{,}377\, e)$$

wobei e den Dampfdruck und p den Luftdruck, (beides in hPa) bezeichnet.
Der Dampfdruck weist einen nur schwach ausgeprägten Tagesgang auf. Nachmittags ist er infolge verstärkter Verdunstung häufig am größten. Die Differenz zwischen aktuellem Dampfdruck und Sättigungsdampfdruck beeinflußt das Verdunstungspotential. Der Dampfdruck hat deshalb auch Einfluß auf die Thermoregulation des Menschen, die u.a. durch Verdunstung von der Hautoberfläche für Kühlung sorgt. Bei hohem Dampfdruck stellt sich bei den meisten Menschen ein Gefühl von physischer Unbehaglichkeit (Discomfort), das sich bis zum Unwohlsein steigern kann. Die Witterung wird von den Betroffenen als "schwül" charakterisiert.
Wie empirische Untersuchungen gezeigt haben, liegt der Grenzwert des Dampfdrucks für das Aufkommen von Schwüleempfinden zwischen 19 und 21 hPa (nach SCHARLAU 18,8 hPa, nach HAVLIK für Nordamerika 21 hPa). Das Schwüleempfinden wird naturgemäß auch von der Kleidung, körperlicher Aktivität und anderen Faktoren beeinflußt. Frischer Wind erhöht die Verdunstung von der Haut und mindert auf diese Weise das Schwüleempfinden.

6.4 Relative Feuchte

Die relative Feuchte bezeichnet den Prozentanteil des aktuellen Dampfdrucks am Sättigungsdampfdruck, d.h. am maximal möglichen (von der jeweiligen Temperatur abhängigen) Dampfdruck. Bei Erreichen von 100 % relativer Feuchte wird der Taupunkt erreicht. Nur der "überschüssige" Wasserdampf kondensiert an Aerosolpartikeln und bildet feine Tröpfchen oder Eiskristalle. Wolken bzw. Nebel sind ein Indiz dafür, daß eine relative Feuchte von 100 % erreicht ist.
Auf Grund ihrer Abhängigkeit von der Temperatur weist die relative Feuchte einen Tagesgang auf, der dem der Temperatur annähernd entgegengesetzt ist (Maxima gegen Ende der Nacht und Minima am frühen Nachmittag). Hiervon abweichend wird bei Regen der Luft durch Verdunstung soviel Wasserdampf zugeführt, daß die relative Feuchte vorübergehend bis nahe an 100 % steigt. Die starke zeitliche und lokale Schwankung der relativen Feuchte macht die Gewinnung repräsentativer Daten schwierig.
Da die Messung und Mittelwertgewinnung in den einzelnen Klimastationen bzw. Ländern nach verschiedenen Methoden erfolgt, sind Aussagekraft und Vergleichbarkeit der Daten stark eingeschränkt. Eine direkte Mittelwertbildung aus Prozentzahlen muß zu falschen Ergebnissen führen, da der Sättigungsdampfdruck, auf den sich die Prozentangabe bezieht, zu jedem Meßtermin (in der Regel) einen anderen (von der Temperatur abhängigen) Wert annimmt. Dennoch werden Mittelwerte der relativen Feuchte oft auf diese Weise gebildet.
Unabhängig von dem hiermit verbundenen Fehler verleiten Angaben der relativen Feuchte zu falschen Einschätzungen. Wird z.B. in mittleren Breiten bei 10 °C eine relative Feuchte von 85 % als "hoch" bezeichnet, so ist der Wasserdampfgehalt der Luft in den heißen Trockengebieten der Erde in der Regel doch größer. Wenn dort bei

30 °C eine relative Feuchte von 50 % angenommen wird, so ist der Wasserdampfgehalt sogar doppelt so groß. Im Anhang (S. 153) ist die Abhängigkeit der relativen Feuchte von der Temperatur für ausgewählte Werte des Dampfdrucks tabellarisch dargestellt.

6.5 Niederschlag

Niederschlag wird in Millimeter Wasserhöhe gemessen, gelegentlich auch (zahlenmäßig gleich) in Liter je Quadratmeter. Bei festem Niederschlag (vor allem Schnee) beziehen sich die Angaben auf das Wasseräquivalent.
Die Mittelwertbildung erfolgt aus den zu Monatssummen addierten Tageswerten. Da der Niederschlag in der Regel eine große Variabilität aufweist, ist der berechnete langjährige Mittelwert stark von der Wahl der Bezugsperiode abhängig. Abweichungen von 20 % sind auch zwischen verschiedenen 30jährigen Perioden nicht selten. Deshalb finden sich in Datensammlungen oft deutlich abweichende Angaben zum Niederschlag. Mehr noch als für andere Klimaelemente gilt: Ohne Angabe des Bezugszeitraumes sind die Daten nicht nachprüfbar.
Technische Schwierigkeiten bereitet nicht nur die Ausschaltung von Fehlern, die durch beeinflussende Faktoren wie Wind, Verdunstung usw. hervorgerufen werden, sondern auch die Messung sehr geringer Niederschläge, z.B. durch Bildung von Tau oder Nebelnässen. Da solche Niederschläge aber in einzelnen Regionen der Erde durchaus ökologische Bedeutung haben können, wird ihr häufiges Auftreten in Klimatabellen durch den Buchstaben T bezeichnet. Da diese Praxis allerdings in den Quellenwerken nicht konsequent durchgeführt wird, wurde in den hier vorgelegten Tabellen bei Niederschlagsmengen unter 0,5 mm auf 0 mm abgerundet (Ausnahme Nordchile und Peru).

Niederschlagstage

Berücksichtigt wurden Tage, an denen mindestens 1 mm Niederschlag registriert wurde.

Maximum (Minimum) des Niederschlags

Mit Maximum (Minimum) des Niederschlags wird hier die höchste (geringste) innerhalb eines Monats gemessene Niederschlagsmenge innerhalb des Bezugszeitraums (meist 1961-90) bezeichnet. Entsprechende Jahreswerte stehen nur für wenige Stationen zur Verfügung.

Variabilität des Niederschlags

Mit Variabilität des Niederschlags wird die mittlere Abweichung der Monats- bzw. Jahressummen von dem langjährigen Mittelwert bezeichnet. Sie wird in Prozent angegeben. Die Variabilität ist in Trockenregionen im allgemeinen erheblich größer als in niederschlagsreichen Regionen.

6.6 Sonnenscheindauer

Anzahl der Stunden (h) pro Monat, in denen direkte Sonnenstrahlung den Beobachtungsort erreicht. Aus dem Verhältnis der beobachteten Sonnenscheindauer zur astronomisch möglichen können in gewissen Grenzen Rückschlüsse auf das Ausmaß der Bewölkung oder anderer die direkte Strahlung abhaltender Trübungsfaktoren (Nebel, Staub) gezogen werden. Eine Reduzierung kann sich aber auch aus den topographischen Verhältnissen ergeben. Angaben zur astronomisch möglichen Sonnenscheindauer für alle Monate des Jahres und ausgewählte Breiten finden sich im Anhang (S. 153).

6.7 Wind

Daten zur Windgeschwindigkeit liegen für viele Klimastationen vor. Ihre Aussagekraft ist schwer zu beurteilen, da die Windgeschwindigkeit stark von der Höhenlage und den lokalen Gegebenheiten in der Umgebung der Meßstelle abhängt. Hinzu kommen die bei stark schwankender Windgeschwindigkeit (z.B. Böen) besonders gravierenden Probleme der Messung und der Mittelwertbildung. Angaben zur Windgeschwindigkeit wurden deshalb nur in besonderen Ausnahme in die Tabellen aufgenommen. Die folgende Tabelle soll die Einschätzung von Windgeschwindigkeiten erleichtern, wobei zu beachten ist, daß Mittelwerte von den vorherrschenden Windgeschwindigkeiten in der Regel stark abweichen.

m/s	km/h	kn	Beschreibung und	Windstärke (Beaufortgrad)
1	3,6	1,9	leiser Zug	1
2	7,2	3,9	leichte Brise	2
5	18,0	9,7	schwache Brise	3
10	36,0	19,4	frische Brise	5
15	54,0	29,2	steifer Wind	7

Windgeschwindigkeiten. Umrechnung von m/s in km/h und Knoten (1 kn = 1,852 km/h)

Teil 2
Klimadaten und Erläuterungen

Lage:	Zentrales Lappland; umgeben von 400-500 m hohem Bergland	WMO-Nr.:	02836
Koordinaten:	67° 22' N 26° 39' E	Allg. Klima-charakteristik:	Winter streng; Sommer mäßig warm und feucht
Höhe ü.d.M.:	179 m	Klimatyp:	Dfc

		J	F	M	A	M	J	J	A	S	O	N	D	Jahr
Mittlere Temperatur	°C	-15,1	-13,6	-8,5	-2,1	5,0	11,6	14,1	11,2	5,9	-0,2	-7,4	-13,1	-1,0
Mittl. Max. Temp.	°C	-10,5	-9,2	-3,4	2,5	9,5	16,6	19,0	15,9	9,7	2,5	-4,2	-8,5	3,3
Mittl. Min. Temp.	°C	-20,6	-19,2	-14,7	-7,8	0,0	6,2	8,8	6,5	2,1	-3,4	-11,4	-18,4	-6,0
Abs. Max. Temp.	°C	6,5	6,5	8,5	14,2	26,1	31,2	31,3	28,3	22,7	13,7	9,2	5,0	
Abs. Min. Temp.	°C	-43,5	-44,5	-42,7	-31,6	-17,8	-4,4	-0,7	-5.5	-16,8	-31,6	-34,5	-43,2	
Dampfdruck	hPa	2,1	2,3	3,0	3,9	5,8	8,6	10,9	10,2	7,9	5,5	3,6	2,5	5,5
Niederschlag	mm	31	26	25	24	35	56	65	63	55	51	39	31	501
Tage mit ≥ 1 mm N		9	8	7	7	7	9	11	11	10	11	10	9	109
Sonnenscheindauer	h	11	56	131	196	246	282	274	181	107	59	21	1	1563

Klimadaten Sodankylä (Finnland). Bezugszeitraum 1961-90

Da Sodankylä nahe am Polarkreis liegt, sind die jahreszeitlichen Unterschiede der Strahlungsbilanz außerordentlich groß. Nicht allein der Einfallswinkel, sondern auch die stark wechselnde Dauer der Einstrahlung wirkt sich hier aus. Deshalb ist im Sommer, wenn die Sonne bis zu 24 Stunden über dem Horizont steht, die Energiezufuhr trotz des flachen Einfallens der Strahlung beträchtlich. Im Herbst hingegen sinkt die Einstrahlung rapide, bis in der zweiten Dezemberhälfte zur Zeit der "Polarnacht" die Sonne für einige Tage unter dem Horizont bleibt. Die Wirksamkeit der Einstrahlung wird zudem durch die hohe Albedo der Schneedecke reduziert. Die starken jahreszeitlichen Veränderungen der Strahlungsbilanz tragen entscheidend dazu bei, daß sich Süd- und Nordfinnland hinsichtlich der Temperaturen im Winter stark, im Sommer aber nur wenig unterscheiden: das Januarmittel liegt in Helsinki um 8,2 K, der Juliwert hingegen nur um 2,5 K über dem von Sodankylä.

Der Einfluß des Meeres scheint auf den ersten Blick für das Klima Sodankyläs keine Rolle zu spielen. Eine solche Einschätzung stützt sich darauf, daß die nächstliegenden Küsten (Bottnischer Meerbusen, Weißes Meer) über 200 bzw. 300 km entfernt sind, diese Meere relativ geringe Wärmereservoire aufweisen und im Winter durch eine Eisdecke isoliert sind.

Die ausgleichende Wirkung des Atlantiks wirkt sich jedoch bis nach Finnland hin aus. Ein Vergleich mit anderen Stationen am Polarkreis in Eurasien und Nordamerika, wo Januarmittelwerte zwischen -20 und -40 °C durchaus normal sind, läßt die thermische Begünstigung Nordfinnlands deutlich erkennen.

	Bodö 14° 24' E	Sodankylä 26° 39' E	Salechard 66° 40' E
Januar	-2,2	-15,1	-24,8
Juli	12,5	14,1	14,4

Monatsmittel der Temperatur (°C) für ausgewählte Klimastationen auf 67° nördl. Breite

Die Niederschläge des Winters sind zum größten Teil auf Zyklonen zurückzuführen, die im Grenzbereich zwischen Arktikluft und Polarluft (Arktikfront) entstehen. Mit den Zyklonen erfolgt wechselnd Zufuhr milder Atlantikluft und kalter Arktikluft. Hierauf sind die relativ hohen Winterniederschläge und die im Vergleich zur Breitenlage immer noch gemäßigten Wintertemperaturen zurückzuführen. Der Einbruch von Arktikluft kann allerdings selbst im Sommer die Temperaturen unter den Gefrierpunkt sinken lassen.

Im Winter begünstigt die Schneedecke die Entstehung von Hochdruckwetterlagen, bei denen sich die Luft durch Ausstrahlung weiter abkühlt (-30 bis -40 °C). Nordfinnland kann dann Ursprungsgebiet von Kaltluft werden, die nach Süden und Südwesten bis Mitteleuropa vordringt und gelegentlich noch in Irland und Spanien die Temperaturen sinken läßt.

2 Akureyri

Lage:	Nordküste Islands, am Südende des 60 km langen Eyjafjörður	WMO-Nr.:	04063
Koordinaten:	65° 41' N 18° 5' W	Allg. Klima-charakteristik:	Winter mäßig kalt und feucht; Sommer mild
Höhe ü.d.M.:	27 m	Klimatyp:	Dfc

		J	F	M	A	M	J	J	A	S	O	N	D	Jahr
Mittlere Temperatur	°C	-2,2	-1,5	-1,3	1,6	5,5	9,1	10,5	10,0	6,3	3,0	-0,4	-1,9	3,2
Mittl. Max. Temp.	°C	0,9	1,7	2,1	5,4	9,5	13,2	14,5	13,9	9,9	5,9	2,6	1,3	6,7
Mittl. Min. Temp.	°C	-5,5	-4,7	-4,2	1,5	2,3	6,0	7,5	7,1	3,5	-0,4	-3,0	-5,1	0,4
Abs. Max. Temp.	°C	13,0	13,8	15,0	19,8	24,6	29,4	27,6	27,7	21,8	19,5	17,6	15,1	
Abs. Min. Temp.	°C	-21,6	-21,2	-23,0	-18,2	-10,4	-2,1	1,3	-2,1	-7,3	-13,2	-18,5	-20,2	
Relative Feuchte	%	82	82	82	80	77	75	79	79	80	83	83	83	80
Niederschlag	mm	55	43	43	29	19	28	33	34	39	58	54	53	488
Tage mit ≥ 1 mm N		11	8	10	6	5	6	7	7	8	11	11	11	101
Sonnenscheindauer	h	7	36	77	130	174	177	158	136	85	52	15	< 1	1046

Klimadaten Akureyri (Island). Bezugszeitraum 1961-90

Entsprechend der Lage nahe am Polarkreis ist die Einstrahlung im Norden Islands gering. Im Dezember beträgt die maximal mögliche Sonnenscheindauer auf der Breite von Akureyri rund 100 Stunden, doch die Erhebungen des Umlandes und die häufig dichte Bewölkung reduzieren die tatsächliche Sonnenscheindauer im Dezember auf 7 % dieses Wertes. Im Jahresmittel liegt die tatsächliche Sonnenscheindauer bei 23 %.

Da Akureyri am Südende eines 60 km langem Fjordes liegt, macht sich der Einfluß des offenen Meeres nur wenig bemerkbar. Das Meereis, das in kalten Wintern vom Nordwestwind entlang der Küste nach Osten getrieben wird, wirkt sich deshalb nur abgeschwächt auf die Temperaturverhältnisse der Stadt aus. Daß Akureyri von allzu strengen Wintern verschont bleibt, ist auf die ausgleichende Wirkung der Wasserfläche des Fjordes zurückzuführen.

Zwischen 1781 und 1915 kam es in 76 Jahren an der Nordküste Islands zu Eisblockaden von mindestens einmonatiger Dauer. Das Vordringen des Eises brachte mancherlei Probleme mit sich – abgesehen von der Blockierung des Seeweges beispielsweise die Gefährdung durch Eisbären, die mit den Eisschollen auf die Insel gelangten. Gelegentlich trieben selbst im Sommer Eisschollen längs der Küste. Nach 1925 wurde Treibeis nur noch selten gesichtet. Erst in den letzten Jahrzehnten sind gelegentlich wieder Eisschollen vor der Küste gesichtet worden. Dem entspricht, daß die Temperaturwerte der aktuellen Periode nicht nur in Akureyri, sondern auf der gesamten Insel deutlich unter denen der Periode 1931-60 liegen.

Akureyri und der Norden Islands sind naturgemäß stärker dem Einfluß arktischer Luftmassen ausgesetzt als der Süden, der meist unter dem Einfluß der milderen maritimen Polarluft steht. Die Grenze zwischen den beiden Luftmassen, die Arktikfront, ist vor allem im Winter deutlich ausgebildet. Befindet sie sich im Süden des Landes, dann wird Island von trocken-kalter Witterung beherrscht. Zieht sich die Front auf die Mitte der Insel zurück, dann stehen Süd- und Westisland unter dem Einfluß feuchtwarmer Luftmassen, die vor allem am Anstieg zum Bergland erhebliche Niederschlagsmengen liefern. Im Norden dagegen bleibt es kühl und trocken.

Meist ist die Arktikfront jedoch nur schwach ausgeprägt oder verläuft im Seegebiet nördlich von Island. Die Folge sind relativ milde Temperaturen, die die Mittelwerte leicht übersteigen. Die Niederschläge sind aber auch dann im Süden erheblich höher als im Landesinneren und im Norden. Dies ist vor allem an den beiden größten Gletschermassiven, Vatnajökull und Myrdalsjökull, zu beobachten. Während an ihren Südflanken jährlich über 3000 mm niedergehen, erhält das nördliche Vorland in einigen Bereichen weniger als 300 mm Niederschlag. In Akureyri sind die geringen Niederschlagsmengen auf die Lage im Regenschatten der bis über 1000 m Höhe aufragenden Bergländer, die den Eyjafjörður umrahmen, zurückzuführen.

Lage:	Nordrußland, Nördl. Dwina, nahe der Mündung ins Weiße Meer	WMO-Nr.:	22550
Koordinaten:	64° 30' N 40° 44' E	Allg. Klimacharakteristik:	Winter streng; Sommer mäßig warm mit Regen
Höhe ü.d.M.:	8 m	Klimatyp:	Dfc

		J	F	M	A	M	J	J	A	S	O	N	D	Jahr
Mittlere Temperatur	°C	-14,6	-12,2	-6,0	-0,4	6,5	12,5	15,7	13,2	7,8	1,5	-4,6	-10,5	0,7
Dampfdruck	hPa	2,2	2,4	3,4	4,5	6,6	10,0	13,3	12,0	9,1	6,3	4,2	2,9	6,4
Niederschlag	mm	34	28	27	32	41	55	62	65	61	59	54	43	561
Tage mit ≥ 1 mm N		10	9	8	7	8	10	9	11	13	13	13	12	123
Sonnenscheindauer	h	13	56	117	193	262	298	301	203	116	59	19	6	1643

Klimadaten Archangelsk (Rußland). Bezugszeitraum 1961-90

Seit der Gründung einer Handelsniederlassung durch Engländer war Archangelsk vom 16. bis zum Anfang des 18. Jahrhunderts einziger Seehafen Rußlands von Bedeutung und Hauptumschlagplatz im Handel mit Westeuropa. Erst als Rußland nach mehreren vergeblichen Vorstößen Zugang zur Ostsee erhielt und St. Petersburg als "Tor zum Westen" ausgebaut wurde, verlor Archangelsk an Bedeutung. Der Anschluß an das russische Eisenbahnnetz (1898) und der Ausbau des Nördlichen Seeweges stärkten die Stellung des Hafens wieder. Erheblich eingeschränkt wird seine Nutzbarkeit jedoch nach wie vor durch die ungünstigen Eisverhältnisse im Weißen Meer, die die Zufahrt alljährlich für sechs bis sieben Monate blockieren – ganz im Gegensatz zum 4½° nördlicher gelegenen, aber dank dem warmem Atlantikwasser ganzjährig eisfreien Murmansk.

Natürlich wirken sich die Wassertemperaturen auch auf das Klima aus. In Archangelsk sind die Gegensätze zwischen Winter und Sommer weitaus deutlicher als in Murmansk. Obwohl Murmansk ein um 0,7 K niedrigeres Jahresmittel aufweist, sind die Temperaturen von September bis Februar höher als in Archangelsk. Dort liegen die Mittelwerte im Januar um etwa 3 K niedriger, die Juliwerte hingegen um etwa 3 K höher.

Die halbjährige Eisbedeckung, der das Weiße Meer seinen Namen verdankt, trägt zur Verschärfung der Kontinentalität bei. Eis hat zwar eine relativ große Wärmeleitfähigkeit, doch sobald sich auf dem Eis eine stärker isolierend wirkende Schneedecke bildet, wird der Wärmeübergang vom Wasser zur Luft fast völlig unterbunden.

Der ausgleichende Einfluß des Meeres macht sich am stärksten im Herbst bemerkbar, wenn die Lufttemperatur bis nahe an den Gefrierpunkt sinkt, das Meer jedoch noch keine Decke aus Eis und Schnee aufweist. Die mittlere Tagesamplitude von etwa 5 K ist nur etwa halb so groß wie zur Zeit der Eisbedeckung. Im Sommer ist die Amplitude relativ groß, da zwar vom Meer eine abkühlende Wirkung ausgeht, andererseits die hohe Einstrahlung während der langen Polartage die mittleren Maxima auf 20 °C ansteigen läßt.

Die Niederschläge des Sommers sind überwiegend das Ergebnis der Aktivität atlantischer Zyklonen, die häufig über die Ostsee und den Finnischen Meerbusen mehr oder minder okkludiert nordostwärts ziehen. Da sie aus verhältnismäßig warmem Gebieten kommen, bringen sie ergiebige Regenfälle bis in den Herbst hinein.

Im Winter verursachen Zyklonen, die an der bis zur Halbinsel Kola vordringenden Arktikfront entstehen, den größten Teil des Niederschlags, der in der Regel als Schnee fällt. Da die Arktikluft auf Grund ihrer niedrigen Temperatur und ihrer Herkunft nur wenig Wasserdampf enthält, ist die Ergiebigkeit der Kolazyklonen allerdings relativ gering. Dies spiegelt sich in der Intensität der Niederschläge wider, die im Winter mit 3 bis 4 mm je Niederschlagstag nur halb so groß ist wie im Sommer.

Die Schwankungen der Temperatur sind in Archangelsk im Winter beträchtlich. Bei Vorstößen arktischer Luft werden gelegentlich Tiefstwerte von -40 °C erreicht. Andererseits kommt es fast regelmäßig auch in den Wintermonaten zu Tauperioden, die allerdings nicht genügend lang andauern, um die Schneedecke, die sich im November bildet und bis April Bestand hat, aufzulösen. Im Sommer, wenn Winde aus Südost vorherrschen, können vereinzelt auch Temperaturmaxima von über 30 °C erreicht werden.

4 Örland

Lage:	Westküste Mittelnorwegens, am Eingang des Trondheimfjords	WMO-Nr.:	01241
Koordinaten:	63° 42' N 9° 36' E	Allg. Klimacharakteristik:	Winter mäßig kalt; Sommer kühl bis mäßig warm; regenreich
Höhe ü.d.M.:	10 m	Klimatyp:	Cfc

		J	F	M	A	M	J	J	A	S	O	N	D	Jahr
Mittlere Temperatur	°C	-0,7	-0,3	1,4	4,1	8,7	11,4	12,7	12,9	9,9	6,9	2,6	0,5	5,8
Abs. Max. Temp.	°C	7,1	6,7	8,5	13,4	21,1	23,5	24,7	23,2	18,5	14,5	9,7	8,5	
Abs. Min. Temp.	°C	-11,6	-10,6	-7,5	-4,8	-0,1	3,5	6,0	5,3	2,8	-0,9	-7,0	-10,3	
Relative Feuchte	%	82	80	76	78	76	80	84	83	83	83	82	82	81
Niederschlag	mm	87	70	68	60	50	66	85	86	133	131	99	113	1048
Tage mit ≥ 1 mm N		15	13	12	12	10	11	13	13	17	18	16	17	167

Klimadaten Örland (Norwegen). Bezugszeitraum 1961-90

Wie die gesamte Küstenregion Norwegens ist die Halbinsel Fosna, an deren Südwestspitze Örland liegt, thermisch begünstigt. Gegenüber dem Breitenkreismittel der Meere liegt die Temperatur im Januar um 6 K und im Juli um 4 K höher. Bezieht man die Landflächen ein, erreichen die Abweichungen dreimal höhere Werte.

Die thermische Begünstigung hat mehrere Ursachen. Große Wasserflächen wirken sich generell in milden Wintertemperaturen aus, weil Wasser seine Wärme nur langsam abgibt und in der kalten Jahreszeit wie ein Wärmespeicher wirkt. Außerdem besteht im gesamten Nordostatlantik eine positive Wärmeanomalie, die durch das warme Wasser des Nordatlantikstroms hervorgerufen wird und sich besonders im Winter auswirkt.

Die hohen Temperaturen haben an der Wasseroberfläche eine Zunahme der Verdunstung und der Ausstrahlung zur Folge, in der auflagernden Luftschicht hingegen Wasserdampfzufuhr und Strahlungsabsorption. Dies wirkt sich besonders bei Zustrom von Kaltluft aus dem Norden aus. Die ursprünglich stabil geschichtete Luftmasse wird durch Erwärmung der unteren Schicht labilisiert, so daß der vertikale Austausch verstärkt wird. Damit wird die Bildung von Wolken und Niederschlag erheblich begünstigt.

An der Küste wird die Wolkenbildung durch das Aufsteigen der Luft am Gebirge verstärkt. Auch dies bedeutet einen Wärmegewinn des Landes gegenüber dem Meer, denn bei der Kondensation des Wasserdampfes wird latente Wärme freigesetzt. In engegensetzter Richtung wirken starke Bewölkung und Nebel an der norwegischen Küste, die die Einstrahlung reduzieren und damit zu einer Temperaturabsenkung führen.

Die Extremwerte der Temperatur bewegen sich in Örland in engen Grenzen. Landeinwärts nimmt der Einfluß des Meeres ab – infolge der Wirkung des weit ins Land eingreifenden Trondheimfjord allerdings erst mit gewisser Verzögerung. Ausgedehnte Obstkulturen sind Beleg für die besondere Klimagunst dieses Raumes.

Im Vergleich zur Küste Südnorwegens, wo in Bergen Jahressummen von 2250 mm erreicht werden, sind die Niederschlagsmengen in Örland mäßig. Dies hat seinen Grund darin, daß das Hinterland hier deutlich weniger stark ansteigt und erst weiter landeinwärts Höhen von rund 1000 m erreicht werden. Hinzu kommt die unterschiedliche Exposition der Küste, die im Raum Bergen in Nord-Süd-Richtung verläuft, in Mittelnorwegen jedoch in Nordost-Südwest-Richtung. Dies hat zur Folge, daß von Westen oder Südwesten anströmende Luft ihren Niederschlag auf ein größeres Gebiet verteilt, was zur Reduzierung der Niederschlagshöhe führt.

Mäßig sind die Niederschlagsmengen in Örland auch deshalb, weil die vom Atlantik heranziehenden Tiefdruckgebiete vor allem im Winter meist eine südlichere Bahn verfolgen. Die für Bergen typische Konzentration auf Herbst und Winter ist in Örland weniger deutlich ausgeprägt.

Kaltlufteinbrüche machen sich in Mittelnorwegen etwas häufiger als im Süden bemerkbar, wobei einmal die größere Nähe zu den Herkunftsgebieten über der nördlichen Ostsee und Nordfinnland (seltener Eismeer oder Nordrußland) eine Rolle spielt. Hinzu kommt, daß die Gebirge in Mittelskandinavien weniger hoch aufreichen als im Süden und deshalb für die kontinentale Kaltluft aus dem Osten kein allzu großes Hindernis bilden.

Lage:	Nordatlantik, Inselgruppe vor der Südküste Islands	WMO-Nr.:	04048
Koordinaten:	63° 24' N 20° 17' W	Allg. Klima-charakteristik:	Winter kühl; Sommer mild; ganzjährig regenreich
Höhe ü.d.M.:	124 m	Klimatyp:	ET

		J	F	M	A	M	J	J	A	S	O	N	D	Jahr
Luftdruck*	hPa	999,3	1,9	2,3	9,9	11,9	9,9	9,8	8,3	4,8	1,5	3,2	0,2	5,3
Mittlere Temperatur	°C	1,3	2,0	1,7	3,4	5,8	8,0	9,6	9,6	7,4	5,0	2,4	1,4	4,8
Mittl. Max. Temp.	°C	3,4	3,9	3,8	5,5	8,0	10,0	11,7	11,6	9,2	6,8	4,4	3,6	6,8
Mittl. Min. Temp.	°C	-0,6	0,1	-0,2	1,6	4,2	6,6	8,1	8,2	5,9	3,5	0,5	-0,6	3,1
Abs. Max. Temp.	°C	8,5	8,5	9,0	11,3	14,9	16,3	18,7	19,1	14,8	10,9	9,9	8,9	
Abs. Min. Temp.	°C	-15,7	-16,3	-14,9	-16,9	-7,1	0,4	3,7	2,6	-2,3	-7,5	-10,7	-15,3	
Relative Feuchte	%	79	80	79	80	82	87	88	87	84	83	80	79	82
Niederschlag	mm	158	139	141	117	105	102	95	140	131	162	154	144	1588
Tage mit ≥ 1 mm N		18	17	17	16	14	14	13	14	16	19	16	18	192
Wind	m/s	13,6	13,5	12,8	11,5	9,7	9,1	8,2	9,2	10,8	11,9	12,1	13,6	11,3

Klimadaten Vestmannaeyjar (Island). Bezugszeitraum 1961-90. *Bei Luftdruckwerten über 1000 hPa sind zur Erhöhung der Übersichtlichkeit die ersten drei Ziffern weggelassen worden.

Das Klima der Vestmannaeyjar (Westmännerinseln) zeichnet sich durch einen ausgeglichenen Jahresgang der Temperatur aus. Trotz der nördlichen Lage sind die Winter sehr mild (wärmer als in Mailand). Die Sommer hingegen sind kühl (etwa 6 K kälter als in Mittelfinnland).
Ursache der Temperaturanomalie ist die starke Prägung des Klimas durch das Meer. Sie macht sich auch in den hohen Mittelwerten der relativen Feuchte, den beträchtlichen Niederschlagsmengen, den häufigen Regentagen, der Konzentration des Niederschlags auf den Winter und der hohen Windgeschwindigkeit (im Jahresmittel Windstärke 6) bemerkbar.
Der Einfluß des Meeres ist hier besonders stark, weil die Oberflächentemperatur des Wassers fast 6 K über dem Breitenkreismittel liegt. Zurückzuführen ist dies auf die Zufuhr warmen Wassers durch den Nordatlantikstrom, von dem der bis zu 12 °C warme Irmingerstrom nach Norden abzweigt. Er beeinflußt das Klima an der Süd- und Westküste Islands und macht sich – stark abgeschwächt – noch an der westlichen Nordküste bemerkbar, wo er die winterliche Abkühlung um zwei Monate verzögert.
Der Einfluß des Meeres wird verstärkt durch die Lage der Vestmannaeyjar in einer markant ausgeprägten Zone der außertropischen Westwinde mit häufigem Auftreten von Zyklonen. Die meist vor der Küste Neufundlands entstehenden Wirbel werden auf ihrem Weg nach Osten von der Höhenströmung gesteuert, wobei auch die Temperaturverhältnisse (und ggf. das Relief) der Erdoberfläche eine Rolle spielen. Über warmen Meeresgebieten regenerieren sich die Tiefs durch Aufnahme von Wärme und Wasserdampf. Aus diesem Grund ziehen viele Tiefs über das Seegebiet südlich von Island nach Osten.
Für eine Region, in der sich die Bahnen von Tiefs kreuzen, muß sich im Mittel besonders niedriger Luftdruck ergeben. Auf diese Weise entsteht ein quasistationäres Tief, das als Islandtief bekannt ist (obwohl es die Lage ständig wechselt und sich in der Regel nicht über der Insel befindet).
Wie aus der Tabelle zu ersehen ist, liegen auf den Vestmannaeyjar die winterlichen Mittelwerte des Luftdrucks um 13 hPa unter dem globalen Mittel. Bei extremer Ausprägung kann der Kerndruck des Islandtiefs auf unter 990 hPa sinken.
Für die Vestmannaeyjar bedeutet der stete Durchzug von Tiefs einen ständigen Wetterwechsel mit häufigen Regenfällen und kurzen Aufheiterungen. Innerhalb eines Tages können Sonnenschein und eiskalte Regenschauer mehrfach abwechseln. Wenn beim Abzug eines Tiefs auf seiner Rückseite grönländische Festlandsluft südostwärts verlagert wird, läßt die einbrechende Kaltluft die Temperatur kurzfristig sinken. Schneefall kommt gelegentlich vor, doch nur selten bildet sich für längere Zeit eine Schneedecke.

6 Malin Head

Lage:	Nordspitze Irlands, am Übergang des Nordkanals zum Atlantik	WMO-Nr.:	03980
Koordinaten:	55° 22' N 7° 20' W	Allg. Klima-charakteristik:	Winter mild; Sommer mäßig warm; ganzjährig regenreich
Höhe ü.d.M.:	25 m	Klimatyp:	Cfb

		J	F	M	A	M	J	J	A	S	O	N	D	Jahr
Mittlere Temperatur	°C	5,6	5,3	6,3	7,7	9,9	12,2	13,7	13,9	12,7	10,8	7,8	6,6	9,4
Mittl. Max. Temp.	°C	7,6	7,5	8,7	10,3	12,7	15,0	16,2	16,6	15,3	13,0	9,8	8,4	11,8
Mittl. Min. Temp.	°C	3,2	2,9	3,7	5,0	7,1	9,6	11,4	11,4	10,1	8,3	5,2	4,2	6,8
Abs. Max. Temp.	°C	10,4	9,7	11,3	11,9	14,2	16,8	17,9	18,6	17,2	15,3	11,4	10,5	
Abs. Min. Temp.	°C	0,4	0,2	1,6	3,4	5,0	7,9	10,3	10,3	8,7	5,7	3,7	1,4	
Dampfdruck	hPa	7,6	7,3	7,8	8,5	9,8	11,8	13,3	13,5	12,2	10,8	8,7	8,2	10,0
Niederschlag	mm	114	77	86	57	59	65	72	92	102	119	115	103	1061
Tage mit ≥ 1 mm N		18	13	16	12	13	13	13	14	16	18	19	18	183
Sonnenscheindauer	h	37	61	95	152	192	171	133	134	104	76	44	28	1228
Wind	m/s	9,9	9,6	9,3	7,6	7,0	6,5	6,6	6,5	8,0	9,1	9,6	9,8	8,3

Klimadaten Malin Head (Irland). Bezugszeitraum 1961-90

Die Küstenregion Irlands ist – vor allem in der Westhälfte des Landes – durch hochozeanisches Klima mit milden Wintern und kühlen Sommern geprägt. Die Wärmeanomalien gegenüber Orten auf gleicher Breitenlage in Mitteleuropa liegen im Januar bei 4 bis 6 K. Als Folge der verzögerten Erwärmung und Abkühlung der Meeresoberfläche sind kältester und wärmster Monat nicht Januar und Juli, sondern Februar und August. Typisch sind an der West- und Nordküste Irlands mit dem Durchzug von Tiefs verbundene beträchtliche Schwankungen des Luftdrucks und sehr wechselhaftes Wetter. Wenn auch die meist heftigen Regenschauer in der Regel nicht lang andauern, so summieren sie sich doch auf 700 bis 850 Stunden/Jahr. Die Niederschlagswerte übersteigen im Winter oft 100 mm/Monat. An der Küste ergeben sich im Jahresmittel Werte zwischen 1000 und 1429 mm (Valentia), doch am Anstieg zu den Bergländern werden auch doppelt so hohe Werte erreicht. Fast ständig weht ein frischer bis kräftiger Wind. Die Windrichtung wechselt mit der Lage der ostwärts ziehenden Tiefs. Im Sommer zeigen Winde aus Nordwest bis Nord eine auffällige Häufung; im Winter ist Süd bis Südwest die dominierende Windrichtung. Die Klimastation Valentia auf der gleichnamigen Insel an der Südwestküste ist in besonderem Maße durch das Auftreten dieser Merkmale geprägt. Da sie außerdem die höchsten Wintertemperaturen Irlands aufweist (im Januar 7,2 °C, im Februar 6,9 °C), werden ihre Daten oft als Beispiel für den ausgleichenden Einfluß des Meeres auf das Klima angeführt. Kaum minder stark ausgeprägt ist der ozeanische Charakter des Klimas in Malin Head.

Ort	Kontinentalitätsgrad
Malin Head	2,1
Valentia	1,6
Dublin	5,0
zum Vergleich Hamburg	16,9

Kontinentalitätsgrade in Irland (berechnet nach CONRAD & POLLAK, 1950)

Wie die Temperatur weist auch der Niederschlag eine geringe Variabilität auf. In zwei Drittel der Jahre 1961-90 wich die Jahressumme weniger als 100 mm vom Mittelwert ab. Zwar können in einzelnen Monaten schon einmal größere Abweichungen vorkommen, doch gleichen sie sich im Laufe des Jahres meist wieder aus. Von Februar bis Juni liegen die Niederschlagsmengen unter dem Durchschnitt, weil dann einzelne kontinentale Hochs oder auch ein Hoch über dem Ostatlantik gelegentlich für ruhigeres Wetter sorgen. Die geringsten Regenmengen fallen im April, der sich durch einen deutlich höheren Mittelwert des Luftdrucks abhebt.

7 Potsdam

Lage:	Östlicher Teil des Norddeutschen Tieflandes	WMO-Nr.:	10379
Koordinaten:	52° 23' N 13° 4' E	Allg. Klimacharakteristik:	Winter mäßig kalt; Sommer mäßig warm bis warm
Höhe ü.d.M.:	100 m	Klimatyp:	Cfb

		J	F	M	A	M	J	J	A	S	O	N	D	Jahr
Mittlere Temperatur	°C	-0,9	0,2	3,7	8,0	13,2	16,6	17,9	17,5	13,9	9,4	4,2	0,7	8,7
Mittl. Max. Temp.	°C	1,7	3,5	8,1	13,5	19,1	22,4	23,6	23,4	19,2	13,7	7,1	3,0	13,2
Mittl. Min. Temp.	°C	-3,4	-2,7	0,0	3,4	8,0	11,5	13,0	12,7	9,8	6,0	1,7	-1,7	4,9
Abs. Max. Temp.	°C	13,6	18,6	25,7	31,8	32,5	34,2	36,3	36,5	32,9	27,8	21,2	15,5	
Abs. Min. Temp.	°C	-20,9	-19,9	-14,0	-5,8	-2,6	2,2	6,2	5,4	0,1	-3,5	-16,6	-24,5	
Dampfdruck	hPa	5,3	5,4	6,2	7,5	10,3	13,1	14,3	14,7	12,6	10,1	7,4	6,0	9,4
Niederschlag	mm	44	38	38	44	56	69	52	60	46	36	47	55	585
Tage mit ≥ 1 mm N		11	8	9	9	10	10	9	9	8	7	10	12	112
Sonnenscheindauer	h	47	74	124	168	227	231	232	220	161	114	54	39	1692

Klimadaten Potsdam. Bezugszeitraum 1961-1990

Für die Feststellung bzw. Analyse von Klimaänderungen sind lange und untereinander vergleichbare Beobachtungsreihen sehr wertvoll, die allerdings – weltweit gesehen – nur für wenige Stationen vorliegen. Bei Verlagerung einer Station um nur wenige Kilometer oder durch Veränderungen in der Umgebung (Zunahme der Bebauung) wird die Vergleichbarkeit der Daten eingeschränkt. In Deutschland ist Potsdam eine der Klimastationen mit besonderer Tradition. Daten sind für die meisten Klimaelemente seit den 90er Jahren des 19. Jahrhunders verfügbar.

Aus der Analyse der Daten nur einer Station lassen sich kaum Aussagen im Hinblick auf Klimaänderungen gewinnen und erst recht keine Rückschlüsse auf großräumige Trends ziehen. Das gilt natürlich auch für Zusammenstellungen von "Rekordwerten", wie sie gerne zitiert werden, um die eine oder andere Ansicht zu belegen. Wenn hier einige Daten aus der langen Beobachtungsreihe von Potsdam angeführt werden, so soll damit lediglich die Bandbreite der vorkommenden Werte angedeutet und auf die Probleme der Auswertung von Klimadaten hingewiesen werden.

Häufigkeit	Periode	Tage
Tagesmittel der Temperatur -16 °C und darunter	1901-30	4
	1931-60	19
	1961-90	6
Monatssumme des Niederschlags über 100 mm	1901-30	19
	1931-60	19
	1961-90	21

Temperatur	Datum	°C
Höchstes Jahresmittel	1934	10,4
Wärmster Januar (Mittel)	1975, 1983	4,7
Wärmster August (Mittel)	1944	21,1
Kältester Januar (Mittel)	1940	-10,0
Höchstes Tagesmittel	11.7.1959	29,6
Abs. Maximum 1893-1992	9.8.1992	39,1
Abs. Maximum im Winter	21.2.1990	18,8
Abs. Minimum 1893-1992	11.2.1929	-26,8
Abs. Minimum im Sommer	2.6.1928	1,9
Höchstes 10-Jahres-Mittel	1943-1952	9,11
Höchstes 30-Jahres-Mittel	1924-1954	8,74

Niederschlag	Datum	mm
Jahresmaximum	1926	787
Jahresminimum	1976	377
Regenreichster Sommer	1927	420
Monatsmaximum Sommer	Juli 1907	205
Monatsminima	Okt. 1908, Sept. 1928	0
Tagesmaximum Sommer	8.8.1978	105
Tagesmaximum Winter	13.1.1948	34

Sommer: Monate Juni bis August
Winter: Monate Dezember bis Februar

Datenquellen: F.-W. GERSTENGARBE, F.-W. & WERNER, P.C. (1993): Extreme klimatologische Ereignisse an der Station Potsdam und an ausgewählten Stationen Europas. Berichte des Deutschen Wetterdienstes Nr. 186, Offenbach

SCHRÖDER, P. (1992): Ändert sich das Klima? Zur Problematik der Erfassung von Klimaänderungen. Geographie aktuell 4/92, S. 23-40

8 Brest

Lage:	Westgrenze Weißrußlands zu Polen, am Ostufer des Bug	WMO-Nr.:	33008
Koordinaten:	52° 7' N 23° 41' E	Allg. Klimacharakteristik:	Winter mäßig kalt bis kalt; Sommer mäßig warm bis warm
Höhe ü.d.M.:	146 m	Klimatyp:	Dfb

		J	F	M	A	M	J	J	A	S	O	N	D	Jahr
Mittlere Temperatur	°C	-4,5	-3,2	1,1	7,7	13,7	16,8	18,0	17,4	13,1	7,9	2,7	-1,7	7,4
Mittl. Max. Temp.	°C	-1,7	0,0	5,2	13,0	19,2	22,3	23,7	23,1	18,4	12,3	5,3	0,7	11,8
Mittl. Min. Temp.	°C	-7,1	-6,0	-2,3	3,2	8,5	11,6	12,9	12,3	8,7	4,3	0,4	-4,0	3,5
Abs. Max. Temp.	°C	11,4	17,2	22,6	28,1	31,8	33,0	35,0	34,9	30,1	26,4	18,7	14,5	
Abs. Min. Temp.	°C	-29,2	-28,1	-22,6	-6,2	-2,9	2,1	5,8	1,3	-2,8	-9,9	-19,2	-25,1	
Dampfdruck	hPa	4,1	4,3	5,3	7,3	10,6	13,2	14,5	14,2	11,7	8,9	6,7	5,1	8,8
Niederschlag	mm	37	33	31	39	59	72	80	76	51	42	47	44	611
Tage mit ≥ 1 mm N		9	8	8	8	10	10	10	9	9	7	10	11	109
Max. Niederschlag	mm	98	67	70	68	105	146	209	172	128	248	87	84	
Min. Niederschlag	mm	9	1	4	11	10	25	16	15	10	3	13	6	
Sonnenscheindauer	h	50	70	133	176	238	248	259	242	170	114	46	32	1778

Klimadaten Brest (Weißrußland). Bezugszeitraum 1961-90

Brest, nahe am Mittelpunkt Europas gelegen, weist ein bereits deutlich kontinental geprägtes Klima auf. Doch ist diese Einstufung relativ, wie ein Vergleich mit dem östlich anschließenden "Rumpfeuropa" zeigt. Während dort die Temperaturen im Sommer von Süden nach Norden abnehmen, bleiben sie in zonaler Richtung nahezu gleich. Umgekehrt ist es im Winter, wenn nach Osten hin ein kräftiger Rückgang der Temperatur erfolgt. Die Zunahme der Jahresamplitude von 22,5 K in Brest auf 34 K im Vorland des Urals ist fast ausschließlich auf die Absenkung der Wintertemperatur zurückzuführen.

Auf Grund der Lage in der Westwinddrift ist der Einfluß von Luftmassen des Atlantiks groß. Tiefs erreichen Weißrußland zwar nur in abgeschwächter Form und sind in der Regel schon okkludiert, liefern aber doch noch beachtliche Niederschläge. Das Vordringen der Tiefs wird allerdings im Winter durch das Kältehoch behindert, das sich von Sibirien aus bis nach Osteuropa aufbaut. Deshalb gehen die Niederschlagsmengen – im Gegensatz zum Küstenklima Westeuropas – im Herbst deutlich zurück. Da kalte Luft ohnehin nur wenig Niederschlag liefert, werden im Februar und März die geringsten Werte gemessen.

Im Sommer hingegen kommt es als Folge der beträchtlichen Erwärmung, die Temperaturen von über 30 °C hervorbringen kann, zu Konvektionsniederschlägen. Die Überlagerung von zyklonal bedingten und durch Konvektion hervorgerufenen Niederschlägen verschafft Brest im Sommer Regenmengen, die denen in Nordwestdeutschland entsprechen oder sie übertreffen. So fallen von Juni bis August im Mittel in Brest 228 mm, in Hamburg 226 mm und in Hannover 199 mm.

Der feuchte Charakter des Herbstes macht sich hingegen weniger in den Niederschlagsmengen als vielmehr in den hohen Werten des Dampfdrucks, der Anzahl der Niederschlagstage und der geringen Sonnenscheindauer bemerkbar. Allerdings ist die herbstliche Witterung je nach Überwiegen westlichen oder östlichen Einflusses sehr unterschiedlich. Die Variabiliät der Niederschläge ist deutlich größer als im Winter und Frühjahr. In der Periode 1961-90 lag die geringste Niederschlagsmenge im Oktober bei 3 mm, die höchste hingegen bei 248 mm.

Bei den Extremwerten der Temperatur ist die Spannweite im Spätwinter am größten. Welche Temperaturen sich dann einstellen, hängt u.a. davon ab, ob eine dauerhafte Schneedecke ausgebildet ist, über der sich die Luft stark abkühlt, oder ob sich relativ milde atlantische Luft durchsetzen kann. Mehr oder minder häufig entwickelt sich am Westrand des winterlichen Hochs über Eurasien eine Südströmung, die allerdings in der Regel keinen Temperaturanstieg herbeiführt.

Lage:	Wiltshire, Südwestengland, zwischen Chippenham und Swindon	WMO-Nr.:	03740
Koordinaten:	51° 30' N 1° 59' W	Allg. Klimacharakteristik:	Winter kühl; Sommer mäßig warm; ganzjährig feucht
Höhe ü.d.M.:	ca. 150 m	Klimatyp:	Cfb

		J	F	M	A	M	J	J	A	S	O	N	D	Jahr
Mittlere Temperatur	°C	3,4	3,5	5,4	7,7	10,9	14,0	16,0	15,7	13,5	10,4	6,3	4,3	9,3
Mittl. Max. Temp.	°C	6,1	6,4	8,9	11,8	15,3	18,5	20,6	20,1	17,5	13,8	9,2	7,0	12,9
Mittl. Min. Temp.	°C	0,8	0,6	1,9	3,6	6,6	9,6	11,5	11,4	9,6	7,0	3,4	1,7	5,6
Abs. Max. Temp.	°C	12,9	14,5	20,0	22,3	32,0	32,7	32,9	34,9	28,8	24,9	16,4	14,4	
Abs. Min. Temp.	°C	-16,0	-11,3	-8,0	-4,6	-1,6	0,6	3,8	5,0	1,5	-2,2	-7,8	-14,0	
Niederschlag	mm	64	48	59	45	56	57	55	59	63	64	63	76	709
Tage mit ≥ 1 mm N		12	9	11	9	10	9	8	9	9	11	11	12	120
Sonnenscheindauer	h	53	71	113	153	192	201	205	185	143	101	71	51	1540
Wind	m/s	5,1	5,2	5,3	5,0	4,7	4,3	4,1	4,1	4,2	4,4	4,8	5,0	4,7

Klimadaten Lyneham (Großbritannien). Bezugszeitraum 1961-90

Die Klimastation Lyneham repräsentiert die klimatischen Gegebenheiten, wie sie für einen großen Teil Südenglands typisch sind. Nach Osten nehmen hier die Niederschlagsmengen generell ab, nach Westen nehmen sie zu. An der Küste liegen die Temperaturen nur im Winter geringfügig höher als in Lyneham – an der Westküste um 0,5 bis 1 K, an der Südküste um etwa 1 bis 1,5 K.

Die Niederschläge sind mit Zyklonen verknüpft, die ganzjährig in mehr oder minder regelmäßiger Abfolge den Atlantik queren. Auch wenn die Bahn vieler Tiefs – vor allem im Sommer – weiter nördlich verläuft, so erreichen die Warm- und Kaltfronten dieser Wirbel häufig doch noch den Süden Englands. Der mit den Tiefs verbundene häufige Wetterwechsel sorgt dafür, daß die Variabilität der monatlichen und besonders der jährlichen Niederschlagsmengen gering ist. In der Periode 1961-90 wichen die höchsten und niedrigsten Jahressummen (869 bzw. 500 mm) nur wenig vom Mittelwert ab.

Auffällige Abweichungen lassen die Extremwerte der Temperatur erkennen. Die absoluten Minima liegen im Dezember/Januar um 16 K unter den mittleren Minima. Fast ebenso groß sind die Abweichungen der absoluten von den mittleren Maxima im Sommer.

Derart starke Abweichungen müssen auf allochthone Einflüsse, d.h. auf das Vordringen von Luftmassen aus anderen Klimagebieten zurückgeführt werden. Voraussetzung hierfür ist, daß die vorherrschende Zonalzirkulation der Höhenströmung für einige Tage oder Wochen durch eine Mäanderzirkulation abgelöst wird – wie es vor allem im Winter in mehr oder minder gleichen Zeitabständen der Fall ist.

Gelegentlich kommt es dabei – vor allem westlich der Britischen Inseln – zur Abschnürung einer von Süden nach Norden vorgedrungenen Mäanderwelle (Cut-off-Effekt), so daß ein isolierter Wirbel mit antizyklonalem Drehsinn entsteht. Diese Warmluftinsel bildet ein Höhenhoch, das eine Umlenkung der Höhenströmung bewirkt, die die Britischen Inseln für eine gewisse Zeit dem direkten Einfluß der Westströmung entzieht (Blocking action). Derartige Blockaden zeigen vor allem im Frühjahr eine ausgeprägte Tendenz zum Erhalt und bleiben dann im Mittel über 12 Tage bestehen.

An der Ostseite des blockierenden Hochs entwickelt sich eine Nordströmung, die Kaltluft (Polar- bzw. Arktikluft) bis in den Süden Englands lenken kann. Wenn auch die thermischen Eigenschaften der Luftmasse über dem Nordatlantik gemildert werden, kommt sie immer noch als ausgeprägte Kaltluft über Großbritannien an. Im Winter können dadurch noch in Südengland die Temperaturen bis auf -16 °C sinken.

Bei bestimmten Druckkonstellationen (Hoch über Südskandinavien, Tief im Mittelmeerraum) kann sich die gesamte Strömungsrichtung von West auf Ost umkehren. Im Winter wird dann die feuchte Meeresluft über England durch trockene Kaltluft vom Festland ersetzt.

Lage:	Südrand des Ruhrgebiets am Anstieg zum Bergischen Land	WMO-Nr.:	10410
Koordinaten:	51° 24' N 6° 58' E	Allg. Klimacharakteristik:	Winter kühl; Sommer mäßig warm und feucht
Höhe ü.d.M.:	153 m	Klimatyp:	Cfb

		J	F	M	A	M	J	J	A	S	O	N	D	Jahr
Mittlere Temperatur	°C	1,9	2,5	5,1	8,5	12,9	15,7	17,4	17,2	14,4	10,7	5,7	2,9	9,6
Mittl. Max. Temp.	°C	3,9	5,1	8,3	12,4	17,1	20,0	21,6	21,6	18,4	14,0	8,1	4,9	13,0
Mittl. Min. Temp.	°C	-0,3	0,0	2,2	4,8	8,7	11,5	13,2	13,3	11,1	7,9	3,5	0,9	6,4
Abs. Max. Temp.	°C	13,5	18,7	23,2	28,9	29,8	32,3	33,5	34,3	30,6	26,1	19,8	15,8	
Abs. Min. Temp.	°C	-17,1	-15,9	-11,1	-4,6	-0,6	1,0	4,4	6,0	3,2	-2,3	-6,7	-16,7	
Dampfdruck	hPa	6,2	6,1	6,9	8,0	10,4	13,0	14,4	14,3	13,0	10,7	7,9	6,7	9,8
Niederschlag	mm	81	57	75	68	73	97	89	77	73	70	83	90	933
Tage mit ≥ 1 mm N		14	10	13	12	12	12	11	10	11	10	14	14	143
Sonnenscheindauer	h	45	76	103	147	193	182	186	183	135	111	56	39	1454
Sonnenscheindauer*	%	17,2	27,3	28,0	35,4	40,0	36,7	37,2	40,5	35,4	33,5	20,8	15,6	32,4

Klimadaten Essen (Deutschland). Bezugszeitraum 1961-90 – *In Prozent der maximal möglichen Dauer

Unter den Klimastationen Deutschlands zeichnet sich Essen durch milde Winter und mäßig warme Sommer aus. Nicht nur die jahreszeitlichen Gegensätze der Temperatur sind außergewöhnlich gering, sondern auch die mittlere Tagesamplitude (im Winter 4 K, im Sommer 8 K). Die Extremwerte der 30jährigen Periode liegen weniger weit auseinander als bei den meisten anderen Stationen in Deutschland.

Die thermische Ausgeglichenheit, die das gesamte nordwestdeutsche Tiefland kenmzeichnet, ist dank besonders milder Winter am stärksten in den Tieflandsbuchten ausgeprägt. Die Nähe der Meeresküste und das Vorherrschen von Westlagen sind die wesentlichen Gründe hierfür. Hinzu kommen die geringe Höhenlage und die südliche Lage innerhalb des norddeutschen Tieflandes. Aachen hat im langjährigen Mittel die höchsten Wintertemperaturen unter den deutschen Großstädten; nicht weit davon entfernt sind die Werte für Köln und die Städte am Niederrhein.

Essen weist demgegenüber etwas geringere Wintertemperaturen, jedoch deutlich höhere Niederschlagsmengen auf. Grund hierfür ist der Anstieg zum Rheinischen Schiefergebirge (Bergisches Land), das bereits wenige Kilometer südlich der Ruhr um rund 200 m höher liegt als das Tiefland zwischen Emscher und Niederrhein.

Auf Grund der leeseitigen Lage am Rande des Rheinisch-Westfälischen Ballungsraumes ist als Folge verstärkter Emissionen mit einer erhöhten Konzentration von Kondensationskernen zu rechnen. Wie weit die Verstärkung der Niederschlagstätigkeit hiermit in Zusammenhang steht, ist aus den Daten nicht zu ersehen.

Der unmittelbare "Stadteffekt" (Anhebung der Temperatur) dürfte bei den Klimadaten von Essen nur eine geringe Rolle spielen, da sich die Station außerhalb des eigentlichen Bebauungsgebietes am Südwestrand der Stadt nahe dem Baldeneysee befindet.

Geringfügig unter dem Durchschnitt liegen die Niederschlagsmengen im Spätwinter und Frühjahr (Februar, April) sowie im Herbst (September, Oktober). Dies läßt sich mit den vorherrschenden Wetterlagen Mitteleuropas gut in Einklang bringen, denn generell treten Westlagen im Frühjahr zurück, während sowohl Nord- als auch Ostlagen eine größere Häufigkeit aufweisen. Der ozeanische Einfluß ist dementsprechend im Frühjahr etwas geringer. Der Herbst zeichnet sich hingegen durch häufigere Hochdruckwetterlagen aus. Dies führt zu niederschlagsfreien Strahlungswetterperioden mit größeren Temperaturgegensätzen im Tagesgang und häufigerem Auftreten von Frühnebel. Dem entspricht, daß der Luftdruck in Essen im September mit 1017,1 hPa sein höchstes Monatsmittel erreicht. Auch der verzögerte Rückgang der Sonnenscheindauer im Herbst bzw. die ungleiche Sonnenscheindauer zur Zeit des Frühjahrs- und Herbstäquinoktiums lassen sich hiermit erklären.

11 Kharkiv

Lage:	Östliche Ukraine, am Südrand der Mittelrussischen Platte	WMO-Nr.:	34300
Koordinaten:	49° 58' N 36° 8' E	Allg. Klima-charakteristik:	Winter kalt, wenig Niederschlag; Sommer warm mit Regen
Höhe ü.d.M.:	155 m	Klimatyp:	Dfb

		J	F	M	A	M	J	J	A	S	O	N	D	Jahr
Luftdruck*	hPa	20,8	21,0	19,8	14,7	15,4	12,3	11,9	13,8	16,5	20,4	19,8	18,9	17,1
Mittlere Temperatur	°C	-6,9	-5,7	-0,3	8,9	15,6	18,9	20,3	19,5	14,1	7,3	1,3	-3,4	7,5
Niederschlag	mm	44	32	27	36	47	58	60	50	41	35	44	45	519
Tage mit ≥ 1 mm N		9	7	7	7	7	8	8	6	7	5	9	10	90
Sonnenscheindauer	h	51	65	108	162	238	263	273	247	185	124	47	31	1794

Klimadaten Kharkiv, früher Charkow (Ukraine). Bezugszeitraum 1961-90. *Luftdruck über 1000 hPa

Kharkiv weist mit einer Jahresamplitude der Temperatur von 27,2 K deutliche Merkmale kontinentalen Klimas auf. Die Tagesschwankung ist im Winter gering (5 bis 7 K), steigt aber im Sommer auf 11 bis 12 K. Ursache ist die deutliche Zunahme der Einstrahlung, die den Temperaturgegensatz zwischen Tag und Nacht verstärkt.

Im Hochsommer werden regelmäßig Mittagstemperaturen von 26 °C erreicht. Hitzewellen können zwischen Mai und September Höchstwerte von über 30 °C bringen; die absoluten Maxima liegen nahe bei 40 °C. Dem stehen zwar seltene, dann jedoch meist heftige winterliche Einbrüche von Arktikluft gegenüber, die Tiefstwerte um -36 °C zur Folge haben können. Sie sind in der Regel mit einem stark ausgebildeten Höhentrog über Osteuropa verbunden, der die generell westliche Höhenströmung zu einer weit nach Süden (teils bis in den östlichen Mittelmeerraum) ausgreifenden Mäanderwelle umleitet.

Die Niederschläge sind auf Zyklonen zurückzuführen, die von Westen oder vereinzelt über das Schwarze Meer vordringen. Im Sommer kann es bei Ausbildung lokaler Hitzetiefs zu kräftigen Gewittern und Starkregen kommen. Die Niederschlagsmengen schwanken weitaus stärker, als es die Mittelwerte vermuten lassen. Problematisch für die Landwirtschaft ist vor allem das gelegentliche Ausbleiben der schon im Mittel nur wenig ergiebigen Frühjahrsregen. Die diesen klimatischen Gegebenheiten entsprechende natürliche Vegetation ist die Waldsteppe. Sie bildet den Übergang von der Mischwaldzone im Norden zur Steppenzone der Südukraine.

Bestimmend für die winterliche Witterung ist das Vorherrschen hohen Luftdrucks, der den Zustrom feuchter Meeresluft stark einschränkt. Das Hoch ist Teil einer Achse, die vom zentralasiatischen Kältehoch, dessen Kern über der nordöstlichen Mongolei liegt, über Südrußland bis in die Ukraine verläuft.

Verlagert sich das Kältehoch mitsamt der Achse nach Süden, hat das weitreichende Folgen für große Teile Eurasiens. Über der Nordküste der Türkei (Rize) führt das Ansteigen des Luftdrucks zu einer Umkehr der Strömungsrichtung, und die auflandigen Winde, die dort normalerweise reichlich Niederschlag bringen, treten zurück. In Kharkiv und stärker noch im mittleren und nördlichen Rußland (Moskau), sinkt hingegen der Luftdruck. Dies bedeutet, daß westliche Strömungen in viel stärkerem Maße als sonst am Nordrand der Hochdruckachse bis nach Nordwestsibirien (Salechard) vordringen und entsprechend Niederschlag bringen können. Die Daten der Tabelle geben ein konkretes Beispiel für die Auswirkungen der Südverlagerung der Achse, die nach ihrem Entdecker auch als Wojeikow-Achse bezeichnet wird.

	Luftdruck im Februar (hPa)		Niederschlag im Februar (mm)	
	1961-90	1995	1961-90	1995
Rize	1018,0	1022,2	173	57
Simferopol	1018,3	1018,4	33	37
Kharkiv	1021,0	1015,1	32	43
Kiew	1019,9	1013,7	46	45
Moskau	1020,0	1007,8	36	54
Salechard	1017,6	1005,6	18	35

Auswirkungen der Südverlagerung der eurasischen Hochdruckachse im Februar 1995

Lage:	Nordwestitalien, Piemont, am Oberlauf des Po	WMO-Nr.:	16059
Koordinaten:	45° 13' N 7° 39' E	Allg. Klimacharakteristik:	Winter kühl; Sommer warm bis sehr warm; ganzjährig Regen
Höhe ü.d.M.:	287 m	Klimatyp:	Cfa

		J	F	M	A	M	J	J	A	S	O	N	D	Jahr
Mittl. Max. Temp.	°C	5,8	8,4	12,7	16,6	20,7	24,7	27,6	26,5	23,1	17,3	10,8	6,9	16,8
Mittl. Min. Temp.	°C	-3,3	-1,1	2,1	5,6	9,9	13,8	16,3	15,7	12,6	7,2	1,8	-2,3	6,5
Relative Feuchte	%	75	75	67	72	75	74	72	73	75	79	80	80	75
Niederschlag	mm	41	53	77	104	120	98	67	80	70	89	76	42	917
Tage mit ≥ 1 mm N		4	5	7	8	10	9	6	7	6	6	7	4	79
Max. Niederschlag	mm	176	278	186	381	278	192	252	232	229	308	226	125	
Min. Niederschlag	mm	0	0	0	1	17	38	2	8	3	0	3	0	
Sonnenscheindauer	h	112	118	158	180	195	219	260	223	168	143	105	108	1989

Klimadaten Turin-Caselle (Italien). Bezugszeitraum 1961-90

Der westlichste Abschnitt der Poebene wird auf drei Seiten von Alpen und Apennin umrahmt. Hinzu kommt die Nord-Süd verlaufende Hügelkette von Monferrato, die die Abgrenzung zur eigentlichen Poebene bildet. Die Umrahmung bewirkt, daß das Klima trotz der Nähe des Meeres bereits kontinentale Züge aufweist.

In welchem Maße das Gebirge als Klimascheide wirkt, zeigt ein Vergleich mit dem nur 48 Breitenminuten (90 km) südlicher gelegenen Genua. In beiden Städten werden im Mittel jährlich 79 Tage mit Niederschlag registriert. In Genua entfallen auf die Monate Oktober bis März 44 Tage mit insgesamt 652 mm Niederschlag = 61 % der Jahressumme; in Turin hingegen nur 33 Niederschlagstage mit 378 mm = 41 % der Jahressumme.

Während Genua mit seinem Wintermaximum bereits ein typisches Merkmal des Mittelmeerklimas aufweist, verzeichnet Turin ein Sommermaximum, wie es für kontinentales Klima typisch ist. Charakteristisch sind auch die Unterschiede in der Intensität der Niederschläge: in Genua fallen durchschnittlich 13,6 mm je Niederschlagstag, in Turin nur 11,6 mm.

Folge der topographischen Lage Turins sind die häufigen Inversionen, bei denen feucht-kalte Luft in der Niederung von trocken-warmer Luft überlagert wird. Sie entstehen im Winter, wenn sich in der Poebene Kaltluft sammelt, die von den umgrenzenden Höhen abfließt. Dunst und Nebel reduzieren die Einstrahlung, so daß die Temperaturen weiter absinken.

Die Daten der Station Della Croce, einige Kilometer südlich des Stadtzentrums auf einem isolierten Vorposten des Monferrato in 710 m Höhe gelegen, repräsentieren dagegen ein von Inversionen nur wenig beeinflußtes Klima.

		Jan	Juli	Jahr
Mittl. Max. Temp.	°C	5,0	24,6	14,3
Mittl. Min. Temp.	°C	-0,5	16,4	7,6
Relative Feuchte	%	65	75	72
Niederschlag	mm	30	46	747
Tage mit ≥ 1 mm N		5	6	76
Sonnenscheindauer	h	143	229	1861
Max. Niederschlag innerhalb eines Monat	mm	95	139	267

Klimadaten der Station Della Croce. Monatswerte von 267 mm Niederschlag wurden zweimal innerhalb von 30 Jahren erreicht (Mai und September).

Auf Grund des Höhenunterschiedes gegenüber der Station Caselle sind in Della Croce etwa 3 K niedrigere Temperaturen zu erwarten. Tatsächlich liegt hier die Temperatur im Dezember und Januar nur um knapp 1 K niedriger. Die nächtlichen Minima sind – von den Sommermonaten abgesehen – in Della Croce sogar durchweg höher als in Caselle. Von November bis Februar weist die Höhenstation mehr Stunden mit Sonnenschein auf, da sie zu dieser Zeit relativ häufig aus der Dunst- und Nebelschicht der Senke herausragt. Im Sommer hingegen sind die Verhältnisse umgekehrt.

Lage:	Westliche Walachei (Kleine Walachei bzw.Oltenien), Rumänien	WMO-Nr.:	15450
Koordinaten:	44° 14' N 23° 52' E	Allg. Klimacharakteristik:	Winter mäßig kalt; Sommer warm/sehr warm, mäßig feucht
Höhe ü.d.M.:	195 m	Klimatyp:	Cfb

		J	F	M	A	M	J	J	A	S	O	N	D	Jahr
Luftdruck*	hPa	22,0	19,9	18,6	14,4	15,4	14,6	15,0	15,7	18,7	21,8	20,9	21,0	18,2
Mittlere Temperatur	°C	-2,3	-0,1	4,7	11,1	16,6	19,8	21,9	21,3	17,4	11,1	5,0	0,1	10,6
Mittl. Max. Temp.	°C	1,5	4,2	10,0	17,3	22,9	26,2	28,5	28,2	24,5	17,7	9,6	3,5	16,2
Mittl. Min. Temp.	°C	-5,6	-3,3	0,7	5,7	10,9	13,8	15,7	15,3	11,8	6,2	1,6	-2,5	5,9
Abs. Max. Temp.	°C	16,8	20,6	25,8	31,8	34,5	37,0	40,0	37,9	37,2	30,8	23,5	18,0	
Abs. Min. Temp.	°C	-29,4	-19,8	-19,4	-2,4	1,6	4,4	9,0	6,4	-0,6	-6,0	-14,8	-19,8	
Dampfdruck	hPa	4,8	5,5	7,0	9,6	13,4	16,4	17,8	17,2	14,1	10,4	7,8	5,8	10,8
Niederschlag	mm	38	39	41	52	64	74	55	46	37	36	53	47	582
Tage mit ≥ 1 mm N		7	7	7	8	9	8	6	5	5	4	8	7	81
Sonnenscheindauer	h	71	85	141	189	251	273	316	290	225	171	92	72	2177

Klimadaten Craiova (Rumänien). Bezugszeitraum 1961-90, außer Sonnenscheindauer (1971-90)
*Luftdruck über 1000 hPa

Trotz der großen West-Ost-Erstreckung des Tieflandes zeigt das Klima der Walachei eine bemerkenswerte Gleichförmigkeit. Deshalb können die Klimadaten von Craiova als repräsentativ für die gesamte Walachei – über Bukarest bis hin nach Galati – angesehen werden.
Erst in unmittelbarer Nähe des Meeres macht sich die ausgleichende Wirkung der Wasserfläche im Winter bemerkbar. Sie ist nicht sehr stark, weil das Schwarze Meer – bedingt durch Besonderheiten seiner Schichtung – beträchtliche jahreszeitliche Schwankungen der Oberflächentemperatur aufweist, so daß der Gegensatz zum Land gering bleibt. Immerhin weisen Constanta und Sulina im Donaudelta unter dem Einfluß des Meeres aber doch um 2,5 bis 3 K höhere Januartemperaturen auf als die Walachei. Südlich des Deltas bildet das küstenparallel verlaufende Bergland der Dobrudscha trotz seiner geringen Höhen eine wirksame Grenze gegenüber der Klimaregion der Schwarzmeerküste.
Stärker noch als die topographischen Verhältnisse verhindert jedoch der im Winter außerordentlich hohe Luftdruck über Rumänien ein Einströmen milder Meeresluft. Das "rumänische Hoch", das seine höchsten Werte häufig in der Region um Craiova erreicht, kann man als Ausläufer der Hochdruckachse ansehen, die sich im Winter vom zentralasiatischen Kältehoch über Kasachstan, Südrußland und die Ukraine weit nach Westen erstreckt (gelegentlich mit Fortsetzung über Spanien bis zum Azorenhoch).
Das Hoch verhindert, daß im Winter von Westen her niederschlagbringende Luftmassen die Tiefebene erreichen. Als Barriere wirkt auch die Umrahmung durch Südkarpaten, Banater Bergland und Balkan. Dies sorgt dafür, daß sich häufig in der kalten Jahreszeit für längere Zeit eine stabile Wetterlage einstellt. Der damit verbundene geringe vertikale Temperaturgradient hat zur Folge, daß die Wintertemperaturen im Gebirge selbst in 2000 m Höhe nicht wesentlich unter denen des Tieflandes liegen. Während die Berggipfel von der feuchten und milden Luft aus Westen erreicht werden, führt die hohe Ausstrahlung im Tiefland zu starkem Absinken der Temperatur. In Craiova liegt das Januarmittel deshalb um 8 K niedriger als in Bordeaux und Toulouse, wo auf gleicher Breite 5,5 °C registriert werden.
Wird die Luft über längere Zeit von diesen Gegebenheiten geprägt, so bildet sich eine durch niedrige Temperatur, Trockenheit und stabile Schichtung charakterisierte autochthone Luftmasse aus (südosteuropäische Festlandsluft). Sie trägt dazu bei, daß das Klima der Walachei eine Sonderstellung einnimmt. Es weist weder die milden Winter noch die trockenen Sommer des Mittelmeerraumes auf, weder die Ausgeglichenheit Mitteleuropas noch die extreme Kontinentalität Rußlands.

Lage:	Ostabschnitt der französischen Mittelmeerküste, Côte d'Azur	WMO-Nr.:	07690
Koordinaten:	43° 39' N 7° 12' E	Allg. Klimacharakteristik:	Winter mild und regenreich; Sommer sehr warm, z.T. trocken
Höhe ü.d.M.:	10 m	Klimatyp:	Csa

		J	F	M	A	M	J	J	A	S	O	N	D	Jahr
Luftdruck*	hPa	16,4	14,5	14,2	12,1	13,9	14,6	15,0	14,4	16,4	16,7	15,2	15,6	14,9
Mittlere Temperatur	°C	7,9	8,9	10,6	13,1	16,5	20,0	23,0	23,0	20,3	16,5	11,7	8,6	15,0
Mittl. Max. Temp.	°C	12,5	13,1	14,5	16,7	19,8	23,3	26,4	26,6	24,2	20,8	16,2	13,5	19,0
Mittl. Min. Temp.	°C	4,9	5,6	7,2	9,7	13,0	16,4	19,3	19,3	16,9	13,2	8,6	5,7	11,7
Abs. Max. Temp.	°C	19,6	25,8	23,8	25,2	30,3	31,1	35,7	34,4	33,9	29,9	23,8	21,3	
Abs. Min. Temp.	°C	-7,2	-5,8	-5,0	2,9	6,6	8,1	10,0	13,0	7,6	4,5	0,6	-2,7	
Niederschlag	mm	83	76	71	62	49	37	16	31	54	108	104	78	769
Tage mit ≥ 1 mm N	Tag	7	6	6	6	5	4	2	3	4	6	7	6	62
Sonnenscheindauer	h	150	152	202	227	270	296	340	307	239	205	156	151	2694

Klimadaten Nizza (Frankreich). Bezugszeitraum 1961-90. *Luftdruck über 1000 hPa

Obwohl Nizza sich von anderen französischen Mittelmeerstädten durch seine nördliche Lage abhebt, ist das Klima hier besonders mild. So liegt beispielsweise in Marseille die Wintertemperatur im Mittel um 1,5 K unter der von Nizza. Dies ist darauf zurückzuführen, daß Nizza durch die Meeralpen gegen kalte Nordwinde geschützt ist, Marseille hingegen am Ausgang eines Durchlasses liegt, über den häufig Kaltluft zum Mittelmeer strömt.

Wie die Tabelle erkennen läßt, herrscht im Sommer geringerer Luftdruck als im Winter. Die Werte sind auch niedriger als zur gleichen Zeit in Mittel- und Westeuropa. Wenn im Sommer das Azorenhoch seine nördlichste Lage einnimmt, ist das westliche Mittelmeer also durch eine Zone hohen Luftdrucks gegen Norden und Westen abgeriegelt. Tiefs der im Sommer gleichfalls nordwärts verlagerten Westwinddrift können deshalb zu dieser Zeit das Mittelmeer nicht erreichen. Die Folge ist, daß es dort nur selten zu Regenfällen kommt – die Ausnahmen sind meist auf lokale Konvektion zurückzuführen.

Die Situation ändert sich im Herbst mit der Verschärfung der Temperaturgegensätze zwischen hohen und niederen Breiten und der daraus folgenden Verschiebung des gesamten Zirkulationssystems. Die Verlagerung des Azorenhochs nach Süden gibt atlantischen Tiefs den Weg frei in den Mittelmeerraum, den sie häufig über das Tiefland Aquitaniens, seltener über die Straße von Gibraltar erreichen.

Außerdem begünstigt die in der kalten Jahreszeit mehr oder minder regelmäßig auftretende Mäanderzirkulation der Höhenströmung das Vorstoßen von Kaltluft aus dem Norden in den Bereich des noch warmen Mittelmeeres. Die Senken zwischen Pyrenäen und Zentralmassiv und zwischen Zentralmassiv und Alpen bilden ideale Leitlinien hierfür. Die Kaltluft wird auf relativ kleinem Raum und entsprechend konzentiert gegen die feucht-warme Mittelmeerluft geführt. Im Grenzbereich der Luftmassen kommt es im Löwengolf (Golfe du Lion) zur Bildung von Tiefs, die mit der Höhenströmung ostwärts ziehen und reichlich Niederschlag liefern (Genuazyklonen).

Die Zyklonenbildung wird entscheidend durch den Einfluß der Alpen auf die Luftströmung – im wesentlichen durch die Umwandlung von Scherungsvorticity der Strömung in Krümmungsvorticity – beschleunigt. Oft kommt es zu explosionsartigen Tiefentwicklungen innerhalb weniger Stunden.

An der Vorderseite der Tiefs wird relativ warme Luft vom südlichen Mittelmeer nach Norden geführt. Wo sie auf die Küste trifft, kommt es durch Hebung am gebirgigen Hinterland zusätzlich zu beträchtlichen Niederschlägen. Ihre Ergiebigkeit hängt vor allem von der Temperatur der Mittelmeerluft ab. Deshalb sind die Regenfälle im Herbst, wenn das Meer noch relativ warm ist, besonders intensiv (1992 im Oktober 419 mm, davon 251 mm innerhalb von 84 Stunden), im Frühjahr jedoch weniger kräftig.

Lage:	Atlantikküste im Norden Portugals	WMO-Nr.:	08546
Koordinaten:	41° 8' N 8° 36' W	Allg. Klima-charakteristik:	Winter mild und regenreich; Sommer warm und z.T. trocken
Höhe ü.d.M.:	100 m	Klimatyp:	Csb

		J	F	M	A	M	J	J	A	S	O	N	D	Jahr
Mittlere Temperatur	°C	9,3	10,1	11,5	12,9	15,1	18,1	19,9	19,8	19,0	16,2	12,3	9,9	14,5
Mittl. Max. Temp.	°C	13,5	14,3	16,2	17,5	19,6	22,7	24,7	25,0	24,0	20,9	16,7	13,9	19,1
Mittl. Min. Temp.	°C	5,1	5,9	6,8	8,3	10,6	13,5	15,0	14,6	13,9	11,4	7,9	5,9	9,9
Abs. Max. Temp.	°C	22,3	22,7	26,5	27,5	34,7	38,7	38,3	38,2	36,9	32,2	27,7	24,8	
Abs. Min. Temp.	°C	-3,3	-3,0	-1,8	0,1	2,6	5,6	9,0	8,0	5,5	1,4	-0,6	-2,1	
Relative Feuchte	%	81	80	75	74	74	74	73	73	76	80	81	81	77
Niederschlag	mm	171	169	112	112	89	53	16	22	64	131	152	176	1267
Tage mit ≥ 1 mm N		14	13	11	10	9	6	2	3	6	10	12	12	135
Max. Niederschlag	mm	375	475	247	293	245	253	73	70	181	349	377	620	1792
Sonnenscheindauer	h	124	129	192	217	258	274	308	295	224	184	139	124	2468

Klimasstation Porto / Serra do Pilar (Portugal). Bezugszeitraum 1961-90

Von anderen Gebieten der Iberischen Halbinsel hebt sich die Nordwestküste durch relativ niedrige Temperaturen und hohe Niederschlagsmengen ab. Die spanische Provinz Galicien gehört zu den regenreichsten Regionen der europäischen Atlantikküste. Im Winter fallen in Vigo durchschnittlich 271 mm/Monat; die mittlere Jahressumme liegt bei 1954 mm.

Die südlich anschließende Nordküste Portugals, deren unmittelbares Hinterland weniger stark ansteigt, ist nicht ganz so regenreich. Die geringe Jahresamplitude der Temperatur zeigt, daß auch hier der ozeanische Einfluß groß ist, doch läßt die jahreszeitliche Verteilung der Niederschläge eine Unterbrechung der Vorherrschaft regenbringender Luftmassen im Sommer erkennen. In dieser Hinsicht besteht Übereinstimmung mit den klimatischen Gegebenheiten an der Mittelmeerküste der Iberischen Halbinsel. Allerdings sind die Niederschlagsmengen an der Atlantikküste, die der Westwinddrift direkt ausgesetzt ist, erheblich höher. Die mit der Höhenströmung herangeführten atlantischen Tiefs haben meist eine größere Ausdehnung als die Tiefs des Mittelmeeres, die zwar kräftig, aber räumlich doch relativ begrenzt sind. Die Folge ist, daß die winterlichen Regenperioden an der Atlantikküste länger anhalten und daß die Niederschlagsintensität im Mittel größer ist als im Mittelmeerraum.

Die Häufigkeit der atlantischen Tiefs an Portugals Küste wird bestimmt durch die Ausdehnung der Westwinddrift, deren Südgrenze sich im Winter zwischen 25° und 45° nördlicher Breite bewegt. Auch Tiefs auf nördlicheren Bahnen können der portugiesischen Küste Niederschlag bringen, da an ihrer Südseite sehr feuchte Luft auf das Festland geführt wird. Verstärkt wird die landeinwärts gerichtete Strömung durch ein im Winter häufig über Südostspanien liegendes Hoch.

Zwar steigt das Hinterland Portos zunächst nur mäßig an, doch reicht die erzwungene Hebung der Luft aus, um die Kondensation zu verstärken und Niederschlag hervorzubringen. Weiter im Osten, wo im Gebiet von Tras-os-Montes Höhen von über 1000 m erreicht werden, nehmen die Niederschlagsmengen noch einmal deutlich zu. Entsprechendes gilt für die fast 2000 m aufragende Serra da Estrela mit der Klimastation Penhas Douradas in 1388 m Höhe. Hier beträgt die mittlere Jahressumme 1715 mm; die höchste Monatssumme im Zeitraum 1961-90 wurde in einem Dezember gemessen und lag bei 803 mm.

Im Sommer nimmt das Azorenhoch eine etwas nördlichere Lage ein und dehnt sich gelegentlich ostwärts bis auf die Iberische Halbinsel aus. Zyklonal bedingte Niederschläge sind deshalb zu dieser Zeit selten. Im Sommer, vor allem im August, sind die Niederschlagsmengen in Porto im Mittel sogar geringer als an der spanischen Costa Brava, während die Sonnenscheindauer deutlich höhere Werte erreicht.

Lage:	Hauptort von Korfu (Kerkyra), Ionische Inseln (Griechenland)	WMO-Nr.:	16641
Koordinaten:	39° 37' N 19° 55' E	Allg. Klimacharakteristik:	Winter mild und regenreich; Sommer sehr warm bis heiß
Höhe ü.d.M.:	4 m	Klimatyp:	Csa

		J	F	M	A	M	J	J	A	S	O	N	D	Jahr
Luftdruck*	hPa	16,1	14,6	14,3	12,7	13,7	13,4	12,6	12,7	15,4	16,8	16,6	15,6	14,5
Mittlere Temperatur	°C	9,6	10,3	12,1	15,1	19,6	23,8	26,4	26,1	22,7	18,4	14,2	11,1	17,5
Mittl. Max. Temp.	°C	13,9	14,2	16,2	19,2	23,8	27,9	30,9	31,1	27,8	23,2	18,8	15,4	21,9
Mittl. Min. Temp.	°C	5,1	5,7	6,8	9,3	12,9	16,4	18,3	18,6	16,5	13,4	9,8	6,7	11,6
Abs. Max. Temp.	°C	20,5	22,4	26,0	28,0	33,8	35,6	42,4	40,0	37,4	31,0	25,0	22,0	
Abs. Min. Temp.	°C	-4,5	-4,2	-4,4	0,0	4,6	8,7	10,0	11,3	7,2	2,8	-2,2	-2,0	
Relative Feuchte	%	75	74	73	72	69	63	59	62	70	74	77	77	70
Niederschlag	mm	132	136	98	62	36	14	7	18	75	148	181	180	1087
Tage mit ≥ 1 mm N		11	11	9	7	4	2	1	2	4	8	11	13	83
Sonnenscheindauer	h	118	117	116	207	277	324	365	333	257	189	134	111	2546

Klimadaten Kerkyra (Korfu, Griechenland). Bezugszeitraum 1961-90. *Luftdruck über 1000 hPa

Auf Grund der starken Gliederung durch Halbinseln und der wechselnden Gebirgsumrahmung weist das Mittelmeergebiet deutliche Klimaunterschiede auf. Die sommerlichen Temperaturen liegen im östlichen Mittelmeer höher als im Westen – zum einen deshalb weil es weiter nach Süden reicht, zum anderen, weil hier kein Gebirge den Einfluß afrikanischer Tropikluft mindert. Zyklonen, die im Westen die winterliche Witterung bestimmen, treten im Osten seltener in Erscheinung und sind weniger wetterwirksam.

Korfu, die nördlichste der Ionischen Inseln, ist zwar bereits dem östlichen Mittelmeer zuzurechnen, weist aber in klimatischer Hinsicht doch auch noch Merkmale des westlichen Mittelmeerraumes auf. Der Luftdruck ist im Sommer deutlich niedriger als im Winter. Das sommerliche Tief ist thermisch bedingt und wird in einigen Kilometern Höhe von einem Hoch abgelöst. Der Grenzbereich ist durch eine unterschiedlich deutlich ausgebildete Absinkinversion geprägt.

Das Ausbleiben der Niederschläge im Sommer ist auf die Abriegelung des Mittelmeeres nach Westen und Norden durch Bereiche hohen Luftdrucks (Azorenhoch und Hochdruckachse nördlich der Alpen) zurückzuführen. Da in dieser Jahreszeit die Temperaturgegensätze gegenüber Mittel- und Osteuropa gering sind und Zonalzirkulation überwiegt, gibt es keine Kaltluftvorstöße, die die Entstehung von Zyklonen über dem Meer anregen könnten.

Die Hitzewellen, die gelegentlich auch auf Korfu die Temperaturen in die Höhe treiben, werden durch das Vordringen afrikanischer Tropikluft verursacht. Wenn sie über dem Mittelmeer genügend Wasserdampf aufnimmt, erreicht sie die Ionischen Inseln als feucht-warme Strömung. Da Korfu bis auf 906 m Höhe aufragt, kann es dann auch im Sommer zu kräftigen Regenfällen kommen, die sich im Extrem zu Monatswerten zwischen 60 und 90 mm summieren.

Weitaus häufiger aber sind feuchtwarme regenbringende Südwinde im Frühjahr. Solche Winde werden in Italien als Scirocco bezeichnet, in Griechenland als Notias. Sie tragen dazu bei, daß die Ionischen Inseln wie die angrenzende Küste des Festlandes zu den niederschlagreichsten Regionen des Landes gehören. Der überwiegende Teil der Niederschläge, die von September bis Mai über Korfu niedergehen, ist jedoch auf Tiefs zurückzuführen, die direkt aus dem westlichen Mittelmeer kommen oder über die Adria südostwärts wandern.

Diese Adriazyklonen bringen Kaltluft aus dem östlichen Mitteleuropa oder dem nördlichen Balkan mit. Zwischen November und März können bei einem kräftigen Kaltluftvorstoß die Temperaturen auf Korfu unter den Gefrierpunkt sinken. Solche Wetterlagen treten vor allem dann auf, wenn über dem Westen Europas ein Höhenhoch, über dem östlichen Mitteleuropa jedoch ein Höhentrog liegt.

Lage:	Ostküste Siziliens, südlich des Ätna	WMO-Nr.:	16460
Koordinaten:	37° 28' N 15° 3' E	Allg. Klimacharakteristik:	Winter mild und regenreich; Sommer sehr warm bis heiß
Höhe ü.d.M.:	17 m	Klimatyp:	Csa

		J	F	M	A	M	J	J	A	S	O	N	D	Jahr
Mittl. Max. Temp.	°C	15,8	16,4	17,8	20,3	24,2	28,3	31,7	32,0	29,1	24,7	20,3	16,8	23,1
Mittl. Min. Temp.	°C	5,3	5,4	5,5	8,3	11,6	15,6	18,5	19,2	17,1	13,7	9,7	6,7	11,5
Relative Feuchte	%	73	71	70	70	68	65	64	67	68	72	75	76	70
Niederschlag	mm	75	53	46	35	19	6	5	9	45	106	62	86	547
Tage mit ≥ 1 mm N		8	7	6	5	3	1	1	2	3	7	5	8	56
Max. Niederschlag	mm	260	148	121	154	115	20	65	53	209	371	227	425	
Min. Niederschlag	mm	11	3	3	1	0	0	0	0	1	7	3	2	

Klimadaten Catania / Fontanarossa (Italien). Bezugszeitraum 1961-90

Das Gebiet um Catania gehört zu den wärmsten Regionen Italiens. In kaum einer anderen Stadt werden im Sommer mittlere Tageshöchstwerte von 32 °C erreicht. Allerdings ist der thermische Gegensatz zwischen Tag und Nacht, aber auch zwischen Sommer und Winter deutlich größer als an anderen Küstenabschnitten Siziliens. Während die Differenz zwischen mittlerem Maximum und mittlerem Minimum z.B. in Trapani 22,1 K, in Palermo 18,7 K und in Gela 18,2 K beträgt, werden in Catania 26,7 K erreicht.

Ursache für diese großen Temperaturgegensätze sind wohl in erster Linie die lokalen topographischen Verhältnisse. Die Stadt liegt am Nordostrand einer fast 50 km ins Land eingreifenden Ebene (Piana di Catània), die durch Aufschüttungen des Simeto und anderer Flüsse entstanden ist. Im Norden vom Ätna, im Süden von den Monti Iblei und im Osten von den Monti Erei begrenzt, ist die Senke nur zum Meer hin offen. Auf ihrem Grund sammelt sich im Winter die von den Höhen abströmende Kaltluft. Im Sommer hingegen wird die Senke durch die Einstrahlung stark aufgeheizt.

Der thermische Gegensatz zwischen Land und Meer ruft in Catania einen charakteristischen jahreszeitlichen Wechsel der Windrichtung hervor. Im Winter herrscht entsprechend dem Luftdruckgefälle vom Land zu dem zu dieser Zeit wärmeren Meer Westwind, im Sommer, wenn sich die Verhältnisse umgekehrt haben, Ostwind.

Wie bereits angedeutet, erscheint das Klima um Catania vergleichsweise schon fast als kontinental. Nicht ganz zu dieser Einschätzung paßt allerdings, daß die Niederschlagsmengen in Catania größer sind als an den meisten anderen Küstenabschnitten Siziliens. Besonders groß sind die Unterschiede gegenüber Gela an der Südküste, wo im Mittel nur 354 mm (verteilt auf 44 Tage) registriert werden. In bezug auf die meisten Mittelmeerzyklonen, die (wie das Genuatief) eine nördlichere Bahn nach Osten verfolgen, liegt Gela wie auch Catania im Lee. Die Zyklonen, die sich aus Saharatiefs im Winterhalbjahr gelegentlich über der Syrte entwickeln, führen an ihrer Vorderseite zwar Warmluft nach Norden, doch sind die dadurch hervorgerufenen Niederschlagsmengen in Gela doch eher mäßig, weil die Luft über dem relativ schmalen Sizilischen Meer nur wenig Feuchtigkeit aufnehmen kann. In Catania rufen die Tiefs der Syrte ergiebigere Niederschläge hervor, weil sich die Breite des Meeres ostwärts stark vergrößert. Hinzu kommt, daß die aus südöstlichen Richtungen auf die Insel strömende Luft am Ätna zum Aufsteigen gezwungen wird.

Der unterschiedliche Abstand zur afrikanischen Küste macht sich generell bei allen Winden aus Süden bemerkbar. Scirocco (bzw. Libeccio, dessen Name seine Herkunft aus Libyen verrät) verlieren dort, wo sie größere und wärmere Meeresflächen überqueren, ihren ursprünglichen Charakter und können dann sogar zu Regenbringern werden. Dies ist für Catania durchaus noch wahrscheinlich, kaum aber für die näher zur afrikanischen Küste gelegenen Orte. Dies kann dazu beitragen, daß auf Sizilien die Westküste (Trapani 450 mm/Jahr) weniger Niederschlag erhält als die Ostküste.

Lage:	Südostspanien, Ostabschnitt der Costa del Sol	WMO-Nr.:	08487
Koordinaten:	36° 51' N 2° 23' W	Allg. Klimacharakteristik:	Winter sehr mild, wenig Regen; Sommer sehr warm/heiß, trocken
Höhe ü.d.M.:	21 m	Klimatyp:	BSk

		J	F	M	A	M	J	J	A	S	O	N	D	Jahr
Luftdruck*	hPa	19,7	20,4	18,2	14,5	13,4	14,7	14,6	14,0	14,3	16,1	16,7	17,6	16,2
Mittlere Temperatur	°C	12,5	13,0	14,6	16,1	18,8	22,3	25,4	26,0	24,1	19,9	16,2	13,3	18,5
Dampfdruck	hPa	10,4	10,5	11,0	12,3	15,0	18,1	21,5	22,6	20,2	16,3	13,0	10,8	15,1
Niederschlag	mm	27	18	20	26	12	8	1	1	11	29	31	20	204
Sonnenscheindauer	h	186	187	213	235	300	323	343	311	254	220	185	181	2937

Klimadaten Almería (Spanien). Bezugszeitraum 1961-90, Luftdruck 1993-97, Sonnenschein 1969-90.
*Luftdruck über 1000 hPa

Der Ostabschnitt der spanischen Südküste gehört mit Jahressummen zwischen 180 und 240 mm Niederschlag zu den trockensten Regionen Europas. Nur zwischen Wolgamündung und Ural werden ähnlich geringe Werte gemessen.

Etwa jedes zweite Jahr erreichen die Niederschläge nicht einmal 50 % des Mittelwertes, während Monatssummen von mehr als 50 mm im Mittel nur alle zehn Jahre registriert werden. Das absolute Monatsmaximum im Zeitraum 1969-90 lag bei 112 mm (Januar).

Ungünstig für die Landwirtschaft ist außer der Dürre oft die Verteilung der Niederschläge, denn für unzureichende Wintermengen bieten Niederschläge in der wärmeren Jahreszeit keinen Ausgleich,da sie kaum in den Boden eindringen, sondern sogleich wieder verdunsten.

Monat	Mittlere Temperatur °C	Tage mit ≥ 1 mm Niederschlag	Niederschlag mm	pot. Verdunstung mm
J	13,2	0	0	27
F	14,3	1	24	31
M	15,2	1	9	44
A	17,2	0	0	60
M	21,0	0	0	101
J	23,0	3	20	123
J	26,1	1	7	163
A	26,9	0	1	163
S	21,4	1	1	89
O	21,8	1	6	87
N	17,6	1	2	49
D	15,2	5	40	35
Jahr	19,4	14	110	972

Klimadaten Almeria (Spanien) 1995. Potentielle Verdunstung berechnet nach Thornthwaite

Die Niederschlagsarmut in diesem Teil Spaniens hängt teils mit topographischen Gegebenheiten, teils mit großräumigen Strömungen über Südwesteuropa zusammen. Die meisten Tiefs, die im Mittelmeerraum wirksam werden, entstehen dort, wo im Winter Kaltluft von Norden gegen die warme Mittelmeerluft vordringt. Entsprechend der Lage dieser Durchlässe zwischen Zentralmassiv und Alpen bzw. Pyrenäen sowie der allgemeinen Zugrichtung der Tiefs nach Osten ist der äußerste Südwesten des Mittelmeeres frei von ihrem Einfluß. Das gelegentlich im Winter auftretende Balearentief hat an seiner Westflanke eine nördliche Strömung zur Folge, gegen die Almeria durch die Betischen Kordilleren abgeriegelt ist.

Als Regenbringer kommen atlantische Tiefs nur sehr beschränkt in Frage, da sie in der Regel nicht über die Iberische Halbinsel bis ins Mittelmeer vordringen.

Lediglich im äußersten Süden gelangen vereinzelt atlantische Tiefs über die Straße von Gibraltar ins Mittelmeer. Sie können Gibraltar und Malaga kräftige Niederschläge bringen, doch da ihr Warmsektor nur durch trockene Luft aus Nordafrika Nachschub erhält, ist ihre Ergiebigkeit weiter ostwärts im Raum Almería meist nur noch gering. Hinzu kommt, daß der westliche Abschnitt des Mittelmeeres als Folge des Zustroms von Wasser aus dem Atlantik die niedrigsten Temperaturen aufweist. Labilisierung der Luft durch Erwärmung von der Meeresoberfläche kann hier – im Gegensatz zu den übrigen Bereichen des Mittelmeeres – also keinen Beitrag zur Regenerierung von Tiefs leisten.

19 Tromsö		J	F	M	A	M	J	J	A	S	O	N	D	Jahr
Mittlere Temperatur	°C	-3,8	-3,7	-2,3	0,7	5,1	9,2	11,8	10,9	6,9	3,2	-0,6	-2,7	2,9
Niederschlag	mm	92	86	69	61	46	55	73	79	100	129	105	105	1000

69° 41' N 18° 55' E Norwegen 10 m ü.d.M. WMO 01025 1965-90

20 Murmansk		J	F	M	A	M	J	J	A	S	O	N	D	Jahr
Mittlere Temperatur	°C	-11,3	-10,9	-6,5	-1,6	3,6	9,2	12,6	10,8	6,7	0,9	-5,0	-9,1	0,0
Niederschlag	°C	31	22	19	20	31	54	61	79	54	43	41	37	492

68° 58' N 33° 3' E Rußland 51 m ü.d.M. WMO 22113 1961-90

21 Tórshavn		J	F	M	A	M	J	J	A	S	O	N	D	Jahr
Mittlere Temperatur	°C	3,4	3,6	3,8	4,9	6,9	9,0	10,3	10,6	9,1	7,5	4,8	3,8	6,5
Mittl. Max. Temp.	°C	5,3	5,5	5,9	7,2	9,1	11,3	12,5	12,8	11,2	9,4	6,7	5,8	8,6
Mittl. Min. Temp.	°C	1,2	1,5	1,5	2,6	4,8	7,0	8,3	8,5	7,1	5,4	2,7	1,6	4,4
Niederschlag	mm	153	113	137	93	72	67	81	88	142	177	143	171	1437
Tage mit ≥ 1 mm N		22	17	21	16	13	12	13	13	18	22	21	22	210

62° 1' N 6° 46' W Färöer 55 m ü.d.M. WMO 06011 1961-90

22 Syktywkar		J	F	M	A	M	J	J	A	S	O	N	D	Jahr
Mittlere Temperatur	°C	-16,7	-13,6	-6,1	1,1	7,9	14,0	17,2	13,7	7,7	0,5	-6,4	-12,2	0,6
Niederschlag	mm	32	25	26	33	41	60	81	60	56	57	48	38	557

61° 40' N 50° 51' E Rußland 116 m ü.d.M. WMO 23804 1961-90

23 St. Petersburg		J	F	M	A	M	J	J	A	S	O	N	D	Jahr
Mittlere Temperatur	°C	-7,8	-6,9	-2,2	4,0	10,8	15,6	17,7	16,2	11,0	5,7	0,1	-4,6	5,0
Niederschlag	mm	38	30	35	33	38	58	78	81	70	67	56	51	635

59° 58' N 30° 18' E Rußland 6 m ü.d.M. WMO 26063 1961-90

24 Stockholm		J	F	M	A	M	J	J	A	S	O	N	D	Jahr
Mittlere Temperatur	°C	-2,8	-3,0	0,1	4,6	10,7	15,6	17,2	16,2	11,9	7,5	2,6	-1,0	6,6
Mittl. Max. Temp.	°C	-0,7	-0,6	3,0	8,6	15,7	20,7	21,9	20,4	15,1	9,9	4,5	1,1	10,0
Mittl. Min. Temp.	°C	-5,0	-5,3	-2,7	1,1	6,3	11,3	13,4	12,7	9,0	5,3	0,7	-3,2	3,6
Abs. Max. Temp.	°C	10,4	12,2	17,8	22,8	28,1	32,2	34,2	35,4	27,9	20,2	13,1	10,5	
Abs. Min. Temp.	°C	-25,1	-25,5	-17,3	-10,0	-3,8	3,4	6,0	5,8	-0,2	-6,2	-11,6	-19,4	
Niederschlag	mm	39	27	26	30	30	45	72	66	55	50	53	46	539

59° 34' N 18° 6' E Schweden 52 m ü.d.M. WMO 02485 1961-90

25 Moskau		J	F	M	A	M	J	J	A	S	O	N	D	Jahr
Mittlere Temperatur	°C	-9,3	-7,7	-2,2	5,8	13,1	16,6	18,2	16,4	11,0	5,1	-1,2	-6,1	5,0
Niederschlag	mm	42	36	34	44	51	75	94	77	65	59	58	56	691

55° 50' N 37° 37' E Rußland 156 m ü.d.M. WMO 27612 1961-90

26 Edinburgh		J	F	M	A	M	J	J	A	S	O	N	D	Jahr
Mittlere Temperatur	°C	3,2	3,3	5,1	7,1	9,9	13,0	14,5	14,3	12,3	9,5	5,4	3,9	8,5
Mittl. Max. Temp.	°C	6,2	6,5	8,7	11,1	14,2	17,3	18,8	18,5	16,2	13,2	8,7	6,9	12,2
Mittl. Min. Temp.	°C	0,3	0,0	1,5	3,1	5,7	8,7	10,3	10,2	8,4	5,9	2,1	0,9	4,8
Niederschlag	mm	57	42	51	41	51	51	57	65	67	65	63	58	668

55° 57' N 3° 21' W Großbritannien .. WMO 03160 1961-90

27 Hamburg		J	F	M	A	M	J	J	A	S	O	N	D	Jahr
Mittlere Temperatur	°C	0,5	1,1	3,7	7,3	12,2	15,5	16,8	16,6	13,5	9,7	5,1	1,9	8,7
Mitt. Max. Temp.	°C	2,7	3,8	7,2	11,9	17,0	20,2	21,4	21,6	18,0	13,3	7,6	4,0	12,4
Mittl. Min. Temp.	°C	-2,2	-1,8	0,4	3,0	7,2	10,4	12,2	11,9	9,4	6,3	2,5	-0,7	4,9
Niederschlag	mm	61	41	56	51	57	74	82	70	70	63	71	72	768

53° 38' N 10° 00' E Deutschland 15 m ü.d.M. WMO 10147 1961-90

28 Stettin		J	F	M	A	M	J	J	A	S	O	N	D	Jahr
Mittlere Temperatur	°C	-1,1	-0,3	3,0	7,4	12,9	16,4	17,7	17,2	13,5	9,2	4,4	0,8	8,4
Niederschlag	mm	36	27	32	38	52	57	61	55	44	38	46	41	527

53° 24' N 14° 37' E Polen 1 m ü.d.M. WMO 12205 1961-90

29 Saratow		J	F	M	A	M	J	J	A	S	O	N	D	Jahr
Mittlere Temperatur	°C	-5,6	-4,2	0,7	8,7	15,1	18,2	19,3	18,6	13,9	8,1	2,1	-2,3	7,7
Niederschlag	mm	47	46	39	49	53	73	88	69	47	35	51	52	649

51° 34' N 46° 2' E Rußland 167 m ü.d.M. WMO 33345 1961-90

30 Vlissingen		J	F	M	A	M	J	J	A	S	O	N	D	Jahr
Mittlere Temperatur	°C	3,2	3,3	5,3	8,0	12,0	14,9	16,9	17,3	15,3	12,0	7,4	4,6	10,0
Mittl. Max. Temp.	°C	5,0	5,4	7,9	11,1	15,4	18,3	20,2	20,5	18,1	14,4	9,3	6,4	12,7
Mittl. Min. Temp.	°C	1,4	1,3	3,0	5,4	9,1	12,0	14,1	14,4	12,7	9,6	5,3	2,6	7,6
Niederschlag	mm	62	44	57	46	49	62	68	68	62	80	75	73	746

51° 27' N 3° 36' E Niederlande 10 m ü.d.M. WMO 06310 1961-90

31 London / Gatwick		J	F	M	A	M	J	J	A	S	O	N	D	Jahr
Mittlere Temperatur	°C	3,5	3,8	5,7	8,0	11,3	14,4	16,5	16,1	13,8	10,7	6,4	4,5	9,6
Mittl. Max. Temp.	°C	6,7	7,1	9,9	12,6	16,3	19,6	21,7	21,4	18,8	15,0	10,1	7,7	13,9
Mittl. Min. Temp.	°C	0,4	0,5	1,5	3,4	6,3	9,3	11,3	10,9	8,8	6,4	2,8	1,3	5,2
Niederschlag	mm	78	51	61	54	55	57	45	56	68	73	77	79	754

51° 9' N 0° 11' W Großbritannien 62 m ü.d.M. WMO 03776 1961-90

32 Kiew		J	F	M	A	M	J	J	A	S	O	N	D	Jahr
Mittlere Temperatur	°C	-5,6	-4,2	0,7	8,7	15,1	18,2	19,3	18,6	13,9	8,1	2,1	-2,3	7,7
Niederschlag	mm	47	46	39	49	53	73	88	69	47	35	51	52	649

50° 24' N 30° 34' E Ukraine 167 m ü.d.M. WMO 33345 1961-90

33 Prag		J	F	M	A	M	J	J	A	S	O	N	D	Jahr
Mittlere Temperatur	°C	-2,0	-0,6	3,1	7,6	12,5	15,6	17,1	16,6	13,2	8,3	3,0	-0,2	7,9
Mittl. Max. Temp.	°C	0,4	2,7	7,7	13,2	18,3	21,4	23,3	23,0	19,0	13,1	6,0	1,9	12,5
Mittl. Min. Temp.	°C	-5,3	-4,2	-1,3	2,4	7,1	10,4	11,8	11,5	8,6	4,0	-0,2	-3,4	3,5
Niederschlag	mm	24	23	28	38	77	73	66	70	40	31	32	25	527

50° 6' N 14° 15' E Tschech. Rep. 365 m ü.d.M. WMO 11518 1961-90

34 Krakau		J	F	M	A	M	J	J	A	S	O	N	D	Jahr
Mittlere Temperatur	°C	-3,3	-2,0	2,2	8,1	13,3	16,3	17,6	17,0	13,5	8,7	3,5	-1,0	7,8
Mittl. Max. Temp.	°C	-0,1	2,1	7,1	13,5	18,7	21,6	23,0	22,8	18,8	13,8	6,8	1,8	12,5
Mittl. Min. Temp.	°C	-6,7	-4,8	-1,3	3,0	7,6	10,8	12,2	11,8	8,6	4,2	0,2	-4,0	3,5
Niederschlag	mm	34	32	34	48	83	97	85	87	54	46	45	41	686

50° 5' N 19° 48' E Polen 237 m ü.d.M. WMO 12566 1961-90

35 Karlsruhe		J	F	M	A	M	J	J	A	S	O	N	D	Jahr
Mittlere Temperatur	°C	1,2	2,5	6,0	9,9	14,3	17,5	19,6	18,8	15,4	10,4	5,3	2,2	10,3
Mittl. Max. Temp.	°C	3,8	6,1	10,9	15,4	19,9	23,0	25,5	25,1	21,5	15,3	8,5	4,8	15,0
Mittl. Min. Temp.	°C	-1,4	-0,7	1,9	4,9	8,9	12,2	14,0	13,8	10,6	6,7	2,4	-0,4	6,1
Tage mit ≥ 1 mm N		11	10	11	10	12	11	10	10	8	9	11	11	124
Niederschlag	mm	57	54	53	61	79	86	70	66	53	58	65	67	769

49° 2' N 8° 22' E Deutschland 145 m ü.d.M. WMO 10727 1961-90

36 Paris		J	F	M	A	M	J	J	A	S	O	N	D	Jahr
Mittlere Temperatur	°C	3,4	4,2	6,6	9,5	13,2	16,4	18,4	18,0	15,3	11,4	6,7	4,2	10,6
Niederschlag	mm	54	46	54	47	63	58	54	52	54	56	56	56	650

48° 58' N 2° 27' E Frankreich 65 m ü.d.M. WMO 07150 1961-90

37 Sliac		J	F	M	A	M	J	J	A	S	O	N	D	Jahr
Mittlere Temperatur	°C	-3,9	-1,1	3,1	8,6	13,6	16,6	18,1	17,3	13,5	8,4	3,1	-1,9	8,0
Mittl. Max. Temp.	°C	0,1	3,7	8,9	15,4	20,6	23,4	25,3	25,0	21,0	15,2	6,9	1,4	13,9
Mittl. Min. Temp.	°C	-7,8	-5,3	-1,7	2,5	7,0	10,1	11,1	10,7	7,6	3,3	-0,3	-5,2	2,7
Niederschlag	mm	44	44	42	47	64	85	59	69	56	50	69	57	686

48° 39' N 19° 9' E Slowakei 315 m ü.d.M. WMO 11903 1961-90

38 Brest		J	F	M	A	M	J	J	A	S	O	N	D	Jahr
Mittlere Temperatur	°C	6,3	6,2	7,4	8,8	11,5	14,1	16,0	16,0	14,7	12,2	8,9	7,3	10,8
Mittl. Max. Temp.	°C	8,7	8,9	10,5	12,4	15,1	18,0	20,1	20,0	18,5	15,5	11,6	9,7	14,1
Mittl. Min. Temp.	°C	3,9	3,8	4,5	5,7	8,1	10,5	12,4	12,6	11,5	9,4	6,2	4,9	7,8
Niederschlag	mm	138	108	105	72	76	54	46	59	80	110	121	140	1109

48° 27' N 4° 25' W Frankreich 103 m ü.d.M. WMO 07110 1961-90

39 Wien		J	F	M	A	M	J	J	A	S	O	N	D	Jahr
Mittlere Temperatur	°C	-0,7	1,3	5,4	10,2	14,7	17,8	19,7	19,2	15,5	10,2	4,7	1,0	9,9
Abs. Max. Temp.	°C	15,0	19,1	25,5	27,8	30,7	33,3	36,0	36,1	32,5	26,4	21,7	16,2	
Abs. Min. Temp.	°C	-19,6	-17,2	-16,0	-2,5	1,0	4,7	7,1	7,0	0,7	-3,5	-9,6	-17,2	
Niederschlag	mm	38	42	41	51	61	74	63	58	45	41	50	43	607

48° 15' N 16° 22' E Österreich 200 m ü.d.M. WMO 11035 1961-90

40 Säntis		J	F	M	A	M	J	J	A	S	O	N	D	Jahr
Mittlere Temperatur	°C	-8,3	-8,3	-7,1	-4,5	-0,5	2,8	5,1	5,0	3,6	1,0	-4,0	-6,5	-1,8
Mittl. Max. Temp.	°C	-5,1	-5,3	-4,2	-2,0	1,8	5,1	7,3	7,3	6,0	3,7	-1,2	-3,5	0,8
Mittl. Min. Temp.	°C	-10,7	-10,5	-9,2	-6,6	-2,7	0,5	2,4	2,5	1,1	-1,4	-6,4	-9,0	-4,2
Niederschlag	mm	229	201	209	249	235	293	315	333	211	171	211	246	2903

47° 15' N 9° 21' E Schweiz 2500 m ü.d.M. WMO 06680 1961-90

41 Budapest		J	F	M	A	M	J	J	A	S	O	N	D	Jahr
Mittlere Temperatur	°C	-0,5	2,0	6,4	11,8	16,6	19,7	21,5	20,9	16,9	11,5	5,7	1,5	11,2
Mittl. Max. Temp.	°C	2,0	5,1	10,8	16,9	22,0	25,0	27,1	26,7	22,6	16,4	8,5	3,8	15,6
Mittl. Min. Temp.	°C	-2,7	-0,5	2,9	7,4	11,8	14,9	16,4	16,0	12,6	7,8	3,3	-0,5	7,5
Niederschlag	mm	41	38	34	41	61	68	45	55	39	34	59	48	563

47° 31' N 19° 2' E Ungarn 129 m ü.d.M. WMO 12840 1961-90

42 Askaniia-Nova		J	F	M	A	M	J	J	A	S	O	N	D	Jahr
Mittlere Temperatur	°C	-3,1	-2,0	2,2	9,6	15,6	20,0	22,3	21,6	16,5	9,7	4,4	0,3	9,8
Niederschlag	mm	30	28	25	27	38	46	42	35	28	26	34	37	396

46° 27' N 33° 53' E Ukraine 30 m ü.d.M. WMO 33915 1961-90

43 Jalta		J	F	M	A	M	J	J	A	S	O	N	D	Jahr
Mittlere Temperatur	°C	-5,6	-4,2	0,7	8,7	15,1	18,2	19,3	18,6	13,9	8,1	2,1	-2,3	7,7
Niederschlag	mm	47	46	39	49	53	73	88	69	47	35	51	52	649

45° 29' N 34° 10' E Ukraine 72 m ü.d.M. WMO 33990 1961-90

44 Neapel		J	F	M	A	M	J	J	A	S	O	N	D	Jahr
Mittl. Max. Temp.	°C	12,5	13,2	15,2	18,2	22,6	26,2	29,3	29,5	26,3	21,8	17,0	13,6	20,5
Mittl. Min. Temp.	°C	3,8	4,3	5,9	8,3	12,1	15,6	18,0	17,9	15,3	11,6	7,7	5,1	10,5
Niederschlag	mm	104	98	86	76	50	34	24	42	80	130	162	121	1007

40° 51' N 14° 18' E Italien 72 m ü.d.M. WMO 16289 1961-90

45 Sarajevo		J	F	M	A	M	J	J	A	S	O	N	D	Jahr
Mittlere Temperatur	°C	-0,9	1,5	5,1	9,4	14,1	17,0	18,9	18,5	15,1	10,4	5,3	0,3	9,6
Niederschlag	mm	71	67	70	74	82	91	80	71	70	77	94	85	932

43° 52' N 18° 26' E Bosnien 638 m ü.d.M. WMO 14654 1961-90

46 Varna		J	F	M	A	M	J	J	A	S	O	N	D	Jahr
Mittlere Temperatur	°C	1,9	2,4	5,6	10,2	15,6	20,0	22,0	21,8	18,5	13,4	8,8	4,5	12,1
Niederschlag	mm	38	41	34	44	40	46	37	32	31	36	50	42	471

43° 12' N 27° 55' E Bulgarien 43 m ü.d.M. WMO 15552 1961-90

47 Ajaccio		J	F	M	A	M	J	J	A	S	O	N	D	Jahr
Mittlere Temperatur	°C	8,2	8,8	10,1	12,4	15,9	19,5	22,3	22,3	19,9	16,4	12,1	9,1	14,8
Mittl. Max. Temp.	°C	13,3	13,7	15,0	17,4	20,9	24,5	27,6	27,7	25,4	22,0	17,5	14,4	20,0
Mittl. Min. Temp.	°C	3,9	4,3	5,3	7,3	10,6	13,8	16,2	16,5	14,4	11,4	7,7	4,8	9,7
Niederschlag	mm	74	70	58	52	40	19	11	20	44	87	96	76	647

41° 55' N 8° 48' E Korsika 9 m ü.d.M. WMO 07761 1961-90

48 Madrid		J	F	M	A	M	J	J	A	S	O	N	D	Jahr
Mittlere Temperatur	°C	6,1	7,5	10,0	12,2	16,0	20,7	24,4	23,9	20,5	14,8	9,4	6,4	14,3
Niederschlag	mm	46	44	33	54	41	26	13	9	30	45	64	51	456

40° 25' N 3° 41' W Spanien 667 m ü.d.M. WMO 08222 1961-90

49 Palma de Mallorca		J	F	M	A	M	J	J	A	S	O	N	D	Jahr
Mittlere Temperatur	°C	9,2	9,6	10,6	12,5	16,4	20,8	23,8	24,1	21,6	17,6	13,1	10,5	15,8
Niederschlag	mm	37	35	36	39	30	14	9	20	50	63	47	44	424

39° 33' N 2° 44' E Spanien 8 m ü.d.M. WMO 08306 1971-90

50 Palermo		J	F	M	A	M	J	J	A	S	O	N	D	Jahr
Mittl. Max. Temp.	°C	14,8	15,1	16,1	18,4	21,8	25,1	28,3	28,8	26,6	22,9	19,3	16,0	21,1
Mittl. Min. Temp.	°C	10,2	10,1	10,9	12,9	16,0	19,7	22,9	23,6	21,5	17,8	14,3	11,5	16,0
Niederschlag	mm	72	65	60	44	26	12	5	13	42	98	94	80	611

38° 11' N 13° 6' E Sizilien 21 m ü.d.M. WMO 16405 1961-90

51 Athen		J	F	M	A	M	J	J	A	S	O	N	D	Jahr
Mittlere Temperatur	°C	9,3	9,8	11,7	15,5	20,2	24,6	27,0	26,6	23,3	18,3	14,4	11,1	17,7
Mittl. Max. Temp.	°C	12,9	13,6	16,0	20,3	25,3	29,8	32,6	32,3	28,9	23,1	18,6	14,7	22,3
Mittl. Min. Temp.	°C	6,5	6,9	8,4	11,6	15,4	20,1	22,5	22,3	19,2	14,9	11,4	8,3	14,0
Niederschlag	mm	45	48	43	28	17	10	4	5	12	48	51	67	378

37° 58' N 23° 43' E Griechenland 107 m ü.d.M. WMO 16714 1961-90

52 Sevilla / San Pablo		J	F	M	A	M	J	J	A	S	O	N	D	Jahr
Mittlere Temperatur	°C	10,7	11,9	14,0	16,0	19,6	23,4	26,8	26,9	24,4	19,5	14,3	11,1	18,2
Niederschlag	mm	84	72	55	60	30	20	2	7	21	62	102	92	607

37° 25' N 5° 54' W Spanien ca. 25 m WMO 08381 1965-90

53 Heraklion		J	F	M	A	M	J	J	A	S	O	N	D	Jahr
Mittlere Temperatur	°C	12,0	12,2	13,6	16,6	20,3	24,3	26,1	25,9	23,5	19,9	16,6	13,8	18,7
Mittl. Max. Temp.	°C	15,2	15,5	16,8	20,2	23,5	27,3	28,6	28,4	26,4	23,1	20,1	17,0	21,8
Mittl. Min. Temp.	°C	9,0	9,0	9,8	12,0	14,9	19,0	21,7	21,7	19,3	16,5	13,4	10,9	14,8
Niederschlag	mm	92	77	57	30	15	3	1	1	20	69	59	77	501

35° 20' N 25° 11' E Kreta 39 m ü.d.M. WMO 16754 1961-90

54 Luqa		J	F	M	A	M	J	J	A	S	O	N	D	Jahr
Mittlere Temperatur	°C	12,2	12,4	13,4	15,5	19,1	23,0	25,9	26,3	24,1	20,7	17,0	13,8	18,6
Mittl. Max. Temp.	°C	15,2	15,5	16,7	19,1	23,3	27,5	30,7	30,7	28,0	24,2	20,1	16,7	22,3
Mittl. Min. Temp.	°C	9,2	9,3	10,1	11,9	14,9	18,4	21,0	21,8	20,1	17,1	13,9	11,0	14,9
Niederschlag	mm	89	61	41	23	7	3	0	7	40	90	80	112	553

35° 51' N 14° 29' E Malta 91 m ü.d.M. WMO 16597 1961-90

55 Kap Schmidt

Lage:	Nordostküste Sibiriens an der Tschuktschen See	WMO-Nr.:	25173
Koordinaten:	68° 54' N 179° 22' W	Allg. Klima-charakteristik:	Winter sehr kalt; Sommer kühl; Niederschlag mäßig bis gering
Höhe ü.d.M.:	4 m	Klimatyp:	ET

		J	F	M	A	M	J	J	A	S	O	N	D	Jahr
Mittlere Temperatur	°C	-24,5	-27,0	-24,9	-18,7	-6,4	1,5	4,3	3,2	-0,4	-9,0	-16,6	-23,5	-11,8
Dampfdruck	hPa	1,1	0,7	0,8	1,4	3,6	6,0	7,2	7,0	5,4	2,9	1,7	1,0	3,2
Niederschlag	mm	30	15	16	13	16	19	37	47	49	42	50	23	357
Tage mit ≥ 1 mm N		8	5	4	4	4	5	6	9	9	9	10	6	79
Sonnenscheindauer	h	4	55	173	254	208	256	233	133	83	55	9	0	1463

Klimadaten Kap Schmidt (Mys Shmidta, Sibirien). Bezugszeitraum 1961-90

Generell ist der Westen der Küste Sibiriens gegenüber dem Osten klimatisch begünstigt, weil die Lage in der Westwindzone die Ausbildung extremer Kaltluft einschränkt. Die nach Osten abnehmende Aktivität von Zyklonen hat zur Folge, daß die subpolare Tiefdruckrinne, die über der Barentssee im Winter deutlich ausgeprägt ist, östlich der Jenisseimündung nicht mehr in Erscheinung tritt und daß sich ein kräftiges Kältehoch durchsetzt. Charakteristisch sind die Februarmittel des Luftdrucks, die von Murmansk (1010 hPa) über Dikson (1015 hPa) bis Kap Schmidt (1022 hPa) deutlich zunehmen, während die Niederschlagsmengen abnehmen.

Entsprechend dem barischen Windgesetz dominieren an Nordseite des sibirischen Hochs – also an der Küste – Strömungen aus Westen. Wenn das Kältehoch abgebaut wird und im Sommer niedriger Luftdruck vorherrscht, ergeben sich Strömungen aus unterschiedlichen Richtungen, wobei auflandige Winde aus Nordwest bis Ost überwiegen. Da sich im Hinterland von Kap Schmidt ein parallel zur Küste verlaufender Gebirgszug bis 1522 m Höhe erhebt, bringen sie relativ hohe Niederschläge, die im Extrem (z.B. August 1997) 100 mm/Monat erreichen können.

Wie die Daten von Kap Schmidt zeigen, hebt sich das Klima der Küste auch thermisch deutlich von dem hochkontinentalen Klima ab, wie es für die Becken des Ostsibirischen Berglandes typisch ist. Im Winter und auch im Jahresmittel liegen die Temperaturen an der Küste höher als im Binnenland, doch im Sommer sind die Verhältnisse umgekehrt. Selbst im wärmsten Monat steigt der Mittelwert an der Küste kaum über 4 °C, während zur gleichen Zeit am "Kältepol" (Oimjakon) 14 °C als normal gelten können.

Die Auswirkungen des Meeres auf das Klima der Küstenregion sind sehr groß. Das Meer liefert trotz vielmonatiger Eisbedeckung noch so viel Wärme, daß der Januar nicht nur in Kap Schmidt, sondern überall an der Nordostküste und auf der vorgelagerten Wrangel-Insel höhere Temperaturen aufweist als Februar und März. Die hohe Albedo des Eises für solare Strahlung spielt hierbei keine große Rolle, weil die Einstrahlung im Winter ohnehin nur minimale Werte erreicht.

Die Energieabgabe vom Meer an die Atmosphäre erfolgt ganz überwiegend durch Ausstrahlung. Im Nordpolarmeer erreicht sie im Winter mit Werten um 200 bis 250 W/m² globale Höchstwerte. Dabei treten sehr große regionale Abweichungen auf, und zwar in Abhängigkeit von der Ausdehnung und Art der Eisbedeckung, die den Wärmestrom zwar nicht unterbindet, aber doch stark reduziert. Von großer Bedeutung ist hierbei die Wärmeleitfähigkeit des Meereises, die sehr unterschiedliche Werte annehmen kann und nicht nur von der Dicke, sondern auch vom Alter des Eises abhängt. Ist das Eis mit Schnee bedeckt, steigt die Isolierung des Meeres ganz enorm.

Der größte Teil des Wärmestroms gelangt allerdings über die relativ kleinen eisfreien Bereiche des Nordpolarmeeres in die Atmosphäre. Je nach Eisverhältnissen, die u.a. vom Wind beeinflußt werden und kurzfristig wechseln können, ergeben sich also ganz unterschiedliche Werte der Wärmeabgabe an die Atmosphäre. Hierin ist wohl die Hauptursache für die starken Variationen der Monatsmittel der Temperatur in Kap Schmidt zu sehen. So lagen in den Jahren 1994-96 die Mittelwerte im März zwischen -28,8 und -15,6 °C; noch größer war die Spannweite der Novembermittel, die von -22,2 bis -9,3 °C reichten.

56 Salechard

Lage:	Westsibirisches Tiefland, östl. Vorland des nördlichen Urals	WMO-Nr.:	23330
Koordinaten:	66° 32' N 66° 40' E	Allg. Klimacharakteristik:	Winter sehr kalt und lang; Sommer kurz, kühl bis mäßig warm
Höhe ü.d.M.:	16 m	Klimatyp:	Dfc

		J	F	M	A	M	J	J	A	S	O	N	D	Jahr
Mittlere Temperatur	°C	-24,8	-23,6	-16,4	-9,9	-1,8	7,8	14,4	10,8	5,1	-4,9	-15,5	-20,7	-6,6
Dampfdruck	hPa	1,0	1,0	1,8	2,7	4,4	7,8	12,0	10,4	7,5	4,0	2,0	1,3	4,7
Niederschlag	mm	22	18	19	24	32	52	70	62	50	39	28	25	441
Tage mit ≥ 1 mm N		7	6	6	7	7	8	8	10	9	10	9	8	95
Sonnenscheindauer	h	4	48	135	209	233	270	307	185	96	57	18	0	1562

Klimadaten Salechard (Sibirien). Bezugszeitraum 1961-90

Da Salechard fast genau auf dem Polarkreis liegt, sind die strahlungsklimatischen Gegensätze zwischen Sommer und Winter sehr groß. Auf die Temperaturverhältnisse hat auch die Schneedecke, die sich im Oktober bildet und bis Mai anhält, starken Einfluß. Rund die Hälfte des Jahresniederschlags fällt als Schnee.

Die Schneedecke wächst im Laufe des Winters bis auf ca. 70 cm an. Sie reflektiert die solare Strahlung in starkem Maße, so daß sich die ohnehin geringe Einstrahlung nur zu einem kleinen Teil in Wärmegewinn niederschlagen kann. Andererseits hat Schnee ein hohes Emissionsvermögen im langwelligen Bereich. Dies führt dazu, daß die Ausstrahlung von der Schneeoberfläche besonders hoch ist und daß die Temperatur der Luft in Bodennähe drastisch sinkt. Die Tabelle (rechts) verdeutlicht wesentliche Unterschiede zwischen dem relativ schneereichen Klima von Salechard und dem wintertrockenen von Shigansk im Osten Sibiriens.

Die im Vergleich zu Ostsibirien ergiebigeren Schneefälle in Salechard wirken sich in einer längeren Andauer der Schneedecke aus, so daß sich ein Selbstverstärkungseffekt ergibt: Die Schneedecke trägt zu den niedrigen Temperaturwerten bei, die wiederum das Abtauen im Frühling verzögern (vgl. Temperaturwerte für Mai).

Auch bei der Dauer der frostfreien Periode zeigt sich ein deutlicher Unterschied zwischen West- und Ostsibirien. Während am unteren Ob die frostfreie Periode nur sieben bis acht Wochen währt, kann man 2700 km weiter östlich an der Lena mit 12 bis 13 Wochen rechnen. Vermutlich hängen auch die Unterschiede in der Ausdehnung und Tiefe des Dauerfrostbodens mit der Schneebedeckung zusammen, denn bei dünnerer und früher abschmelzender Schneedecke (Shigansk) sind die Temperaturen im Boden niedriger als bei einer langandauernden und mächtigeren Schneedecke (Salechard).

		Salechard	Shigansk
Jahresmittel der Temp.	°C	-6,6	-11,7
Mittl. Temperatur im Mai	°C	-1,8	1,2
Anzahl frostfreier Wochen		7 - 8	12 - 13
Jahresniederschlag	mm	441	286
Niederschlag Okt. - April	mm	175	107
Dauerfrostboden (Tiefe)	m	200	500
Schneemächtigkeit	cm	60 - 70	50 - 55

Klimadaten Salechard (Ob) und Shigansk (Lena), beide ca. 66,5° nördl. Breite

Die relativ hohen Niederschlagsmengen in Salechard gehen auf Zyklonen zurück, die teils über das Schwarze Meer, teils über die Ostsee bis nach Nordwestsibirien vordringen. Hinzu kommen Zyklonen aus hohen Breiten, die über der Barentssee entstehen. Wie weit die Zyklonen nach Osten vordringen, hängt im Winter von der Lage und Intensität des sibirischen Kältehochs ab. Liegt es weit im Süden, so daß sich die Westströmung an seinem Nordrand verstärkt, hat das besonderen Schneereichtum in Salechard zur Folge (siehe auch Kharkiv, S. 19).

Im Sommer sind die Zyklonen zwar weniger kräftig, doch wird ihr Vordringen nicht durch Hochdrucklagen behindert. Die sommerlichen Niederschläge sind aber auch deshalb ergiebiger, weil durch Verdunstung von den aufgetauten Schneeflächen bzw. aus den Sümpfen weitaus mehr Wasserdampf für die Wolkenbildung zur Verfügung steht.

Lage:	Nordostsibirien, Oberlauf der Indigirka	WMO-Nr.:	24688
Koordinaten:	63° 15' N 143° 9' E	Allg. Klimacharakteristik:	Winter trocken und extrem kalt; Sommer sehr kurz, mäßig warm
Höhe ü.d.M.:	741 m	Klimatyp:	Dwd

		J	F	M	A	M	J	J	A	S	O	N	D	Jahr
Luftdruck*	hPa	35,4	35,1	27,6	16,3	9,1	5,9	5,5	8,2	13,0	18,8	27,7	34,0	19,7
Mittlere Temperatur	°C	-47,0	-42,9	-32,4	-14,4	1,9	11,6	13,8	10,1	1,7	-16,1	-37,2	-45,6	-16,4
Dampfdruck	hPa	0,1	0,2	0,4	1,7	4,2	7,7	9,5	8,5	5,0	1,9	0,3	0,1	3,3
Niederschlag	mm	9	8	5	7	12	31	51	39	22	17	12	10	223
Tage mit ≥ 1 mm N		3	3	1	2	3	7	9	8	5	5	4	3	53
Sonnenscheindauer	h	28	118	244	284	282	304	298	236	151	113	58	13	2129

Klimadaten Oimjakon (Sibirien). Bezugszeitraum 1961-90. *Luftdruckwerte über 1000 hPa

Die Jahresamplitude der Temperatur von 60 K belegt die extreme thermische Kontinentalität des Klimas im Gebiet von Oimjakon. Der Winter ist zwar äußerst streng, aber im Vergleich zur nordsibirischen Küste relativ kurz.

Die niedrigen Wintertemperaturen sind das Ergebnis der negativen Strahlungsbilanz, die wiederum in starkem Maße durch die extreme Trokkenheit der Luft bedingt ist. Selbst in subtropischen Wüstenregionen enthält die Luft etwa das Hundertfache an Wasserdampf. Das fast völlige Fehlen von Wasserdampf, dem bei globaler Betrachtung wichtigsten Treibhausgas, wirkt sich stark auf die Strahlungsbilanz aus. Da auch die Bewölkung minimal ist, weist die atmosphärische Gegenstrahlung so geringe Werte auf, daß sie die hohe Ausstrahlung von der Erdoberfläche bei weitem nicht ausgleichen kann.

Verstärkt wird die winterliche Kälte durch die besonderen topographischen Gegebenheiten Nordostsibiriens, das durch über 2000 m hohe Gebirge nach Westen, Süden und Osten abgeschlossen und zusätzlich in einzelne Becken gegliedert ist. Werchojansk und das fast 500 km weiter südlich gelegene, aber noch kältere Oimjakon werden im Westen vom Werchojansker Gebirge, im Osten vom Tschersker Gebirge umrahmt. Im Süden versperren mehrere Massive, darunter Mus Chaja und Aborigen, den Zugang vom Pazifik. Zusätzlich sorgen die Luftdruckverhältnisse über Asien dafür, daß im Winter keine Luftmassen von außen nach Nordostsibirien vordringen.

Diese Abriegelung begünstigt im Winter die Entstehung extremer Kaltluft. Die im Kältehoch absinkende Luft erreicht die Kaltluft in den Hochbecken nicht, sondern strömt in höherer Lage seitlich ab. Dadurch entsteht eine Inversion über der Senke, die den Austausch der Kaltluft zusätzlich behindert, jedoch für erheblich höhere Temperaturen auf den umgrenzenden Höhen sorgt. Die Temperaturzunahme mit der Höhe beträgt hier im Mittel 1,7 bis 2 K je 100 m.

In der 1929 eingerichteten Klimastation Oimjakon wurde 1938 ein absolutes Minimum der Temperatur von -77,8 °C gemessen. Damit wurde dieser Ort als neuer Kältepol der Erde (zuvor Werchojansk, wo 1892 ein Minimum von -67,8 °C gemessen worden war) bekannt. Erst in den 50er Jahren wurden in der Antarktis noch niedrigere Temperaturen gemessen. Deshalb gilt der Rekord Oimjakons heute nur noch für den bewohnten Teil der Erde.

Aufgelöst wird die winterliche Kälte durch die rasche Abschwächung des Hochs im April, so daß Luftmassen aus Nordwesten einströmen können. Hinzu kommt die Zunahme der Sonneneinstrahlung und – nach dem Abschmelzen der Schneedecke – der Strahlungsabsorption.

Im Sommer ist der Austausch der Luftmassen über Nordostsibrien vergleichsweise lebhaft. In dieser Zeit können in Oimjakon zwar Temperaturen unter dem Gefrierpunkt auftreten, doch kommt es andererseits auch zu Hitzewellen mit Temperaturmaxima von mehr als 30 °C. Die absoluten Maxima und Minima innerhalb der 30-Jahres-Periode liegen deshalb rund 100 K auseinander. Die warmen Sommer sind der Grund dafür, daß Oimjakon zwar absolute Tiefstwerte der Temperatur und auch die niedrigsten Januarmittelwerte aufweist, dem Jahresmittel nach aber nicht der kälteste Ort der Erde ist (vgl. Eureka in Nordwestkanada mit -19,8 °C).

58 Ulaan Gom

Lage:	Nordwestliche Mongolei, östlich des Altai	WMO-Nr.:	44212
Koordinaten:	49° 59' N 92° 5' E	Allg. Klima-charakteristik:	Winter sehr streng, trocken; Sommer mild bis warm, wenig Regen
Höhe ü.d.M.:	939 m	Klimatyp:	Dwb

		J	F	M	A	M	J	J	A	S	O	N	D	Jahr
Luftdruck*	hPa	53,0	49,2	38,3	22,1	13,3	7,3	4,9	8,9	17,6	26,0	35,9	47,8	27,0
Mittlere Temperatur	°C	-32,1	-29,8	-18,5	0,2	11,4	17,5	18,9	16,6	10,0	0,4	-10,5	-25,5	-3,4
Mittl. Max. Temp.	°C	-26,0	23,4	-11,6	6,5	19,0	24,5	25,4	23,3	17,3	7,2	-5,8	-21,2	2,9
Mittl. Min. Temp.	°C	-36,6	-35,4	-24,9	-6,0	3,7	10,1	12,2	9,7	3,3	-5,4	-15,6	-30,6	-9,6
Abs. Max. Temp.	°C	-12,0	-6,2	8,7	28,0	35,9	33,9	33,7	36,4	30,0	24,6	8,2	-0,5	
Abs. Min. Temp.	°C	-49,6	-47,7	-47,7	-24,7	-8,3	-3,1	0,4	0,2	-8,7	-22,5	-35,3	-45,2	
Dampfdruck	hPa	0,5	0,4	1,3	3,6	6,0	9,3	12,1	10,4	7,3	4,3	2,3	0,7	4,9
Niederschlag	mm	2	2	3	4	6	26	35	23	13	5	7	4	130
Tage mit ≥ 1 mm N		1	1	1	1	2	4	7	4	2	1	2	1	27
Max. Niederschlag	mm	6	6	12	15	32	177	116	69	63	20	16	10	
Sonnenscheindauer	h	135	159	234	260	313	319	307	297	250	196	101	104	2675

Klimadaten Ulaan-Gom (Mongolei). Bezugszeitraum 1961-90. *Luftdruck über 1000 hPa

Im Winter bildet sich über Zentral- und Ostasien regelmäßig ein ausgedehntes und sehr kräftiges Hoch aus, dessen Kern zwischen Baikalsee und Altaigebirge liegt. Der Luftdruck erreicht hier im Januar Werte um 1055 hPa und übersteigt damit den globalen Mittelwert um mehr als 40 hPa.
Ursache des hohen Luftdrucks ist die starke winterliche Abkühlung im gesamten Norden und im Zentrum des Kontinents. Allerdings ist der statistische Zusammenhang zwischen den in Bodennähe gemessenen Temperaturen und dem Luftdruck nicht sehr eng. Dies ist dadurch begründet, daß Temperaturinversionen gerade in den kältesten Regionen besonders stark ausgeprägt sind und extrem kalte Luft am Boden häufig durch weniger kalte überlagert wird.
Nach Westen setzt sich das Hoch unter allmählicher Abschwächung in einem langgestreckten Rücken nach Südwesten bis in die Ukraine fort. Über den nördlichen Balkan und das Mittelmeer besteht gelegentlich sogar eine Verbindung bis zum Azorenhoch. Das zentralasiatische Hoch beeinflußt das Klima fast des gesamten Kontinents. Je nachdem, ob es eine mehr nördliche oder südliche Position einnimmt, begünstigt oder verhindert es das Eindringen ostwärts ziehender Zyklonen im Norden Asiens. Im Süden ist das nach außen gerichtete Druckgefälle Antrieb für den Nordostmonsun Indiens.

In der Mongolei ist das Hoch mit sehr kalten und trockenen Wintern verbunden. Die hohe Sonnenscheindauer kann nur für relativ kurze Zeit eine gewisse Erwärmung der Luft herbeiführen. Deshalb liegen im Winter die Monatsmittelwerte näher an den mittleren Minima als an den mittleren Maxima. Das Ausmaß der hohen Kontinentalität wird deutlich beim Vergleich mit Orten gleicher geographischer Breite in Mittel- und Westeuropa, wo die Jahresamplitude der Temperatur ungefähr 16 K und damit nur ein Drittel des Wertes von Ulaan-Gom (51 K) erreicht.
Wie fast überall in Asien sinkt der Luftdruck über der Mongolei im April mit der Erwärmung des Kontinents sehr rasch. In den Monaten Juni, Juli und August herrscht ausgesprochen niedriger Luftdruck. Die Mongolei liegt dann am Nordrand einer Kette von Tiefs, die ihre extreme Ausprägung über dem Hochland von Iran, Pakistan und Nordindien sowie Südchina haben. In dieser Zeit fallen in Ulaan Gom die einzigen ergiebigen Niederschläge des Jahres. Da die potentielle Verdunstung (nach PAPADAKIS) mit Werten zwischen 90 mm (Juni) und 50 mm (September) gleichzeitig ihr Maximum erreicht und die Niederschlagsmengen weit übersteigt, sind auch diese Monate als arid einzustufen. Die Trockenheit läßt das Aufkommen von Wald nicht zu, so daß das Land weithin von Steppe bedeckt ist.

59 Chardzhev

Lage:	Usbekistan, Südwesten der Kara-Kum, Mittellauf des Amu-Darja	WMO-Nr.:	38687
Koordinaten:	39° 5' N 63° 36' E	Allg. Klima-charakteristik:	Winter mild, wenig Regen; Sommer sehr heiß und trocken
Höhe ü.d.M.:	190 m	Klimatyp:	BSk

		J	F	M	A	M	J	J	A	S	O	N	D	Jahr
Mittlere Temperatur	°C	1,0	3,4	9,6	17,4	23,3	27,9	29,5	26,9	21,3	14,0	8,1	3,3	15,5
Mittl. Max. Temp.	°C	6,8	9,6	16,4	24,5	30,6	35,2	36,7	34,6	29,8	22,4	15,6	9,0	22,6
Mittl. Min. Temp.	°C	-2,8	-0,2	4,2	7,6	15,8	19,7	21,5	18,8	13,0	6,8	2,3	-0,9	8,8
Relative Feuchte	%	75	70	62	54	41	35	36	36	42	54	64	75	54
Niederschlag	mm	18	14	25	23	8	1	0	0	0	5	10	17	121
Tage mit ≥ 1 mm N		6	6	7	6	3	0	0	0	1	3	3	6	41
Sonnenscheindauer	h	132	153	198	242	330	385	395	379	323	268	194	132	3130

Klimadaten Chardzhev (Chardzhou, früher Novy Chardzhny, Turkmenistan). Bezugszeitraum 1961-90

Die Wüsten Mittelasiens verdanken ihre Entstehung in erster Linie der Lage weit abseits des Weltmeeres. Verstärkt wird der Einfluß der Binnenlage durch die Gebirge, die die Wüstengebiete im Westen (Kaukasus), Süden (Elburs, Kopet-Dag, Pamir) und Osten (Tienschan, Altai) umgeben. Wenn Warmluft aus dem Süden nach Mittelasien vordringt, dann erwärmt sie sich beim Absteigen aus dem Gebirgsland, so daß sie als extrem trockene Strömung im Tiefland ankommt. Hitzewellen bringt der Garmsil, ein föhnartiger Wind aus dem Iran.

Ebenso erreicht die Luft, die aus dem zentralasiatischen Hochland über einige Durchlässe hinabströmt, das Vorland als trockene Strömung. Der im Winter über die Dsungarische Pforte ins Vorland strömende warme Fallwind, Ibe genannt, macht sich noch am Balchaschsee bemerkbar.

Unter den wenigen Fremdlingsflüssen, die die Wüsten durchqueren und in den Aralsee münden, ist der Amu Darja der größte. Er wird wie die meisten anderen Flüsse von den Gletschern der östlichen Hochgebirge gespeist und weist deshalb von Natur aus in den Sommermonaten die größte Wasserführung auf. Die Abzweigung von Wasser zur Nutzung in der Landwirtschaft sicherte schon vor Jahrhunderten auch den Oasenstädten Chiwa und Buchara die Existenz.

In der Sowjetunion wurden die Bewässerungsflächen in Mittelasien seit den 60er Jahren extrem ausgeweitet, um Chardzhev u.a. für den Anbau von Baumwolle und Maulbeerbäumen. Als Folge der Produktionssteigerung und unzureichender Wartung der Anlagen hat die Wasserentnahme solche Ausmaße erreicht, daß das Bett des Amu Darjas zeitweilig trockenliegt.

Die Sommer sind von extremer Hitze tagsüber und beträchtlicher Abkühlung in der Nacht gekennzeichnet. Das sich herausbildende kräftige Hitzetief bringt keinen Niederschlag, da die konvektiv aufsteigende Luft nur geringe Feuchtigkeit aufweist. Falls das Kondensationsniveau erreicht wird und Regenwolken entstehen, verdunsten die Tropfen, bevor sie den Erdboden erreichen. Eine besondere Plage der Sommermonate ist die hohe Staubbelastung der Luft.

Wechselhaft ist die Witterung in den Übergangsjahreszeiten, wenn im Norden Mittelasiens noch Schnee liegt, sich im Süden die zunehmende Einstrahlung aber schon bemerkbar macht. Da sich die Polarfront in dieser Zeit nordwärts verlagert und die Bildung von Zyklonen anregt, wechseln Kaltluft und Warmluft häufig einander ab. Die Ergiebigkeit der Niederschläge, die diese Zyklonen liefern, ist allerdings gering (im Mittel 3 mm je Niederschlagstag). Ähnlich, doch nicht ganz so ausgeprägt, ist die Situation im Herbst, wenn sich die Polarfront wieder südwärts verlagert.

Im Winter liegt Turkmenistan im Einflußbereich der Hochdruckachse, die vom zentralasiatischen Hoch ausgeht. Gelegentlich kommt es in der Höhe zu Kaltluftvorstößen aus Sibirien, die sich bis zur Erdoberfläche durchpausen und die Temperaturen bis -10 °C und tiefer absinken lassen. Die spärlichen winterlichen Niederschläge hängen mit Zyklonen zusammen, die teils an der bis zum Iran vorgestoßenen Polarfront entstehen, teils vom Schwarzen Meer nach Osten vordringen.

60 GMO im. Federova		J	F	M	A	M	J	J	A	S	O	N	D	Jahr
Mittlere Temperatur	°C	-29,2	-29,5	-28,3	-21,1	-11,3	-1,7	1,3	0,5	-2,7	-13,1	-22,7	-26,1	-15,3
Niederschlag	mm	17	18	17	13	15	23	31	30	28	24	13	19	248

77° 43' N 104° 18' E Sibirien 15 m ü.d.M. WMO 20292 1961-90

61 Dudinka		J	F	M	A	M	J	J	A	S	O	N	D	Jahr
Mittlere Temperatur	°C	-28,9	-27,6	-22,4	-15,4	-6,3	4,9	13,8	10,7	3,8	-8,9	-21,2	-25,0	-10,2
Niederschlag	mm	41	35	37	34	29	40	45	54	58	57	49	50	529

69° 24' N 86° 10' E Sibrien 19 m ü.d.M. WMO 23074 1961-90

62 Jekaterinburg		J	F	M	A	M	J	J	A	S	O	N	D	Jahr
Mittlere Temperatur	°C	-14,5	-12,2	-4,6	4,0	10,9	15,9	18,5	15,1	9,5	1,4	-5,6	-11,3	2,3
Niederschlag	mm	23	19	16	28	44	74	81	66	53	40	31	23	498

56° 50' N 60° 38' E Sibirien 283 m ü.d.M. WMO 28440 1961-90

63 Irkutsk		J	F	M	A	M	J	J	A	S	O	N	D	Jahr
Mittlere Temperatur	°C	-18,8	-16,7	-7,4	1,4	9,3	15,0	17,5	15,1	8,7	0,9	-8,4	-16,0	0,1
Niederschlag	mm	12	9	13	19	33	62	120	83	50	30	18	19	468

52° 16' N 104° 19 E Sibirien 469 m ü.d.M. WMO 30710 1961-90

64 Akmola		J	F	M	A	M	J	J	A	S	O	N	D	Jahr
Mittlere Temperatur	°C	-15,8	-15,9	-8,1	4,9	13,1	19,0	21,3	17,7	12,0	2,8	-5,9	-12,6	2,7
Niederschlag	mm	17	14	14	22	33	35	50	40	24	30	22	17	318

51° 8' N 71° 22' E Kasachstan 350 m ü.d.M. WMO 35188 1961-90

65 Bishkek		J	F	M	A	M	J	J	A	S	O	N	D	Jahr
Mittlere Temperatur	°C	-3,6	-2,6	4,5	12,1	17,0	21,9	24,7	23,1	17,9	10,4	3,8	-1,1	10,7
Niederschlag	mm	26	31	50	77	64	35	16	12	16	44	44	28	443

42° 48' N 74° 30' E Kirgistan 760 m ü.d.M. WMO 38353 1961-90

66 Samarkand		J	F	M	A	M	J	J	A	S	O	N	D	Jahr
Mittlere Temperatur	°C	0,6	2,2	7,8	14,5	19,5	24,5	26,2	24,2	19,3	12,7	7,5	3,3	13,5
Mittl. Max. Temp.	°C	6,1	7,9	13,5	20,8	26,4	32,0	33,8	32,2	27,9	21,0	14,9	9,2	20,5
Mittl. Min. Temp.	°C	-3,3	-1,4	3,2	8,9	12,7	16,4	17,8	15,9	11,2	6,0	2,0	-0,9	7,4
Niederschlag	mm	44	39	71	63	33	4	4	0	4	24	28	41	355

39° 34' N 66° 57' E Usbekistan 62 m ü.d.M. WMO 38696 1961-90

67 Esengyly		J	F	M	A	M	J	J	A	S	O	N	D	Jahr
Mittlere Temperatur	°C	4,5	5,6	9,2	14,9	20,2	24,3	27,0	27,1	23,7	17,2	11,4	6,8	16,0
Mittl. Max. Temp.	°C	10,9	12,2	15,4	21,4	26,1	29,6	31,3	31,6	29,4	24,2	18,7	13,2	22,0
Mittl. Min. Temp.	°C	0,1	0,9	4,8	10,2	15,3	19,8	23,2	23,0	18,5	11,3	5,9	2,2	11,3
Niederschlag	mm	21	19	30	18	12	3	8	7	13	21	24	27	203

37° 28' N 53° 38' E Turkmenistan 22 m unter d.M. WMO 38750 1961-90

68 Hotan		J	F	M	A	M	J	J	A	S	O	N	D	Jahr
Mittlere Temperatur	°C	-4,8	-0,2	8,8	16,4	20,6	23,9	25,4	24,4	19,7	12,5	3,9	-3,4	12,3
Mittl. Max. Temp.	°C	0,8	5,4	15,2	23,3	27,5	31,0	32,6	31,4	26,9	20,2	10,6	2,3	18,9
Mittl. Min. Temp.	°C	-9,6	-4,9	2,9	10,0	14,3	17,5	19,1	18,2	13,3	5,9	-1,4	-7,8	6,5
Niederschlag	mm	1	2	1	3	7	7	5	3	2	1	0	1	33

37° 8' N 79° 56' E Tarimbecken, China 1375 m ü.d.M. WMO 51828 1961-90

Lage:	Nordostküste Hokkaidos am Ochotskischen Meer	WMO-Nr.:	47405
Koordinaten:	44° 35' N 142° 58' E	Allg. Klimacharakteristik:	Winter kalt; Sommer warm; ständig feucht, bes. im Sommer
Höhe ü.d.M.:	15 m	Klimatyp:	Dfb

		J	F	M	A	M	J	J	A	S	O	N	D	Jahr
Mittlere Temperatur	°C	-7,2	-7,9	-3,1	3,8	8,8	11,8	16,1	18,4	14,9	9,0	2,1	-3,3	5,3
Mittl. Max. Temp.	°C	-3,7	-3,8	0,6	8,0	13,6	15,7	19,7	22,0	19,5	13,8	5,9	-0,1	9,3
Mittl. Min. Temp.	°C	-12,0	-13,1	-7,8	-0,7	3,7	7,7	12,5	14,7	10,2	3,9	-2,1	-7,5	0,8
Dampfdruck	hPa	3,0	2,9	3,8	5,6	8,1	11,7	16,1	18,2	13,8	8,8	5,6	3,9	8,5
Relative Feuchte	%	78	78	76	70	74	85	87	85	79	74	75	77	78
Niederschlag	mm	55	38	48	47	68	75	88	133	123	103	72	53	903
Tage mit ≥ 1 mm N		12	10	10	8	9	9	9	11	12	12	12	12	126
Sonnenscheindauer	h	100	129	171	182	189	160	154	145	172	158	106	95	1760

Klimadaten Omu (Japan). Bezugszeitraum 1961-90

Trotz seiner Lage unmittelbar an der Küste zeigt Omu deutliche Merkmale kontinentalen Klimas. Die Monatsmittel der Temperatur weisen eine Jahresamplitude von 25,6 K; die Minima und Maxima weichen nicht allzu sehr von den Werten ab, wie sie für Osteuropa charakteristisch sind. Andererseits lassen die Klimadaten von Omu auch typische Merkmale ozeanischen Klimas erkennen, so die Verzögerung des Eintritts der Minima und Maxima der Temperatur, die erst im Februar bzw. im August auftreten, sowie die hohe Luftfeuchtigkeit im Sommer.

Wie der größte Teil Ostasiens wird Hokkaido in starkem Maße durch den jahreszeitlich wechselnden Einfluß unterschiedlicher Luftmassen geprägt. Da die Insel nur 250 km vom asiatischen Festland entfernt ist, wird die sibirische Kaltluft, die im Winter nach Südosten vordringt, beim Überqueren des Japanischen Meeres nur mäßig transformiert. Immerhin erhält die Westküste Hokkaidos wie auch das gebirgige Landesinnere im Winter reichlich Niederschlag, ab November in der Regel als Schnee.

Im Sommer gerät Hokkaido in den Einflußbereich wärmerer und feuchterer Luft, die aus südöstlicher Richtung vom Pazifik herangeführt wird. Doch das Maximum der zyklonalen Niederschläge fällt erst im Herbst, wenn sich das Meerwasser auch vor der Küste Hokkaidos einigermaßen erwärmt hat.

Großen Einfluß auf das Klima Nordjapans haben Meeresströmungen. Längs der Nordostküste Hokkaidos strömt kaltes Wasser südwärts. Dies ist zurückzuführen auf den Zusammenschluß eines Arms des Oyashiostromes (Sachalinstrom) mit dem durch die Sôyastraße (La-Perouse-Straße) ostwärts vordringenden Wasser aus dem nördlichen Japanischen Meer. Das kalte Wasser bewirkt, daß der für Mitteljapan typische Gegensatz zwischen winterkalter Westseite und milder Ostseite nicht nur aufgehoben, sondern umgekehrt wird. Im Vergleich zur Westküste weist die Nordostküste Hokkaidos in den meisten Monaten um 2 bis 3 K niedrigere Temperaturen auf. Gegenüber westeuropäischen Orten gleicher geographischer Breite (z.B. Bordeaux) beträgt die Temperaturdifferenz im Jahresmittel 7 K. Die niedrigen Temperaturen und die kurze Vegetationsperiode (nur 140 Tage ohne Frost verhindern den Anbau von Reis.

Im Sommer, wenn ein Ausläufer des Tsushimastroms durch die Soyastraße warmes Wasser an die kühle Nordostküste Hokkaidos gelangen läßt, bilden sich im Grenzbereich zum kalten Wasser des Oyashio häufig Nebel, der die Einstrahlung reduziert und damit zur Verstärkung der Kälte beiträgt. Nachschub an kaltem Wasser liefert das Ochotskische Meer, die "Eiskammer Ostasiens", wo sich das Meereis bis in den Sommer hinein hält. Erst Ende August, wenn die Temperaturgegensätze der Meeresströmungen nicht mehr so stark sind, geht die Zahl der Nebeltage zurück und die Temperaturen steigen zumindest mittags auf über 20 °C an. Der September weist deshalb eine höhere Sonnenscheindauer auf als die Monate Juni bis August.

Lage:	Japanisches Meer, südlichster Hafen an der Ostküste Rußlands	WMO-Nr.:	31960
Koordinaten:	43° 7' N 131° 56' E	Allg. Klimacharakteristik:	Winter streng und trocken; Sommer warm und feucht
Höhe ü.d.M.:	183 m	Klimatyp:	Dfb, an der Grenze zu Dwb

		J	F	M	A	M	J	J	A	S	O	N	D	Jahr
Mittlere Temperatur	°C	-13,1	-10,3	-2,5	4,4	9,6	12,9	17,3	19,5	15,3	8,2	-1,3	-9,5	4,2
Dampfdruck	hPa	1,6	2,0	3,5	5,8	8,8	13,5	18,7	20,4	14,2	8,1	4,1	2,2	8,6
Niederschlag	mm	15	18	25	52	61	99	119	149	125	68	38	19	788
Tage mit $\geq$ 1 mm N		3	3	4	7	8	11	11	10	7	6	4	3	77
Sonnenscheindauer	h	178	184	216	192	199	130	122	149	197	205	168	156	2096

Klimadaten Wladiwostok (Rußland). Bezugszeitraum 1961-90

Wladiwostok gehört zu den südlichsten Städten Rußlands und liegt auf gleicher geographischer Breite wie die Namenspartnerin Wladikawkas am Nordrand des Kaukasus sowie Perugia in Mittelitalien. Die Breitenlage und die unmittelbare Nachbarschaft des Pazifischen Ozeans lassen ein mildes und ausgeglichenes Klima erwarten, doch die tatsächlichen Gegebenheiten sind weit hiervon entfernt. Dies läßt bereits die Jahresamplitude von 32,6 K erkennen. Gegenüber der Westseite der eurasischen Landmasse gleicher Breite (z.B. Nordspanien) beträgt das Temperaturdefizit im Winter 20 bis 22 K, während im Sommer im Osten wie im Westen annähernd gleiche Temperaturverhältnisse herrschen.

Entsprechend seiner Breitenlage gehört Wladiwostok der außertropischen Westwindzone an. In der kalten Jahreszeit setzt sich die westliche Strömung auch in der unteren Troposphäre durch. Als Folge des südwärtigen Vordringens der winterlichen Polarzyklone über Nordostasien erfahren die Höhenwestwinde am Ostrand des Kontinents jedoch eine Ablenkung nach Südosten. Die damit verbundene Verfachtung kalter Luft aus dem Norden nach Süden ist eine der Ursachen dafür, daß die Temperaturen in Ostasien generell niedriger liegen als an der Westseite des eurasischen Kontinents.

In der kalten Jahreszeit setzt sich die Strömung, entsprechend dem Druckgefälle zwischen dem zentralasiatischem Kältehoch und dem relativ niedrigen Luftdruck über dem nördlichen Pazifik (Aleutentief) als Nordwind bis zum Erdboden durch. Für Wladiwostok bedeutet dies, daß im Winter nördliche Winde und trocken-kalte Witterung die Regel sind. Hierbei spielt auch eine Rolle, daß Wladiwostok gerade am südlichen Ausgang der Ussurisenke liegt. Umrahmt von hohen Gebirgen – im Osten vom über 2000 m hoch aufragenden Sichote Alin – wirkt sie wie ein Windkanal, der den Nordwind beschleunigt und nach Süden leitet. Windgeschwindigkeiten von 7 bis 8 m/s (Windstärke 4 auf der Beaufortskala) sind im Winter die Regel, werden jedoch oft überschritten. Die Ablenkung des Windes nach Süden hat zur Folge, daß im Schutze des Sichote Alin in dem 200 km weiter nördlich gelegenen Küstenort Ternej die Wintertemperaturen weniger stark absinken als in Wladiwostok, wo gelegentlich bei kräftigem Nordwind -30 °C gemessen werden (im Binnenland am Ussuri sogar -40 °C).

Im Sommer bleibt die Westströmung in der Höhe erhalten, während in den unteren 1000-2500 m das veränderte bodennahe Druckfeld eine entscheidende Umgestaltung bewirkt. Da sich die großräumigen Druckverhältnisse umgekehrt haben, strömt nun feucht-warme Luft aus Südosten vom Pazifik auf den Kontinent. Sie bringt der Luvseite des Küstengebirges zwischen Mai und September gut 600 mm Regen (Ternej 617 mm, Wladiwostok 612 mm, Kap Zoloty 636 mm), während das Hinterland etwas darunter bleibt (Chabarowsk 582 mm.).

Da die vorherrschenden Windrichtungen und mit ihnen die witterungsbestimmenden Luftmassen im halbjährlichen Rhythmus wechseln, wird das Klima der südlichen Pazifikküste Rußlands als Monsunklima bezeichnet. Der monsunale Charakter beeinflußt außer Temperatur und Niederschlag auch die Sonnenscheindauer, die auf Grund des hohen Bewölkungsgrades nicht im Sommer, sondern im Frühjahr und Herbst ihre Höchstwerte erreicht.

Lage:	Nordosten Chinas, südliche Mandschurei	WMO-Nr.:	54342
Koordinaten:	41° 46' N 123° 26' E	Allg. Klima-charakteristik:	Winter kalt bis streng, trocken; Sommer warm bis heiß; feucht
Höhe ü.d.M.:	43 m	Klimatyp:	Dwb

		J	F	M	A	M	J	J	A	S	O	N	D	Jahr
Mittlere Temperatur	°C	-11,5	-7,8	0,7	9,8	17,2	21,7	24,5	23,6	17,3	9,5	0,3	-7,9	8,1
Mittl. Max. Temp.	°C	-5,2	-1,7	6,4	16,0	23,2	27,1	29,0	28,3	23,5	15,9	5,7	-2,2	13,8
Mittl. Min. Temp.	°C	-16,6	-13,1	-4,4	3,8	11,1	16,6	20,4	19,3	11,9	4,1	-4,2	-12,5	3,0
Abs. Max. Temp.	°C	8,6	14,9	19,8	29,3	34,3	35,2	35,2	35,7	30,7	29,2	21,7	13,4	
Abs. Min. Temp.	°C	-30,5	-27,2	-21,7	-12,5	0,2	7,8	12,4	8,0	1,0	-8,3	-20,1	-30,2	
Dampfdruck	hPa	1,7	2,0	3,4	6,2	10,4	17,0	23,8	22,6	13,9	8,0	4,2	2,2	9,6
Niederschlag	mm	7	8	16	43	55	87	167	157	77	42	17	9	685
Sonnenscheindauer	h	167	181	231	241	267	247	214	224	236	216	164	151	2539

Klimadaten Shenyang (früher Mukden, China). Bezugszeitraum 1961-90

Shenyang. auf gleicher Breite gelegen wie Rom, weist im Jahresmittel Temperatur- und Niederschlagswerte auf, wie sie für Mitteleuropa charakteristisch sind. Wie wenig aussagekräftig allerdings Jahresmittelwerte sind, zeigt die große Spannweite der Monatsmittelwerte Der Kontinentalitätsgrad nach CONRAD beträgt k = 64 und ist damit höher als z.B. in Moskau (k = 37) oder im sibirischen Omsk (k = 56), obwohl Shenyang nur 150 km von der Küste entfernt liegt.

Ursache für den hohen Kontinentalitätsgrad ist der Wechsel zwischen Winter- und Sommermonsun. Der Wintermonsun führt ab Oktober am Ostrand des zentralasiatischen Kältehochs extrem kalte Luft aus Nordostsibirien nach Süden. Trotz adiabatischer Erwärmung bringt sie der mandschurischen Senke im Norden Januarmittel um -20 °C. Im Süden (Liao-he-Ebene) macht sich der Einfluß des Meeres mildernd bemerkbar, so daß hier die winterlichen Mittelwerte um 7 bis 8 K höher liegen. Die niedrigsten Temperaturen der Mandschurei werden in dem Hochbecken zwischen Großem Chingan und Jablonowy-Gebirge registriert (Hailar mit Januarmittel von -26,2 °C, absolutes Minimum -43,6 °C).

Mit der Abschwächung des Kältehochs (März/April) gewinnt die im Bereich zwischen kontinentalem Hitzetief und Pazifikhoch überall in Ostasien zu beobachtende Südströmung an Einfluß. Sie wird als Sommermonsun bezeichnet, ist aber im Nordosten Chinas zu einem nicht geringen Teil Folge der zu dieser Zeit vermehrt auftretenden Tiefs, an deren Vorderseite relativ feuchte Meeresluft nordwärts verfrachtet wird. Generell ist der Sommermonsun in Ostasien (im Gegensatz zu Indien) erheblich schwächer ausgebildet als der Wintermonsun. Zu Niederschlag kommt es beim Aufsteigen der feuchten Meeresluft an orographischen Hindernissen und durch Aufgleitvorgänge an den Warmfronten der Zyklonen. Wie die Tabelle zeigt, ist die Niederschlagsvariabilität im Sommer groß.

Jahr	1991	1992	1993	1994	1995	1996	1997
mm	29	36	213	339	128	137	270

Shenyang. Monatssummen des Niederschlags im August. Die Höchstwerte gehen auf die Taifune "Ellie" (1994) und Winnie (1997). zurück.

Die Häufigkeit und Intensität der regenbringenden Zyklonen ist von der Lage der Polarfront abhängig. Von ihrer mittleren Sommerlage (Balchaschsee, Mongolei, Amur), weicht sie häufig ab. Dies wirkt sich in Shenyang besonders aus, weil hier die Niederschläge ohnehin gegenüber dem 1000 bis 1300 m ansteigenden Bergland des Qia-shan reduziert sind (Lee-Effekt). Das Ausbleiben der Tiefs bzw. der Warmfrontniederschläge kann zu sommerlicher Dürre führen. Monatssummen von mehr als 200 mm Niederschlag sind auf stark ausgeprägte Monsuntiefs (1993) oder auf den Einfluß tropischer Wirbelstürme zurückzuführen, die über dem relativ warmen Wasser des Gelben Meeres vor allem im August bis in die Mandschurei vordringen.

Lage:	Nördliches Honshu, 55 km östl. der Küste des Japan. Meeres		WMO-Nr.:	47520
Koordinaten:	38° 45' N	140° 19' E	Allg. Klimacharakteristik:	Winter mäßig kalt; Sommer warm/sehr warm, ständig feucht
Höhe ü.d.M.:	113 m		Klimatyp:	Cfa

		J	F	M	A	M	J	J	A	S	O	N	D	Jahr
Mittlere Temperatur	°C	-1,3	-0,9	2,6	8,5	14,2	18,9	21,6	24,4	19,7	12,2	6,5	2,3	10,7
Mittl. Max. Temp.	°C	1,7	2,4	6,6	14,4	20,2	24,3	26,2	29,6	24,4	17,4	10,7	5,6	15,3
Mittl. Min. Temp.	°C	-4,4	-4,5	-1,4	2,9	8,7	14,2	18,0	20,3	16,1	7,9	2,7	-0,7	6,7
Dampfdruck	hPa	4,6	4,7	5,5	7,7	11,2	15,8	20,2	23,5	18,6	11,6	8,0	6,0	11,5
Relative Feuchte	%	82	80	74	70	70	74	79	77	80	81	81	81	77
Niederschlag	mm	184	124	90	102	88	120	137	177	140	131	184	180	1657
Tage mit ≥ 1 mm N		23	18	17	15	11	11	13	9	14	15	17	21	184
Sonnenscheindauer	h	38	56	109	159	179	170	145	178	104	100	59	42	1338

Klimadaten Shinjo (Japan). Bezugszeitraum 1961-90

Obwohl in Japan nirgends die Entfernung zum Meer groß ist, macht sich zum Landesinneren hin, vor allem in Beckenlandschaften wie um Shinjo, schon leicht kontinentaler Einfluß bemerkbar. Die Zunahme der Jahresamplitude wird hier in erster Linie durch ein Absinken der Wintertemperaturen verursacht. Sie liegen auf gleicher Breite an der Küste im Mittel um etwa 2 K höher als in Shinjo.

Im Vergleich zur entsprechenden Breite in Europa (z.B. Palma de Mallorca, Korfu) liegen die Wintertemperaturen jedoch überall um 8 bis 10 K niedriger. Dies entspricht – in abgemilderter Form – der generell zu beobachtenden Südverlagerung der Isothermen am Ostrand des eurasischen Festlandes. Zu den Ursachen zählen der hier oft auftretende Höhentrog (quasistationäre Mäanderwelle der Höhenströmung) und das winterliche Kältehoch über Sibirien.

Die vom sibirischen Kältehoch ausgehende Strömung (Wintermonsun) ist ursprünglich trockenkalt, wird aber unter dem Einfluß des warmen Tsushimastromes in beträchtlichem Maße modifiziert, und zwar umso mehr, je länger der Weg über das Wasser ist. In welchem Maße der Wintermonsun Niederschlag bringt, hängt aber auch von lokalen topographischen Gegebenheiten ab. So erhalten manche Küstenorte (z.B. Fukui) Monatssummen von 300 mm, andere hingegen nur um 100 mm.

Die Winterniederschläge erreichen auch das Landesinnere – in den Becken etwas abgeschwächt, doch zum zentralen Bergland wieder zunehmend. Wenn die untere Luftströmung beim Auftreffen auf das Land gebremst wird, eilt in der Höhe kältere Luft, die nicht vom Meer erwärmt wurde, voraus. Dies hat eine starke (oft überadiabatische) vertikale Temperaturabnahme zur Folge. Die Kaltluft bricht von oben ein und veranlaßt die feuchtere Luft zum Aufsteigen und damit zur Wolkenbildung. An der Luvseite der Gebirge überlagert sich dieser Effekt mit dem gleichfalls Niederschlag bringenden Staueffekt. Da länger andauerndes Tauwetter selten ist, jedoch fast täglich Schnee fällt, steigert sich die Schneemächtigkeit im Spätwinter beträchtlich. Im östlich angrenzenden Bergland bleibt eine geschlossene Schneedecke vier bis fünf Monate bestehen.

Die sommerlichen Niederschläge in Shinjo erreichen etwa 130 mm/Monat und werden durch wandernde Zyklonen bzw. deren Fronten ausgelöst. Im Juli quert die zurückweichende Polarfront den Norden Honshus, wobei ihre Lage stark vom Verlauf der Gebirge mitbestimmt wird. Langandauernder Nieselregen und hohe Luftfeuchtigkeit – beides allerdings weniger ausgeprägt als in Südjapan – sind die Folgen.

Im August liegen die Niederschlagsmengen auffällig über dem sommerlichen Durchschnitt. Dies hängt damit zusammen, daß zu dieser Zeit die benachbarten Meeresgebiete ihr Temperaturmaximum erreicht haben und die Luft auch über dem Land stark mit Wasserdampf angereichert ist. In den Beckenlandschaften kommt es während der Hitzeperiode im August zu hochreichender Konvektion und kräftigen Gewitterregen.

Lage:	Mittlerer Hwanghe, westlich des Ordosplateaus, Nordchina	WMO-Nr.:	53614
Koordinaten:	38° 29' N 106° 13' E	Allg. Klima-charakteristik:	Winter kalt und trocken; Sommer warm/sehr warm, wenig Regen
Höhe ü.d.M.:	1112 m	Klimatyp:	Dwb

		J	F	M	A	M	J	J	A	S	O	N	D	Jahr
Mittlere Temperatur	°C	-8,4	-4,7	2,7	10,7	17,2	21,3	23,3	21,6	16,0	9,2	1,1	-6,3	8,6
Mittl. Max. Temp.	°C	-1,2	2,9	10,2	18,4	24,4	27,8	29,3	27,5	22,7	16,6	7,2	0,0	15,5
Mittl. Min. Temp.	°C	-14,3	-10,8	-3,4	3,5	9,9	14,7	17,7	16,3	10,4	3,3	-3,5	-11,0	2,7
Abs. Max. Temp.	°C	16,7	17,2	24,9	32,2	36,5	35,8	36,4	35,7	31,4	27,0	21,5	15,9	
Abs. Min. Temp.	°C	-27,7	-25,4	-18,5	-8,2	-2,5	3,9	11,1	8,8	-3,3	-9,0	-15,8	-24,5	
Dampfdruck	hPa	1,8	2,1	3,6	5,5	8,9	13,4	17,7	17,4	11,9	7,4	4,3	2,4	8,0
Niederschlag	mm	1	2	6	12	17	19	42	52	23	14	4	1	193
Tage mit ≥ 1 mm N		0	1	1	2	3	3	5	6	4	3	1	0	29
Max. Niederschlag	mm	7	12	28	48	72	52	149	129	62	52	25	6	355
Min. Niederschlag	mm	0	0	0	0	0	2	3	6	1	0	0	0	98
Sonnenscheindauer	h	216	210	244	253	289	295	285	273	241	235	221	215	2977

Klimadaten Yinchuan (bis 1945 Ning-hsia, China). Bezugszeitraum 1961-90

Das Ausmaß der Kontinentalität nimmt in Ostasien von Süden nach Norden zu. Ursache ist der scharfe Gegensatz zwischen sibirischer Kaltluft und feuchtwarmer Pazifikluft, die im jahreszeitlichen Wechsel des Monsuns die Witterung bestimmen. Im Osten des Landes bringt die sommerliche Südströmung im Zusammenwirken mit Zyklonen feuchte Luft nordwärts, so daß es dort zu kräftigem und gelegentlich durch Taifune noch verstärktem Niederschlag kommt. Die Grenze zwischen diesem monsunalen Zyklonalklima und dem "parautochthonen Plateauklima", das den Westen Chinas einnimmt, folgt im Norden des Landes nach HENDL etwa dem 110. Längenkreis. Einige Klimatologen sehen erst in der 2000 bis 3500 m hohen Kette der Helan Berge westlich des Ordosplateaus die eigentliche Klimagrenze gegenüber Zentralasien.

Auch wenn im Gebiet um den Mittellauf des Hwanghe noch Monsuneinflüsse zu erkennen sind, so sind die sommerlichen Niederschlagsmengen doch spärlich. Die Abschirmung gegenüber dem Golf von Bengalen und dem Südchinesischen Meer durch Hochgebirge sowie die sommerliche Erwärmung sorgen dafür, daß die relative Feuchte gering bleibt.

Der Hwanghe, von den Gletschern im Nordosten Tibets gespeist, durchströmt das Gebiet als Fremdlingsfluß. Die starke sommerliche Verdunstung entzieht ihm hier einen großen Teil seines Wassers. Durch Ablagerung von Schwebstoffen hat der Fluß die tektonisch angelegte Senke zwischen Gobi und Ordosplateau teilweise aufgefüllt, so daß er von Schwemmlandebenen mit fruchtbarem Lößlehm gesäumt wird.

Die Temperaturen sind dank der Gebirgsumrahmung im Westen und Norden, die die Grenze zur Gobi bildet, weniger extrem, doch sind die Niederschlagsmengen, besonders im westlichen Abschnitt des Hwanghe-Bogens, noch geringer als auf dem Plateau selbst, dessen wüstenhafter Charakter sich erst in den letzten tausend Jahren, vermutlich als Folge menschlicher Mißwirtschaft, entwickelt hat.

Die dürftigen und ohnehin unsicheren sommerlichen Niederschläge spielen für die agrarische Nutzung praktisch keine Rolle. Das Regenwasser dringt kaum in den Boden ein und wird von der Verdunstung rasch aufgezehrt. Die potentielle Verdunstung beträgt nach DOMRÖS & GONGBING 1593 mm/Jahr. Das reichlich vorhandene Flußwasser kann jedoch zu Bewässerungszwecken genutzt werden. Hierfür wurde in der Ebene westlich des Flusses ein dichtes Kanalnetz angelegt. Um der Gefahr der Bodenversalzung zu begegnen und, muß auch für die Abfuhr des von den Pflanzen nicht aufgenommenen Wassers gesorgt werden.

Lage:	Südjapan, südliche Ostküste der Insel Kyushu	WMO-Nr.:	47817
Koordinaten:	32° 44' N 129° 52' E	Allg. Klima-charakteristik:	Winter mild; Sommer heiß; ganzjährig Regen, bes. im Sommer
Höhe ü.d.M.:	35 m	Klimatyp:	Cfa

		J	F	M	A	M	J	J	A	S	O	N	D	Jahr
Mittlere Temperatur	°C	6,8	8,0	11,1	16,0	19,6	22,8	26,9	27,2	24,1	18,9	13,8	8,7	17,0
Mittl. Max. Temp.	°C	12,5	13,3	16,2	20,7	24,0	26,7	31,0	31,3	28,4	24,0	19,4	14,7	21,9
Mittl. Min. Temp.	°C	1,8	3,1	6,1	11,4	15,3	19,4	23,5	23,8	20,5	14,3	8,8	3,5	12,6
Dampfdruck	hPa	6,8	7,6	9,6	13,9	17,8	22,8	28,5	29,2	24,7	17,1	12,2	8,2	16,5
Relative Feuchte	%	67	68	71	75	78	82	81	81	82	78	76	72	76
Niederschlag	mm	63	83	157	221	279	377	288	294	329	194	101	50	2436
Tage mit ≥ 1 mm N		5	7	10	12	12	15	13	13	12	8	6	5	118
Max. Niederschlag	mm	257	286	440	405	456	752	623	901	1034	780	492	129	
Min. Niederschlag	mm	3	21	55	66	128	173	37	14	100	10	9	0	
Sonnenscheindauer	h	187	158	173	161	166	143	214	220	161	175	163	182	2103

Klimadaten Miyazaki (Japan). Bezugszeitraum 1961-90

Deutlich lassen die Klimadaten eine regenreiche Zeit, die im März einsetzt und bis Oktober andauert, erkennen. Von Mai bis September werden Monatsmittel um 300 mm gemessen, d.h. viermal höhere Werte als während der kühlen Jahreszeit. Es liegt nahe, diesen Wechsel im Niederschlagsgang auf den ostasiatischen Monsun zurückzuführen, jedoch kommt der schwach ausgeprägte Südwestmonsun infolge seiner stabilen Schichtung als Regenbringer kaum in Frage.
Die Niederschläge sind vielmehr überwiegend mit Zyklonen verbunden, die im Grenzbereich zwischen feuchtwarmer Tropikluft (Ogasawara-Luftmasse) und Polarluft entstehen. Diese Luftmassengrenze (Polarfront) liegt während des Winters südlich der japanischen Hauptinseln, verlagert sich jedoch mit dem Schwächerwerden des sibirischen Hochs nordwärts.
Wirksam ist die Polarfront auch durch Aufgleitvorgänge der feuchten Tropikluft auf die Polarluft. Wenn die Polarfront Miyazaki erreicht (im Mittel um den 20. Juni), kommt es deshalb zu länger andauerndem Nieselregen bei schwüler Witterung ("Pflaumenregen", in Japan Tsuyu genannt). Auch beim Rückzug der Polarfront gerät Miyazaki erneut in ihren Einflußbereich.
Als Regenbringer spielen in Japan Taifune eine große Rolle. Die mit ihnen verbundenen extremen Regenmengen können gelegentlich zu Monatssummen von über 1000 mm führen. Die Japan vor allem im Spätsommer und Herbst erreichenden Taifune entstehen meist im Seegebiet Mikronesiens und beschreiben eine zunächst nach Westen, dann aber parabelförmig nach Norden oder Nordosten führende Bahn. Der warme Kuroshio vor der Südostküste Japans begünstigt den Erhalt der Wirbel.
Gleichfalls an die warme Jahreszeit gebunden ist gelegentlich kräftiger, teils mit Gewitter verbundener Regen durch Konvektion über dem sommerlich erhitzten Land.
Während des Winters herrscht über Japan eine nordwestliche Strömung, die kontinentale Kaltluft vom asiatischen Festland heranführt. Wenn sie einen längeren Weg über das Japanische Meer zurücklegt, wird sie erwärmt und mit Feuchtigkeit angereichert, so daß sie ergiebige Niederschläge hervorruft, wie dies in Mitteljapan der Fall ist.
Der Insel Kyushu bringt der Wintermonsun jedoch kaum Regen, da er bei seinem Weg über die Halbinsel Korea kaum mit dem Meer in Kontakt kommt. Die Pazifikküste Kyushus erreicht er in der Regel als trocken-warmer Wind, so daß die Sonnenscheindauer in dieser Zeit relativ groß ist. Die winterlichen Regenfälle sind hier nicht allzu ergiebig und meist an einzelne wandernde Tiefs gebunden. Nur in seltenen Ausnahmefällen kommt es im Gefolge des Nordwestmonsuns zu Kaltlufteinbrüchen, die die Temperaturen auch an der Ostküste bis unter den Gefrierpunkt absinken lassen können.

Lage:	Zentralchina, Austritt des Jangtsekiang aus dem Gebirgsland	WMO-Nr.:	57461
Koordinaten:	30° 42' N 111° 18' E	Allg. Klimacharakteristik:	Winter mild, wenig Regen; Sommer heiß und feucht
Höhe ü.d.M.:	134 m	Klimatyp:	Cwa

		J	F	M	A	M	J	J	A	S	O	N	D	Jahr
Mittlere Temperatur	°C	4,8	6,2	10,9	16,8	21,7	25,3	27,9	27,6	23,1	18,0	12,4	6,9	16,8
Mittl. Max. Temp.	°C	8,9	10,4	15,5	21,6	26,5	30,1	32,8	32,6	27,7	22,7	16,6	11,0	21,4
Mittl. Min. Temp.	°C	1,7	3,0	7,4	13,0	17,8	21,4	24,3	23,9	19,7	14,6	9,2	3,7	13,3
Abs. Max. Temp.	°C	20,3	24,3	30,2	35,7	38,0	29,9	40,7	41,4	37,0	34,4	29,8	23,8	
Abs. Min. Temp.	°C	-9,8	-4,4	-0,5	0,4	10,2	14,7	18,7	17,9	11,4	3,7	-0,9	-4,6	
Dampfdruck	hPa	6,2	6,9	9,6	14,5	19,3	24,2	29,6	28,4	21,3	15,6	10,9	7,3	16,2
Niederschlag	mm	19	29	57	96	124	152	210	186	127	87	48	21	1156
Tage mit ≥ 1 mm N		4	5	8	10	11	10	11	10	8	8	6	4	95
Sonnenscheindauer	h	92	83	105	129	152	168	206	214	142	134	109	96	1630

Klimadaten Yichang (China). Bezugszeitraum 1961-90

Die Klimadaten von Yichang lassen ausgeprägte jahreszeitliche Gegensätze erkennen. Zwischen Mai und September weisen Temperatur, Niederschlag und Dampfdruck ihre höchsten Werte auf. Die Schwankungsbreite innerhalb dieser fünf Monate ist gering. Nur etwa drei Monate umfaßt die kühle Jahreszeit von Dezember bis Februar mit geringen Niederschlagsmengen. Die beiden Übergangszeiten (März/April und Oktober/November) sind kurz und durch starkes Ansteigen bzw. Absinken der Mittelwerte gekennzeichnet. Verglichen mit anderen Regionen ähnlicher Breitenlage (Nordafrika, Pandschab) ist das Klima im Winter zu kalt, im Sommer zu feucht.

Der mit den Daten angedeutete Witterungsablauf ist Folge eines periodischen Wechsels in der Vorherrschaft von Luftmassen, die ihren Ursprung außerhalb Chinas haben. Sie werden im zeitlichen Wechsel wirksam, weil Südchina im Überschneidungsbereich zweier Glieder der planetarischen Zirkulation, nämlich der außertropischen Westwinde (Winter) und der Passate (Sommer) liegt. Um den markanten jahreszeitlichen Wechsel der Witterung hervorzuheben, spricht man von Winter- und Sommermonsun.

Im Winter, wenn die gesamte globale Zirkulation äquatorwärts verschoben ist, reicht die Zone der außertropischen Höhenwestwinde weit nach Süden. Über dem Hochland von Tibet erfolgt eine Aufspaltung der Strömung in einen nördlichen und einen südlichen Zweig, die sich im Lee des Hochlandes zwischen 30° und 35° Nord wieder vereinigen. Bedingt durch diese Konvergenz der Höhenströmung steigt der Luftdruck am Boden, wodurch ein Druckgefälle zu den Tropen hin entsteht. Die Folge ist eine – allerdings nur schwach ausgeprägte – Nordostströmung über Südchina.

Aus dem Gangestiefland bzw. Zentralasien kommende Tiefdruckgebiete, die mit der Höhenströmung ostwärts gelenkt werden, erfahren im Lee des Hochlandes von Tibet eine Regenerierung. Auch im Grenzbereich zur sibirischen Kaltluft kann es zur Entstehung von Tiefs kommen, die jedoch entsprechend den Eigenschaften der beteiligten Luftmassen kaum Niederschlag liefern. An der Rückseite der in mehr oder minder regelmäßigen Abständen auftretenden Tiefs wird sehr kalte Luft von Norden nach Süden transportiert. Die damit verbundenen Kältewellen machen sich noch in Südchina bemerkbar und bewirken die außergewöhnlich starke Absenkung der winterlichen Temperaturmittel.

Im Sommer sind die Höhenwestwinde vollständig nach Norden verlagert. Die für den Winter charakteristische Aufspaltung und Konvergenz der Strömung fehlen. Damit liegt China im Einflußbereich maritimer Luft. Sie wird im Westen von Südwestwinden, im Osten von Südostwinden herangeführt. Ihre hohe Feuchtigkeit haben die Winde über dem Golf von Bengalen und dem Südchinesischen Meer bzw. über dem Pazifik erhalten. Sie bringen sehr ergiebige Niederschläge, vor allem an der Luvseite von Gebirgen, wie es z.B. in Yichang der Fall ist.

Lage:	Südostküste Chinas, am südl. Zugang zur Formosastraße	WMO-Nr.:	59316
Koordinaten:	23° 21' N 116° 40' E	Allg. Klimacharakteristik:	Winter mäßig warm; Sommer heiß mit Regenmaximum
Höhe ü.d.M.:	3 m	Klimatyp:	Cwa

		J	F	M	A	M	J	J	A	S	O	N	D	Jahr
Mittlere Temperatur	°C	13,2	13,8	16,2	20,4	24,2	26,5	28,2	28,0	26,5	23,3	19,3	15,1	21,2
Mittl. Max. Temp.	°C	17,4	17,6	20,0	23,9	27,3	29,5	31,6	31,4	29,9	27,1	23,5	19,5	24,9
Mittl. Min. Temp.	°C	10,1	11,2	13,7	18,0	21,8	24,1	25,5	25,4	23,8	20,1	15,8	11,5	18,4
Abs. Max. Temp.	°C	27,7	28,2	30,1	32,4	33,9	35,9	38,6	37,9	35,3	33,4	30,0	27,8	
Abs. Min. Temp.	°C	0,5	2,1	3,0	8,3	14,6	17,1	20,8	22,2	16,4	8,2	4,6	1,5	
Dampfdruck	hPa	12,1	13,1	15,6	20,4	26,0	30,1	31,9	31,5	28,7	22,8	17,6	13,4	21,9
Niederschlag	mm	30	56	82	155	210	303	206	215	145	62	39	29	1532
Tage mit ≥ 1 mm N		4	6	7	9	11	14	10	10	8	4	4	3	90
Niederschlag/Tag	mm	7,5	9,3	11,7	17,2	19,1	21,6	20,6	21,5	18,1	15,5	9,8	9,7	17,0
Max. Niederschlag	mm	90	320	413	602	449	683	400	650	550	252	178	131	2420
Min. Niederschlag	mm	0	1	5	3	30	36	53	27	22	0	0	0	940
Sonnenscheindauer	h	147	100	107	113	138	165	248	231	201	211	180	176	2015

Klimadaten Shantou (China). Bezugszeitraum 1961-90

Die Südost- und Südküste Chinas sowie die vorgelagerte Insel Taiwan werden wie der größte Teil des Landes durch den Wechsel von sommerlicher Regenzeit und winterlicher Trockenzeit geprägt. Die Niederschlagsmengen weisen allerdings von Jahr zu Jahr – vor allem zwischen Mai und August – große Abweichungen vom Mittelwert auf. Dies ist darauf zurückzuführen, daß die südlichen Küsten Chinas häufig von tropischen Wirbelstürmen betroffen werden, die meist mit sehr starken Niederschlägen verbunden sind. Ab einem mittleren Maximum der Windgeschwindigkeit von 17,2 m/s werden sie in dieser Region als Taifun bezeichnet.

Das Südchinesische Meer gehört – noch vor der Karibik – zu den am häufigsten von tropischen Wirbelstürmen betroffenen Meeresregionen der Erde. Sie entstehen über dem warmem Westpazifik, besonders häufig im Gebiet zwischen 160° und 170° östlicher Länge auf etwa 10° nördlicher Breite, aber auch im Südchinesischen Meer. Viele Taifune ziehen zunächst westwärts, schwenken dann aber unter allmählicher Abschwächung nach Norden, ohne das Festland zu berühren. Andere treffen auf die Küste Südchinas und richten dort Verwüstungen an. Vereinzelt gelangen Taifune auf einer parallel zur Küste verlaufenden Bahn bis nach Nordchina.

Taifune sind in Südchina keine außergewöhnlichen Ereignisse, sondern charakteristische Merkmale des Klimas. In den 30 Jahren zwischen 1949 bis 1979 erreichten 276 Taifune die chinesische Küste, davon 121 starke Taifune mit einem mittleren Maximum der Windgeschwindigkeit von über 32,6 m/s. Besonders betroffen war Südchina im August 1997, als fünf Taifune die Küste erreichten und teilweise weit ins Hinterland vordrangen. Saison ist Juli bis September, doch gelegentlich kommen Taifune auch schon im Mai bzw. noch bis Anfang Dezember vor.

Schäden werden nicht nur durch Sturm, sondern auch durch Überflutung und Schlammlawinen verursacht. In Extremfällen wurden beim Durchgang eines Taifuns Niederschlagsmengen von über 1000 mm innerhalb von 24 Stunden gemessen. In den Küstenregionen machen die mit Taifunen verbundenen Regenfälle etwa ein Fünftel des Gesamtniederschlags aus - auf der südchinesischen Insel Hainan sogar rund 40 %.

Trotz aller Schäden, die Taifune anrichten können, wird das Nahen eines Wirbelsturms nicht nur als drohende Katastrophe gesehen. Vor allem wenn der sommerliche Regen einmal weit unter dem Durchschnitt geblieben ist, kann der Niederschlag eines Taifuns sich sogar positiv auswirken und eine Dürrekatastrophe verhindern.

77 Jushno-Sachalinsk		J	F	M	A	M	J	J	A	S	O	N	D	Jahr
Mittlere Temperatur	°C	-13,5	-12,6	-6,3	1,7	6,9	11,3	15,4	16,7	12,7	5,9	-2,0	-8,7	2,3
Niederschlag	mm	48	44	42	58	70	54	87	105	107	98	81	63	857

46° 55' N 142° 43' E Rußland 24 m ü.d.M. WMO 32150 1961-90

78 Erenhot		J	F	M	A	M	J	J	A	S	O	N	D	Jahr
Mittlere Temperatur	°C	-18,5	-14,8	-4,6	6,1	14,6	20,5	23,0	20,8	13,5	4,6	-6,6	-15,7	3,6
Mittl. Max. Temp.	°C	-10,7	-6,0	4,0	14,4	22,7	27,7	29,7	27,6	21,1	12,9	1,2	-8,4	11,4
Mittl. Min. Temp.	°C	-24,2	-21,4	-11,8	-1,8	6,3	12,4	16,1	14,2	6,7	-2,0	-12,3	-21,1	-3,2
Niederschlag	mm	1	1	2	5	8	17	37	40	18	8	2	1	140

43° 39' N 112° 0' E China 966 m ü.d.M. WMO 53068 1961-90

79 Muroran		J	F	M	A	M	J	J	A	S	O	N	D	Jahr
Mittlere Temperatur	°C	-2,3	-2,4	0,5	5,4	10,2	13,9	18,0	20,6	17,7	12,3	5,9	0,5	8,4
Mittl. Max. Temp.	°C	-0,1	-0,2	3,1	8,8	14,0	17,2	20,9	23,4	20,6	15,3	8,6	2,9	11,2
Mittl. Min. Temp.	°C	-4,6	-4,7	-1,8	2,7	7,2	11,4	15,8	18,5	15,2	9,3	3,1	-1,9	5,9
Niederschlag	mm	58	47	58	83	92	122	154	192	164	97	86	58	1211

42° 19' N 140° 59' E Japan 49 m ü.d.M. WMO 47423 1961-90

80 Chunggang		J	F	M	A	M	J	J	A	S	O	N	D	Jahr
Mittlere Temperatur	°C	-19,5	-14,5	-3,4	7,0	14,0	18,8	22,6	21,7	14,3	6,5	-3,3	-15,0	4,1
Niederschlag	mm	10	11	23	43	78	115	194	185	77	42	30	18	826

41° 47' N 126° 53' E Nordkorea 332 m ü.d.M. WMO 47014 1921-80

81 Beijing (Peking)		J	F	M	A	M	J	J	A	S	O	N	D	Jahr
Mittlere Temperatur	°C	-4,3	-1,9	5,1	13,6	20,0	24,2	25,9	24,6	19,6	12,7	4,3	-2,2	11,8
Mittl. Max. Temp.	°C	1,6	4,0	11,3	19,9	26,4	30,3	30,8	29,5	25,8	19,0	10,1	3,3	17,7
Mittl. Min. Temp.	°C	-9,4	-6,9	-0,6	7,2	13,2	18,2	21,6	20,4	14,2	7,3	-0,4	-6,9	6,5
Niederschlag	mm	3	6	9	26	29	71	176	182	49	19	6	2	578

39° 56' N 116° 17' E China 55 m ü.d.M. WMO 54511 1961-90

82 Jiuquan		J	F	M	A	M	J	J	A	S	O	N	D	Jahr
Mittlere Temperatur	°C	-9,3	-6,0	1,6	9,3	15,8	19,7	21,4	20,4	14,7	7,4	-1,0	-7,7	7,2
Niederschlag	mm	2	2	4	5	10	14	20	17	10	2	2	1	89

39° 46' N 98° 29' E China 1478 m ü.d.M. WMO 52533 1961-90

83 Taiyuan		J	F	M	A	M	J	J	A	S	O	N	D	Jahr
Mittlere Temperatur	°C	-6,0	-2,9	3,8	11,7	17,9	21,6	23,3	21,8	16,1	10,0	2,3	-4,4	9,6
Niederschlag	mm	3	6	11	24	35	55	120	94	64	29	12	3	456

37° 47' N 112° 33' E China 779 m ü.d.M. WMO 53772 1961-90

84 Taejon		J	F	M	A	M	J	J	A	S	O	N	D	Jahr
Mittlere Temperatur	°C	-2,4	-0,2	4,9	11,2	17,5	21,8	25,0	25,4	20,2	13,6	6,5	0,2	12,1
Mittl. Max. Temp.	°C	2,8	5,1	10,9	18,7	23,7	27,2	29,4	30,2	25,7	20,2	12,2	5,5	17,6
Mittl. Min. Temp.	°C	-6,7	-4,6	-0,2	6,1	11,7	17,0	21,6	21,8	15,8	8,1	1,6	-4,3	7,3
Niederschlag	mm	34	41	58	97	95	154	317	278	155	53	49	30	361

36° 18' N 127° 24' E Südkorea 78 m ü.d.M. WMO 47133 1961-90

85 Tokyo		J	F	M	A	M	J	J	A	S	O	N	D	Jahr
Mittlere Temperatur	°C	5,2	5,6	8,5	14,1	18,6	21,7	25,2	27,1	23,2	17,6	12,6	7,9	15,6
Mittl. Max. Temp.	°C	9,5	9,7	12,7	18,3	22,8	25,2	28,8	30,9	26,7	21,2	16,6	12,1	19,5
Mittl. Min. Temp.	°C	1,2	1,7	4,4	10,0	14,8	18,6	22,3	24,0	20,2	14,2	8,9	3,9	12,0
Niederschlag	mm	45	60	100	125	138	185	126	148	180	164	89	46	1406

35° 41' N 139° 46' E Japan 36 m ü.d.M. WMO 47662 1961-90

86 Fujisan		J	F	M	A	M	J	J	A	S	O	N	D	Jahr
Mittlere Temperatur	°C	-18,9	-18,0	-15,1	-8,5	-3,9	0,6	4,5	6,0	2,6	-3,8	-9,5	-15,6	-6,6
Wind	m/s	15,7	14,9	13,5	11,8	10,3	9,1	8,1	7,2	9,3	10,3	12,3	14,3	11,4

35° 21' N 138° 44' E Japan 3773 m ü.d.M. WMO 47639 1961-90, Wind 1974-90

87 Nagasaki		J	F	M	A	M	J	J	A	S	O	N	D	Jahr
Mittlere Temperatur	°C	6,4	7,0	10,1	15,2	19,0	22,3	26,6	27,6	24,3	19,0	13,7	8,8	16,7
Mittl. Max. Temp.	°C	9,9	10,6	14,1	19,4	23,1	25,8	29,7	31,3	28,1	23,3	17,9	12,5	20,5
Mittl. Min. Temp.	°C	3,1	3,7	6,3	11,3	15,4	19,3	24,0	24,7	21,1	15,3	10,1	5,3	13,3
Niederschlag	mm	78	86	116	174	193	332	334	187	190	104	85	66	1945

32° 44' N 129° 52' E Japan 35 m ü.d.M. WMO 47817 1961-90

88 Shanghai		J	F	M	A	M	J	J	A	S	O	N	D	Jahr
Mittlere Temperatur	°C	3,7	4,6	8,5	14,2	19,2	23,4	27,8	27,7	23,6	18,3	12,4	6,1	15,8
Mittl. Max. Temp.	°C	7,7	8,6	12,7	18,6	23,5	27,2	31,6	31,5	27,2	22,3	16,7	10,6	19,9
Mittl. Min. Temp.	°C	0,5	1,5	5,1	10,6	15,7	20,3	24,8	24,7	20,5	14,7	8,6	2,4	12,5
Niederschlag	mm	39	59	81	102	115	152	128	133	156	61	51	35	1112

31° 10' N 121° 26' E China 4 m ü.d.M. WMO 58367 1961-90

89 Chengdu		J	F	M	A	M	J	J	A	S	O	N	D	Jahr
Mittlere Temperatur	°C	5,5	7,2	11,6	16,5	21,0	23,5	25,2	24,9	21,0	16,9	11,8	7,1	16,0
Niederschlag	mm	7	10	21	47	87	103	231	224	132	39	17	5	923

30° 40' N 104° 1' E China 508 m ü.d.M. WMO 1961-90

90 Lhasa		J	F	M	A	M	J	J	A	S	O	N	D	Jahr
Mittlere Temperatur	°C	-2,1	1,1	4,6	8,1	11,9	15,5	15,3	14,5	12,8	8,1	2,2	-1,7	7,5
Mittl. Max. Temp.	°C	6,9	9,0	12,1	15,6	19,3	22,7	22,1	21,1	19,7	16,3	11,2	7,7	15,3
Mittl. Min. Temp.	°C	-10,1	-6,8	-3,0	0,9	5,0	9,3	10,1	9,4	7,5	1,3	-4,9	-9,0	0,8
Niederschlag	mm	1	1	2	5	27	72	119	123	58	10	2	1	421

29° 40' N 91° 8' E Tibet 3650 m ü.d.M. WMO 55591 1961-89

91 Naha		J	F	M	A	M	J	J	A	S	O	N	D	Jahr
Mittlere Temperatur	°C	16,0	16,3	18,1	21,1	23,8	26,2	28,3	28,1	27,2	24,5	21,4	18,0	22,4
Mittl. Max. Temp.	°C	18,6	19,0	20,8	23,9	26,5	28,8	31,1	30,7	29,9	27,2	24,0	20,6	25,1
Mittl. Min. Temp.	°C	13,6	13,9	15,6	18,6	21,5	24,2	26,1	25,8	25,0	22,3	19,1	15,7	20,1
Niederschlag	mm	113	106	162	152	243	253	190	259	168	151	117	123	2037

26° 12' N 127° 41' E Okinawa, Japan 27 m ü.d.M. WMO 47936 1961-90

92 Kunming		J	F	M	A	M	J	J	A	S	O	N	D	Jahr
Mittlere Temperatur	°C	7,6	9,5	12,6	16,1	18,9	19,6	19,7	19,1	17,5	15,0	11,3	7,9	14,6
Niederschlag	mm	12	12	16	27	92	173	205	206	122	89	40	14	1008

25° 1' N 102° 41' E China 1892 m ü.d.M. WMO 56778 1961-90

93 Hongkong, King's Park		J	F	M	A	M	J	J	A	S	O	N	D	Jahr
Mittlere Temperatur	°C	16,0	16,2	18,8	22,5	26,2	28,0	29,0	28,7	27,8	25,4	21,6	17,8	23,2
Mittl. Max. Temp.	°C	18,6	18,6	21,2	24,9	28,5	30,2	31,4	31,2	30,2	27,8	24,1	20,5	25,6
Mittl. Min. Temp.	°C	13,4	13,8	16,4	20,1	23,8	25,8	26,5	26,2	25,4	23,0	19,1	15,2	20,7
Niederschlag	mm	24	47	68	160	314	378	327	395	305	145	34	27	2224

22° 19' N 114° 10' E China 62 m ü.d.M. WMO 45004 1961-90

94 Haikou		J	F	M	A	M	J	J	A	S	O	N	D	Jahr
Mittlere Temperatur	°C	17,2	18,2	21,3	24,8	27,3	28,1	28,4	27,8	26,9	25,0	22,0	18,7	23,8
Niederschlag	mm	22	34	51	106	183	211	210	225	251	201	97	34	1625
Max. Niederschlag	mm	88	103	193	272	369	409	589	422	767	493	542	166	2343

20° 2' N 110° 21' E China 15 m ü.d.M. WMO 59758 1961-90

Lage:	Nordosten der Türkei, östliche Schwarzmeerküste	WMO-Nr.:	17040
Koordinaten:	41° 2' N 40° 30' E	Allg. Klima-charakteristik:	Winter mild; Sommer warm; Regenmaximum Herbst und Winter
Höhe ü.d.M.:	140 m	Klimatyp:	Cfa

		J	F	M	A	M	J	J	A	S	O	N	D	Jahr
Mittlere Temperatur	°C	6,3	6,6	7,9	11,6	15,8	19,9	22,2	22,2	19,4	15,4	11,6	8,3	13,9
Mittl. Max. Temp.	°C	10,4	10,7	11,8	15,3	19,0	23,2	25,3	25,6	23,3	19,6	16,2	12,7	17,8
Mittl. Min. Temp.	°C	3,4	3,6	4,8	8,4	12,4	16,2	19,1	19,2	16,3	12,4	8,6	5,4	10,8
Abs. Max. Temp.	°C	23,0	28,1	32,6	33,2	38,2	35,2	35,4	31,6	31,5	33,4	29,2	26,7	
Abs. Min. Temp.	°C	-5,4	-6,4	-7,0	-0,3	4,2	7,8	13,0	13,8	9,7	2,5	0,6	-3,6	
Dampfdruck	hPa	7,0	7,1	8,0	10,3	14,1	17,9	21,2	21,4	18,2	14,2	10,7	8,1	13,2
Niederschlag	mm	217	173	147	101	102	128	136	183	221	272	250	243	2173
Tage mit ≥ 1 mm N		12	11	12	10	10	11	11	11	12	12	12	13	137

Klimadaten Rize (Türkei). Bezugszeitraum 1961-90

Die Klimastation Rize weist ein deutlich vom Schwarzen Meer geprägtes Klima auf, während der Einfluß des Binnenlandes durch küstenparallele Bergketten, die bis nahezu 4000 m hoch aufragen, abgeschirmt ist. Dennoch kommt es in Rize gelegentlich zu beachtlichen Abweichungen von den Mittelwerten der Temperatur. Kaltlufteinbrüche stehen meist in Zusammenhang mit der Ausbildung eines kräftigen Höhentrogs über Osteuropa, an dessen Vorderseite mit der Höhenströmung Kaltluft weit nach Süden verfrachtet wird. Wenn sich über dem Schwarzen Meer eine Luftmassengrenze entwickelt, können Kaltluftvorstöße die Entstehung von Tiefs einleiten, wie es relativ häufig im Spätwinter und Frühjahr der Fall ist.

Insgesamt erhält die türkische Schwarzmeerküste hohe, aber regional stark wechselnde Niederschläge. Sie gehen auf das Wirksamwerden von Zyklonen zurück, die im Winter überwiegend aus dem westlichen Mittelmeer über die Ägäis oder von der Adria über den Balkan ins Schwarze Meer gelangen. Hinzu kommen die bereits erwähnten Zyklonen, die ihren Ursprung über dem Schwarzen Meer haben. Im Mittel sind Zyklonen im Osten häufiger als im Westen. Dies dürfte mit dem starken Gefälle der winterlichen Wassertemperaturen zusammenhängen; während im Nordwesten des Schwarzen Meeres die Wassertemperaturen fast bis zum Gefrierpunkt absinken, liegen sie im Südosten bei etwa 9 °C.

Die Zyklonen führen an ihrer Rückseite über dem Meer mit Wasserdampf angereicherte Luft aus Nordwesten nach Südosten. Entsprechend der Erstreckung des Meeres und den Temperaturverhältnissen reichert sich die Luft nach Osten hin zunehmend mit Wasserdampf an, so daß hier die größten Niederschlagsmengen fallen. Nicht nur das Pontische Gebirge, sondern auch der Küstenstreifen des Kaukasus erhalten etwa dreimal höhere Niederschläge als die Nord- und Westküste des Schwarzen Meeres. Besonders hoch sind die Mengen in Rize, weil dort eine küstenparallele Gebirgskette die Luft zum Aufsteigen zwingt.

Relativ groß sind die Schwankungen der Niederschlagsmengen zu Beginn und gegen Ende des Winters. Dies hängt mit gelegentlich auftretenden Veränderungen der großräumigen Druckkonstellation über Asien zusammen. Vom winterlichen Kältehoch, dessen Zentrum über der nordöstlichen Mongolei liegt, verläuft eine sich abschwächende Hochdruckachse über Südrußland bis in die Ukraine. Verschiebt sich diese Achse nach Süden, beeinflußt das nicht nur die Witterung im Norden Eurasiens, sondern auch an der Nordküste der Türkei, denn die mit dem Anstieg des Luftdrucks verbundene Strömungsumkehr hat dort eine deutliche Verringerung der Niederschläge zur Folge.

Im Sommer liegt das Schwarze Meer im Bereich einer durch das vorderasiatische Hitzetief hervorgerufenen Nordströmung (Etesien, Meltem), die der türkischen Küste gleichfalls hohe Niederschläge bringt, ohne daß allerdings die Mengen des Winters erreicht werden.

96 Lenkoran

Lage:	Südwestküste des Kaspischen Meeres	WMO-Nr.:	37985
Koordinaten:	38° 44' N 48° 50' N	Allg. Klimacharakteristik:	Winter kühl und regenreich; Sommer sehr warm bis heiß
Höhe:	12 m unter d.M.	Klimatyp:	Csa

		J	F	M	A	M	J	J	A	S	O	N	D	Jahr
Mittlere Temperatur	°C	3,4	4,0	6,9	12,5	17,7	22,2	25,3	24,4	21,2	15,8	10,4	6,0	14,2
Mittl. Max. Temp.	°C	7,2	7,2	11,0	17,5	22,5	27,2	30,4	29,5	25,9	19,9	14,1	10,1	18,5
Mittl. Min. Temp.	°C	0,0	1,0	3,9	8,6	13,1	17,5	20,1	19,7	16,9	11,8	6,7	2,5	10,2
Dampfdruck	hPa	6,4	6,6	8,0	11,6	15,6	19,1	20,4	21,6	19,7	14,3	9,9	7,5	13,4
Niederschlag	mm	91	114	90	50	54	22	17	50	143	259	168	88	1146
Tage mit $\geq$ 1 mm N		10	10	11	8	8	3	2	4	7	13	12	9	97
Sonnenscheindauer	h	106	97	124	172	226	281	307	255	190	128	99	109	2093

Klimadaten Lenkoran (Aserbaidschan). Bezugszeitraum 1971-90

Der äußerste Südosten des Kurabeckens, das nur 5 bis 30 km breite und etwa 100 km lange Küstentiefland von Lenkoran, wird durch das Kaspische Meer und das über 2400 m hoch aufragende Talyschgebirge begrenzt. Hier werden mit Jahressummen zwischen 1100 und 1300 mm die höchsten Niederschlagsmengen des Landes registriert. Der größte Teil der Niederschläge hängt mit dem Vordringen von Zyklonen aus dem Mittelmeerraum zusammen. Auf ihrem Weg nach Osten haben sie zwar über dem Festland an Wirksamkeit verloren, doch werden sie häufig über dem Kaspischen Meer durch Einbeziehung feuchtwarmer Luft regeneriert.

Entscheidend gesteigert wird die Niederschlagstätigkeit dadurch, daß an der Rückseite der Zyklonen eine Nordostströmung entsteht, die relativ warme und feuchte Luft vom Kaspischen Meer aufs Land führt. Wo sie an den küstennahen Gebirgen zum Aufsteigen gezwungen wird, kommt es zu außerordentlich ergiebigen Regenfällen.

Unterstützt wird dieser Effekt dadurch, daß das kontinentale Hoch über Zentralasien im Winter eine auflandige östliche Strömung entstehen läßt. Die herangeführte Luft ist zwar ursprünglich trocken, kann aber über dem Kaspischen Meer genügend Feuchtigkeit aufnehmen, um bei entsprechender Hebung an der Luvseite der Gebirge Niederschlag liefern zu können.

Entscheidend für die Entstehung von Niederschlag sind die jahreszeitlich und regional stark wechselnden Wassertemperaturen, die im Süden des Meeres zwischen 8 und 28 °C schwanken. Sie sind von den Strömungen des Kaspischen Meeres abhängig, die das Ergebnis eines komplizierten Zusammenwirkens strahlungsbedingter Temperaturverhältnisse, winterlicher Eisbildung an der Nordküste und dadurch stark wechselnden Salzgehalts sowie des Windes sind. Vor allem im Herbst und Frühwinter liegen an der Südwestküste die Wassertemperaturen höher als die Lufttemperaturen des benachbarten Festlandes. Deshalb sind in dieser Jahreszeit die Niederschläge am ergiebigsten.

Da die winterlichen Wassertemperaturen nach Norden zu stark zurückgehen, fehlt hier eine entscheidende Voraussetzung für die Bildung von Niederschlägen. Besonders deutlich ist dieser Effekt an flachen Küstenabschnitten, so z.B. auf der Halbinsel Apscheron mit nur etwa 200 mm Niederschlag jährlich. Etwas höhere Jahressummen als Lenkoran verzeichnet hingegen das weiter südlich gelegene Astara (1264 mm). Der Überschuß gegenüber Lenkoran ist durch ein Plus von jeweils rund 50 % in den Monaten Juni bis September bedingt. Ursache hierfür ist der stärkere Einfluß der durch das iranische Hitzetief bedingten sommerlichen Nordostströmung. Sie ist im äußersten Süden Aserbaidschans als Regenbringer etwas stärker wirksam, weil sie eine weitere Strecke über das Kaspische Meer zurücklegt und mehr Wasserdampf aufnehmen kann. Hinzu kommt, daß Astara im Gegensatz zu Lenkoran unmittelbar am Fuße des hier bis an die Küste heranreichenden Gebirges liegt. Ähnlich sind die Bedingungen an der iranischen Küste, wo die regenreichsten Gebiete des Landes liegen (Ramsar 1231 mm, Anzali 1819 mm).

Lage:	Südosten der Türkei zwischen Kara Dağ und irakischer Grenze	WMO-Nr.:	17285
Koordinaten:	37° 34' N 43° 46' E	Allg. Klimacharakteristik:	Sommer warm und trocken; Winter (mäßig) kalt, schneereich
Höhe ü.d.M.:	1720 m	Klimatyp:	Dsa

		J	F	M	A	M	J	J	A	S	O	N	D	Jahr
Mittlere Temperatur	°C	-4,7	-3,1	1,9	7,8	14,1	20,0	24,7	24,2	19,9	12,5	5,1	-1,4	10,1
Mittl. Max. Temp.	°C	-0,2	1,4	6,4	12,2	19,3	24,8	29,7	29,6	25,6	17,7	9,7	2,7	14,9
Mittl. Min. Temp.	°C	-8,0	-6,8	-2,0	3,5	8,8	13,0	17,3	16,9	13,0	7,2	1,2	-4,3	5,0
Abs. Max. Temp.	°C	9,8	11,7	18,4	23,4	28,7	33,7	38,8	37,4	33,4	27,6	20,8	13,7	
Abs. Min. Temp.	°C	-22,0	-22,6	-19,0	-8,3	-0,8	5,0	10,5	4,4	6,4	-5,8	-13,2	-20,6	
Dampfdruck	hPa	3,2	3,5	4,6	6,3	8,2	9,5	10,9	10,6	8,4	7,3	5,6	4,0	6,8
Niederschlag	mm	89	105	131	136	63	17	3	4	10	70	97	93	818

Klimadaten Hakkâri (Türkei). Bezugszeitraum 1961-90

Hakkâri wird wie der gesamte Osten der Türkei von kontinentalem Klima mit kräftigen Temperaturgegensätzen geprägt. Nach kaltem und schneereichem Winter macht sich der Anstieg der Temperatur im Frühjahr zunächst nur tagsüber bemerkbar, während die nächtliche Abkühlung noch im März regelmäßig Frost aufkommen läßt. Hierzu trägt die langandauernde Schneedecke mit ihren hohen Wärmeverlusten durch Ausstrahlung entscheidend bei. Bezeichnend ist, daß die Monatsmittel im Winter näher an den mittleren täglichen Minima, im Sommer hingegen näher an den Maxima liegen.

Außerordentlich hohe Spannweiten zeigen die absoluten Extremwerte der Temperatur vor allem im Winter. Die absoluten Minima von weniger als -20 °C deuten darauf hin, daß es gelegentlich zu kräftigen Kaltluftvorstößen kommt. Dies ist dann der Fall, wenn der im Winter häufig auftretende Osteuropäische Trog der Höhenströmung sich außergewöhnlich weit nach Südosten verlagert und an seiner Rückseite kontinentale Kaltluft nach Süden geführt wird.

Umgekehrt kann im Winter an der Südwestseite des zentralasiatischen Hochs Warmluft aus Mesopotamien nordwärts strömen. Da in der Regel hoher Luftdruck über Anatolien den Weg zum Schwarzen Meer versperrt, ist ihr Einfluß auf den Süden Kurdistans beschränkt.

Südostanatolien wird im Winter mehr oder minder regelmäßig noch von Zyklonen aus dem Mittelmeerraum erreicht. Sie wandern im Grenzgebiet zwischen kontinentaler Polarluft und Tropikluft (Polarfront) meist über Zypern zunächst nach Osten und schwenken dann zum Kaspischen Meer. Die höchsten Niederschläge liefern sie dort, wo die über dem Mittelmeer mit Feuchtigkeit angereicherte Tropikluft in die Zyklonen einbezogen wird, wie dies an der türkischen Südküste der Fall ist.

Gesteigert werden die Niederschlagsmengen an den Flanken der Gebirge, die ein Aufsteigen der Warmluft erzwingen. Aus diesem Grund liefern die Zyklonen auch noch im binnenländischen Hakkâri reichlich Niederschlag. Die schon im östlichen Mittelmeer festzustellende Tendenz zu verstärkter Zyklonenaktivität im Frühjahr ist hier besonders ausgeprägt. Dementsprechend erhält Hakkâri fast die Hälfte seines Niederschlags in den Monaten Februar bis April.

Im Grenzgebiet zwischen der von Norden vorstoßender Kaltluft und Warmluft aus dem Arabischen Raum kommt es auch zur Neubildung von Zyklonen. Die Beeinflussung der Strömung durch den Taurus (Leewirkung) wirkt hier wohl begünstigend. Da die beiden beteiligten Luftmassen allerdings aus Trockengebieten kommen, liefern sie nur wenig Niederschlag.

Im Sommer liegt Hakkâri im Bereich einer Nordströmung am Rande des großen iranischen Hitzetiefs, die trockene Festlandsluft südwärts führt. Auch wenn sie über dem Schwarzen Meer Feuchtigkeit aufgenommen hat, erreicht sie nach Überquerung des sommerlich aufgeheizten Anatolischen Hochlandes Hakkâri doch nur noch als trockene Strömung. Da in dieser Zeit auch Mitteltmeertiefs ausbleiben, fällt von Juni bis September in der Regel kein Niederschlag.

98 Ghazni

Lage:	Östl. Afghanistan, Hochebene südlich der Altamurkette	WMO-Nr.:	40968
Koordinaten:	33° 32' N 68° 25' E	Allg. Klimacharakteristik:	Winter kalt mit Schnee; Sommer sehr warm und trocken
Höhe ü.d.M.:	2183 m	Klimatyp:	Dsa

		J	F	M	A	M	J	J	A	S	O	N	D	Jahr
Mittlere Temperatur	°C	-5,9	-4,4	3,8	11,0	16,3	21,4	23,3	22,2	16,9	10,3	4,0	-1,8	9,8
Mittl. Max. Temp.	°C	0,6	2,3	10,0	18,0	23,7	29,2	30,8	30,5	26,5	19,0	12,6	5,4	17,4
Mittl. Min. Temp.	°C	-10,6	-9,0	-1,5	4,2	8,1	12,4	15,1	14,1	8,3	2,2	-2,5	-6,6	2,9
Abs. Max. Temp.	°C	16,0	17,8	24,8	28,0	33,0	36,3	36,7	35,6	32,5	29,4	21,2	16,6	
Abs. Min. Temp.	°C	-33,5	-29,2	-17,5	-5,8	0,0	5,0	7,7	2,0	-3,5	-6,0	-13,8	-33,2	
Dampfdruck	hPa	2,8	3,4	5,0	6,4	7,4	8,6	11,0	10,0	6,9	5,4	4,0	3,4	6,2
Relative Feuchte	%	68	72	64	55	43	36	43	39	35	42	52	60	51
Niederschlag	mm	40	54	71	50	20	2	14	5	1	4	11	26	298
Max. Niederschlag	mm	116	134	109	196	59	17	97	21	5	10	61	71	555
Schneetage		5,0	6,0	3,5	1,0	1,0	0	0	0	0	0	1,0	4,7	22,7
Sonnenscheindauer	h	175	175	228	259	314	346	353	342	325	294	256	195	3261

Klimadaten Ghazni (Afghanistan). Bezugszeitraum 1958-83, außer Niederschlag (1970-83); mittl.Temperatur, Dampfdruck, rel. Feuchte (1964-83); max. Niederschlag in 12 Jahren und Schneetage n. ALEX

Die klimatischen Gegebenheiten Afghanistans werden durch die südliche Lage und die überwiegend gebirgige Natur des Landes bestimmt. Der Einfluß des Indischen Ozeans wird durch die meerferne Lage und durch hohe Gebirgszüge fast völlig zurückgedrängt.

Das hohe Ausmaß der Kontinentalität zeigt sich im Gegensatz zwischen sehr heißen (und in der Regel trockenen) Sommern und kalten Wintern. Trotz der beträchtlichen Höhenlage werden in Ghazni im Sommer regelmäßig Tagestemperaturen um 30 °C erreicht. Umgerechnet auf das Tiefland entspricht das Werten von über 40 °C, wie sie in den heißesten Regionen des benachbarten Industieflandes gemessen werden.

Im Winter hingegen sinken die Temperaturen nachts in Mittel auf -5 bis -10 °C ab. Die sehr niedrigen absoluten Minima der Temperatur (unter -30 °C) sind auf die topographische Lage zurückzuführen, die die Ansammlung winterlicher Kaltluft über dem schneebedeckten Hochland begünstigt. Noch extremere Temperaturen (-46 °C im Februar) wurden im Hochbecken von Chakcharan (am oberen Hari Rud in 2183 m Höhe) registriert. Frost tritt in Ghazni von November bis Mitte März regelmäßig auf. Im Mittel sinkt die Temperatur an 140 Tagen des Jahres zumindest kurzfristig unter den Gefrierpunkt.

Die Niederschlagsmengen schwanken von Jahr zu Jahr beträchtlich. Wenn auch die Mittelwerte gering sind, so können doch gelegentlich innerhalb eines Tages über 40 mm Niederschlag fallen, d.h. mehr, als sonst in einem ganzen Monat gemessen wird.

Drei Viertel des Jahresniederschlags werden zwischen Januar und April registriert. Diese starke Konzentration auf Spätwinter und Frühjahr ist darauf zurückzuführen, daß Afghanistan in der kalten Jahreszeit im Bereich der außertropischen Höhenwestwinde liegt. Mit ihnen gelangen vereinzelt noch niederschlagbringende Zyklonen aus dem Mittelmeerraum bis an den Westrand der zentralasiatischen Hochgebirge.

Der größte Teil des Landes steht im Sommer unter dem Einfluß kontinentaler Tropikluft und erhält keinen Niederschlag. Die Luftfeuchtigkeit liegt vielerorts bei Werten um 30 %. In Ghanzi und einigen anderen Stationen des Ostens zeigt jedoch der Anstieg der Feuchte im Juli, daß die Vorherrschaft kontinentaler Luft zeitweilig durch die Zufuhr feuchter Luft unterbrochen wird. Offenbar stößt die sommerliche Monsunströmung von Indien in einzelnen Ausläufern bis an den Ostrand des Hindukuschs vor. Allerdings ist die Ergiebigkeit der Monsunniederschläge stark schwankend.

Lage:	Ostfuß des Antilibanons am Übergang zur Syrischen Wüste	WMO-Nr.:	40080
Koordinaten:	33° 25' N 36° 31' E	Allg. Klimacharakteristik:	Winter kühl, wenig Regen; Sommer heiß und trocken
Höhe ü.d.M.:	611 m	Klimatyp:	BSk

		J	F	M	A	M	J	J	A	S	O	N	D	Jahr
Luftdruck	hPa	19,1	16,5	14,4	11,5	9,6	6,5	3,5	4,5	8,6	13,8	17,8	19,3	12,1
Mittlere Temperatur	°C	5,9	7,8	11,0	15,5	20,2	24,4	26,3	26,0	23,2	18,1	11,8	7,2	16,5
Mittl. Max. Temp.	°C	12,4	14,8	18,7	24,1	29,4	33,9	36,2	35,9	33,3	27,7	20,3	14,2	25,1
Mittl. Min. Temp.	°C	0,5	1,5	3,6	7,0	10,1	13,9	16,6	16,2	12,8	8,3	3,8	1,2	8,0
Dampfdruck	hPa	7,0	6,9	7,5	8,4	9,2	10,5	13,2	14,1	11,1	9,6	8,3	7,4	9,4
Max. rel. Feuchte	%	100	99	99	98	95	93	94	95	95	97	99	100	97
Min. rel. Feuchte	%	24	18	11	4	6	6	6	6	7	8	16	23	11
Niederschlag	mm	44	34	27	15	6	0	0	0	0	11	27	40	204
Tage mit ≥ 1 mm N		5	4	3	2	1	0	0	0	0	1	3	5	24

Klimadaten Damaskus. Bezugszeitraum 1960-90, außer rel. Feuchte und Sonnenscheindauer 1970-90

Durch das tief in die Festlandsmasse der Alten Welt eingreifende Mittelmeer wird ozeanischer Einfluß bis weit nach Osten spürbar. Er besteht darin, daß das Meer im Winter die Regenerierung bzw. Entstehung von Zyklonen begünstigt und damit den Niederschlagsrhythmus bis nach Mittelasien bestimmt. Auch in Syrien unterliegt die jahreszeitliche Niederschlagsverteilung dem für das Mittelmeerklima typischen Muster. 90 % des Niederschlags fallen im Winterhalbjahr – nicht nur in Damaskus, sondern auch noch im Osten des Landes und im angrenzenden Mesopotamien. In anderer Hinsicht bestehen aber doch grundlegende Unterschiede zwischen dem Klima der Küstenregion und dem des Landesinneren. Sie sind im Westen Syriens, wo das Libanongebirge eine markante Klimagrenze bildet, besonders scharf ausgeprägt. Während Beirut an der Luvseite des Gebirges im Winter mit 150 bis 200 mm Niederschlag/Monat versorgt wird, erhält Damaskus nur etwa ein Viertel davon.

Das Gebirge schränkt aber auch die ausgleichende Wirkung des Meeres auf die Temperaturverhältnisse ein. Deshalb weist Damaskus relativ niedrige Wintertemperaturen auf, die um 7 K unter denen der nur 80 km entfernten Küstenregion liegen. Im Sommer hingegen besteht trotz der Höhenlage von Damaskus hinsichtlich der Mittelwerte kein wesentlicher Unterschied zu Beirut, das allerdings infolge des Verzögerung durch den Einfluß des Meeres sein Temperaturmaximum von 26,6 °C erst im August erreicht.

Nicht nur die Jahresamplitude, sondern auch die Unterschiede zwischen Tag- und Nachttemperatur sind in Damaskus kräftig ausgeprägt. Im Sommer erreichen sie 20 K, da zu dieser Zeit die geringe Luftfeuchtigkeit und das Fehlen von Bewölkung die Wirksamkeit von Ein- und Ausstrahlung vergrößern.

Trotz seiner südlichen Lage wird Damaskus gelegentlich von winterlichen Kaltluftvorstößen betroffen, bei denen vereinzelt schon Temperaturen um -13,5 °C registriert wurden. Voraussetzung für die Entstehung eines Kaltlufteinbruchs ist die Ablösung der zonalen Zirkulation der Höhenströmung durch ausgeprägte Mäanderzirkulation. Dabei bildet sich relativ häufig ein Höhentrog über Osteuropa aus, an dessen Vorderseite Kaltluft aus Nordrußland nach Süden geführt wird. Trifft die Kaltluft auf relativ warme Mittelmeerluft, schafft das Voraussetzungen zur Bildung von Zyklonen (Zypernzyklonen). Sie liefern nicht nur beträchtliche Niederschläge, sondern führen an ihrer Rückseite zusätzlich Kaltluft nach Süden. Je weiter ostwärts sich dies abspielt, desto niedrigere Temperaturen stellen sich ein.

Temperaturen von weniger als -10 °C kommen in Damaskus jedoch nur vor, wenn der Höhentrog eine außergewöhnliche Beständigkeit über Wochen hinweg aufweist, wie es im Winter 1991/92 der Fall war, als selbst noch in Kuwait Frost auftrat und im Norden Saudi-Arabiens Schnee fiel. In Damaskus lag der Tiefstwert im Februar 1992 bei -12 °C.

Lage:	Südlicher Iran, Ausläufer des Kuhrudgebirges	WMO-Nr.:	40841
Koordinaten:	30° 15' N 56° 58' E	Allg. Klimacharakteristik:	Winter kühl, wenig Regen; Sommer heiß und trocken
Höhe ü.d.M.:	1754 m	Klimatyp:	BWk

		J	F	M	A	M	J	J	A	S	O	N	D	Jahr
Mittlere Temperatur	°C	3,9	6,6	11,0	15,9	20,9	25,2	26,2	24,1	20,4	15,2	9,3	5,2	15,3
Mittl. Max. Temp.	°C	11,8	14,2	18,6	23,8	29,8	34,8	35,5	34,0	31,0	25,7	19,2	14,1	24,4
Mittl. Min. Temp.	°C	-4,0	-1,1	3,4	7,9	12,0	15,6	17,0	14,2	9,8	4,8	-0,7	-3,6	6,3
Abs. Max. Temp.	°C	24,0	25,4	30,0	35,0	38,4	40,4	41,0	40,0	37,6	35,0	28,0	25,2	
Abs. Min. Temp.	°C	-30,0	-20,0	-8,0	-3,0	1,0	7,0	9,0	2,0	-1,0	-10,0	-15,0	-25,0	
Taupunkt*	°C	-5,0	-4,4	-1,9	-0,2	0,9	0,6	1,7	0,4	-1,2	-2,7	-4,4	-5,4	-1,6
Relative Feuchte	%	52	47	41	34	26	18	18	19	21	27	36	45	32
Niederschlag	mm	29	27	32	20	9	1	1	1	0	1	5	18	144
Sonnenscheindauer	h	194	192	212	221	289	322	329	325	305	274	239	200	3102

Klimadaten Kerman (Iran). Bezugszeitraum 1961-90. *Taupunkttemperatur des mittl. Dampfdrucks

Die klimatischen Gegebenheiten der Region um Kerman können als typisch für große Teile des iranischen Hochlandes angesehen werden. Während im Sommer und Herbst praktisch kein Niederschlag fällt, ist im Winter und Frühjahr immerhin mit mäßigem Regen oder Schneefall zu rechnen. Die Verteilung der Niederschläge – im großen und ganzen dem mediterranen Rhythmus entsprechend – deutet darauf hin, daß es sich um ein heterogenes Klima handelt, an dessen Gestaltung zwei verschiedene Glieder der planetarischen Zirkulation beteiligt sind. Dies ist darauf zurückzuführen, daß die Westwindzone ihren Einfluß im Winter weit südwärts ausdehnt (die Höhenwestwinde sind noch bis zum 20. Breitenkreis nachweisbar), sich im Sommer aber nach Norden zurückzieht.

Der Einfluß der Westströmung und der mit ihr weit in den Osten gelangenden mediterranen Tiefs zeigt sich darin, daß die Niederschläge im Iran generell von Westen nach Osten abnehmen. Stark modifiziert wird diese Verteilung durch das Relief. Dementsprechend erhalten die Westflanken der Gebirge höhere Niederschlagsmengen als die Ostflanken, während die im Lee gelegenen Becken (wie das sich östlich und nordöstlich von Kerman erstreckende Becken von Shahdab mit der Wüste Lut) nahezu niederschlagsfrei sind. Gelegentlich kommt es im Winter zum Einbruch kontinentaler Kaltluft aus Mittel- und Nordasien. Ein Absinken der Temperatur unter -20 °C ist in hochgelegenen Becken keine Seltenheit.

Im Sommer steht das Hochland von Iran unter dem Einfluß einer nordöstlichen Strömung, die entsprechend ihrer Herkunft aus dem Inneren Asiens trockene Luft heranführt. Über dem durch Einstrahlung stark erhitzten Hochland bildet sich in dieser Zeit ein extremes Hitzetief aus, dessen Kern Werte um 990 hPa aufweist. Es ist Teil einer in einzelne Zellen gegliederten Tiefdruckzone, die sich von Südarabien über das Hochland von Iran, Südpakistan und das Gangestiefland bis nach Südchina erstreckt.

Januar	April	Juli	Oktober
1020,0	1016,2	995,9	1014,2

Kerman (Iran). Mittelwerte des Luftdrucks (hPa)

Das Hitzetief unterbricht während der heißen Jahreszeit den subtropischen Hochdruckgürtel – allerdings nur in der unteren Troposphäre, denn schon in der mittleren Troposphäre geht es in ein Höhenhoch über. Die in diesem Tief aufsteigende Luft ist extrem trocken. Die Taupunkttemperatur liegt so niedrig, daß auch kräftige Konvektion keinen Niederschlag hervorbringt. Sichtbar wird das Aufsteigen der Luft durch die Bildung kleiner Wirbel, die Staub von den vegetationsfreien Flächen weit emportragen. Der starke Beeinflussung der Temperaturen durch die Strahlung hat zur Folge, daß die Gegensätze zwischen Tag und Nacht sehr groß sind und häufig mehr als 20 K erreichen.

Lage:	Westen der Arabischen Halbinsel, Küste des Roten Meeres	WMO-Nr.:	41024
Koordinaten:	21° 42' N 39° 11' E	Allg. Klimacharakteristik:	Winter sehr warm, kaum Regen; Sommer sehr heiß und trocken
Höhe ü.d.M.:	17 m	Klimatyp:	BWh

		J	F	M	A	M	J	J	A	S	O	N	D	Jahr
Mittlere Temperatur	°C	25,0	23,5	25,1	27,6	29,6	30,8	32,4	32,1	30,7	29,1	27,0	24,7	28,1
Mittl. Max. Temp.	°C	29,0	28,8	31,1	33,4	35,4	36,9	37,6	37,2	36,1	35,0	32,3	29,8	33,6
Mittl. Min. Temp.	°C	21,0	18,4	20,1	22,1	24,1	24,9	26,3	27,1	25,9	23,8	22,2	19,9	23,0
Abs. Max. Temp.	°C	34,5	36,0	40,2	44,5	48,2	49,0	45,0	44,0	48,0	44,5	39,0	36,0	
Abs. Min. Temp.	°C	11,4	11,5	11,0	13,5	16,4	20,0	20,5	22,0	17,0	15,6	15,0	11,4	
Dampfdruck	hPa	16,9	16,7	18,3	20,3	23,0	25,1	24,9	27,3	29,5	26,5	22,2	18,6	22,4
Relative Feuchte	%	73	61	60	60	60	61	57	62	69	67	64	59	63
Niederschlag	mm	14	6	1	5	2	0	0	0	1	2	12	12	55
Max. Niederschlag	mm	31	45	15	1	0	0	0	1	0	32	255	58	304
Min. Niederschlag	mm	0	0	0	0	0	0	0	0	0	0	0	0	14
Wind	m/s	0,9	1,0	0,9	0,8	0,8	0,8	0,7	0,9	0,8	0,6	0,5	0,5	0,8

Klimadaten Jiddah (Saudi-Arabien). Bezugszeitraum 1961-90, außer max./ min. Niederschlag (1991-97)

Längs der Ostküste des Roten Meeres erstreckt sich die Tihama-Küstenwüste, die sich durch Relief und Klima deutlich von den hochgelegenen Trockenräumen des Landesinneren abhebt. Ein Vergleich zwischen der Hafenstadt Jiddah und Taif, 120 km von der Küste entfernt in 1454 m Höhe gelegen, sowie mit Riad (620 m ü.d.M.), kann dies verdeutlichen.

		Jiddah	Taif	Riad
Julimittel d. Temperatur	°C	32,4	28,5	35,1
Jahresamplitude	K	8,9	13,2	21,1
Tagesamplitude	K	10,6	13,4	14,1
Abs. Min.Temperatur	°C	11,4	-1,0	-2,0
Abs. Max. Temperatur	°C	49,0	40,0	49,0
Relative Feuchte	%	63	41	29
Jahresniederschlag	mm	55	120	101

West-Ost-Klimaprofil durch Saudi-Arabien

Die Küstenwüste erhält nur selten und in unregelmäßigen Abständen Niederschlag, meist in Form von Starkregen. So fielen im Februar 1995 an einem Tag in Jiddah 45 mm Niederschlag – das 7,5fache der mittleren Jahressumme. Im November 1996 brachten elf Tage 255 mm Regen, also das 21fache des Mittelwertes für diesen Monat. Im Gegensatz zum Sommerregengebiet in Südwestarabien fallen die wenigen Niederschläge im Raum Jiddah wie im gesamten Norden im Winter. Dies ist eine Folge der periodischen Südverlagerung der außertropischen Höhenwestwinde, deren Einfluß im Winter bis etwa 20° nördlicher Breite reicht. Im Sommer dominiert hier der Einfluß des subtropischen Hochdruckgürtels. Entsprechende Druckverhältnisse sind allerdings erst in der mittleren Troposphäre zu finden, da die sommerliche Erwärmung zur Ausbildung eines Hitzetiefs am Boden führt.

Das Klima im Raum Jiddah ist durch extreme Schwüle geprägt. Die hohen Temperaturen sorgen für eine starke Verdunstung von der Meeresoberfläche. Da der vertikale wie auch der horizontale Austausch gering sind, reichert sich die Luft mit Wasserdampf an. Auch wenn das Schwüleempfinden subjektiv verschieden ist, so kann man doch davon ausgehen, daß ein Dampfdruck ab 18,8 hPa belastend auf den menschlichen Organismus wirkt, insbesondere bei geringer Windgeschwindigkeit, wie sie für die Küstenregion des Roten Meeres typisch ist.

Weitaus besser zu ertragen ist das Klima im benachbarten Bergland, wo sich die Stadt Taif zu einer Art "Sommerfrische" mit touristischen Einrichtungen entwickelt hat. In Taif werden zwar gleichfalls hohe Temperaturwerte erreicht, doch ist die nächtliche Abkühlung stärker und die Luft erheblich trockener als in Jiddah.

Lage:	Region Zufar, Südküste des Oman, am Arabischen Meer	WMO-Nr.:	41316
Koordinaten:	17° 2' N 54° 5' E	Allg. Klimacharakteristik:	Winter sehr warm und trocken; Sommer heiß und wenig Regen;
Höhe ü.d.M.:	18 m	Klimatyp:	BWh

		J	F	M	A	M	J	J	A	S	O	N	D	Jahr
Mittlere Temperatur	°C	23,4	23,9	25,9	27,8	29,3	29,3	26,6	25,1	26,4	27,0	26,5	24,7	26,3
Abs. Max. Temp.	°C	32,2	34,4	38,3	41,6	42,2	47,2	32,2	31,9	32,1	38,3	37,8	34,4	
Abs. Min. Temp.	°C	10,5	10,0	13,9	16,7	19,1	22,8	21,1	21,1	18,9	16,1	15,4	11,8	
Dampfdruck	hPa	15,6	17,4	22,0	25,5	30,6	33,0	31,0	29,2	27,6	24,1	20,8	17,5	24,5
Niederschlag	mm	1	0	7	11	12	12	28	30	3	0	0	0	104
Tage mit ≥ 1 mm N		0	0	1	1	0	2	9	11	1	0	0	0	25

Klimadaten Salalah (Oman). Bezugszeitraum 1992-97, außer abs. Max. / Min. 30 Jahre (nach ALEX)

Die omanische Südküste liegt im Einflußbereich der Monsune. Im Winter herrscht infolge des Luftdruckgefälles zwischen Innerasien und den äquatorialen Breiten eine ablandige Nordostströmung vor. Da die Luft relativ trocken ist, reicht die Hebung an den südarabischen Gebirgen, die bei Salalah knapp 1500 m Höhe erreichen, nicht aus, um Wolkenbildung einzuleiten. Auf Grund der hohen Sonnenscheindauer und entsprechend starken Einstrahlung steigen die Tagestemperaturen selbst in dieser "kühlen" Zeit im Mittel auf 27 °C an. Nachts gehen sie zwar deutlich zurück, doch ist die mittlere Tagesamplitude geringer als in den küstenfernen Trockengebieten Arabiens.

Im Sommer beherrscht eine großräumige Südwestströmung das südliche Asien, die allerdings dem Oman – ganz im Gegensatz zu Indien und Südostasien – nur geringen Niederschlag bringt. Einer der Gründe hierfür ist darin zu sehen, daß der nördliche Ast des Südwestmonsuns infolge des weiten Vorstoßen des "Horns von Afrika" ein trockener, ablandiger Wind ist, der erst nach und nach über dem Meer Feuchtigkeit aufnimmt. Hinzu kommt, daß der Monsun in diesem Bereich eine nur geringe vertikale Mächtigkeit von 1,5 km aufweist; erst östlich des 65. Längenkreises wird er zu jener mächtigen Strömung, die auch schon über See weit vor der indischen Küste erhebliche Niederschläge hervorbringt.

Ein weiterer Grund für die Trockenheit der omanischen Küste liegt darin, daß der Wind annähernd parallel zur Küste weht und nur eine leichte landeinwärts gerichtete Komponente aufweist. Die innertropische Konvergenzzone, die im Sommer über Südarabien liegt, ist dementsprechend nur schwach ausgebildet.

Wo allerdings an der Küste Gebirge aufragen und die Luft zum Aufsteigen gezwungen wird, setzt Kondensation ein. Es bilden sich Nebel oder Wolken, die mit gewisser Regelmäßigkeit von Juni bis August Niederschlag liefern. Auch wenn die Mengen meist gering sind, so hat der Regen für das wasserarme Land doch große Bedeutung. Er erweckt die Vegetation nach langer Trockenpause zu neuem Leben - eine Attraktion für Touristen vor allem aus den Golfstaaten.

Mit heftigem Sturm verbunden ist der Südwestmonsun häufig über dem Meer, so daß Gefahr für die Schiffahrt besteht. Deshalb heißt diese Zeit bei den Küstenbewohnern "bat hiddan", d.h. "nicht befahrbare See", während die Zeit des Nordostmonsuns als "bat furan", d.h. "offene See", bezeichnet wird.

Von den nördlich des Äquators gelegenen Teilmeeren des Indischen Ozeans weist das Arabische Meer die niedrigsten Temperaturen auf, weil vor der Küste Somalias und in geringerem Maße auch vor der Küste Omans – bedingt durch die vom Südwestmonsun angetriebenen Meeresströmungen – kaltes Tiefenwasser aufquillt.

Die relativ niedrigen Wassertemperaturen sind Grund dafür, daß die gelegentlich vor der Südwestküste Indiens entstehenden Wirbelstürme nur selten die Küste Omans erreichen. Wenn dies aber einmal der Fall ist, bringen sie meist ungewöhnlich starken Regen. So ließen die Niederschläge, die im Juni 1996 im Gefolge eines Wirbelsturms in Salalah auftraten, den Monatswert auf 54 mm ansteigen – also auf das Siebenfache der sonst registrierten Regenmenge. Anfang Oktober des gleichen Jahres erreichte ein weiterer Wirbel die Südostküste des Landes.

103 Tbilisi (Tiflis)		J	F	M	A	M	J	J	A	S	O	N	D	Jahr
Mittlere Temperatur	°C	1,7	2,9	6,9	12,8	17,4	21,2	24,4	23,7	19,6	13,5	8,1	3,8	13,0
Niederschlag	mm	19	26	30	51	78	76	45	48	36	38	30	21	498

41° 41' N 44° 57' E Georgien 490 m ü.d.M. WMO 37549 1961-90

104 Zonguldak		J	F	M	A	M	J	J	A	S	O	N	D	Jahr
Mittlere Temperatur	°C	6,0	6,3	7,5	11,5	15,4	19,6	21,5	21,3	18,4	14,8	11,9	8,5	13,6
Niederschlag	mm	137	92	90	65	55	61	80	81	93	139	142	159	1194

41° 27' N 31° 48' E Türkei 136 m ü.d.M. WMO 17022 1961-90

105 Ankara		J	F	M	A	M	J	J	A	S	O	N	D	Jahr
Mittlere Temperatur	°C	0,1	1,9	6,1	11,2	15,5	19,6	22,9	22,6	18,3	12,6	7,1	2,6	11,7
Mittl. Max. Temp.	°C	4,1	6,4	11,9	17,2	21,0	26,2	29,8	29,8	25,8	19,6	12,9	6,4	17,6
Mittl. Min. Temp.	°C	-3,3	-2,3	0,8	5,4	8,9	12,5	15,3	15,1	10,9	6,8	2,5	-0,7	6,0
Niederschlag	mm	47	36	36	48	55	37	14	12	19	27	33	49	413

39° 57' N 32° 53' E Türkei 891 m ü.d.M. WMO 17130 1961-90

106 Täbriz		J	F	M	A	M	J	J	A	S	O	N	D	Jahr
Mittlere Temperatur	°C	-2,7	-0,4	5,2	11,1	16,6	21,9	26,2	25,6	21,2	13,9	7,1	1,0	12,2
Niederschlag	mm	26	25	47	54	42	18	3	4	9	28	28	26	310

38° 5' N 46° 17' E Iran 1361 m ü.d.M. WMO 40706 1961-90

107 Anzali		J	F	M	A	M	J	J	A	S	O	N	D	Jahr
Mittlere Temperatur	°C	7,1	6,8	8,8	13,5	19,0	23,5	26,0	25,4	22,5	17,9	13,7	9,8	16,2
Mittl. Max. Temp.	°C	10,1	9,5	11,3	16,4	22,2	27,1	29,8	29,1	25,8	20,9	16,8	12,9	19,3
Mittl. Min. Temp.	°C	4,1	4,1	6,2	10,6	15,8	19,9	22,2	21,8	19,1	14,8	10,6	6,7	13,0
Niederschlag	mm	193	128	109	56	48	48	46	120	217	359	267	228	1819

37° 28' N 49° 28' E Iran 23 m unter d.M. WMO 40718 1961-90

108 Antalya		J	F	M	A	M	J	J	A	S	O	N	D	Jahr
Mittlere Temperatur	°C	9,9	10,3	12,7	16,1	20,3	25,0	28,1	27,7	24,5	19,7	14,8	11,4	18,4
Mittl. Max. Temp.	°C	14,9	15,2	17,9	21,2	25,3	30,4	33,8	33,6	30,9	26,2	20,9	16,5	23,9
Niederschlag	mm	238	191	102	48	28	9	5	2	13	70	150	223	1079

36° 42' N 30° 44' E Türkei 57 m ü.d.M. WMO 17300 1961-90

109 Lattakia		J	F	M	A	M	J	J	A	S	O	N	D	Jahr
Mittlere Temperatur	°C	11,6	12,6	14,8	17,8	20,7	23,8	26,3	27,0	25,6	22,3	17,5	13,3	19,4
Mittl. Max. Temp.	°C	15,4	16,4	18,3	21,5	24,1	25,8	28,8	29,6	29,0	26,3	21,9	17,6	22,9
Mittl. Min. Temp.	°C	8,4	9,1	11,0	14,0	17,0	20,7	23,7	24,3	21,9	18,2	13,8	10,1	16,0
Niederschlag	mm	185	97	92	49	22	5	1	2	8	69	96	185	811

35° 32' N 35° 46' E Syrien 7 m ü.d.M. WMO 40022 1961-90

110 North Salang		J	F	M	A	M	J	J	A	S	O	N	D	Jahr
Mittlere Temperatur	°C	-10,3	-9,5	-5,4	-0,1	2,9	7,5	9,7	8,6	4,7	0,7	-4,0	-7,8	-0,2
Abs. Max. Temp.	°C	-6,6	-5,3	-1,1	3,8	7,2	12,2	14,3	13,5	9,6	5,4	0,2	-4,2	4,1
Abs. Min. Temp.	°C	-18,7	-13,1	-8,4	-3,5	-0,5	3,4	5,6	4,5	0,5	-2,6	-7,5	-10,9	-4,3
Niederschlag	mm	109	142	186	198	124	10	7	7	8	30	68	104	993

35° 19' N 69° 1' E Afghanistan 3366 m ü.d.M. WMO 40930 1964-1983, sonst 1961-83

111 Larnaka		J	F	M	A	M	J	J	A	S	O	N	D	Jahr
Mittlere Temperatur	°C	11,8	12,2	13,5	16,9	20,4	24,0	26,6	26,6	24,6	21,3	16,9	13,4	19,0
Mittl. Max. Temp.	°C	16,3	16,9	18,6	22,4	25,9	29,6	32,1	32,3	30,4	27,0	22,1	18,2	24,3
Mittl. Min. Temp.	°C	7,3	7,4	8,3	11,4	14,9	18,4	21,2	21,0	18,8	15,6	11,7	8,6	13,7
Niederschlag	mm	62	52	42	12	9	1	0	0	0	19	43	80	320

34° 53' N 33° 38' E Zypern 2 m ü.d.M. WMO 17609 1976-90

112 Dezful		J	F	M	A	M	J	J	A	S	O	N	D	Jahr
Mittlere Temperatur	°C	11,2	13,2	17,1	22,4	29,0	33,8	36,1	35,2	31,4	25,5	18,5	13,0	23,9
Mittl. Max. Temp.	°C	17,2	19,6	24,1	30,0	37,5	43,7	46,0	44,9	41,7	34,8	26,2	19,3	32,1
Mittl. Min. Temp.	°C	5,3	6,8	10,0	14,7	20,5	23,8	26,2	25,5	21,1	16,2	10,8	6,8	15,6
Abs. Max.	°C	28,0	29,0	36,0	40,5	46,5	50,0	53,6	52,0	48,0	43,0	35,0	29,0	
Abs. Min.	°C	-9,0	-4,0	-2,0	3,0	10,0	16,0	19,0	16,5	10,0	6,0	1,0	-2,0	
Niederschlag	mm	101	60	50	35	9	0	0	0	0	7	39	83	384

32° 24' N 48° 23' E Iran 143 m ü.d.M. WMO 40795 1961-90

113 Jerusalem		J	F	M	A	M	J	J	A	S	O	N	D	Jahr
Mittlere Temperatur	°C	8,0	9,0	11,1	15,2	18,8	21,4	23,0	22,6	22,1	19,2	14,2	9,7	16,2
Mittl. Max. Temp.	°C	11,9	13,3	15,9	21,0	25,2	27,2	28,8	28,8	27,9	24,8	18,9	13,7	21,5
Mittl. Min. Temp.	°C	4,1	4,6	6,3	9,5	12,4	15,2	17,2	17,3	16,3	13,7	9,5	5,7	11,0
Niederschlag	mm	143	113	98	32	2	0	0	0	0	24	68	110	590

31° 47' N 35° 13' E Israel 757 m ü.d.M. WMO 40184 1964-90, Niederschlag 1961-90

114 Maan		J	F	M	A	M	J	J	A	S	O	N	D	Jahr
Mittlere Temperatur	°C	7,5	9,1	12,2	16,9	20,8	24,0	25,5	25,6	23,8	19,5	13,5	9,0	17,3
Mittl. Max. Temp.	°C	13,4	15,4	19,0	24,2	28,7	32,4	33,9	34,1	32,3	27,2	20,3	15,1	24,7
Mittl. Min. Temp.	°C	1,6	2,8	5,3	9,5	13,0	15,6	17,2	17,2	15,4	11,7	6,8	3,0	9,9
Niederschlag	mm	7	7	7	4	2	0	0	0	0	4	4	8	43

30° 10' N 35° 47' E Jordanien 1070 m ü.d.M. WMO 40310 1961-90

115 Kuwait		J	F	M	A	M	J	J	A	S	O	N	D	Jahr
Mittlere Temperatur	°C	12,5	14,8	19,3	24,9	31,5	36,0	37,7	36,8	33,3	27,3	19,9	14,1	25,7
Abs. Max. Temp.	°C	18,0	20,7	25,6	31,5	38,5	43,5	43,6	44,6	42,0	35,3	26,6	19,8	32,5
Abs. Min. Temp.	°C	7,2	9,1	13,2	18,4	24,1	27,5	29,3	28,5	24,6	19,7	13,8	8,6	18,7
Niederschlag	mm	26	16	13	15	4	0	0	0	0	3	14	17	108

29° 13' N 47° 59' E Kuwait 55 m ü.d.M. WMO 40582 1961-90

116 Bahrein		J	F	M	A	M	J	J	A	S	O	N	D	Jahr
Mittlere Temperatur	°C	17,2	18,0	21,2	25,3	30,0	32,6	34,1	34,2	32,5	29,3	24,5	19,3	26,5
Mittl. Max. Temp.	°C	20,0	21,2	24,7	29,2	34,1	36,4	37,9	38,0	36,5	33,1	27,8	22,3	30,1
Mittl. Min. Temp.	°C	14,1	14,9	17,8	21,5	26,0	28,8	30,4	30,5	28,6	25,5	21,2	16,2	23,0
Niederschlag	mm	15	16	14	10	1	0	0	0	0	1	4	11	72

26° 16' N 50° 39' E Bahrain 2 m ü.d.M. WMO 41150 1961-90

117 Doha		J	F	M	A	M	J	J	A	S	O	N	D	Jahr
Mittlere Temperatur	°C	17,0	17,9	21,2	25,7	31,0	33,9	34,7	34,3	32,2	28,9	24,2	19,2	26,7
Mittl. Max. Temp.	°C	21,7	23,0	26,8	31,9	38,2	41,2	41,5	40,7	38,6	35,2	29,5	24,1	32,7
Mittl. Min. Temp.	°C	12,8	13,7	16,7	20,6	25,0	27,7	29,1	28,9	26,5	23,4	19,5	15,0	21,6
Abs. Max. Temp.	°C	31,2	36,0	39,0	46,0	47,7	49,0	48,2	48,0	45,5	43,4	38,0	32,2	
Abs. Min. Temp.	°C	3,8	5,0	8,2	10,5	15,2	21,0	23,5	22,4	20,3	16,6	11,8	6,4	
Niederschlag	mm	13	17	16	9	4	0	0	0	0	1	3	12	75
Tage mit ≥ 1 mm N		2	2	2	1	0	0	0	0	0	0	0	1	8

25° 15' N 51° 34' E Katar 10 m ü.d.M. WMO 41170 1961-90

118 Riyadh		J	F	M	A	M	J	J	A	S	O	N	D	Jahr
Mittlere Temperatur	°C	14,0	16,4	21,1	25,7	31,5	34,2	35,0	35,1	31,9	26,8	20,7	15,4	25,7
Mittl. Max. Temp.	°C	20,2	22,9	27,6	32,3	38,7	41,5	42,8	42,5	40,1	34,6	27,4	21,7	32,7
Mittl. Min. Temp.	°C	8,2	10,3	14,4	18,9	24,2	26,2	27,4	27,0	24,1	19,2	14,3	9,4	18,6
Niederschlag	mm	11	10	24	29	8	0	0	1	0	1	6	11	101

24° 43' N 46° 44' E Saudi-Arabien 620 m ü.d.M. WMO 40438 1961-90

Lage:	Nordwestindien, zwischen Jumna und Ausläufer der Aravalli Range	WMO-Nr.:	42182
Koordinaten:	28° 35' N 77° 12' E	Allg. Klimacharakteristik:	Winter warm, wenig Regen; Sommer sehr heiß und feucht
Höhe ü.d.M.:	216 m	Klimatyp:	Cwa

		J	F	M	A	M	J	J	A	S	O	N	D	Jahr
Mittlere Temperatur	°C	14,3	16,8	22,3	28,8	32,5	33,4	30,8	30,0	29,5	26,3	20,8	15,7	25,1
Mittl. Max. Temp.	°C	21,0	23,5	29,2	36,0	39,2	38,8	34,7	33,6	34,2	33,0	28,3	22,9	31,2
Mittl. Min. Temp.	°C	7,6	10,1	15,3	21,6	25,9	27,8	26,8	26,3	24,7	19,6	13,2	8,5	19,0
Abs. Max. Temp.	°C	28,6	31,8	39,4	43,2	45,0	45,0	43,3	41,8	39,2	38,1	33,6	29,1	
Abs. Min. Temp.	°C	2,6	1,8	5,3	12,9	15,5	19,9	20,1	21,2	17,3	12,8	6,8	1,3	
Dampfdruck	hPa	9,8	10,4	12,6	13,5	16,0	23,0	30,0	30,3	25,3	17,7	13,0	10,4	17,7
Relative Feuchte	%	63	55	47	34	33	46	70	73	62	52	55	62	54
Niederschlag	mm	19	20	15	21	25	70	237	235	113	17	9	9	790
Tage mit ≥ 1 mm N		2	3	3	2	3	6	13	12	6	2	1	2	55
Max. Niederschlag	mm	80	124	60	184	75	203	538	583	310	86	100	70	1254
Min. Niederschlag	mm	0	0	0	0	0	3	36	56	0	0	0	0	380

Klimadaten Neu-Delhi (Indien). Bezugszeitraum 1971-90, außer max. und min. Niederschlag (1961-90)

Durch einen deutlichen jahreszeitlichen Wechsel der Temperaturverhältnisse unterscheidet sich Delhi von den meisten anderen Städten Indiens. Ein ausgleichender Einfluß des Meeres wird durch die kontinentale Lage und in der kühlen Jahreszeit zusätzlich durch die dann vorherrschende Nordostströmung unterbunden.

Die Jahresamplitude erreicht 19,1 K und liegt damit höher als in Mitteleuropa. Entsprechendes gilt für die Tagesamplitude von 11 K bis 13 K. Die höchsten Temperaturen werden kurz vor dem Beginn des Monsunregens gemessen, der Delhi im Mittel um den 20. Juni erreicht. Abschirmung der Einstrahlung durch dichte Bewölkung sowie Abkühlung durch den Regen bzw. die höhere Verdunstung setzen in Nordindien also erst relativ spät ein. Aus diesem Grund liegen die Maxima der Temperatur in Delhi trotz nördlicher Lage nicht niedriger als in Südindien, wo der Temperaturanstieg schon im Mai "gekappt" wird.

Wie bereits angedeutet, gehen die Niederschläge in Delhi überwiegend auf den Südwestmonsun zurück. Im Vergleich zur Konkan- und der südlich anschließenden Malabarküste sind die Mengen allerdings mäßig, da die Monsunströmung schon einen Teil ihrer Feuchtigkeit abgegeben hat und der Staueffekt durch Gebirge im Raum Delhi keine Rolle spielt. Die von Jahr zu Jahr auftretenden Schwankungen der Niederschlagsmengen sind beträchtlich. Verzögert sich der Beginn der Regenzeit um einige Wochen, so kann das zu Problemen führen, weil sich die Vegetationszeit entsprechend verkürzt. Relativ selten ist aber die Aufeinanderfolge von zwei oder drei Jahren mit weniger als 500 mm (z.B. in den drei Dürrejahren 1918 bis 1920).

Während der trockene Wintermonsun mit dem Nordostpassat gleichgesetzt wird, gilt als Auslöser für den Südwestmonsun das starke Tief, das von etwa April bis September über Nordindien besteht. In Delhi sinkt der Luftdruck im April auf 1005,3 hPa und erreicht im Juni mit 996,9 hPa seinen tiefsten Stand. Im Oktober (1009,9 hPa) beginnt der Übergang zum winterlichen Hoch mit Werten um 1017 hPa.

Die starke sommerliche Erhitzung wird häufig als Ursache für die regelmäßige Entstehung des sommerlichen Tiefs herausgestellt. Diese Erklärung reicht aber nicht aus. Hinzu kommen wohl auch Einflüsse der zentralasiatische Hochgebirge und Plateaus sowie der dadurch geprägten Ostströmung in der höheren Troposphäre.

Zusätzlich zum Monsunregen erhält Delhi auch in den übrigen Monaten Niederschlag, der immerhin fast ein Sechstel der Jahressumme ausmacht. Diese Regenfälle stehen in Verbindung mit Tiefdruckgebieten, die vom Golf von Bengalen westwärts ziehen.

Lage:	Südabdachung des Khasigebirges, Assam, Nordostindien	WMO-Nr.:	42515
Koordinaten:	25° 15' N 91° 44' E	Allg. Klimacharakteristik:	Winter mäßig warm, wenig Regen; Sommer warm, sehr feucht
Höhe ü.d.M.:	1313 m	Klimatyp:	Cwa

		J	F	M	A	M	J	J	A	S	O	N	D	Jahr
Mittlere Temperatur	°C	11,5	13,1	16,5	18,1	19,3	20,3	20,1	20,6	20,2	19,3	16,4	12,7	17,3
Mittl. Max. Temp.	°C	15,7	17,3	20,5	21,7	22,4	22,7	22,0	22,9	22,7	22,7	20,4	17,0	20,7
Mittl. Min. Temp.	°C	7,2	8,9	12,5	14,5	16,1	17,9	18,1	18,2	17,5	15,8	12,3	8,3	13,9
Abs. Max. Temp.	°C	22,8	23,6	27,4	26,3	27,2	29,1	28,4	29,8	28,4	26,9	26,6	23,4	
Abs. Min. Temp.	°C	0,6	3,0	4,7	7,7	8,3	11,7	14,9	14,7	13,2	10,5	6,3	2,5	
Dampfdruck	hPa	9,8	10,9	13,8	17,8	20,0	22,4	22,7	22,7	21,6	18,5	13,9	10,9	17,1
Relative Feuchte	%	70	69	70	82	86	92	95	92	90	81	73	72	81
Niederschlag	mm	11	46	240	938	1214	2294	3272	1760	1352	549	72	29	11777
Tage mit ≥ 1 mm N		2	3	9	19	22	25	29	26	21	10	3	1	170
Max. Niederschlag	mm	156	1197	1200	1845	3961	5832	6667	4659	4661	1877	381	123	22763
Min. Niederschlag	mm	0	0	8	211	158	1218	1594	80	61	32	0	0	6807

Klimadaten Cherrapunji (Indien). Bezugszeitraum 1971-90, außer max. und min. Niederschlag (1961-90)

Die Klimastation Cherrapunji zeichnet sich durch extrem hohe Niederschlagsmengen während der Sommermonate aus. Das Ausmaß wird deutlich bei einem Vergleich mit den immerfeuchten Regenwaldgebieten der Äquatorregion, für die 200 bis 400 mm/Monat charakteristisch sind.
Auch der Jahressumme nach gehört Cherrapunji zu den regenreichsten Orten der Erde. Da die Werte von Jahr zu Jahr beträchtliche Schwankungen aufweisen, hängt die Rangfolge von der Wahl des Beobachtungszeitraums ab. Der höchste innerhalb von 12 Monaten gemessene Wert liegt bei 25.900 mm (August 1860 bis Juli 1861).

Klimastation	Höhe m	Zeitraum	Niederschlag mm/Jahr
Mawsyuran	1400	1941-69	12.210
Debundscha	9	1960-80	11.160
Mt. Waialeale	1569	1930-58	12.547

Klimastationen mit extrem hohen Niederschlagswerten: Mawsyuran 16 km westlich von Cherrapunji; Debundscha südwestliches Vorland des Kamerunberges, Kamerun; Mt. Waialeale auf der Insel Kauai, Hawaii

Die hohen Niederschläge der Station Cherrapunji sind zurückzuführen auf das Zusammentreffen mehrerer Faktoren. Den größten Teil der Niederschläge liefert wie fast überall in Indien der Südwestmonsun. Allerdings beginnt im Nordosten der Zustrom feuchter und labil geschichteter Luft aus dem Golf von Bengalen bereits Mitte März. Sie ersetzt die trockene Luft des Nordostmonsuns und leitet an der Südflanke des West-Ost streichenden Khasigebirges die Regenzeit ein. Schon auf Grund der Länge der Regenzeit ist hier mit höheren Jahressummen zu rechnen. Eine Rolle spielt auch die Kanalisierung der Luft durch die Bergländer, die Bengalen im Westen und Osten umrahmen. Hinzu kommt das senkrechte Auftreffen der Strömung auf das unvermittelt aus dem Tiefland aufsteigende Khasigebirge.
Gesteigert wird die Niederschlagsmenge durch einzelne Monsuntiefs sowie gelegentlich durch Ausläufer tropischer Wirbelstürme. Auch kleinräumige topographische Effekte spielen bei der Verteilung offenbar eine wesentliche Rolle, denn nicht alle Orte an der Luvseite des Gebirges erhalten ähnlich große Niederschlagsmengen wie Cherrapunji.
Nördlich des Gebirges weisen die Niederschläge eine annähernd gleiche jahreszeitliche Verteilung auf. Zwar sind – wie auf Grund der Leelage zu erwarten – die Regenmengen während des Südwestmonsuns deutlich niedriger als in Cherrapunji, doch werden in Gauhati (54 m ü.d.M.) immer noch 1722 mm/Jahr registriert.

Lage:	Zentralindien, Hochland von Dekkan	WMO-Nr.:	42867
Koordinaten:	21° 6' N 79° 3' E	Allg. Klimacharakteristik:	Winter warm und trocken; Sommer (sehr) heiß und feucht
Höhe ü.d.M.:	310 m	Klimatyp:	Aw

		J	F	M	A	M	J	J	A	S	O	N	D	Jahr
Mittlere Temperatur	°C	20,8	23,2	27,7	32,5	35,1	31,9	27,9	27,1	27,7	26,4	23,0	20,4	27,0
Mittl. Max. Temp.	°C	28,7	31,2	36,2	40,7	42,4	37,5	31,6	30,5	32,3	32,7	30,4	28,1	33,5
Mittl. Min. Temp.	°C	12,9	15,1	19,2	24,3	27,8	26,3	24,1	23,6	23,1	20,0	15,5	12,6	20,4
Abs. Max. Temp.	°C	34,1	37,6	41,4	45,8	47,1	46,4	38,5	35,8	38,0	37,1	35,4	33,5	
Abs. Min. Temp.	°C	6,3	7,9	9,9	17,3	20,6	20,8	19,3	20,5	16,4	12,4	6,8	5,5	
Dampfdruck	hPa	13,4	12,6	11,6	12,8	15,3	23,9	28,2	28,2	27,0	21,4	16,0	13,5	18,7
Relative Feuchte	%	54	43	30	24	27	55	77	80	74	61	55	56	53
Niederschlag	mm	16	22	15	8	18	168	290	291	157	73	17	19	1094
Tage mit ≥ 1 mm N		2	2	2	1	3	11	18	17	10	4	1	1	72
Min. Niederschlag	mm	0	0	0	0	0	48	120	78	23	0	0	0	606
Max. Niederschlag	mm	67	90	86	38	102	399	510	558	427	363	82	166	1556
Sonnenscheindauer	h	272	268	288	291	294	187	115	117	183	260	264	269	1807

Klimadaten Nagpur Sonega. Bezugszeitraum 1971-90, außer min. und max. Niederschlag (1961-90)

Trotz seiner meerfernen Lage im Zentrum der indischen Halbinsel erhält Nagpur im Jahresmittel fast 1100 mm Niederschlag – rund 300 mm als z.B. die näher am Meer gelegenen Städte Akola und Hyderabad. Der größte Teil des Regens fällt während des Sommermonsuns, der in Nagpur im Mittel am 12. Juni einsetzt und bis Anfang Oktober andauert. Der mit dem Einsetzen des Sommermonsuns verbundene Wechsel der atmosphärischen Bedingungen spiegelt sich u.a. in den Mittelwerten der Sonnenscheindauer wider.
Charakteristisch ist die Zunahme des Dampfdrucks von 15 hPa im Mai auf 28 hPa in der zweiten Junihälfte. Die Verdoppelung des Wassergehalts der Luft entspricht der Anhebung des Taupunkts von 13 auf 23 °C. Die Annäherung der Taupunkttemperatur an die aktuellen Temperaturen zeigt, daß schon ein geringer Anstoß zur Auslösung hochreichender Konvektion und zur Wolkenbildung ausreicht.
Die Monsunniederschläge erreichen an der Malabar- und Konkanküste bzw. an der Luvseite der Westghats ihre höchsten Werte, nehmen jedoch jenseits des Gebirgszuges rasch ab. Während in Goa 2813 mm registriert werden, fallen in Belgaum nur noch 947 mm Niederschlag pro Jahr. Weiter landeinwärts nehmen die Niederschlagsmengen zunächst nicht ab, weil nach Einsetzen des Monsuns auch die Verdunstung von der beregneten Landfläche zur Anreicherung der Luft mit Wasserdampf beiträgt. Höhere Regenmengen werden aber dort registriert, wo Gebirge das Hochland überragen, wie es nördlich und nordöstlich von Nagpur der Fall ist (Ausläufer des Satpuragebirges bis 1353 m Höhe).
Der Südwestmonsun ist nicht der einzige Regenbringer im Gebiet um Nagpur. Vom Golf von Bengalen dringen Zyklonen (monsoon depressions) bis zum Zentrum des nördlichen Dekkans vor. Sie werden von den Ostwinden der oberen Troposphäre gesteuert und bringen insbesondere dem Bergland Niederschlag.
Wie aus der Zahl der Niederschlagstage ersichtlich, ist die feuchte Jahreszeit ist nicht durchgehend von Regen geprägt. Immer wieder gibt es kürzere oder längere Unterbrechungen, die im Mittel drei Tage, im Extremfall drei Wochen andauern. Abgesehen von verfrühtem oder verspätetem Einsetzen des Regens entscheiden Häufigkeit und Dauer der Unterbrechungen darüber, ob die Niederschläge für die Landwirtschaft ausreichend sind oder ob Dürreschäden drohen. Luftdruckschwankungen über dem Pazifik, wie sie bei El-Niño-Ereignissen auftreten, scheinen auf die von Jahr zu Jahr wechselnde Intensität des Südwestmonsuns Einfluß zu haben.

Lage:	Gebirgige Nordwestregion Thailands mit Höhen über 2000 m	WMO-Nr.:	48327
Koordinaten:	18° 47' N 98° 59' E	Allg. Klimacharakteristik:	Winter sehr warm und trocken; Sommer heiß und feucht
Höhe ü.d.M.:	314 m	Klimatyp:	Aw

		J	F	M	A	M	J	J	A	S	O	N	D	Jahr
Mittlere Temperatur	°C	20,5	22,9	26,4	28,7	28,1	27,3	27,0	26,6	26,5	25,8	23,8	21,0	25,4
Mittl. Max. Temp.	°C	28,9	32,2	34,9	36,1	34,1	32,3	31,7	31,1	31,3	31,1	29,8	28,3	31,8
Mittl. Min. Temp.	°C	13,7	14,9	18,2	21,8	23,4	23,7	23,6	23,4	23,0	21,8	19,0	15,0	20,1
Abs. Max. Temp.	°C	34,1	37,3	39,5	41,3	41,4	37,5	37,5	36,5	36,1	35,3	34,5	33,0	
Abs. Min. Temp.	°C	3,7	7,3	10,0	15,8	19,6	20,0	20,5	20,7	16,8	13,3	6,0	5,0	
Dampfdruck	hPa	17,2	17,4	18,9	23,1	27,0	28,2	27,9	28,0	28,0	26,2	22,5	18,4	23,4
Niederschlag	mm	7	5	13	50	158	132	161	236	228	122	53	20	1185
Max. Niederschlag	mm	75	36	92	156	352	336	456	454	530	249	175	98	
Min. Niederschlag	mm	0	0	0	4	14	48	52	67	127	17	0	0	
Sonnenscheindauer	h	282	276	280	271	266	181	154	143	175	224	235	259	2744

Klimadaten Chiang Mai (Thailand). Bezugszeitraum 1961-90

Auch Thailand wird den Monsunländern Asiens zugerechnet, doch läßt sich das Klima des Landes kaum in ein einheitliches Schema einordnen. Zu groß sind die regionalen Besonderheiten, die sich vor allem auf die Höhe und die jahreszeitliche Verteilung der Niederschläge sowie die Temperaturverhältnisse auswirken. Eine besondere Rolle spielen hierbei die Gebirge, die den Norden und die Mitte des Landes in mehrere große Becken gliedern. Im Umkreis des Golfs von Thailand kommen der ungleichmäßige Küstenverlauf und die enge Verzahnung mit dem Meer hinzu.

Bei den Niederschlägen ist die Exposition gegenüber dem Südwestmonsun häufig entscheidend. So finden sich an der Küste des Golfs von Thailand Regionen mit 1000 mm/Jahr (z.B. Hua Hin an der Westküste des Golfs), während andere in relativ geringer Entfernung das Vier- bis Fünffache registrieren (z.B. Khlong Yai an der Ostküste mit 4709 mm, wovon 1098 mm allein auf den August entfallen). Sehr häufig wird das Niederschlagsmaximum erst zwei oder drei Monate nach Einsetzen des Südwestmonsuns erreicht.

Einige Gebiete, vor allem an der südlichen Ostküste der Halbinsel Malakka, erhalten die größten Regenmengen erst im November. Hier ist der Nordostmonsun der Hauptregenbringer, der nach Überqueren des Südchinesischen Meeres als Oströmung sehr feuchte Luft heranführt. Ein beträchtlicher Teil der Regenmengen ist auf tropische Wirbelstürme zurückzuführen, die im Golf von Thailand ein deutliches Maximum in den Monaten Oktober bis Dezember haben.

Im Gebiet von Bangkok weist die Regenzeit zwei Maxima auf, die mit mehrwöchiger Verspätung der Zeit des Sonnenhöchststandes folgen. Zu den wenigen Klimastationen ohne Trockenzeit gehört Chumphon am Westufer des Golfs von Thailand, wo nicht nur der Nordostmonsuns Regen bringt, sondern auch der Südwestmonsun, der hier an der schmalsten und niedrigsten Stelle der Halbinsel auf die Ostseite übergreift.

Der Norden Thailands unterscheidet sich vom Süden vor allem durch einen deutlichen Jahresgang der Temperaturen. Die große Tagesschwankung von rund 17 bis 18 K geht auf die von Oktober bis Mai geringe Bewölkung und die starke Einstrahlung zurück. Bemerkenswert sind die niedrigen Temperaturwerte im Dezember und Januar, die im Mittel unter 21 °C liegen, sowie gelegentlich auftretende absolute Minima unter 5 °C. Sie sind zurückzuführen auf Kaltluftvorstöße aus dem Norden Asiens, die im Winter den Süden Chinas erreichen, sich aber gelegentlich bis nach Vietnam, Laos und Thailand auswirken. Infolgedessen liegen hier die Temperaturen etwas niedriger als auf gleicher Breite in Indien, das durch die Hochgebirge im Norden gegen Kaltluftvorstöße abgeriegelt ist.

Lage:	Koromandelküste im Südosten Indiens am Golf von Bengalen	WMO-Nr.:	43279
Koordinaten:	13° 0' N 80° 11' E	Allg. Klimacharakteristik:	Überwiegend heiß bis sehr heiß, Regen von Juni bis Dezember
Höhe ü.d.M.:	2 m	Klimatyp:	Aw'

		J	F	M	A	M	J	J	A	S	O	N	D	Jahr
Mittlere Temperatur	°C	24,6	26,2	28,4	30,9	32,9	32,4	30,7	30,1	29,7	28,2	26,1	25,0	28,8
Mittl. Max. Temp.	°C	28,8	30,7	33,2	35,6	38,0	37,4	35,3	34,5	34,0	31,9	29,5	28,4	33,1
Mittl. Min. Temp.	°C	20,4	21,6	23,5	26,2	27,7	27,4	26,0	25,6	25,3	24,4	22,7	21,5	24,4
Abs. Max. Temp.	°C	33,1	35,8	38,5	41,9	44,1	42,7	39,9	38,5	38,4	36,5	33,2	31,8	
Abs. Min. Temp.	°C	15,8	15,8	18,0	21,4	21,4	20,1	21,2	21,3	21,1	19,4	17,8	16,8	
Dampfdruck	hPa	22,5	24,2	26,7	30,2	29,2	26,4	27,2	27,5	29,0	28,9	26,4	24,3	26,9
Relative Feuchte	%	73	72	70	69	62	57	64	66	72	77	78	77	70
Niederschlag	mm	27	34	4	12	39	71	121	138	161	373	409	152	1541
Tage mit ≥ 1 mm N		2	1	0	1	2	8	10	11	10	12	12	7	76
Max. Niederschlag	mm	170	284	31	79	340	201	213	395	343	1297	1071	906	2491
Min. Niederschlag	mm	0	0	0	0	0	3	17	27	19	64	60	2	707
Sonnenscheindauer	h	268	268	294	290	280	203	185	194	199	195	183	204	2762

Klimadaten Madras (Indien). Bezugszeitraum 1971-90, außer Temperatur (1971-89)

Die Koromandelküste um Madras hebt sich von den übrigen Klimaregionen Indiens deutlich ab. Auf Grund des ganzjährig hohen Wasserdampfgehalts der Luft ist das Klima besonders belastend. Die höchsten Niederschläge fallen hier in den Monaten Oktober und November, wenn der Südwestmonsun bereits auf dem Rückzug ist. Er spielt hier auf der Leeseite der indischen Halbinsel nur eine geringe Rolle.
Wenn sich im Spätherbst die Zirkulation über Indien vom Südwestmonsunn auf den Nordostmonsun umstellt, bedeutet das für den größten Teil des Landes Zufuhr trockener und mäßig warmer Luft aus kontinentalen Bereichen. Wo diese Strömung den Golf von Bengalen mit seinen hohen Wassertemperaturen überquert, reichert sie sich mit Wasserdampf an. Die nördliche Ostküste Indiens verläuftt annähernd parallel zu dieser Strömung und wird von ihr kaum erreicht. Erst südlich des Krishnadeltas wendet sich die Küste nach Süden, so daß der Nordostmonsun hier als Seewind auf die Küste trifft. Hohe Luftfeuchtigkeit auch während des Wintermonsuns ist die Folge. Da der Nordostmonsun allerdings relativ schwach ist und nicht senkrecht auf die Küste trifft, ist er in seiner regenbringenden Wirkung nicht mit dem Südwestmonsun an der Westküste zu vergleichen.

Die meisten Niederschläge im Raum Madras gehen auf Zyklonen zurück, die sich über dem Golf von Bengalen entwickeln und häufig auch das Festland erreichen. Besonders intensive Regenfälle sind mit tropischen Wirbelstürmen verbunden, die vor allem im Sommer und Herbst auftreten. Insgesamt ist die Variabilität der Niederschläge weitaus größer als an der Westküste, die ihren Niederschlag nur einer (allerdings weitaus zuverlässigeren) Quelle verdanken.

Niederschlag (mm)	Anzahl der Jahre	Niederschlag (mm)	Anzahl der Jahre
401-500	1	1401-1500	11
501-600	2	1501-1600	11
601-700	3	1601-1700	10
701-800	8	1701-1800	5
801-900	11	1801-1900	3
901-1000	19	1901-2000	5
1001-1100	16	2001-2100	4
1101-1200	17	2101-2200	1
1201-1300	16	2201-2300	1
1301-1400	19	401-2300	163

Jahressummen des Niederschlags 1813 bis 1975 in Madras. Häufigkeitsgruppen berechnet nach MITCHELL, 1982.

Lage:	Malabarküste im Südwesten Indiens	WMO-Nr.:	43314
Koordinaten:	11° 15' N 75° 47' E	Allg. Klima-charakteristik:	Ganzjährig heiß, teils sehr heiß; Regen von Mai bis November
Höhe ü.d.M.:	5 m	Klimatyp:	Aw

		J	F	M	A	M	J	J	A	S	O	N	D	Jahr
Mittlere Temperatur	°C	26,8	27,7	28,9	29,6	29,1	26,7	26,0	25,9	26,8	27,3	27,5	27,2	27,5
Mittl. Max. Temp.	°C	31,6	32,0	32,7	33,1	32,4	29,4	28,4	28,3	29,5	30,6	31,3	31,6	30,9
Mittl. Min. Temp.	°C	22,0	23,4	25,0	26,1	25,8	24,0	23,5	23,5	24,0	24,0	23,6	22,7	24,0
Abs. Max. Temp.	°C	35,8	36,6	34,6	34,4	34,3	34,0	32,1	30,8	31,9	32,7	33,7	34,0	
Abs. Min. Temp.	°C	17,4	19,0	21,3	20,8	21,5	21,0	20,3	21,2	21,2	18,4	17,8	18,0	
Dampfdruck	hPa	24,6	26,7	29,3	31,1	31,6	30,5	30,1	29,8	29,9	29,8	28,1	25,5	28,9
Relative Feuchte	%	70	72	73	74	78	88	90	90	86	82	77	71	79
Niederschlag	mm	2	2	11	84	242	815	770	472	238	230	172	25	3063
Tage mit ≥ 1 mm N		0	0	1	5	11	25	25	23	13	12	8	2	125

Klimadaten Kozhikode (früher Kalikut, Indien). Bezugszeitraum 1971-90, außer Temperatur (1971-89)

Die Malabarküste im Südwesten Indiens erhält von Juni bis August außerordentlich hohe Mengen an Niederschlag. Ursache ist der Zustrom feuchtwarmer Luft, die mit dem Südwestmonsun von der Arabischen See auf das Festland geführt wird. Da die anströmende Luft mit Wasserdampf angereichert und in der Höhe relativ kühl ist, weist sie eine instabile Schichtung auf. Schon ein geringer Anstoß reicht aus, um hochreichende Konvektion und entsprechende Niederschlagsbildung in Gang zu setzen.

Die Monsunregen treten nicht erst über dem Festland, sondern bereits über dem Ozean auf. Beleg hierfür bieten die Niederschlagsdaten der flachen Koralleninseln rund 400 km vor der Küste. Auf Minicoy fallen zwischen Mai und September 1137 mm Niederschlag, auf den Lakkadiven, wo der Südwestmonsun etwas später einsetzt, werden z.T. noch höhere Werte erreicht. Gesteigert werden die Regenmengen, sobald die Strömung das Festland erreicht. Ursachen sind die durch verstärkte Reibung bedingte Konvergenz der Strömung, thermische Konvektion über dem stark erhitzten Küstenland sowie das Aufsteigen der Luft an den Westghats, die im Hinterland von Kozhikode bis 2600 m Höhe erreichen.

Der Zustrom feuchtwarmer Luft steht in Zusammenhang mit dem sommerlichen Absinken des Luftdrucks über dem asiatischen Festland. Über dem nordwestlichen Gangestiefland erreicht der Luftdruck im Juni mit Werten um 997 hPa seinen Tiefststand. Gleichzeitig werden auf Minicoy im Indischen Ozean 1008,6 hPa und in Mahé, der Hauptstadt der Malediven, 1009,6 hPa gemessen. Die Entstehung des Tiefs im Norden Indiens wird auf die starke Erhitzung des Festlandes durch hohe Einstrahlung zurückgeführt.

Das allmählichen Sinken des Luftdrucks von etwa 1017 hPa im Januar auf 997 hPa im Juni vermag allerdings den plötzlichen Eintritt des Südwestmonsuns nicht zu erklären, so daß nach zusätzlichen Faktoren zu fragen ist. Nach weithin akzeptierter Ansicht ist der indische Monsun nur bei Berücksichtigung der Höhenströmung zu verstehen. Sie wird in starkem Maße durch das Hochland von Tibet beeinflußt, und zwar zum einen dadurch, daß es als "Hindernis" bis in die mittlere Troposphäre aufragt, zum anderen durch seinen Charakter als hochgelegene "Heizfläche" der Atmosphäre. Beides hat Auswirkungen auf die Druck- und Strömungsverhältnisse in der Höhe, wobei es im Wechsel der Jahreszeiten auch zu sprunghaften Verlagerungen der Jetstreams kommt. Der endgültige Durchbruch des Südwestmonsuns findet erst statt, wenn die Höhenströmung ihre sommerliche Ausprägung erreicht hat (BARRY & CHORLEY, 1998).

Mit der erneuten Umstellung der Höhenströmung im Herbst kommt es zum Abflauen der Südweströmung. Im Winter wird sie von einer meist schwachen Nordostströmung abgelöst. Da sie stabil geschichtet ist und entsprechend ihrer Herkunft aus Zentralasien kaum Wasserdampf enthält, bringt sie keinen Regen.

Lage:	Nordspitze der Insel Mindanao, Philippinen	WMO-Nr.:	98653
Koordinaten:	9° 48' N 125° 30' E	Allg. Klimacharakteristik:	Ständig heiß bis sehr heiß und feucht; Regenmax. Okt. bis März
Höhe ü.d.M.:	55 m	Klimatyp:	Afs

		J	F	M	A	M	J	J	A	S	O	N	D	Jahr
Mittlere Temperatur	°C	25,7	25,7	26,4	27,3	28,1	28,1	27,8	28,1	28,1	27,5	26,8	26,3	27,2
Mittl. Max. Temp.	°C	28,9	29,0	30,1	31,3	32,3	32,5	31,9	32,3	32,3	31,6	30,4	29,6	31,0
Mittl. Min. Temp.	°C	22,5	22,5	22,8	23,3	23,8	23,8	23,8	24,0	23,9	23,5	23,1	23,0	23,3
Dampfdruck	hPa	28,9	28,7	29,3	30,4	31,4	30,9	30,4	30,3	30,4	30,6	30,2	29,7	30,1
Relative Feuchte	%	88	88	86	84	83	81	81	80	80	83	86	87	84
Niederschlag	mm	582	389	284	196	124	114	138	113	122	216	378	429	3085

Klimadaten Surigao (Philippinen). Bezugszeitraum 1961-90

Trotz der Ausdehnung der Philippinen über fast 15 Breitengrad weisen die Temperaturen – vom Bergland abgesehen – keine allzu großen Unterschiede auf. Die Jahresmittelwerte an der Nordküste von Luzon liegen nicht einmal 1 K unter denen der Südküste von Mindanao. Gleichfalls gering sind die Tagesschwankungen, die im Mittel nur etwa 6 K ausmachen. Der Dampfdruck liegt ganzjährig über der Schwülegrenze.
Hinsichtlich der jahreszeitlichen Verteilung der Niederschläge bestehen jedoch große Unterschiede, da die Inseln wechselnd im Einflußbereich unterschiedlicher Luftströmungen liegen. Nur ein kleiner Teil erhält annähernd gleichmäßig auf das Jahr verteilte Niederschläge (abgesehen von einigen Gebieten des gebirgigen Landesinneren gehört hierzu auch die Küstenstation Legaspi).

	Jahr	Mai - Sept.		Nov. - März	
	mm	mm	%	mm	%
Dagupan	2426	2083	85,9	101	4,2
Legaspi	3330	1241	37,3	1595	47,9
Surigao	3085	611	19,8	2062	66,8
Zamboanga	1066	591	55,4	265	24,9

Niederschlagsverteilung auf den Philippinen

Größere Verbreitung haben die Regionen mit Sommermaximum des Niederschlags. Hierzu gehört in erster Linie die Westküste, die dem regenbringenden Südwestmonsun ausgesetzt ist (z.B. Dagupan). Geringer sind die Sommerniederschläge an der Ost- und Südküste, wo sich eine stabile vom südhemisphärischen Hoch nach Norden gerichtete Strömung auswirkt.

Im Winterhalbjahr werden die Philippinen vom Nordostpassat erreicht. Er hat seinen Ursprung im abgeschwächten, jedoch südwärts verlagerten Nordpazifikhoch. Der Passat bringt der exponierten Ostseite der gebirgigen Inseln sehr hohe Niederschläge, während an der Westküste Trockenheit herrscht. In Surigao ist die Schwankungsbreite sehr groß; von November bis Januar sind Niederschlagsmengen über 1000 mm/Monat keine Seltenheit, während im Sommer gelegentlich nur 20 mm/Monat registriert werden.
Hohe Temperaturen und hoher Wasserdampfgehalt der Luft begünstigen die Entstehung von tropischen Wirbelstürmen. Die Wirbel, die östlich der Philippinen ihren Ursprung haben, werden als Taifune oder mit einem lokalen Namen als Baguios bezeichnet. Ihre Zugbahnen zeigen nach BARRY & CHORLEY, 1998, einen Zusammenhang mit der Lage des Höhenhochs über dem Westpazifik im 500-hPa-Niveau. Von der Höhenströmung am Südrand des Hochs gesteuert, streifen die Taifune im Sommer (Juli bis September) nur den Norden Luzons oder drehen häufig noch vor Erreichen der Philippinen nach Nordwesten in Richtung Südchina oder Japan ab.
Im Frühjahr und Herbst/Winter, wenn die Achse des Höhenhochs weiter äquatorwärts (zwischen 15 und 20° nördl. Breite) liegt, werden die Taifune auf eine südlichere, fast zonale Bahn gelenkt, so daß sie in dieser Zeit die mittleren Inseln der Philippinen erreichen. Hier treten selbst im Dezember noch Taifune auf (z.B. 1993, als auch Surigao betroffen wurde). Mit dem Durchzug von Taifunen sind heftige Regenfälle verbunden, die zu einer deutlichen Erhöhung der Niederschlagssummen beitragen.

Lage:	Südliche Westküste der Insel Ceylon	WMO-Nr.:	43466
Koordinaten:	6° 54' N 79° 52' E	Allg. Klima-charakteristik:	Ständig heiß bis sehr heiß, feucht; Regen besonders April bis Nov.
Höhe ü.d.M.:	7 m	Klimatyp:	Af

		J	F	M	A	M	J	J	A	S	O	N	D	Jahr
Mittlere Temperatur	°C	26,6	26,9	27,7	28,2	28,3	27,9	27,6	27,6	27,5	27,0	26,7	26,6	27,4
Mittl. Max. Temp.	°C	31,0	31,2	31,7	31,8	31,1	30,4	30,0	30,0	30,2	30,0	30,2	30,4	30,7
Mittl. Min. Temp.	°C	22,3	22,7	23,7	24,6	25,5	25,5	25,1	25,1	24,8	24,0	23,2	22,8	24,1
Abs. Max. Temp.	°C	35,2	35,6	36,0	35,2	32,8	33,5	32,2	32,2	32,2	33,6	34,0	34,2	
Abs. Min. Temp.	°C	16,4	18,9	17,7	21,2	20,7	21,4	21,4	21,6	21,2	21,0	18,6	18,1	
Dampfdruck	hPa	25,5	26,1	28,7	30,7	31,5	30,5	29,5	29,1	29,3	29,2	28,5	27,1	28,8
Niederschlag	mm	62	69	130	253	382	186	125	114	236	369	310	168	2404
Variabilität des N	%	88	83	76	54	51	43	80	80	69	45	41	69	
Sonnenscheindauer	h	248	246	276	234	202	195	202	202	189	202	210	217	2621

Klimadaten Colombo (Sri Lanka). Bezugszeitraum 1961-90, außer Niederschlagsvariabilität (1931-80)

Der Südwesten Sri Lankas mit Colombo weist ein ganzjährig feuchtes Klima auf und steht damit im Gegensatz zum Norden und Osten der Insel, wo mehr oder minder ausgeprägte Trockenzeiten auftreten. Nach DOMRÖS werden auf Grund des jährlichen Witterungsablaufes in Sri Lanka vier Jahreszeiten unterschieden, die sich aus dem Wechsel zwischen den beiden Monsunen und den Übergangsjahreszeiten ergeben:

Nordostmonsun	Dezember bis Februar
Erster Intermonsun	März bis Mitte Mai
Südwestmonsun	Mitte Mai bis September
Zweiter Intermonsun	Oktober-November

Mit dem Südwestmonsun, der im langjährigen Mittel Colombo um den 24. Mai erreicht, gelangt feuchtlabil geschichtete Äquatorialluft in relativ großer Mächtigkeit und Beständigkeit auf die Insel. Da sich hinter der Küstenebene ein bis über 2500 m aufragendes Bergland erhebt, liefert der Südwestmonsun reichlich Niederschlag.

Die Leeseite, d.h. der Nordosten Sri Lankas, erhält zur Zeit des Südwestmonsuns nur wenig Niederschlag; im Lee des Gebirges wird ein föhnartiger Fallwind beobachtet, der die Trokkenheit an der Ostküste (Trincomalee, siehe Tabelle rechts) verstärkt und die Temperaturen ansteigen läßt. Im Gebirge (Nuwara Eliya in rund 1800 m Höhe) sind die Temperaturen deutlich niedriger; starke Bewölkung und Nebel führen dazu, daß die Tageshöchstwerte im Juli niedriger liegen als im Januar.

Der Nordostmonsun, der im November einsetzt, ist schwächer ausgeprägt und weniger beständig. Die ursprünglich trockene, stabil geschichtete Luft reichert sich über dem Golf von Bengalen mit Feuchtigkeit an, so daß er der Nordostküste Regen bringt, während Colombo in dieser Zeit nur wenig erhält.

Weitaus höhere Monatssummen werden allerdings während der beiden Intermonsunzeiten registriert. Diese Niederschläge sind mit der innertropischen Konvergenzzone (ITC) verbunden, die die Insel im April nordwärts und im Oktober südwärts quert und ihr ergiebige Zenital- und zyklonale Regenfälle bringt. Der für die Monsune typische Gegensatz zwischen Luv- und Leeseite ist in dieser Zeit aufgehoben (DOMRÖS). Bemerkenswert ist, daß die Niederschläge der Intermonsunzeit nicht nur ergiebiger sind, sondern auch eine geringere Variabilität von Jahr zu Jahr aufweisen, d.h. "zuverlässiger" sind.

		Trincomalee		Nuwara Eliya	
		Jan.	Juli	Jan.	Juli
Mittlere Temperatur	°C	26,1	30,1	14,7	15,7
Mittl. Max. Temp.	°C	27,9	34,4	20,0	18,5
Mittl. Min. Temp.	°C	24,3	25,5	9,4	12,7
Abs. Max. Temp.	°C	30,6	38,9	25,9	25,4
Abs. Min. Temp.	°C	19,9	21,2	1,2	2,3
Niederschlag	mm	132	26	107	174

Klimadaten Trincomalee und Nuwara Eliya

127 Srinagar		J	F	M	A	M	J	J	A	S	O	N	D	Jahr
Mittlere Temperatur	°C	2,5	3,8	8,8	14,2	17,7	22,3	24,1	23,5	19,8	14,1	8,1	3,4	13,5
Mittl. Max. Temp.	°C	7,0	8,2	14,1	20,5	24,5	29,6	30,1	29,6	27,4	22,4	15,1	8,2	19,7
Mittl. Min. Temp.	°C	-2,0	-0,7	3,4	7,9	10,8	14,9	18,1	17,5	12,1	5,8	0,9	-1,5	7,3
Niederschlag	mm	48	68	121	85	68	39	62	76	28	33	28	54	710

34° 5' N 74° 50' E Indien 1587 m ü.d.M. WMO 42027 1971-86, Niederschlag 1971-90

128 Bikaner		J	F	M	A	M	J	J	A	S	O	N	D	Jahr
Mittlere Temperatur	°C	14,3	17,1	23,4	30,2	34,2	35,2	32,8	31,7	30,7	27,7	21,5	16,1	26,3
Mittl. Max. Temp.	°C	23,0	25,5	31,8	38,2	41,7	41,6	37,8	36,6	36,7	36,2	30,7	25,3	33,8
Mittl. Min. Temp.	°C	5,6	8,8	15,0	22,1	26,8	28,8	27,7	26,8	24,7	19,1	12,1	6,9	18,7
Niederschlag	mm	5	7	10	7	31	46	106	71	34	4	3	1	325

28° 0' N 73° 18' E Indien 224 m ü.d.M. WMO 42165 1971-84, Niederschlag 1971-90

129 Allahabad		J	F	M	A	M	J	J	A	S	O	N	D	Jahr
Mittlere Temperatur	°C	15,9	18,4	24,5	30,7	34,0	33,6	29,9	29,2	28,7	26,4	21,7	17,3	25,9
Mittl. Max. Temp.	°C	23,1	26,2	33,1	39,3	41,6	39,5	33,8	32,8	32,9	32,7	29,4	24,7	32,4
Mittl. Min. Temp.	°C	8,7	10,7	15,9	22,1	26,3	27,8	26,1	25,7	24,4	20,2	14,0	9,8	19,3
Niederschlag	mm	18	18	8	6	12	113	265	266	199	34	9	10	958

25° 27' N 81° 44' E Indien 98 m ü.d.M. WMO 42475 1971-90, Niederschlag 1976-90

130 Karachi Manora		J	F	M	A	M	J	J	A	S	O	N	D	Jahr
Mittlere Temperatur	°C	19,9	21,1	24,5	27,2	29,2	30,7	29,8	28,5	28,0	27,5	25,2	21,5	26,1
Mittl. Max. Temp.	°C	25,6	26,4	28,8	30,6	32,3	33,3	32,2	30,8	30,7	31,6	30,5	27,3	30,0
Mittl. Min. Temp.	°C	14,1	15,9	20,3	23,7	26,1	27,9	27,4	26,2	25,3	23,5	20,0	15,7	22,2
Niederschlag	mm	4	6	8	5	0	4	66	45	23	0	2	5	168

24° 48' N 66° 59' E Pakistan 4 m ü.d.M. WMO 41782 1961-90, Max. / Min. 1962-87

131 Kalkutta		J	F	M	A	M	J	J	A	S	O	N	D	Jahr
Mittlere Temperatur	°C	20,1	23,0	27,6	30,2	30,7	30,3	29,2	29,1	29,1	28,2	24,9	20,8	26,9
Mittl. Max. Temp.	°C	26,4	29,1	33,5	35,3	35,4	34,0	32,3	32,1	32,4	32,3	30,3	27,0	31,7
Mittl. Min. Temp.	°C	13,8	16,9	21,7	25,1	26,0	26,5	26,1	26,1	25,8	23,9	19,6	14,5	22,2
Niederschlag	mm	11	30	35	60	142	288	411	349	288	143	26	17	1800
Max. Niederschlag	mm	121	85	154	248	424	669	900	909	1428	306	154	64	2770

22° 32' N 88° 20' E Indien 6 m ü.d.M. WMO 42807 1971-90, max. Niederschl. 1961-90

132 Mumbai (Bombay)		J	F	M	A	M	J	J	A	S	O	N	D	Jahr
Mittlere Temperatur	°C	24,5	24,8	26,9	28,7	30,2	29,2	27,7	27,3	27,7	28,7	28,0	26,3	27,5
Mittl. Max. Temp.	°C	29,6	29,6	31,1	32,3	33,4	32,0	30,1	29,6	30,5	32,5	32,9	31,6	31,3
Mittl. Min. Temp.	°C	19,3	20,0	22,6	25,0	27,0	26,3	25,3	24,9	24,9	24,8	23,0	20,9	23,7
Niederschlag	mm	0	0	0	2	12	592	682	487	307	61	23	2	2168

18° 54' N 72° 49' E Indien 11 m ü.d.M. WMO 43057 1971-90

133 Sandoway		J	F	M	A	M	J	J	A	S	O	N	D	Jahr
Mittlere Max. Temp.	°C	30,5	31,8	33,4	34,5	33,6	30,1	29,3	29,2	30,7	32,3	32,3	31,0	31,6
Mittl. Min. Temp.	°C	12,2	12,9	17,3	22,4	24,5	23,8	23,5	23,5	23,4	22,8	19,8	14,9	20,1
Niederschlag	mm	2	1	1	17	299	1299	1408	1404	614	206	64	8	5323

18° 28' N 94° 21' E Myanmar 11 m ü.d.M. WMO 48080 1961-90

134 Vientiane		J	F	M	A	M	J	J	A	S	O	N	D	Jahr
Mittlere Temperatur	°C	21,7	24,0	26,7	28,5	27,7	27,7	27,5	27,2	27,0	26,4	24,3	21,7	25,9
Mittlere Max. Temp.	°C	23,3	24,2	27,1	29,0	28,7	28,3	28,0	27,7	27,5	26,9	23,9	22,3	26,4
Mittl. Min. Temp.	°C	16,5	18,8	21,5	23,9	24,6	25,0	24,8	24,7	24,1	23,1	19,2	17,1	21,9
Niederschlag	mm	6	12	36	85	255	273	266	323	295	87	10	3	1651

17° 57' N 102° 34' E Laos 171 m ü.d.M. WMO 48940 1961-90

135 Hyderabad		J	F	M	A	M	J	J	A	S	O	N	D	Jahr
Mittlere Temperatur	°C	22,2	25,1	28,4	31,5	33,0	29,3	27,0	26,2	26,6	25,7	23,2	21,6	26,7
Mittl. Max. Temp.	°C	28,7	31,8	35,4	38,2	39,4	34,5	31,2	30,0	30,9	30,7	28,8	27,9	32,3
Mittl. Min. Temp.	°C	15,7	18,4	21,2	24,7	26,5	24,0	22,8	22,3	22,4	20,6	17,5	15,3	21,0
Niederschlag	mm	6	9	16	17	40	116	155	163	152	97	29	3	803
Max. Niederschlag	mm	51	68	65	65	179	205	422	400	484	315	239	95	1384

17° 27' N 78° 28' E Indien 545 m ü.d.M. WMO 43128 1971-90, max. Niederschl. 1961-90

136 Manila		J	F	M	A	M	J	J	A	S	O	N	D	Jahr
Mittlere Temperatur	°C	25,6	26,1	27,6	29,1	29,5	28,4	27,7	27,4	27,6	27,3	26,9	26,0	27,4
Mittl. Max. Temp.	°C	30,2	31,1	32,8	34,3	34,2	32,4	31,3	31,8	31,1	31,2	31,0	30,3	31,8
Mittl. Min. Temp.	°C	20,9	21,1	22,5	24,0	24,8	24,4	24,1	24,0	24,0	23,5	22,8	21,6	23,1
Niederschlag	mm	6	3	7	9	113	273	341	398	326	230	120	49	1875

14° 31' N 121° 0' E Philippinen 15 m ü.d.M. WMO 98429 1971-90, Max./Min. 1961-90

137 Bangkok		J	F	M	A	M	J	J	A	S	O	N	D	Jahr
Mittlere Temperatur	°C	25,9	27,4	28,7	29,7	29,2	28,7	28,3	28,1	27,8	27,6	26,9	25,6	27,8
Mittl. Max. Temp.	°C	32,0	32,7	33,7	34,9	34,0	33,1	32,7	32,5	32,3	32,0	31,6	31,3	32,7
Mittl. Min. Temp.	°C	21,0	23,3	24,9	26,1	25,6	25,4	25,0	24,9	24,6	24,3	23,1	20,8	24,1
Niederschlag	mm	9	30	29	65	220	149	155	197	344	242	48	10	1498

13° 44' N 100° 34' E Thailand 20 m ü.d.M. WMO 48455 1961-90

138 Trincomalee		J	F	M	A	M	J	J	A	S	O	N	D	Jahr
Mittlere Temperatur	°C	26,1	26,9	28,0	29,4	30,5	30,6	30,1	29,9	29,6	28,2	26,7	26,1	28,5
Mittl. Max. Temp.	°C	27,9	29,2	30,9	33,0	34,5	34,7	34,4	34,2	33,9	31,8	29,3	28,1	31,8
Mittl. Min. Temp.	°C	24,3	24,5	25,1	25,8	26,4	26,4	25,8	25,5	25,2	24,6	24,2	24,2	25,2
Niederschlag	mm	132	100	54	50	52	26	70	89	104	217	334	341	1569

8° 35' N 81° 15' E Sri Lanka 7 m ü.d.M. WMO 43418 1961-90

139 Kota Bharu		J	F	M	A	M	J	J	A	S	O	N	D	Jahr
Mittlere Temperatur	°C	25,6	26,1	26,9	27,8	28,0	27,5	27,1	26,9	26,7	26,6	25,9	25,6	26,7
Mittl. Max. Temp.	°C	29,0	29,9	31,1	32,4	32,7	32,3	31,9	31,8	31,5	30,8	29,4	28,6	31,0
Mittl. Min. Temp.	°C	22,5	22,7	23,1	23,8	24,2	23,8	23,4	23,4	23,3	23,4	22,9	22,7	23,3
Niederschlag	mm	127	50	90	86	99	123	155	172	202	269	656	571	2600

6° 10' N 102° 17' E Malaysia 5 m ü.d.M. WMO 48615 1961-90

140 Sandakan		J	F	M	A	M	J	J	A	S	O	N	D	Jahr
Mittlere Temperatur	°C	26,2	26,4	27,0	27,6	27,7	27,3	27,1	27,2	27,0	26,9	26,8	26,5	27,0
Mittl. Max. Temp.	°C	29,2	29,5	30,5	31,6	32,5	32,2	32,2	32,3	31,5	31,6	30,7	29,8	31,1
Mittl. Min. Temp.	°C	23,3	23,3	23,5	23,7	23,7	23,4	22,1	23,1	22,6	23,2	23,3	23,4	23,2
Niederschlag	mm	437	268	158	107	138	200	195	213	237	253	344	462	3012

5° 54' N 118° 4' E Borneo (Malaysia) 13 m ü.d.M. WMO 96491 1961-90

141 Bandar Seri Begawan		J	F	M	A	M	J	J	A	S	O	N	D	Jahr
Mittlere Temperatur	°C	26,3	26,5	27,0	27,5	27,5	27,1	26,7	26,9	26,8	26,6	26,6	26,5	26,8
Mittl. Max. Temp.	°C	30,2	30,6	31,6	32,3	32,4	32,4	32,1	32,3	31,9	31,6	31,3	30,9	31,6
Mittl. Min. Temp.	°C	23,0	22,9	23,1	23,4	23,4	23,0	22,6	22,7	22,8	22,9	22,9	22,9	23,0
Niederschlag	mm	308	158	129	177	228	201	219	198	285	304	359	343	2909

4° 56' N 114° 56' E Brunei 15 m ü.d.M. WMO 96315 1961-90, Max./Min. 1971-90

142 Singapur		J	F	M	A	M	J	J	A	S	O	N	D	Jahr
Mittlere Temperatur	°C	25,8	26,4	26,8	27,2	27,5	27,4	27,1	27,0	26,8	26,8	26,3	25,7	26,7
Mittl. Max. Temp.	°C	29,9	31,0	31,4	31,7	31,6	31,2	30,8	30,8	30,7	31,1	30,5	29,6	30,9
Mittl. Min. Temp.	°C	23,1	23,5	23,9	24,3	24,6	24,5	24,2	24,2	23,9	23,9	23,6	23,3	23,9
Niederschlag	mm	198	154	171	141	158	140	145	143	177	167	252	304	2150

1° 22' N 103° 59' E Singapur 16 m ü.d.M. WMO 48698 1961-90

143 Skikda

Lage:	Küstenebene im Nordosten Algeriens, im Vorland des Atlas	WMO-Nr.:	60355
Koordinaten:	36° 56' N 6° 57' E	Allg. Klimacharakteristik:	Winter mäßig warm, regenreich; Sommer sehr warm, trocken
Höhe ü.d.M.:	7 m	Klimatyp:	Csa

		J	F	M	A	M	J	J	A	S	O	N	D	Jahr
Luftdruck*	hPa	20,6	18,2	17,3	14,4	14,7	14,9	14,9	14,5	16,7	17,6	18,7	19,6	16,8
Mittlere Temperatur	°C	12,0	12,3	13,2	15,1	17,9	21,0	23,9	24,6	22,9	19,8	16,1	13,0	17,7
Mittl. Max. Temp.	°C	16,1	16,6	17,5	19,5	22,2	25,1	28,4	28,9	27,3	24,3	20,5	17,1	22,0
Mittl. Min. Temp.	°C	8,0	7,9	8,8	10,7	13,5	16,7	19,4	20,2	18,5	15,3	11,6	8,9	13,3
Niederschlag	mm	115	94	76	61	30	13	3	10	30	75	99	123	729
Max. Niederschlag	mm	219	246	173	181	82	35	13	46	82	187	232	348	1151

Klimadaten Skikda (früher Philippeville, Algerien). Bezugszeitraum 1961-90. *Luftdruck über 1000 hPa

Der Norden Algeriens liegt ganzjährig im Bereich hohen Luftdrucks, der durch das Absinken von Luft aus der höheren Troposphäre verursacht wird und mit dem absteigenden Ast der Hadley-Zirkulation im Zusammenhang steht. Im Gegensatz zum Hoch über dem Atlantik ist das Hoch über dem Festland allerdings im Sommer unter dem Einfluß der hohen Temperaturen weniger stark als im Winter.

Im Winter steht der hohe Luftdruck dem Vordringen von atlantischen Tiefs auf das Festland entgegen, doch haben nördlich und südlich des Atlasgebirges ostwärts ziehende Tiefs entscheidenden Einfluß auf das Wettergeschehen an der Küste. Relativ selten handelt es sich dabei um Tiefs, die über die Straße von Gibraltar ostwärts wandern und an ihrer Rückseite feuchte Luft auf die algerische Küste lenken. Eine gleichfalls nach Osten gerichtete Bahn verfolgen die Zyklonen, die sich gelegentlich südlich des Atlasgebirges bilden und von dort über die Syrte ins östliche Mittelmeer wandern. Sie kehren für kurze Zeit, vor allem im Frühjahr, das winterliche Druckgefälle um und können feuchte Luft vom Mittelmeer nach Süden lenken.

Die größte Bedeutung für die Niederschlagsbildung an der algerischen Küste haben Zyklonen, die – teils unter Einbeziehung atlantischer Zyklonen – im Norden des westlichen Mittelmeeres entstehen (Genuatief). Sie können sehr ausgeprägt sein und mit ihren Fronten Nordalgerien erreichen, wobei insbesondere die Kaltfronten ergiebige Regenfälle hervorbringen. An der Rückseite dieser Tiefs wird bei ihrer Verlagerung nach Osten feuchte Luft nach Süden geführt, die Küstenorten wie Skikda hohe Niederschlagsmengen bringt. Je nach Exposition der Küste und des Gebirges werden im Winterhalbjahr vereinzelt über 1000 mm Niederschlag registriert. Schneefall ist auf höhere Lagen beschränkt.

Da sich die meisten der typischen Mittelmeerzyklonen erst über dem Tyrrhenischen Meer entwickeln, erhält der Osten Algeriens die höchsten Niederschlagsmengen. Ihre Zunahme von Westen nach Osten läßt sich deutlich an den Jahressummen aufzeigen, die von Oran mit nur 372 mm auf 686 mm in Dar el Beida (Algier) und 729 mm in Skikda ansteigen.

Weitere Ursachen für die Trockenheit des westlichen Küstenabschnitts sind die dort relativ niedrigen Temperaturen der Meeresoberfläche sowie die geringe Entfernung bis zur spanischen Gegenküste. Beides wirkt sich negativ auf den Wasserdampfgehalt der Luft und damit auf die Niederschlagswahrscheinlichkeit aus.

Zum Sommer hin verlagern sich mit der gesamten planetarischen Zirkulation die Polarfront wie auch das Azorenhoch nordwärts. Der relativ hohe Luftdruck im Norden und Westen verhindert das Vordringen von Zyklonen in den Mittelmeerraum. Dort findet zu dieser Zeit auch keine "eigenbürtige" Zyklogenese statt, da die meridionalen Temperaturgegensätze stark abgeschwächt sind und die Zufuhr von Kaltluft entfällt.

Mit dem Ausbleiben der Tiefs entfällt der wichtigste Antrieb für die Zufuhr feuchtwarmer Luft nach Süden. Die mittleren Niederschlagsmengen an der algerischen Küste gehen bis unter 10 mm/Monat zurück. Nur selten kommt es auf Grund lokaler Aufheizung zu einzelnen Regenschauern, die sich in extremen Fällen zu Monatswerten von mehr als 30 mm summieren.

Lage:	Insel im Golf von Gabès (Kleine Syrte) nahe dem Festland		WMO-Nr.:	60769
Koordinaten:	33° 52' N	10° 46' E	Allg. Klima-charakteristik:	Winter mäßig warm, regenreich; Sommer heiß und trocken
Höhe ü.d.M.:	4 m		Klimatyp:	BSh

		J	F	M	A	M	J	J	A	S	O	N	D	Jahr
Mittlere Temperatur	°C	12,5	13,5	15,2	17,8	21,0	24,4	26,9	27,7	25,9	22,3	17,3	13,7	19,9
Mittl. Max. Temp.	°C	15,9	17,5	19,5	22,0	25,5	28,6	31,9	32,3	29,9	26,0	21,3	17,1	24,0
Mittl. Min. Temp.	°C	8,9	9,2	11,0	13,4	16,4	19,7	21,9	22,9	21,6	18,2	13,7	10,2	15,6
Abs. Max. Temp.	°C	28,3	31,3	38,2	38,2	42,6	43,4	46,0	44,1	42,8	39,3	34,4	26,3	
Abs. Min. Temp.	°C	0,5	1,0	2,8	5,1	7,4	11,8	15,2	14,7	14,3	9,1	5,2	2,1	
Relative Feuchte	%	69	67	66	66	65	66	63	65	69	68	67	70	67
Niederschlag	mm	29	21	19	13	5	1	1	3	20	54	34	36	236
Sonnenscheindauer	h	208	207	245	264	313	321	375	350	276	248	213	205	3225

Klimadaten Djerba Mellita (Tunesien). Bezugszeitraum 1961-90

Innerhalb Tunesiens zeichnet sich Djerba durch besonders milde Winter und warme Sommer aus. Von extremer Hitze bleibt die Insel jedoch im Gegensatz zum Landesinneren, wo die sommerlichen Tageshöchstwerte um 5 K höher liegen, weitgehend verschont. Diese Ausgeglichenheit der Temperaturverhältnisse geht auf den Einfluß des Meeres zurück, das im Winter als "Wärmespeicher" wirkt, im Sommer jedoch für eine gewisse Abkühlung sorgt.
Dieser Ausgleich macht sich auch bei den täglichen Schwankungen der Temperatur bemerkbar. Während im größten Teil Tunesiens Amplituden von 10 bis 14 K die Regel sind und im Sommer sogar noch höhere Werte erreicht werden, liegen auf Djerba die mittleren Maxima nur um 8,4 K über den mittleren Minima.
Der für den gesamten Mittelmeerraum charakteristische Wechsel zwischen winterlicher Regen- und sommerlicher Trockenzeit ist eine Folge der jahreszeitlich bedingten meridionalen Verlagerung der Westwindzone. Während allerdings die südeuropäischen Mittelmeerländer wie auch Marokko und Algerien im Winter noch reichlich Niederschlag erhalten, müssen Tunesien und insbesondere Djerba mit bescheidenen Mengen auskommen. Die Ursachen hierfür liegen darin, daß die regenbringenden Tiefs überwiegend im westlichen Mittelmeer entstehen. Je nachdem, auf welchem Weg sie sich ostwärts verlagern, kann die an ihrer Rückseite nach Süden transportierte Luft der Nordküste Tunesiens noch Niederschlag bringen. Die Ostküste und die weit im Süden der Syrte liegenden Insel Djerba liegen jedoch in einer ungünstigen Leelage, so daß sie von diesen Tiefs kaum Regen erwarten können.
Allerdings schafft das warme Wasser des flachen Golfs von Gabès (Kleine Syrte) günstige Voraussetzungen zur Regenerierung von Tiefs. Dies betrifft in erster Linie die Saharazyklonen, die vor allem im Spätwinter und Frühjahr südlich des Atlasgebirges entstehen und an dessen Südseite ostwärts wandern. Trifft ein solches Tief auf das warme Wasser des Golfs, kommt es durch die Wärmezufuhr zur Regenerierung der Wirbels. Verlagert er sich ostwärts, gelangt an seiner Rückseite feucht-warme Mittelmeerluft an die tunesische Küste bis hin nach Djerba und verbessert die Chancen für Niederschlag. Meist ziehen die Zyklonen ostwärts, doch da die steuernde Höhenströmung hier weniger stark ausgeprägt ist, kommt es durchaus vor, daß diese Tiefs sich wieder westwärts verlagern und dann erneut für Niederschlag sorgen.
Solchen Wetterlagen mit ihrem langandauernden Nieselregen verdanken die tunesische Ostküste und das vorgelagerte Djerba den Großteil ihrer Niederschläge. Ohne sie wäre das Land im gleichen Maße von Trockenheit betroffen wie die anschließenden Küsten Libyens und Ägyptens.
Im Frühjahr und Sommer treten gelegentlich heiße und staubbeladene Winde aus der Sahara auf (Ghibli, Scirocco). Die plötzliche Erwärmung um bis zu 10 K dörrt das ohnehin unter Wassermangel leidende Land weiter aus, so daß selbst trokkenresistente Pflanzen Schaden leiden.

Lage:	Südl. Vorland des Saharaatlas am Ostabfall der Höhen des Shabkah	WMO-Nr.:	60566
Koordinaten:	32° 23' N 3° 49' E	Allg. Klimacharakteristik:	Winter mäßig warm, selten Regen; Sommer sehr heiß, trocken
Höhe ü.d.M.:	450 m	Klimatyp:	BWh

		J	F	M	A	M	J	J	A	S	O	N	D	Jahr
Mittlere Temperatur	°C	10,9	13,4	15,6	19,5	24,5	30,0	32,7	32,5	28,0	21,6	15,4	11,6	21,3
Mittl. Max. Temp.	°C	16,5	19,3	21,7	26,0	31,1	36,9	39,8	39,4	34,3	27,5	21,1	16,9	27,5
Mittl. Min. Temp.	°C	5,3	7,3	9,5	13,1	17,7	22,9	25,7	25,5	21,6	15,7	9,7	6,1	15,0
Niederschlag	mm	8	5	7	7	4	2	0	1	5	7	12	3	61
Max. Niederschlag	mm	48	24	41	58	16	12	4	9	19	56	101	27	147

Klimadaten Ghardaia (Algerien). Bezugszeitraum 1961-90, außer Min./Max. Temp. (1964-90)

Von der algerischen Küste nehmen die mittleren Temperaturen nach Süden zu, während die Niederschlagsmengen abnehmen. Zugleich ist eine Verlagerung der Regenperiode vom Winter auf Frühjahr und Herbst bzw. auf den Sommer festzustellen. Das Atlasgebirge wirkt offenbar als deutliche Klimascheide, die mediterrane Luft von Saharaluft trennt. Sofern Luft über das Gebirge nach Süden vorstößt, erreicht sie den Nordrand der Sahara als trocken-warme Strömung, da sie sich beim Absinken erwärmt.

Einen vom Norden der algerischen Sahara abweichenden Niederschlagsgang weist Tamanrasset auf (Tabelle unten), da hier gelegentlich von Südwesten heranziehende Zyklonen Regen bringen. Die Grenze zwischen Winterregen und Sommerregen entspricht der Grenze zwischen subtropischer und tropischer Sahara.

Station	Lage	Höhe ü.d.M.	Temperatur Januar	Temperatur Juli
	n. Br.	m	°C	°C
Dar-El-Beida	36°43'	25	11,2	24,6
Djelfa	34°41'	1144	5,0	25,7
Ghardaia	32°23'	450	10,9	32,7
In Salah	27°12'	293	14,3	37,0
Tamanrasset	22°47'	1378	12,8	28,7

	Niederschlag pro Quartal (mm) Dez./Februar	März/Mai	Juni/August	Sept./Nov.
Dar-El-Beida	277	174	29	235
Djelfa	96	105	58	88
Ghardaia	16	18	3	24
In Salah	11	4	1	2
Tamanrasset	3	11	15	13

Temperatur und Niederschlag in Algerien. Nord-Süd-Profil auf etwa 3° östlicher Länge

Das sommerliche Hitzetief über der algerischen Sahara ist flach und geht schon in geringer Höhe in ein Höhenhoch über. Deshalb ist trotz starker Aufheizung der Landfläche die Konvektion auf eine geringmächtige Schicht begrenzt und hat keinen Niederschlag zur Folge. Die schwache Ausprägung des Tiefs über der nördlichen Sahara ist nach FLOHN Ergebnis der hier nordwärts gerichteten Querzirkulation der Höhenströmung im Bereich des tropischen Ostjets.

Die Niederschläge, die südlich des Atlasgebirges mehr oder minder regelmäßig auftreten, werden durch Tiefdruckgebiete hervorgerufen, die im Vorland des Gebirges im Winter und vor allem im Frühjahr entstehen. Diese Saharazyklonen entwickeln sich dann, wenn die Westwinddrift über dem Ostatlantik nach Süden abgelenkt wird. Ursache hierfür ist nach BARRY & CHORLEY häufig ein blockierendes Hoch westlich von Irland, das durch Abschnüren eines Mäanders der Höhenströmung (Cut off) entstanden ist. Das Ausweichen der Höhenströmung nach Süden wird begünstigt, wenn das im Winter um einige Grad südwärts verlagerte Azorenhoch weniger stark ausgeprägt ist und nicht blockierend wirkt. Die abgelenkte Strömung bildet ihrerseits einen Mäander, der bis etwa 30° Breite (Marokko) reichen kann und einen kräftigen Jetstream hervorbringt. Dieser wiederum ist Ursache für die Entstehung von Tiefs am Südfuß des Atlasgebirges. Das Gebirge selbst spielt bei der Zyklogenese wohl auch eine Rolle, da es kanalisierend auf Luftströmungen wirkt und so die Grenze zwischen Kaltluft und Warmluft verschärft.

Lage:	Mittlerer Abschnitt der Atlantikküste Marokkos	WMO-Nr.:	60185
Koordinaten:	32° 17' N 9° 14' W	Allg. Klimacharakteristik:	Winter mäßig warm, Regen; Sommer sehr warm, trocken
Höhe ü.d.M.:	45 m	Klimatyp:	Csa

		J	F	M	A	M	J	J	A	S	O	N	D	Jahr
Mittlere Temperatur	°C	13,0	13,8	14,9	16,0	18,3	20,3	23,7	24,1	22,6	20,0	16,6	13,7	18,1
Mittl. Max. Temp.	°C	18,2	19,0	20,6	21,3	23,3	24,6	28,8	29,2	27,6	25,2	21,6	18,8	23,2
Mittl. Min. Temp.	°C	7,7	8,5	9,2	10,8	13,3	16,0	18,5	18,9	17,5	14,8	11,6	8,5	12,9
Niederschlag	mm	79	67	45	45	17	4	0	0	4	43	92	92	488
Sonnenscheindauer	h	206	209	259	278	314	298	326	317	263	246	204	199	3117

Klimadaten Safi (Marokko). Bezugszeitraum 1961-90

Die Atlantikküste Marokkos hebt sich durch relativ niedrige Sommertemperaturen vom Binnenland ab. Ursache hierfür ist der kühle Kanarenstrom, dessen Temperaturen im Sommer einen deutlichen Kontrast zu denen des Landes bilden. Der Einfluß des Meeres ist auf einen schmalen Küstenstreifen beschränkt. Er ist schon in Marrakech kaum noch und an der Ostseite des Hohen Atlas (Ouarzazate) überhaupt nicht mehr zu erkennen.

		Safi 45 m	Marrakech 466 m	Ouarzazate 1140 m
Temperatur Januar	°C	13,0	12,2	9,3
Temperatur Juli		23,7	28,3	29,5
Tagesamplitude Jan.	K	10,5	12,5	14,7
Tagesamplitude Juli	K	10,3	16,9	16,5
Sonnenscheindauer	h	3117	3129	3416
Niederschlag/Jahr	mm	488	282	110
davon Okt. - März	%	86	72	68

Klimaprofil durch Südmarokko in Südostrichtung vom Atlantik zum Hohen Atlas

Die Niederschläge sind sind im Gebiet um Safi auf das Winterhalbjahr konzentriert. In dieser Zeit liegt die Westküste Marokkos häufig im Grenzbereich zwischen Polarluft und Tropikluft bzw. am Südrand der außertropischen Höhenwestwinde. Dies wirkt sich vor allem dann aus, wenn die zonale Zirkulation vorübergehend durch eine Mäanderzirkulation abgelöst ist und östlich des Azorenhochs ein Höhentrog nach Süden vorstößt. Die nach Süden gelenkte Polarluft ist – entsprechend ihrer maritimen Herkunft – feucht und mild. Im Herbst, wenn die Küstenzone noch relativ warm ist, wirkt das Vordringen von kühlerer Luft mit der Höhenströmung auf eine Labilisierung hin, die die Entstehung von Niederschlägen begünstigt. Dies ist auch der Fall, wenn nach Rückbildung der Mäanderwelle ein abgeschnürter Kaltlufttropfen noch einige Zeit bestehen bleibt.

Mit der Höhenströmung können vereinzelt atlantische Tiefs bis in den Süden Marokkos gelenkt werden. Doch auch wenn die Zentren der Tiefs weiter nördlich liegen, reichen ihre Fronten meist noch genügend weit nach Süden, um dort Regen bzw. im Gebirge Schnee bringen zu können. Relativ oft greift aber auch das Azorenhoch im Winter auf das Festland über, so daß die Niederschlagsperiode unterbrochen wird.

Im Sommer ist das gegenüber dem Winter meist etwas verstärkte und nach Norden verlagerte Azorenhoch wetterbestimmend. Dadurch gerät die Küste Marokkos in den Bereich einer beständigen Nordostströmung (Passat). Sie wirkt verstärkend auf den Kanarenstrom und hat an der Küste das Aufquellen von kaltem Tiefenwasser zur Folge.

Der Passat führt trockene Luft aus dem Norden Marokkos heran und kann deshalb keinen Niederschlag bringen. Wenn er parallel zur Küste weht, entsteht auf Grund der unterschiedlich starken Reibung über See und Land eine Divergenz der Strömung, die zum Absinken der Luft und damit zur Verstärkung des hohen Luftdrucks führt. Begünstigt wird dieser Vorgang durch die Abkühlung, die vom kalten Meerwasser ausgeht. Unter diesen Bedingungen ist die Konvektion trotz hoher Einstrahlung nicht stark genug, um die Luft soweit aufsteigen zu lassen, daß regenbringende Wolken entstehen.

Lage:	Oberägypten, am Nil zwischen Arabischer und Libyscher Wüste	WMO-Nr.:	62414
Koordinaten:	23° 58' N 32° 47' E	Allg. Klima-charakteristik:	Winter mäßig warm; Sommer extrem heiß; ganzjährig trocken
Höhe ü.d.M.:	194 m	Klimatyp:	BWh

		J	F	M	A	M	J	J	A	S	O	N	D	Jahr
Mittlere Temperatur	°C	15,3	17,5	21,8	27,0	31,4	33,5	33,6	33,2	31,2	27,7	21,5	16,9	25,9
Mittl. Max. Temp.	°C	21,0	24,9	29,5	35,0	38,7	41,0	41,0	40,3	38,5	38,2	28,3	24,2	33,4
Mittl. Min. Temp.	°C	8,1	10,3	13,8	19,1	23,0	25,2	26,3	26,0	23,6	20,3	14,7	10,8	18,4
Abs. Max. Temp.	°C	33,3	39,0	44,0	45,3	48,4	49,5	46,8	48,3	46,7	44,8	39,3	35,4	
Abs. Min. Temp.	°C	1,6	1,0	4,6	7,5	13,6	16,4	20,2	19,8	15,8	11,8	6,5	3,2	
Dampfdruck	hPa	6,9	6,1	6,1	6,8	7,5	8,0	9,5	10,3	9,9	9,8	8,9	8,0	8,2
Relative Feuchte	%	40	32	24	19	17	16	18	21	22	27	36	42	26
Niederschlag	mm	0	0	0	0	0	0	0	0	0	0	0	0	0
Max. Niederschlag	mm	0,1	0,0	0,7	9,0	4,0	0,0	0,0	0,0	0,0	0,3	1,4	1,6	
Sonnenscheindauer	h	298	281	322	316	347	363	375	360	298	315	300	289	3863

Klimadaten Assuan (Ägypten). Bezugszeitraum 1961-90

Entsprechend der Lage Assuans nahe dem nördlichen Wendekreis schwankt der Einfallswinkel der Sonnenstrahlung zwischen fast 90° (21. Juni) und knapp 43° (21. Dezember). Lufttemperatur und Sonnenscheindauer zeigen deutliche Abhängigkeit vom Sonnenstand, weisen jedoch in ihrem Jahresgang Asymmetrien auf. So verzögert sich das Abklingen der Sommerhitze, weil die Lufttemperatur durch die Absorption langwelliger Strahlung, die von der allmählich aufgeheizten Erdoberfläche ausgeht, stark beeinflußt wird. Die Sonnenscheindauer wird u.a. durch die gelegentlich hohe Staubbelastung der Luft verringert. Unter dem Namen Khamsin bekannte Staubstürme treten vor allem im Frühjahr auf.

Auch wenn die Luft nahezu "trocken" erscheint, so ist ihre absolute Feuchte im Sommer mit etwa 6 g Wasserdampf je kg Luft nicht geringer als beispielsweise auf den Gipfeln der deutschen Mittelgebirge. Der Abstand der mittleren Temperatur von der Taupunkttemperatur ist allerdings so groß, daß die Konvektion nicht ausreicht, um Regen hervorzubringen. Dabei spielt auch eine Rolle, daß das im Sommer stark ausgeprägte Hitzetief im Juli und August zwar Mittelwerte um 1005 hPa aufweist, jedoch in geringer Höhe von dem für die Sub- bzw. Randtropen typischen Höhenhoch überlagert wird. Die dort herrschende Absinktendenz der Luft verhindert jede Wolkenbildung und ist die wesentliche Ursache für das Ausbleiben des Niederschlags.

Entsprechend dem hohen Sättigungsdefizit des Wasserdampfes ist die potentielle Verdunstung sehr groß. Die Berechnung nach PAPADAKIS ergibt 2359 mm, nach THORNTHWAITE 2104 mm/Jahr. Andere Berechnungen (z.B. nach HAUDE) kamen auf der Basis älterer Daten z.T. zu erheblich höheren Werten (bis 5800 mm). Die tatsächliche Verdunstung hängt natürlich vom verfügbaren Wasser ab und wird im bewässerten Kulturland ihre Höchstwerte erreichen.

Für den Assuanstausee, der sich südlich des 1968 fertiggestellten Sadd-el-Ali-Dammes erstreckt, wurde eine Verdunstungshöhe von 2754 mm/Jahr gemessen (nach SHALASH, zitiert bei IBRAHIM). Daraus läßt sich ein jährlicher Wasserverlust durch die Anlage des Stausees von 16 Mrd. m^3 (16 km^3) berechnen. Die Zahl muß im Zusammenhang mit dem Jahresabfluß des Nils bei Assuan gesehen werden. Vor dem Bau des Sadd-el-Ali-Staudamms lag er im Mittel bei 84 km^3, wobei der geringste gemessene Wert 42 km^3, der höchste 151 km^3 betrug.

Rechnet man weitere durch den Bau bedingte Verluste (verstärkte Versickerung usw.) hinzu, so reduziert der Staudamm das Wasserangebot des Nils doch beträchtlich. Der Wasserverlust ist aber nur einer unter mehreren Punkten, die bei einer Beurteilung des Projekts zu berücksichtigen sind. Erstmals gefüllt war der Stausee im August 1996 dank außergewöhnlich ergiebiger Niederschläge im Einzugsgebiet des Nils.

Lage:	Südwesten des bis 2918 m hohen Ahaggar in der zentralen Sahara	WMO-Nr.:	60680
Koordinaten:	22° 47' N 5° 31' E	Allg. Klima-charakteristik:	Winter mäßig warm, trocken; Sommer heiß, sehr selten Regen
Höhe ü.d.M.:	1378 m	Klimatyp:	BWh

		J	F	M	A	M	J	J	A	S	O	N	D	Jahr
Mittlere Temperatur	°C	12,8	15,0	18,1	22,2	26,1	28,9	28,7	28,2	26,5	22,4	17,3	13,9	21,7
Mittl. Max. Temp.	°C	20,3	22,6	25,4	29,5	32,9	35,2	34,6	34,1	32,5	28,8	24,3	21,0	28,4
Mittl. Min. Temp.	°C	5,3	7,5	10,7	14,9	19,2	22,6	22,7	22,2	20,5	15,9	10,3	6,7	14,9
Niederschlag	mm	1	1	3	2	6	4	5	6	8	3	2	2	43
Max. Niederschlag	mm	36	17	52	18	77	26	34	67	51	37	34	31	156

Klimadaten Tamanrasset. (Algerien). Bezugszeitraum 1961-90

Verfolgt man die Klimaverhältnisse auf einem Nord-Süd-Profil durch Algerien, so ist südlich des Atlasgebirges eine rasche Zunahme der sommerlichen Temperaturen festzustellen, während im Winter ein nur mäßiger Anstieg zu verzeichnen ist. Als typisch für den größten Teil der algerischen Sahara kann die Klimastation El Golea gelten, wo im Juli Mittelwerte von 32,6 °C registriert werden. Die täglichen Höchstwerte liegen in diesem Monat bei 40,5 °C; nachts gehen die Temperaturen auf 24,7 °C zurück. Größer ist die Jahresamplitude der Temperatur (23 K). Die tatsächlichen Temperaturschwankungen übertreffen die der Mittelwerte allerdings beträchtlich, wie aus der folgenden Tabelle zu ersehen ist.

Monat	El Golea		Tamanrasset	
	Max.	Min.	Max.	Min.
J	18,5	-5,0	21,6	-4,0
F	27,6	-1,5	27,0	2,0
M	28,6	2,7	27,3	4,9
A	36,3	2,0	32,0	6,0
M	41,0	9,9	35,3	10,6
J	41,8	13,8	38,8	18,2
J	44,5	22,1	37,7	18,1
A	44,4	21,6	38,0	17,6
S	42,0	18,0	35,0	15,5
O	38,0	11,4	31,7	9,3
N	26,2	4,6	27,6	5,1
D	22,5	-1,0	25,6	2,9

Absolute Extremwerte der Temperatur (°C) 1996 in El Golea (397 m) und Tamanrasset (1378 m)

Mit Annäherung an die Tropen nimmt das Ausmaß der Kontinentalität allmählich ab. Tamanrasset am Rande des Hoggar-Gebirges weist gegenüber El Golea im Mittel geringere Jahres- und Tagesamplituden auf. Die Niederschlagssummen pro Jahr (El Golea 32 mm, In Salah 18 mm) erreichen hier 43 mm. Anders als im Norden der algerischen Sahara (jenseits des 27. Breitenkreises), wo Regenfälle vorwiegend im Winter und Frühjahr auftreten, ist in Tamanrasset am ehesten im Sommer mit Regen zu rechnen.

Der Wechsel im Niederschlagsgang läßt deutlich werden, daß Tamanrasset nicht mehr den Subtropen, sondern bereits den Tropen zuzurechnen ist. Hervorgerufen werden die Niederschläge meist durch von Südwesten heranziehende Zyklonen, die unter dem Einfluß einer im Sommer entwickelten und nach Westen gerichteten Höhenströmung (tropischer Ostjet) über Westafrika entstehen. In den einzelnen Monaten treten von Jahr zu Jahr sehr große Schwankungen der Niederschlagsmengen auf (siehe Diagramm unten). Sie gleichen sich jedoch annähernd aus, so daß die Jahressumme des Niederschlags eine weniger große Variabilität zeigt.

	J	F	M	A	M	J	J	A	S	O	N	D
1991		1			43	7	3	18				
1992	19						24	1	4			
1993								14		2	4	
1994	7		2				3	30		48		
1995			5			5				7		1
1996			14		2	13		34	2			1
1997					4	21		29	9			

Niederschlagssummen je Monat (mm) in Tamanrasset im Zeitraum 1991-97. Leere Felder = unter 0,5 mm Niederschlag.

Lage:	Mali, Oberlauf des Niger an der Einmündung des Bani	WMO-Nr.:	61265
Koordinaten:	14° 31' N 4° 6' W	Allg. Klimacharakteristik:	Winter sehr warm, trocken; Sommer heiß bis extrem heiß, Regen
Höhe ü.d.M.:	272 m	Klimatyp:	BSh

		J	F	M	A	M	J	J	A	S	O	N	D	Jahr
Mittlere Temperatur	°C	23,5	26,2	29,2	31,9	33,1	31,6	29,1	27,8	28,1	29,0	26,9	23,7	28,3
Mittl. Max. Temp.	°C	31,7	35,1	37,8	40,0	40,6	38,0	34,8	32,9	33,6	35,6	35,2	31,7	35,6
Mittl. Min. Temp.	°C	15,0	17,8	21,3	25,0	26,8	25,8	24,0	23,4	23,7	23,6	19,5	16,0	21,8
Max. rel.Feuchte	%	49	43	37	41	59	72	87	93	92	82	65	58	65
Min. rel. Feuchte	%	13	10	9	12	18	29	42	52	48	30	15	15	24
Niederschlag	mm	0	0	0	4	24	56	127	156	80	19	0	1	467
Pot. Verdunst./Tag	mm	9,6	11,8	14,2	14,6	14,1	12,0	9,7	7,1	6,1	8,5	9,5	8,4	
Sonnenscheindauer	h	273	270	274	255	269	242	244	246	250	279	282	264	3148

Klimadaten Mopti (Mali). Bezugszeitraum 1961-90. Die Angaben zur Verdunstung beziehen sich auf die mittlere potentielle Verdunstung in mm/Tag nach Messungen mit der Class-A-Wanne im Zeitraum Juli 1970 bis Oktober 1974 (nach MÜLLER, 1975, zitiert bei BARTH, 1986)

Im Temperaturgang der Klimastation Mopti hebt sich deutlich eine heiße Jahreszeit, die im Laufe des März einsetzt und bis in den Juli hinein andauert, von einer weniger heißen Jahreszeit ab. Nur der erste Sonnenhöchststand Ende April hat einen entsprechenden Anstieg der Temperatur zur Folge, während der zweite Sonnenhöchststand (Mitte August) sich nicht unmittelbar abzeichnet. Ursachen hierfür sind die Reduzierung der Einstrahlung durch Bewölkung und die Abkühlung durch Niederschlag und Verdunstung.

Der Niederschlagsgang wird bestimmt durch die Lage im Bereich des Nordostpassats. Gegen diese während des größten Teils des Jahres vorherrschende trockene und zeitweilig heiße Strömung, auch Harmattan genannt, dringt mit der Verlagerung der ITC nach Norden ab Ende Mai feuchte Äquatorialluft vor. Sie bringt aber zunächst noch keinen Regen, da die trocken-heiße Luft auf die feuchte Äquatorialluft aufgleitet und sie damit in ihrer vertikalen Mächtigkeit begrenzt. Die Konvektion über dem aufgeheizten Land reicht deshalb nicht aus, um die Bildung von Niederschlag zu bewirken.

Erst wenn die Schichten der unten vordringenden Äquatorialluft eine Mächtigkeit von etwa 1000 m erreicht haben und die Erhitzung von der Landoberfläche sich weiter steigert, d.h., wenn sich die ITC etwa 200 bis 300 km nördlich von Mopti befindet, kann die konvektiv aufsteigende Luft größere Höhen erreichen. so daß hochreichende Wolkentürme entstehen, die entsprechenden Niederschlag hervorbringen.

Da die Lage der ITC nicht allein durch den Sonnenstand bestimmt wird, verlagert sie sich weder stetig noch in allen Abschnitten gleichmäßig. Sie pendelt oft wellenförmig nach Norden bzw. Süden aus, kann abschnittsweise aber auch unterbrochen sein. Diese Unregelmäßigkeiten haben naturgemäß zeitliche Verschiebungen zwischen Regen- und Trockenzeit sowie Schwankungen in der Ergiebigkeit der Regenfälle zur Folge. In einem Gebiet, das – gemessen an der potentiellen Verdunstung – ohnehin nur wenig Niederschlag erhält, wirken sich diese Veränderungen oft in katastrophalen Dürren aus. Mopti ist allerdings weniger stark vom Wassermangel betroffen, weil der im regenreichen Bergland Guineas entspringende Niger und sein Nebenfluß Bani hier auch in der Trockenzeit Wasser führen.

Extreme Trockenjahre sind im Sahel seit 1964 gehäuft aufgetreten. Nach 30 Jahren mit außergewöhnlich geringen Niederschlägen in der gesamten Zone kam es erstmals 1994 wieder zu ergiebigen Regenfällen, die Mopti einen Jahresniederschlag von 642 mm brachten.

Ein Zusammenhang zwischen dem Auftreten von Dürren im Sahel und Luftdruckanomalien über den Weltmeeren gilt vielen Wissenschaftlern als wahrscheinlich. Allerdings ist der Kenntnisstand in dieser Hinsicht noch zu gering, um Dürren zuverlässig voraussagen zu können.

Lage:	Sudanzone im Nordosten Nigerias (Bornu)	WMO-Nr.:	65082
Koordinaten:	11° 51' N 13° 5' E	Allg. Klimacharakteristik:	Winter sehr warm, trocken; Sommer sehr heiß, Regen
Höhe ü.d.M.:	354 m	Klimatyp:	BSh

		J	F	M	A	M	J	J	A	S	O	N	D	Jahr
Mittlere Temperatur	°C	21,8	24,8	29,3	32,6	32,5	30,2	27,5	26,6	27,2	27,9	24,9	23,2	27,4
Mittl. Max. Temp.	°C	31,9	34,6	37,8	40,1	39,4	36,4	33,2	32,0	33,7	36,4	34,2	32,3	35,2
Mittl. Min. Temp.	°C	12,6	15,3	19,7	23,9	25,5	24,5	22,9	22,3	22,4	20,7	16,0	13,1	19,9
Dampfdruck	hPa	7,8	7,7	9,0	14,1	19,5	22,2	24,1	25,9	25,2	17,2	10,1	8,4	15,9
Niederschlag	mm	0	0	0	13	31	74	147	193	83	11	0	0	552
Tage mit ≥ 1 mm N		0	0	0	2	4	7	11	11	7	1	0	0	43
Sonnenscheindauer	h	267	249	257	237	264	249	217	205	225	285	282	276	3012

Klimadaten Maiduguri (Nigeria). Bezugszeitraum 1961-90

Die klimatischen Gegebenheiten Nigeria sind durch einen deutlichen Gegensatz zwischen Süden und Norden geprägt. Dies ist nicht nur auf Abnahme der monatlichen Niederschlagsmengen, sondern auch auf zunehmende Ausdehnung der Trockenzeit zurückzuführen. Eine Ausnahme bildet das in der Mitte des Landes gelegene Hochland von Jos, das sich durch deutlich höhere Niederschläge von seinem Umland abhebt.

Klimastation	Höhe ü.d.M.	Niederschlag Jahr	April bis Sept.	Monate mit über 100 mm
	m	mm	%	
Maiduguri	354	552	98,0	2
Kano	481	697	98,3	4
Jos	1285	1316	94,5	5
Enugu	137	1695	80,8	7
Port Harcourt	18	2294	75,2	8

Niederschlagsverteilung Nigeria. Nord-Süd-Profil

Obwohl die Jahresmittelwerte der Temperatur im Süden und Norden Nigerias kaum voneinander abweichen, ist der Jahresgang der Temperatur doch sehr unterschiedlich. Während im Süden ganzjährig fast gleichbleibend hohe Temperaturen herrschen, nimmt nach Norden hin der Gegensatz zwischen gemäßigt warmer und heißer Jahreszeit zu. So weist z.B. Maiduguri eine Jahresamplitude von fast 11 K auf, während in Lagos die niedrigsten und höchsten Monatsmittel nur etwa 2 K auseinander liegen. Groß sind im Norden auch die täglichen Schwankungen. Wenn die Einstrahlung durch starke Bewölkung gemindert ist, sinken die Tageshöchstwerte, so daß die Tagesschwankung während der Regenzeit auf 10 bis 12 K zurückgeht.

Das Klima Nigerias wird durch zwei sehr unterschiedliche Luftmassen geprägt, deren Einflußbereiche sich im jahreszeitlichen Wechsel verschieben. Im Winterhalbjahr dringt tropisch-kontinentale Luft, die ihren Ursprung in der Sahara hat, bis in den Süden Nigerias vor, erreicht die Küste jedoch meist nicht. Im Sommer breitet sich feucht-warme (äquatoriale) Luft vom Golf von Guinea im Gefolge der nordwärts wandernden ITC weit ins Hinterland aus. Sie ist es, die dem Land Regen bringt – allerdings erst mit Verzögerung nach dem Durchgang der ITC, wenn sich die feuchte Luft bis in größere Höhen gegen die sie überlagernde trockene Luft durchgesetzt hat.

Bornu, die historische Landschaft im Nordosten Nigerias, deren einstige Hauptstadt Yerwa in der heutigen Stadt Maiduguri aufgegangen ist, ist die trockenste Region Nigerias. Dies ist auf die Reliefverhältnisse zurückzuführen, denn das Bergland von Jos, das Plateau von Bautschi und das Adamauagebirge riegeln Bornu gegenüber dem feuchten Süden ab. Nach Norden und Osten, zum trockenen Inneren Afrikas hin, bestehen hingegen keine Barrieren. Bezeichnend ist, daß die Region keinen Abfluß zum Weltmeer hat, sondern zum Tschadsee entwässert.

Wie die gesamte Sudanzone wird auch Bornu immer wieder von Dürren heimgesucht. Andererseits kommt es gelegentlich zu Starkregen katastrophalen Ausmaßes, die innerhalb von 24 Stunden über 100 mm Regen bringen.

Lage:	Fouta Djalon im nördlichen Binnenland Guineas
Koordinaten:	11° 19' N 12° 18' W
Höhe ü.d.M.:	1026 m
WMO-Nr.:	61809
Allg. Klimacharakteristik:	Winter warm, trocken; Sommer sehr warm bis warm, Regen
Klimatyp:	Aw

		J	F	M	A	M	J	J	A	S	O	N	D	Jahr
Mittlere Temperatur	°C	19,4	21,3	23,2	26,1	24,3	22,9	20,6	21,5	21,5	21,6	18,8	19,1	21,7
Mittl. Max. Temp.	°C	31,8	33,3	34,4	34,4	33,8	30,8	28,3	27,7	28,2	28,8	31,0	30,5	31,1
Mittl. Min. Temp.	°C	5,7	4,7	5,2	12,2	15,1	15,2	15,0	15,5	14,8	13,0	8,4	6,1	10,9
Dampfdruck	hPa	8,8	9,5	11,7	14,9	19,8	21,1	21,2	21,3	21,1	20,2	15,6	10,6	16,3
Relative Feuchte	%	38	37	40	43	64	74	86	82	81	77	71	47	62
Niederschlag	mm	2	4	9	35	141	233	315	340	288	141	34	2	1544
Max. Niederschlag	mm	29	34	65	177	215	365	591	504	527	427	119	38	
Min. Niederschlag	mm	0	0	0	0	0	21	124	208	151	38	0	0	
Tage mit ≥ 1 mm N		0	0	1	3	11	15	20	22	21	12	2	1	108
Sonnenscheindauer	h	270	256	261	232	211	180	148	131	159	195	236	257	2536

Klimadaten Labé (Guinea). Bezugszeitraum 1961-90

Entsprechend der Höhenlage werden in Labé im Jahresmittel um rund 5 K niedrigere Temperaturen registriert als an der Küste Guineas. Die höchsten Temperaturen werden im April erreicht, wenn die Sonne im Zenit steht. Ein weiteres Ansteigen der Temperaturwerte wird durch das Einsetzen der Regenzeit im Mai unterbunden. Hierbei bewirkt die Bewölkung eine Reduzierung der Einstrahlung, so daß die Tagestemperaturen zurückgehen. Nachts macht sich hingegen die Bewölkung (wie auch der höhere Wasserdampfgehalt der Luft) in einer Verringerung der effektiven Ausstrahlung und in einer Anhebung der Tiefstwerte bemerkbar.

Wenn sich im November die Trockenzeit wieder durchsetzt, steigt die Sonnenscheindauer, doch die Temperaturen zeigen einen deutlichen Rückgang. Dies ist auf den Nordostwind (Harmattan) zurückzuführen, der zu dieser Zeit bereits kühle Luft aus dem Inneren des Kontinents mitbringt. Winterliche Einbrüche von Kaltluft bzw. Absenkung der Temperatur durch den Harmattan sind wohl auch Gründe dafür, daß die Vegetationsgrenzen im Fouta Djalon abgesenkt sind und daß bereits in 1000 m Höhe der Übergang zur montanen Stufe einsetzt.

Die Niederschläge sind auf die Monate Mai bis Oktober konzentriert, in denen fast 95 % der Jahressumme niedergehen. Der markante Wechsel zwischen Regen- und Trockenzeit wird hervorgerufen durch einen Wechsel zwischen feuchtwarmer Luft, die von Südwesten herangeführt wird, und trockener Luft, die der Nordostpassat aus dem Inneren des Kontinents mitführt. Auf Grund des jahreszeitlichen Alternierens entgegengesetzter Luftströmungen wird das Klima Guineas den Monsunklimaten zugeordnet. Der Wechsel der wirksamen Luftmassen zeigt sich deutlich in einer fast sprunghaften Veränderung des Dampfdrucks.

Die Niederschlagssummen in Labé sind zwar beachtlich, aber doch geringer, als in tieferen Lagen. Besonders deutlich wird die Differenz zu Beginn und gegen Ende der Trockenzeit. Dies ist darauf zurückzuführen, daß der Südwestmonsun eine geringe Mächtigkeit hat und in der Höhe vom trockenen Nordostpassat überlagert wird. Im Gebirge nimmt deshalb die Mächtigkeit der feuchten Luft und damit auch die Niederschlagsmenge mit zunehmender Höhenlage ab. Extrem ist der Gegensatz zur Küstenzone, wo Conakry 3784 mm/Jahr erreicht.

Die ITC bildet in Westafrika eine äquatorwärts ansteigende Grenzfläche zwischen trockener Tropikluft (Saharaluft) und feuchter Äquatorialluft. Unmittelbar südlich der ITC ist die Mächtigkeit der Monsunluft am geringsten, so daß hochgelegene Orte wie Labé in den Wochen nach dem nordwärtigen Durchgang der ITC deutlich weniger Niederschlag erhalten als tiefgelegene. Entsprechend ist die Situation in der Zeit vor dem südwärtigen Durchgang der ITC.

Lage:	Südwesten der Republik Sudan, Bahr al-Ghazal	WMO-Nr.:	62760
Koordinaten:	7° 42' N 28° 1' E	Allg. Klimacharakteristik:	Ganzjährig heiß bis sehr heiß; Winter trocken, Sommer Regen
Höhe ü.d.M.:	438 m	Klimatyp:	Aw

		J	F	M	A	M	J	J	A	S	O	N	D	Jahr
Mittlere Temperatur	°C	26,8	28,5	30,4	30,6	29,3	27,5	26,3	26,2	26,8	27,4	27,4	26,5	27,8
Mittl. Max. Temp.	°C	35,5	37,1	38,1	37,4	35,3	32,9	31,4	31,4	32,6	33,8	35,2	35,2	34,7
Mittl. Min. Temp.	°C	18,1	19,9	22,7	23,8	23,2	22,0	21,2	21,0	21,0	21,0	19,6	17,9	21,0
Abs. Max. Temp.	°C	41,1	42,2	43,5	42,0	41,5	38,5	36,5	36,7	40,0	39,2	38,5	39,5	
Abs. Min. Temp.	°C	9,3	12,5	14,9	16,5	19,5	17,7	18,0	18,6	17,0	16,4	11,4	10,3	
Relative Feuchte	%	29	26	35	48	62	71	76	77	74	69	48	35	54
Niederschlag	mm	1	4	19	68	119	177	176	192	179	124	15	0	1074
Tage mit ≥ 1 mm N		0	0	3	6	10	11	13	13	12	9	2	0	79
Sonnenscheindauer	h	288	246	229	228	220	204	183	192	204	223	264	295	2777

Klimadaten Wau (Sudan). Bezugszeitraum 1961-90

Während der größte Teil des Sudans weniger als 500 mm Niederschlag/Jahr erhält, erstreckt sich im Süden des Landes eine Zone mit einem Jahresniederschlag um 1000 mm, der sich auf sechs Monate des Jahres konzentriert. Die Monate von Mai bis Oktober heben sich nicht nur durch ihre ergiebigen Regenfälle, sondern auch durch einen deutlichen Anstieg der Luftfeuchtigkeit und einen Rückgang der Sonnenscheindauer von der anderen Jahreshälfte ab.

Die höchsten Temperaturwerte werden Anfang April registriert, wenn die Sonne ihren Zenitstand erreicht. Der zweite Sonnendurchgang Anfang September macht sich nicht in einer entsprechenden Erhöhung der Temperaturwerte bemerkbar, weil die zu dieser Zeit kräftige Bewölkung sowie die Bindung von Wärme durch die hohe Verdunstung die Temperaturen etwas herabsetzen.

Zurückzuführen ist der Wechsel zwischen Regen- und Trockenzeit auf die jahreszeitliche Verlagerung der innertropischen Konvergenzzone (ITC). Sie bildet den Kontaktbereich zwischen der aus nordöstlichen Richtungen vorstoßenden trockenen Passatluft und der aus südwestlichen Richtungen herangeführten feuchten Äquatorialluft. Im Juli/August erreicht die ITC ihre nördlichste Lage auf 18° Breite und verläuft dann durch den Norden des Landes. Die in dieser Zeit aus äquatorialen Breiten Zentralafrikas nordwärts vordringende Luft steigt über dem stark erhitzten Land in einzelnen Zellen konvektiv auf. Die Folge ist die Bildung hoch aufquellender Bewölkung und kräftiger Niederschläge. Nach Norden hin nimmt die Niederschlagsaktivität allerdings rasch ab, da eine Inversion das Aufsteigen der feuchten Luft begrenzt. Sie wird hervorgerufen durch die Überlagerung der feuchten Luft durch trockenheiße Passatluft aus dem Norden. Da die Grenzfläche von der ITC nach Süden ansteigt, sind die Niederschläge im Südsudan am ergiebigsten.

Klimastation	geogr. Breite	Jahresmitteltemperatur °C	Jahresniederschlag mm
Karima	18° 33'	29,0	20
Shambat	15° 40'	29,0	128
Kadugli	11° 0'	28,2	634
Raga	8° 28'	26,0	1142

Temperatur und Niederschlag im Sudan (Nord-Süd-Profil)

Mit der Südverlagerung der ITC dringt wiederum trockene und stabil geschichtete Luft von Norden vor, so daß auch im Süden konvektives Aufsteigen unterbunden wird. Die Klimadaten lassen deutlich den abrupten Rückgang der relativen Feuchte erkennen. Entsprechend dem jahreszeitlichen Wechsel der vorherrschenden Luftmassen bzw. dem halbjährlichen Wechsel zwischen tropischen Westwinden und Nordostpassat wird das Klima der südsudanesischen Feuchtsavanne auch als Monsunklima bezeichnet (z.B. in der genetischen Klimaklassifikation von HENDL).

Lage:	Bucht von Benin, Nordküste des Golfs von Guinea	WMO-Nr.:	65387
Koordinaten:	6° 10' N 1° 15' E	Allg. Klimacharakteristik:	Ganzjährig heiß bis sehr heiß; Winter trocken, Sommer Regen
Höhe ü.d.M.:	25 m	Klimatyp:	Aw

		J	F	M	A	M	J	J	A	S	O	N	D	Jahr
Mittlere Temperatur	°C	27,1	28,2	28,5	28,2	27,4	26,2	25,3	25,2	25,8	26,6	27,3	27,1	26,9
Mittl. Max. Temp.	°C	31,7	32,3	32,5	32,1	31,3	29,6	28,2	28,0	29,1	30,4	31,6	31,6	30,7
Mittl. Min. Temp.	°C	22,5	24,0	24,5	24,4	23,5	22,8	22,5	22,3	22,5	22,8	22,9	22,5	23,1
Niederschlag	mm	9	23	53	96	153	252	91	33	65	75	20	8	878
Sonnenscheindauer	h	222	215	228	218	218	141	135	148	168	218	241	227	2379

Klimadaten Lomé (Togo). Bezugszeitraum 1961-90, außer Sonnenscheindauer (1960-89)

Mit dem wechselnden Sonnenstand läßt sich der Jahresgang der Temperatur von Lomé nur schwer in Einklang bringen, denn das Minimum liegt im August, wenn die Sonne sich schon fast ihren zweiten Höchststand erreicht hat. Ursache des Temperaturrückgangs ist außer der geringen Sonnenscheindauer eine Temperaturanomalie des Meeres, dessen Oberfläche im Sommer eine Abkühlung auf 19 bis 22 °C erfährt.

Außergewöhnlich ist auch die Ausbildung einer "kleinen Trockenzeit" im Sommer. Ein Erklärungsansatz stellt den Wechsel des Küstenverlaufs in den Vordergrund (vgl. BARRY & CHORLEY). Von Cape Three Points in Westghana bis zum östlichen Nigeria verläuft die Küste – im Gegensatz zu den angrenzenden Gebieten – in westsüdwestlicher Richtung. Das bedeutet, daß in diesem Abschnitt Küste und Südwestmonsun fast parallel gerichtet sind. Infolgedessen ist hier die Reibungskonvergenz der Strömung beim Auftreffen auf das Land geringer als in anderen Küstenabschnitten, wodurch die Niederschlagsneigung verringert wird.

Die Annäherung von Küstenverlauf und Windrichtung bewirkt (auf Grund der Rechtsablenkung der Drift gegenüber dem Wind) einen ablandigen Versatz des Oberflächenwassers und damit das Aufquellen von kaltem Tiefenwasser. Hierin sehen manche Wissenschaftler die Ursache der sommerlichen Temperaturanomalie des Meeres.

Ein anderer Erklärungsansatz geht davon aus, daß das kühle Oberflächenwasser auf ein ungewöhnlich weites Vorstoßen des Benguelastromes zurückzuführen ist. Dieser kalte Meeresstrom ist während des Winters der Südhalbkugel bei nordwärts verlagertem südatlantischem Hoch und verstärktem Passat besonders kräftig ausgebildet.

Mit dem Auftreten kühleren Meereswassers vor der togoischen Küste ist eine Zunahme des Planktongehalts und damit auch der Fischbestände verbunden. Deshalb ist die "kleine Trockenzeit" die Hauptfangsaison der Küstenfischerei.

Außer dem Küstenverlauf wirkt auch die geringe Temperatur der Meeresoberfläche auf eine Reduzierung der sommerlichen Niederschläge hin, denn die Abkühlung der Luft über dem Wasser läßt eine Inversion entstehen, die das konvektive Aufsteigen einschränkt. Die Bewölkung ist zwar auch während dieser Zeit ausgeprägt, jedoch nicht mächtig genug, um ergiebigen Regen zu bringen.

Eine weitere Folge der Abkühlung ist eine Zunahme des Luftdrucks. So ergibt sich der für tropische Regionen ungewöhnliche Umstand, daß der Luftdruck zur Zeit des Sonnenhöchststandes höher liegt als während der Zeit des niedrigen Sonnenstandes. Das während der Monate Juli bis September bestehende Hoch sorgt für eine Steigerung des Druckgefälles zum Hitzetief über der Sahara und damit auch zur Verstärkung der landeinwärts gerichteten Südweströmung.

Da die landeinwärts strömende Luft entsprechend ihrer Schichtung keine günstige Voraussetzung zur Niederschlagsbildung aufweist, ist auch im Hinterland noch eine Unterbrechung oder zumindest Abschwächung der Regenzeit festzustellen. So geht in dem 50 km landeinwärts gelegenen Tabligbo der Niederschlag von 169 mm im Juni auf 86 mm (Juli) bzw. 52 mm (August) zurück, steigt aber im September wieder auf 126 mm an. Eine im Landschaftsbild sichtbare Folge des Rückgangs der Niederschläge ist die Unterbrechung des westafrikanische Regenwaldgürtels in Togo und Benin.

Lage:	Hochland in Westkenia zwischen Mt. Elgon und Cherangany Hills	WMO-Nr.:	63612
Koordinaten:	1° 1' N 35° 0' E	Allg. Klimacharakteristik:	Ganzjährig warm; Winter wenig Regen; Sommer regenreich
Höhe ü.d.M.:	1875 m	Klimatyp:	Cf (an der Grenze zu Cw)

		J	F	M	A	M	J	J	A	S	O	N	D	Jahr
Mittlere Temperatur	°C	18,8	19,5	19,8	19,3	18,7	17,9	17,4	17,5	17,9	18,3	18,1	18,1	18,4
Mittl. Max. Temp.	°C	27,0	27,7	27,5	25,8	24,8	24,1	23,3	23,7	24,8	25,1	24,9	25,7	25,4
Mittl. Min. Temp.	°C	10,5	11,4	12,0	12,9	12,6	11,7	11,6	11,3	11,0	11,5	11,3	10,5	11,5
Dampfdruck	hPa	10,9	11,7	12,6	14,9	15,2	14,4	14,5	14,5	13,8	13,3	13,0	11,6	13,4
Mittl. Max. r. Feuchte	%	68	70	71	80	83	84	87	85	79	72	73	70	77
Mittl. Min. r. Feuchte	%	34	35	40	55	60	58	61	62	57	56	54	43	51
Niederschlag	mm	20	52	103	190	198	101	123	151	103	92	91	35	1259
Tage mit ≥ 1 mm N		8	13	14	13	17	15	13	14	13	7	5	5	137
Sonnenscheindauer	h	257	218	226	195	211	207	192	202	210	223	207	254	2603

Klimadaten Kitale (Kenia). Bezugszeitraum 1961-90, außer Niederschlag (1979-90) und Sonnenscheindauer (1966-90)

Die beträchtliche Höhe über dem Meeresniveau sowie die Lage in der Nähe des Äquators bestimmen die Temperaturverhältnisse Kitales. Auch wenn die Unterschiede im Strahlungsklima nicht sehr groß sind, so treten die Zeiten des Zenitstandes der Sonne (März und September) doch deutlich hervor. Groß sind die Temperaturgegensätze zwischen mittleren täglichen Minima und Maxima, wie es für hochgelegene Tropenregionen typisch ist. Im Vergleich zur freien Atmosphäre gleicher Höhenlage sind die Temperaturen über dem kenianischen Hochland erhöht, da es eine "Heizfläche" für die auflagernden Luftschichten bildet. Das Vorherrschen niedrigen Luftdrucks steht hiermit in Zusammenhang.

Weniger leicht ist die jahreszeitliche Verteilung der Niederschläge auf ein einfaches Muster zurückzuführen. Von Zenitalregen, wie sie sonst in den Tropen weit verbreitet sind, kann man kaum sprechen, da die Maxima im Mai und August liegen und nicht mit den Zeiten des Sonnenhöchststandes zusammenfallen.

Die Herkunft der Feuchtigkeit ist schwer zurückzuverfolgen. Als Regenbringer in Frage kommen äquatoriale Westwinde, die vom östlichen Atlantik über das Kongobecken vordringen. Eine zonale Zirkulation mit absteigendem Ast über dem relativ kalten Meer und aufsteigendem Ast über dem Festland ist in Afrika vor allem südlich des Äquators ausgebildet, erreicht aber zeitweilig auch noch die Region um den Victoriasee.

Der niedrige Luftdruck über dem kenianischen Hochland hat ein Druckgefälle gegenüber dem Westen des Indischen Ozeans zur Folge, so daß auch von dieser Seite feuchte Luft auf das Festland geführt wird. Teils wird diese Strömung mit dem Südostpassat der Südhalbkugel in Zusammenhang gebracht, der allerdings mit dem Richtungswechsel der Corioliskraft in Äquatornähe zur Südwestströmung wird und sich dann vom Kontinent entfernt.

Die Trockenperiode im Gebiet um Kitale ist kurz (Dezember bis Februar), aber deutlich ausgeprägt. In dieser Zeit steht der Norden des Landes unter dem Einfluß des Nordostpassats, der entsprechend seiner Herkunft nach der Überquerung Südäthiopiens und Somalias trockene Luft nach Kenia führt. Auch vom Indischen Ozean ist in dieser Zeit keine feuchte Luft zu erwarten, denn wenn die Temperaturen südlich des Äquators ihre höchsten Werte erreichen, ist das sonst landeinwärts gerichtete Luftdruckgefälle aufgehoben oder sogar umgekehrt.

Die günstigen klimatischen Gegebenheiten haben das Hochland zum wichtigsten Agrarraum Kenias werden lassen, der sich deutlich vom heißen und oft unter Dürre leidenden Tiefland abhebt. Da es zudem frei von der Tsetsefliege und anderen Überträgern von Krankheitserregern ist, gehört das Hochland mit einer Bevölkerungsdichte von über 100 Einwohnern/km² zu den bevorzugten Siedlungsräumen des Landes.

Lage:	Baía do Bengo, nördl. Abschnitt der angolanischen Atlantikküste	WMO-Nr.:	66160
Koordinaten:	8° 51' S 13° 14' E	Allg. Klimacharakteristik:	Winter sehr warm, trocken; Sommer heiß, meist wenig Regen
Höhe ü.d.M.:	70 m	Klimatyp:	BSh

		J	F	M	A	M	J	J	A	S	O	N	D	Jahr
Mittlere Temperatur	°C	26,7	28,5	28,6	28,2	27,0	23,9	22,1	22,1	23,5	25,2	26,7	26,9	25,8
Mittl. Max. Temp.	°C	29,5	30,5	30,7	30,2	28,8	25,7	23,9	24,0	25,4	26,8	28,4	28,6	27,7
Mittl. Min. Temp.	°C	23,9	24,7	24,6	24,3	23,3	20,3	18,7	18,8	20,2	22,0	23,3	23,5	22,3
Abs. Max. Temp.	°C	33,6	34,2	34,0	35,0	35,2	30,8	28,8	28,5	29,8	31,7	32,6	32,7	
Abs. Min. Temp.	°C	21,3	21,4	20,5	20,5	18,4	15,0	15,5	15,7	15,9	18,9	20,8	19,7	
Niederschlag	mm	26	35	97	124	19	0	0	1	2	6	34	23	367

Klimadaten Luanda (Angola). Bezugszeitraum 1961-90, außer Niederschlag (1931-60)

Die klimatischen Verhältnisse innerhalb Angolas sind regional stark wechselnd. Sie werden vor allem durch die Breitenlage, die Höhenlage und in einem schmalen Küstenstreifen durch den Einfluß des Meeres bestimmt. Auf Grund der von Süden nach Norden abnehmenden Wirkung des Benguelastromes tritt an der Küste ein deutliches Temperaturgefälle auf. Während im nördlichsten Küstenabschnitt die Jahresmitteltemperatur bis nahe an 26 °C heranreicht, werden im Süden bei Namibe (früher Môçamedes) im Jahresmittel nur 21,4 °C gemessen. Im Winter sinken hier die Tiefstwerte gelegentlich bis unter 10 °C.

Im Landesinneren werden die Temperaturen stark von der Höhenlage beeinflußt. Der Nord-Süd-Gegensatz ist hier weniger stark ausgeprägt als an der Küste, doch sind die Tagesschwankungen erheblich größer. In höheren Lagen des Planalto (z.B. Serpa Pinto in 1343 m Höhe) kann sogar Frost auftreten.

Gleichfalls große Unterschiede weist die Niederschlagsverteilung auf. An der Südküste werden mit 10 mm (Tombua, früher Pôrto Alexandre) bis 50 mm/Jahr die geringsten Werte gemessen. Hier wird, wie im benachbarten Namibia, die Bildung von Niederschlag durch den Einfluß des kalten Benguelastromes und der tiefliegenden Passatinversion fast völlig unterbunden.

Reichlich Niederschlag erhalten hingegen die meisten der über 1000 m hoch gelegenen Stationen im Landesinneren Angolas (z.B. Malange, Henrique de Carvalho, Luso und Nova Lisboa mit jeweils zwischen 1200 und 1500 mm/Jahr). Hier dauert die Regenzeit von September oder Oktober bis April bzw. Mai.

Angola liegt im Einflußbereich von Luftmassen des Atlantischen und des Indischen Ozeans. Allerdings bringen die Südwestwinde kaum Niederschlag. Nur im Frühjahr (Oktober) und Sommer (Januar), wenn die Sperrwirkung des kühlen Benguelastroms geringer ist und über dem Festland niedriger Luftdruck herrscht, erhält der Westen Niederschlag vom Atlantik.

Der Einfluß von Luftmassen aus dem Gebiet des Indischen Ozeans ist im Sommer gering und dann auf den Osten des Hochlandes beschränkt. Im Winter, wenn sich das Hoch des Indischen Ozeans westwärts verlagert, erstreckt sich der Einflußbereich des Südostpassats über fast das ganze Land, allerdings ohne Niederschlag zu bringen. Feuchte Luft aus dem Kongobecken wird im Sommer herangeführt; ihr Einflußbereich reicht bis an die Südgrenze Angolas.

An der Küste ist die Niederschlagsvariabilität außerordentlich groß. Hier kann es zu langanhaltenden Dürreperioden kommen, doch wurden auch schon Monatsniederschläge von 400 mm (April) und Tagessummen von 158 mm gemessen.

Jahres-niederschlag mm	Anzahl der Jahre	Jahres-niederschlag mm	Anzahl der Jahre
bis 100	3	501 - 600	9
101 - 200	10	601 - 700	7
201 - 300	18	701 - 800	1
301 - 400	19	801 - 900	2
401 - 500	5	1164	1

Häufigkeitsverteilung des Jahresniederschlags in Luanda 1901-1975

Lage:	Hochland im Norden Sambias, südöstlich des Mwerusees	WMO-Nr.:	67403
Koordinaten:	9° 48' S 29° 5' E	Allg. Klimacharakteristik:	Ganzjährig (sehr) warm; Winter trocken; Sommer regenreich
Höhe ü.d.M.:	1324 m	Klimatyp:	Aw

		J	F	M	A	M	J	J	A	S	O	N	D	Jahr
Mittlere Temperatur	°C	20,5	20,6	21,0	20,8	20,5	18,8	19,1	20,9	23,2	22,5	21,0	20,6	20,8
Mittl. Max. Temp.	°C	26,4	26,9	27,0	27,3	27,3	26,5	26,6	28,4	30,5	30,0	27,5	26,4	27,6
Mittl. Min. Temp.	°C	16,6	16,7	16,7	16,1	14,0	11,3	11,1	13,0	15,9	17,1	16,6	16,6	15,1
Abs. Max. Temp.	°C	31,6	32,2	32,0	30,9	31,6	30,3	31,3	33,0	39,6	34,6	34,6	36,3	
Abs. Min. Temp.	°C	10,4	13,8	12,3	11,0	8,0	5,3	5,6	7,0	8,0	10,5	5,5	13,5	
Relative Feuchte	%	80	80	78	72	65	58	51	47	47	61	72	79	66
Niederschlag	mm	212	187	266	123	18	1	1	2	16	90	200	264	1380
Tage mit ≥ 1 mm N	Tag	21	18	22	14	2	0	0	0	2	10	19	24	132
Sonnenscheindauer	h	133	118	161	222	285	291	304	298	249	211	147	121	2539

Klimadaten Kawambwa (Sambia). Bezugszeitraum 1961-91, außer mittlereTemperatur (1967-88) und relative Feuchte (1982-91)

Das Klima in Sambia wird in starkem Maße durch Luftmassen geprägt, die aus nördlichen, östlichen und südlichen Richtungen das Land erreichen. Gesteuert wird ihre Zufuhr durch die jahreszeitlich wechselnden Luftdruckverhältnisse. In diesem Zusammenhang ist vor allem die sich mit dem Sonnenstand verlagernde ITC von Bedeutung, außerdem die Lage und Entwicklung des Hochs über dem Südindik, das im Winter der Südhalbkugel in abgeschwächter Form auf den Süden des Kontinents übergreift. Am Nordrand dieses südafrikanischen Hochdruckgebietes, dessen Kern meist über Transvaal und dem angrenzenden Moçambique liegt, strömt Passatluft aus Ostsüdost nach Sambia. Trotz ihrer Herkunft vom Indischen Ozean bringt sie keinen Regen, denn die winterliche Strömung ist relativ kühl, stabil geschichtet und trocken. Selbst die fast 1900 m hohe Kette der Muchinga Mountains, die das Hochland Sambias im Südosten überragt, bleibt während der Zeit des Südostpassats ohne Regen.

Ab September sinkt der Luftdruck über dem südlichen Afrika, weil sich das Hoch über dem Indischen Ozean nach Südosten verlagert und die zunehmende Erhitzung der Landoberfläche die Entstehung eines Hitzetiefs vorantreibt. Für Sambia bedeutet diese Umstellung ein Abflauen der Südostströmung, was sich vor allem in der Osthälfte des Landes in einer Abnahme der mittleren Windgeschwindigkeit auswirkt. Die verstärkte Einstrahlung sorgt für einen Temperaturanstieg um 2 bis 3 K, der die Monate September und Oktober fast überall in Sambia zu den wärmsten des Jahres macht. Ein weiteres Ansteigen der Temperatur, wie es auf Grund des Sonnenstandes zu erwarten wäre, erfolgt nicht, weil ab Ende Oktober oder spätestens November starke Bewölkung einsetzt, worauf die Abnahme der Sonnenscheindauer (siehe Tabelle) hinweist.

Zurückzuführen ist die Bewölkung auf die Zufuhr feuchter Luft aus dem Kongogebiet, d.h. aus nördlicher bis nordwestlicher Richtung. Nur der äußerste Osten Sambias wird von Strömungen aus nordöstlicher Richtung erreicht. Die in ihrer Lage rasch wechselnde und zeitweilig unterbrochene Konvergenzzone zwischen den beiden Strömungen verläuft in fast meridionaler Richtung durch den Osten des Landes.

Die im Sommer den größten Teil des Landes prägende feuchte Luft aus dem Kongobecken stößt unter Bildung einer deutlichen Luftmassengrenze mehr oder minder weit bis in den Süden vor. Die labil geschichtete Luft begünstigt hochreichende Konvektion und die Bildung ergiebiger Niederschläge. In Kawambwa sind – wie überhaupt im Norden des Landes – entsprechend dem zweimaligen Zenitstand der Sonne innerhalb der Regenzeit zwei Maxima (Dezember und März) zu unterscheiden. Im Süden Sambias, wo die beiden Zenitstände näher zusammenliegen, tritt nur ein Maximum auf (in der Regel im Dezember).

Lage:	Nordwesten Madagaskars, buchtenreiche Schwemmlandküste	
Koordinaten:	14° 38' S	47° 46' E
Höhe ü.d.M.:	57 m	

WMO-Nr.:	67019
Allg. Klimacharakteristik:	Ganzjährig heiß bis sehr heiß; Winter trocken, Sommer Regen
Klimatyp:	Aw

		J	F	M	A	M	J	J	A	S	O	N	D	Jahr
Mittlere Temperatur	°C	26,4	26,5	27,0	27,2	26,4	25,1	24,6	24,7	25,3	26,4	26,9	26,8	26,1
Mittl. Max. Temp.	°C	30,7	30,5	31,7	32,3	32,1	31,0	30,9	31,3	31,8	32,1	31,5	31,1	31,4
Mittl. Min. Temp.	°C	23,2	23,4	23,5	23,3	22,2	20,6	20,0	19,9	20,6	22,2	23,0	23,4	22,1
Dampfdruck	hPa	28,6	29,4	28,9	26,3	25,0	20,7	19,8	19,3	20,6	23,7	26,9	28,5	24,8
Niederschlag	mm	429	397	199	83	21	6	6	6	13	49	132	300	1641
Tage mit ≥ 1 mm N		19	17	13	7	2	1	2	1	1	4	9	16	92
Sonnenscheindauer	h	209	188	243	272	302	287	298	313	311	318	275	235	3251
Mittl. Windgeschw	m/s	2,5	2,5	2,5	2,5	3,4	3,9	4,5	4,5	4,2	3,4	2,8	2,5	3,3

Klimadaten Analalava (Madagaskar). Bezugszeitraum 1961-90

Entsprechend der großen Nord-Süd-Erstreckung über annähernd 14 Breitengrad und der Gliederung durch Gebirge vereinigt Madagaskar sehr unterschiedliche Klimate. Der Osten der Insel wird ganzjährig durch den Südostpassat geprägt, der seinen Ursprung im Hoch des südlichen Indischen Ozean hat. Die von ihm herangeführte feuchtwarme Luft bringt im Sommer, d.h von November bis März/April, an der Küste und am Anstieg des Gebirges Niederschläge in beträchtlicher Höhe.

Zwischen Mai und Oktober ist der Passat zwar besonders kräftig, doch weist die Luft eine stabile Schichtung auf, die zusammen mit der niedrig liegenden Passatinversion die Bildung tropischer Störungen unterbindet. Dadurch ist die Entstehung von Niederschlag in dieser Zeit auf die erzwungene Konvektion beim Auftreffen des Passats auf die gebirgige Ostseite Madagaskars beschränkt. Eine Abschwächung der Niederschläge wird auch dadurch verursacht, daß das Hoch des Südindiks sich im Winter nach Westen ausdehnt und häufig noch Madagaskar einbezieht.

Analalava an der Westküste der Insel erhält hingegen im Sommer Niederschlag durch eine von Nord bis Nordwest kommende Luftströmung. Hierbei handelt es sich um den Nordostpassat der Nordhalbkugel, der südlich des Äquators durch den Richtungswechsel der Corioliskraft eine westliche Komponente erhält und auch als äquatorialer Monsun (ALISSOW) bezeichnet wird. Dieser Monsun ist in stärkerem Maße als der Südostpassat mit Wasserdampf angereichert und sehr labil geschichtet. Da die Meeresoberfläche im Bereich des Moçambiquestroms sehr warm ist, reicht der Einfluß des sommerlichen Monsuns bis in den Südwesten Madagaskars. Das Gebiet im äußersten Süden liegt allerdings infolge des Abbiegens der Küste im Windschatten, so daß hier nur sehr wenig Niederschlag fällt. Im Winter, wenn sich die ITC nordwärts verlagert, gelangt auch die Westküste Madagaskars in den Einflußbereich des Südostpassat. Er bringt allerdings auf der Leeseite der Insel keinen Niederschlag.

Ein nicht unbeträchtlicher Teil des Jahresniederschlags ist auf Madagaskar mit dem Durchzug tropischer Wirbelstürme verbunden. Die Mauritiusorkane des südlichen Indischen Ozeans gefährden zwar in erster Linie die Ostküste der Insel, doch überqueren sie nicht selten das Gebirge und stoßen bis in die Straße von Moçambique vor (z.B. der Wirbelsturm Gretelle im Januar 1997, der zahlreiche Menschenleben forderte und gewaltigen Sachschaden anrichtete).

Die Wirbelstürme, die im Nordwesten Madagaskars (vor allem im Januar und Februar) auftreten, haben ihren Ursprung meist im Seegebiet unmittelbar nordöstlich der Insel. Nicht nur die Gewalt des Sturms, sondern auch die mit dem Wirbel verbundenen gewaltigen Niederschläge können durch Auslösung von Hangrutschungen beträchtlichen Schaden anrichten. Typisch verlief der Wirbelsturm Josie im Februar 1997, der den Monatsniederschlag vielerorts verdoppelte oder verdreifachte, bevor er über der Straße von Moçambique nach Süden zog.

Lage:	Hochland der Nordprovinz der Republik Südafrika (Transvaal)	WMO-Nr.:	68174
Koordinaten:	23° 52' S 29° 27' E	Allg. Klimacharakteristik:	Winter mäßig warm, trocken; Sommer warm, Regen
Höhe ü.d.M.:	1200 m	Klimatyp:	BSk

		J	F	M	A	M	J	J	A	S	O	N	D	Jahr
Mittlere Temperatur	°C	22,0	21,3	20,7	17,8	14,7	11,7	11,8	14,1	17,5	19,3	20,3	21,3	17,7
Mittl. Max. Temp.	°C	28,1	27,6	26,6	24,4	22,4	19,6	19,9	22,1	25,2	26,1	26,5	27,4	24,7
Mittl. Min. Temp.	°C	17,1	16,7	15,3	12,2	7,9	4,7	4,4	6,7	10,4	13,3	15,2	16,4	11,7
Abs. Max. Temp.	°C	36,4	36,0	33,9	33,7	31,6	26,8	27,1	32,0	34,0	36,8	36,2	35,0	
Abs. Min. Temp.	°C	10,2	10,6	8,1	3,6	1,4	-3,5	-1,4	-1,0	0,2	5,4	6,9	8,8	
Relative Feuchte	%	69	70	71	69	64	61	58	56	55	61	66	69	64
Niederschlag	mm	82	60	52	33	11	5	3	6	17	43	85	81	478
Tage mit ≥ 1 mm N		7	6	5	4	2	1	0	1	1	0	0	7	34
Sonnenscheindauer	h	253	221	241	232	271	261	279	281	277	265	235	254	3071

Klimadaten Pietersburg (Südafrika). Bezugszeitraum 1961-90

Trotz seiner Lage nahe dem südlichen Wendekreis weist Pietersburg auch im Sommer keine extrem hohen Temperaturen auf. Die Höhenlage macht das Klima im allgemeinen – von gelegentlichen Hitzewellen abgesehen – gut verträglich. Im östlichen Vorland Transvaals (Moçambique) werden auf gleicher geographischer Breite um etwa 6 K höhere Temperaturen gemessen.

Weniger günstig sind die Niederschlagsverhältnisse, die die Möglichkeiten der agrarischen Nutzung stark einschränken. Die Trockenheit ist bedingt durch die Lage im Lee der bis über 2000 m aufragenden Drakensberge, deren Luvseite in vielen Jahren mehr als 2000 mm Regen erhält. Die Niederschlagsverteilung zeigt eine deutliche Konzentration auf die Zeit des Sonnenhöchststandes. Nur von November bis Januar kommt der mittlere Niederschlag im Pietersburger Hochland annähernd der potentiellen Verdunstung gleich, während die übrigen Monate eindeutig als arid zu bezeichnen sind. Die jährliche potentielle Verdunstung beträgt bei Berechnung nach PAPADAKIS 934 mm, nach THORNTHWAITE 836 mm.

Die Probleme, vor die das Klima dieses Raumes die Farmer stellt, sind aus den Mittelwerten allein nicht zu erfassen, da die Bedingungen von Jahr zu Jahr wechseln und schon mäßige Niederschlagsdefizite schwerwiegende Folgen nach sich ziehen. Die Variabilität der Niederschläge ist in den für den Anbau entscheidenden Monaten von November bis Februar sehr hoch. Die Schwankungsbreite wird besonders deutlich, wenn die Niederschlagswerte nicht nach Kalenderjahren, sondern nach Anbaujahren zusammengefaßt werden. So fielen im Zeitraum Juli 1992 bis Juni 1993 nur 276 mm Regen.

	1991	1992	1993	1994	1995	1996	1997
J	149	104	19	21	147	181	267
F	81	45	36	25	14	331	60
M	46	19	31	42	174	77	86
A	2	12	36	38	94	6	6
M	22	0	0	0	8	65	18
J	22	0	0	0	0	5	0
J	0	0	2	0	0	28	0
A	0	0	15	7	0	0	0
S	0	0	18	1	0	5	2
O	1	24	18	43	29	67	58
N	102	41	18	75	98	49	119
D	19	89	114	133	91	135	6
Jahr	444	334	307	385	655	949	622

Pietersburg. Niederschlag 1991-97 nach Monaten

Nicht weniger problematisch als die Dürre sind die gelegentlich auftretenden Starkregen. Das so günstig erscheinende Jahr 1996 mit seinen fast 1000 mm Regen war in Wahrheit ein Katastrophenjahr, in dem bei einem Unwetter im Februar innerhalb von 24 Stunden bis zu 150 mm niedergingen und 45 Menschen den Tod fanden. Die hohe Variabilität der Niederschläge wird mit unterschiedlich weitem Vorrücken der ITC in Zusammenhang gebracht.

159 Alexander Bay

Lage:	Namakwaland, Atlantikküste Südafrikas, Mündung des Oranje	WMO-Nr.:	68406
Koordinaten:	28° 34' S 16° 32' E	Allg. Klima-charakteristik:	Winter mäßig warm, Sommer warm; ganzjährig kaum Regen
Höhe ü.d.M.:	ca. 10 m	Klimatyp:	BWk

		J	F	M	A	M	J	J	A	S	O	N	D	Jahr
Mittlere Temperatur	°C	19,1	18,8	18,3	17,0	15,7	14,8	13,8	13,7	14,5	15,7	17,1	18,2	16,4
Mittl. Max. Temp.	°C	24,3	24,0	24,3	23,5	22,9	21,5	20,6	20,1	20,6	21,5	22,7	23,4	22,5
Mittl. Min. Temp.	°C	15,1	15,1	14,2	12,5	10,6	9,9	8,7	8,9	9,9	11,3	12,9	14,2	11,9
Abs. Max. Temp.	°C	41,9	35,1	42,0	41,3	36,8	33,4	33,5	36,1	41,0	39,5	42,1	39,1	
Abs. Min. Temp.	°C	10,5	8,7	8,1	5,7	4,6	1,9	2,6	2,3	3,7	5,8	7,6	8,6	
Relative Feuchte	%	77	79	78	78	73	70	73	75	75	75	75	77	75
Niederschlag	mm	1	2	2	4	4	8	5	6	3	4	2	2	43
Max. Niederschlag	mm	10	28	15	20	38	47	23	34	26	31	12	16	90
Sonnenscheindauer	h	326	274	282	255	260	235	245	258	258	287	310	320	3309

Klimadaten Alexander Bay (Südafrika). Bezugszeitraum 1961-90, außer max. Niederschlag 1961-80

Der größte Teil Südafrikas erhält entsprechend der Lage im subtropischen Hochdruckgürtel nur geringe Niederschlagsmengen. Im Sommer wird das Hoch über dem Land durch ein flaches Hitzetief unterbrochen, so daß die tropische Ostströmung vom Indischen Ozean auf Südafrika übergreifen kann. An den hoch aufragenden Gebirgen im Osten verliert die landeinwärts strömende Luft allerdings den größten Teil ihrer Feuchtigkeit, so daß die Niederschläge nach Westen hin stark abnehmen. Kimberley erhält noch 415 mm Niederschlag, doch im Norden der Kapprovinz gehen die Werte auf unter 200 mm zurück, und in Alexander Bay an der Atlantikküste werden nur noch 43 mm registriert. Das auf annähernd gleicher Breite am Indischen Ozean gelegene Durban erhält hingegen pro Jahr eine rund 24mal größere Regenmenge.

Im Gegensatz zum größten Teil des Landes fällt der Niederschlag in Alexander Bay im Winter. Dies beruht darauf, daß das sommerliche Hitzetief des Landesinnern sich an der Atlantikküste nicht gegenüber dem Hoch durchsetzen kann. Im Winter hingegen wird die Region bereits von den außertropischen Westwinden erreicht, die – wenn auch in bescheidenem Maße – für Niederschlag sorgen. Es handelt sich also der Genese nach um ein sommertrockenes "Mittelmeerklima", wie es für den westlichen Küstenstreifen Südafrikas bis hin nach Kapstadt typisch ist.

Die geringen Niederschlagsmengen sind dadurch zu erklären, daß die Küste unter dem Einfluß des kalten Benguelastromes steht, dessen Temperaturen durch aufquellendes Tiefenwasser weiter abgesenkt werden und an der Küste nur rund 13 °C erreichen. Landeinwärts strömende Luft kühlt sich über dem kalten Meer bis zum Taupunkt ab, so daß ein Teil des Wasserdampfes bereits über dem Meer durch Kondensation abgegeben wird. Die Erwärmung über dem Land vergrößert die Differenz zum Taupunkt, d.h. die relative Feuchte sinkt unter 100 %, so daß sich kein Niederschlag bilden kann.

Die im Sommer an der Ostseite des südatlantischen Hochs herangeführte Passatluft kommt erst recht nicht als Niederschlagsbringer in Frage, weil sich auf Grund der Abkühlung über dem Wasser die hier sehr niedrig liegende Passatinversion weiter verstärkt. Im übrigen ist die Strömung überwiegend – entsprechend dem Verlauf der Isobaren – von Süden nach Norden, d.h. parallel zur Küste gerichtet. Der daneben auftretende Seewind kann zwar Nebel landeinwärts mitführen, jedoch nur minimalen Niederschlag (Nebelnässen) liefern.

Mit zunehmender Entfernung von der Küste nehmen Sonnenscheindauer und Temperaturen deutlich zu. In Upington (450 km landeinwärts) liegt das Januarmittel um 8,7 K höher als in Alexander Bay (die Julitemperaturen jedoch um 1,9 K niedriger). Auch die Niederschläge erreichen hier schon höhere Werte (188 mm), doch fallen sie nicht in der kühlen Jahreszeit, sondern ganz überwiegend zwischen November und April.

Lage:	Südafrikanische Küste am Indischen Ozean, Kwazulu/Natal	WMO-Nr.:	68588
Koordinaten:	29° 58' S 30° 57' E	Allg. Klimacharakteristik:	Winter mäßig warm, wenig Regen; Sommer sehr warm, Regen
Höhe ü.d.M.:	8 m	Klimatyp:	Cfa

		J	F	M	A	M	J	J	A	S	O	N	D	Jahr
Mittlere Temperatur	°C	24,1	24,3	23,7	21,6	19,1	16,6	16,5	17,7	19,2	20,1	21,4	23,1	20,6
Mittl. Max. Temp.	°C	27,8	28,0	27,7	26,1	24,5	23,0	22,6	22,8	23,3	24,0	25,2	26,9	25,2
Mittl. Min. Temp.	°C	21,1	21,1	20,3	17,4	13,8	10,6	10,5	12,5	15,3	16,8	18,3	20,0	16,5
Abs. Max. Temp.	°C	36,2	33,9	34,8	36,0	33,8	35,7	33,8	35,9	36,9	40,0	33,5	35,9	
Abs. Min. Temp.	°C	14,0	13,3	11,6	8,6	4,9	3,5	2,6	2,6	4,5	8,3	10,3	11,8	
Dampfdruck	hPa	23,9	24,1	23,2	20,0	16,6	13,5	13,4	15,0	17,0	18,2	20,1	22,2	18,9
Relative Feuchte	%	80	80	80	78	76	72	72	75	77	78	79	79	77
Niederschlag	mm	134	113	126	73	59	28	39	62	73	98	108	102	1015
Max. Niederschlag	mm	310	361	397	275	227	139	147	252	402	251	246	233	1284
Sonnenscheindauer	h	184	179	202	206	224	225	230	217	173	169	166	190	2365

Klimadaten Durban (Südafrika). Bezugszeitraum 1961-90

Der nördliche Abschnitt der Küste Natals gehört den Jahresmittelwerten nach zu den wärmsten Regionen Südafrikas. Im Sommer werden nur in den Hitzezentren des Landesinneren geringfügig höhere Werte erreicht. Im Winter hingegen übertrifft der Küstenabschnitt von Durban bis zur Grenze nach Moçambique alle übrigen Regionen Südafrikas. Die Sonnenscheindauer ist allerdings im Vergleich zu vielen anderen Stationen des Landes, wo zwischen 3000 und 3500 Stunden pro Jahr die Regel sind, gering. Besonders groß ist der Unterschied in den Sommermonaten.

Stark beeinflußt wird das feucht-warme und im Sommer heiße Klima durch den Agulhasstrom, der in Fortsetzung des Moçambiquestromes mit großer Beständigkeit längs der afrikanischen Ostküste warmes Wasser aus der Äquatorregion nach Süden führt. Am Rande des südafrikanischen Kontinentalschelfs wird eine Strömungsgeschwindigkeit von 180 km/Tag (8,3 km/h) erreicht. Dabei kann die Strömung die Höhe der von Stürmen der südlichen Breiten erzeugten gegenläufigen Dünung mehr als verdoppeln. Die Mächtigkeit der Dünungswellen, die auch der Schiffahrt gefährlich werden können, zeigt sich noch in den Brandungswellen an der Küste.

Niederschläge fallen während des ganzen Jahres, doch ist eine deutliche Konzentration auf den Sommer und Herbst erkennbar. Regenbringer ist der sehr beständige Passat, der seinen Ursprung im Hoch über dem Indischen Ozean hat und aus Ostsüdost auf die Küste trifft. Der über dem warmen Meer aufgenommene Wasserdampf verleiht der Schicht unterhalb der Passatinversion ihre Feuchtigkeit. An der Küste kommt es als Folge der reibungsbedingten Konvergenz der Strömung bzw. des Aufsteigens der Luft im gebirgigen Hinterland zur Verstärkung der Bewölkung und zu ergiebigen Niederschlägen.

Im Winter ist das Hoch des Indischen Ozeans nach Nordwesten verlagert und greift abgeschwächt oft über das südafrikanische Festland bis zum Atlantik aus. Dadurch kommt auch die Küste Natals in den Einfluß absinkender Luftbewegung, so daß die Niederschlagswahrscheinlichkeit stark abnimmt. Dennoch kann es auch in dieser Zeit zu Niederschlag kommen, da sich Durban schon an der Grenze zum Einflußbereich der außertropischen Westwinde bzw. der Polarluft befindet. An der Polarfront entstehende Zyklonen können an ihrer Rückseite vom Indischen Ozean her Kaltluft nach Norden führen. Da diese Luft über dem auch im Winter noch warmen Agulhasstrom labilisiert wird, ist ein solcher Vorstoß mit kräftiger Wolkenbildung und mit Niederschlag verbunden.

Allerdings sind solche Wetterlagen im Spätherbst und Frühwinter eher selten; in der Hälfte der Jahre bleibt der Niederschlag in der Zeit von Mai bis Juli unter 25 mm/Monat. Erst im September nehmen Bewölkung und Niederschlag wieder deutlich zu.

161 Tunis		J	F	M	A	M	J	J	A	S	O	N	D	Jahr
Mittlere Temperatur	°C	11,5	12,0	13,2	15,6	19,3	23,2	26,3	26,8	24,4	20,4	15,9	12,5	18,4
Mittl. Max. Temp.	°C	15,7	16,5	18,1	20,7	24,9	29,0	32,6	32,7	29,7	25,2	20,5	16,7	23,5
Mittl. Min. Temp.	°C	7,2	7,4	8,3	10,4	13,7	17,3	20,0	20,8	19,0	15,5	11,3	8,2	13,3
Niederschlag	mm	59	57	47	38	23	10	3	7	33	66	56	67	466

36° 50' N 10° 14' E Tunesien 4 m ü.d.M. WMO 60715 1961-90

162 Tanger		J	F	M	A	M	J	J	A	S	O	N	D	Jahr
Mittlere Temperatur	°C	12,5	13,1	14,0	15,2	17,7	20,6	23,5	23,9	22,8	19,7	15,9	13,3	17,7
Mittl. Max. Temp.	°C	16,2	16,8	17,9	19,2	21,9	24,9	28,3	28,6	27,3	23,7	19,6	17,0	21,8
Mittl. Min. Temp.	°C	8,8	9,4	10,1	11,2	13,4	16,2	18,7	19,1	18,3	15,6	12,2	9,7	13,6
Niederschlag	mm	104	99	72	62	37	14	2	3	15	65	135	129	737

35° 44' N 5° 54' W Marokko 21 m ü.d.M. WMO 60101 1961-90

163 Mersa Matruh		J	F	M	A	M	J	J	A	S	O	N	D	Jahr
Mittlere Temperatur	°C	12,9	13,5	15,1	17,6	20,2	23,4	25,0	25,5	24,3	21,6	17,9	14,4	19,3
Mittl. Max. Temp.	°C	17,7	18,5	19,6	22,9	25,3	28,1	28,6	29,5	28,5	26,5	22,8	19,3	23,9
Mittl. Min. Temp.	°C	8,7	8,9	10,4	12,5	15,1	18,6	20,7	21,2	19,9	17,2	13,5	10,4	14,8
Niederschlag	mm	36	19	11	3	2	2	0	1	1	19	18	29	141

31° 20' N 27° 13' E Ägypten 28 m ü.d.M. WMO 62306 1961-90

164 Agadir		J	F	M	A	M	J	J	A	S	O	N	D	Jahr
Mittlere Temperatur	°C	14,1	15,2	16,7	17,0	18,7	20,2	22,0	22,2	21,9	20,3	17,9	14,6	18,4
Mittl. Max. Temp.	°C	20,4	21,0	22,4	21,9	23,2	24,0	26,1	26,1	26,4	25,3	23,5	20,7	23,4
Mittl. Min. Temp.	°C	7,9	9,4	10,9	12,0	14,2	16,4	18,0	18,2	17,3	15,2	12,3	8,5	13,4
Niederschlag	mm	46	42	31	26	4	1	0	0	3	26	53	61	293

30° 23' N 9° 34' W Marokko 23 m ü.d.M. WMO 60250 1961-90

165 Kairo		J	F	M	A	M	J	J	A	S	O	N	D	Jahr
Mittlere Temperatur	°C	13,6	14,9	16,9	21,2	24,5	27,3	27,6	27,4	26,0	23,3	18,9	15,0	21,4
Mittl. Max. Temp.	°C	18,8	20,5	23,4	28,4	32,0	34,2	34,4	33,9	32,6	29,6	24,7	20,2	27,7
Mittl. Min. Temp.	°C	9,0	9,8	11,7	14,7	17,5	20,4	21,7	21,9	20,4	17,9	13,8	10,3	15,8
Niederschlag	mm	7	4	4	2	0	0	0	0	0	1	3	5	26

30° 8' N 31° 24' E Ägypten 74 m ü.d.M. WMO 62366 1961-90

166 Hurghada		J	F	M	A	M	J	J	A	S	O	N	D	Jahr
Mittlere Temperatur	°C	15,7	16,8	19,3	22,8	26,1	28,9	29,7	29,9	28,0	25,2	21,0	17,1	23,4
Mittl. Max. Temp.	°C	21,2	22,2	24,4	27,6	30,5	32,8	33,3	33,4	31,8	29,6	26,1	21,9	27,9
Mittl. Min. Temp.	°C	10,3	11,1	13,9	18,0	21,5	24,6	26,0	26,2	24,0	20,8	15,9	12,6	18,7
Niederschlag	mm	0	0	0	0	0	0	0	0	0	2	2	1	5

27° 14' N 33° 51' E Ägypten ca. 10 m ü.d.M. WMO 62462 1961-90

167 Port Sudan		J	F	M	A	M	J	J	A	S	O	N	D	Jahr
Mittlere Temperatur	°C	23,9	25,5	29,3	31,4	31,7	29,7	27,7	27,3	27,7	28,9	27,7	25,0	28,0
Mittl. Max. Temp.	°C	26,8	27,0	28,8	31,4	35,0	38,5	40,1	40,2	37,4	33,4	30,8	28,8	33,2
Mittl. Min. Temp.	°C	19,7	19,0	19,9	21,6	23,7	25,9	28,2	28,9	26,8	25,3	23,8	21,3	23,7
Niederschlag	mm	7	1	1	2	1	0	4	1	0	14	35	10	76

19° 35' N 37° 13' E Sudan 2 m ü.d.M. WMO 62641 1961-90

168 Kidal		J	F	M	A	M	J	J	A	S	O	N	D	Jahr
Mittlere Temperatur	°C	20,6	23,3	26,7	30,5	34,2	35,1	33,6	32,4	32,5	30,6	25,5	21,5	28,9
Mittl. Max. Temp.	°C	28,4	31,4	34,8	28,5	41,4	41,9	39,9	38,5	39,2	37,9	33,2	29,1	36,2
Mittl. Min. Temp.	°C	12,5	14,8	18,6	22,5	27,2	28,7	27,3	26,4	26,1	23,1	17,7	13,5	21,5
Niederschlag	mm	0	0	0	2	6	13	28	44	18	3	0	0	114

18° 26' N 1° 21' E Mali 459 m ü.d.M. WMO 61214 1961-90

169 St. Louis		J	F	M	A	M	J	J	A	S	O	N	D	Jahr
Mitl. Max. Temp.	°C	30,5	32,2	32,7	31,7	30,3	30,4	30,7	31,5	32,3	33,7	33,4	31,0	31,7
Mittl. Min. Temp.	°C	15,2	16,5	17,4	18,0	19,4	22,4	24,4	25,0	25,1	23,5	19,5	16,4	20,2
Niederschlag	mm	2	2	0	0	0	7	40	94	92	23	0	1	261

16° 3' N 16° 27' W Senegal 4 m ü.d.M. WMO 61600 1961-90

170 Khartoum		J	F	M	A	M	J	J	A	S	O	N	D	Jahr
Mittlere Temperatur	°C	23,2	25,0	28,7	31,9	34,5	34,3	32,1	31,5	32,5	32,4	28,1	24,5	29,9
Mittl. Max. Temp.	°C	30,8	33,0	36,8	40,1	41,9	41,3	38,4	37,3	39,1	39,3	35,2	31,8	37,1
Mittl. Min. Temp.	°C	15,6	17,0	20,5	23,6	27,1	27,3	25,9	25,3	26,0	25,5	21,0	17,1	22,7
Niederschlag	mm	0	0	0	0	4	5	46	75	25	5	1	0	161

15° 36' N 32° 33' E Sudan 380 m ü.d.M. WMO 62721 1961-90

171 Asmara		J	F	M	A	M	J	J	A	S	O	N	D	Jahr
Mittlere Temperatur	°C	13,8	14,9	16,3	17,0	17,6	17,6	16,3	16,1	15,7	14,9	14,0	13,2	15,6
Mittl. Max. Temp.	°C	22,3	23,8	25,1	25,1	25,0	24,9	21,6	21,5	22,9	21,7	21,5	21,5	23,1
Mittl. Min. Temp.	°C	4,3	5,1	7,5	8,7	10,2	10,5	10,8	10,7	8,6	8,1	6,6	4,8	8,0
Niederschlag	mm	4	2	15	33	41	39	175	156	16	15	20	3	519

15° 17' N 38° 55' E Eritrea 2325 m ü.d.M. WMO 63021 1961-90

172 Kayes		J	F	M	A	M	J	J	A	S	O	N	D	Jahr
Mittlere Temperatur	°C	25,4	27,9	30,7	33,3	34,9	32,2	28,8	27,6	28,1	29,5	28,3	25,4	29,3
Mittl. Max. Temp.	°C	33,3	36,6	39,2	41,4	41,7	38,1	33,5	32,0	33,1	36,3	36,7	33,4	36,3
Mittl. Min. Temp.	°C	16,7	19,3	22,3	25,6	28,4	26,6	24,2	23,4	23,3	23,1	20,1	17,1	22,5
Niederschlag	mm	0	0	0	0	12	82	169	198	131	37	2	1	632

14° 26' N 11° 26' W Mali 47 m ü.d.M. WMO 61257 1961-90

173 Bamako		J	F	M	A	M	J	J	A	S	O	N	D	Jahr
Mittlere Temperatur	°C	25,1	27,8	30,2	31,6	31,4	29,1	26,8	26,1	26,6	27,7	26,5	24,8	27,8
Mittl. Max. Temp.	°C	32,7	35,9	37,9	38,7	37,8	34,8	31,6	30,8	31,9	34,4	34,7	32,5	34,5
Mittl. Min. Temp.	°C	17,3	20,0	23,1	25,2	25,3	23,4	22,0	21,6	21,6	21,5	19,2	17,4	21,5
Niederschlag	mm	0	0	2	25	46	121	218	234	165	65	2	0	878

12° 32' N 7° 57' W Mali 381 m ü.d.M. WMO 61291 1961-90

174 Djibouti		J	F	M	A	M	J	J	A	S	O	N	D	Jahr
Mittlere Temperatur	°C	25,1	25,7	27,0	28,7	31,0	34,2	36,4	36,0	33,1	29,3	26,9	25,4	29,9
Mittl. Max. Temp.	°C	28,7	29,0	30,2	32,0	34,9	39,0	41,7	41,2	37,2	33,1	30,8	29,3	33,9
Mittl. Min. Temp.	°C	21,5	22,5	23,8	25,3	27,0	29,3	31,1	30,6	28,9	25,6	23,1	21,6	25,9
Niederschlag	mm	10	19	20	29	17	0	6	6	3	20	22	11	163

11° 33' N 43° 9' E Djibouti 19 m ü.d.M. WMO 63125 1961-90

175 Conakry		J	F	M	A	M	J	J	A	S	O	N	D	Jahr
Mittlere Temperatur	°C	26,1	26,5	27,0	27,4	27,5	26,5	25,5	25,2	25,6	26,3	27,0	26,6	26,4
Mittl. Max. Temp.	°C	32,2	33,1	33,4	33,6	33,2	31,8	30,2	29,9	30,6	30,9	32,0	32,2	31,9
Mittl. Min. Temp.	°C	19,0	20,2	21,2	22,0	20,7	20,2	20,4	20,8	20,7	20,4	21,0	20,1	20,6
Niederschlag	mm	1	1	3	22	137	396	1130	1104	617	295	70	8	3784
Max. Niederschlag	mm	17	13	23	72	328	651	1839	1775	1034	596	208	53	

9° 34' N 13° 37' W Guinea 26 m ü.d.M. WMO 61832 1961-90

176 Parakou		J	F	M	A	M	J	J	A	S	O	N	D	Jahr
Mittlere Temperatur	°C	26,5	28,7	29,6	29,0	27,5	26,1	25,1	24,7	25,0	26,1	26,6	26,1	26,8
Mittl. Max. Temp.	°C	34,1	36,0	36,2	34,9	32,8	30,7	29,2	28,6	29,5	31,5	33,6	33,6	32,6
Mittl. Min. Temp.	°C	18,9	21,3	22,9	23,1	22,2	21,4	21,0	20,8	20,5	20,8	19,7	18,5	20,9
Niederschlag	mm	4	9	39	86	131	172	190	209	206	91	6	7	1150

9° 21' N 2° 37' E Benin 393 m ü.d.M. WMO 65330 1961-90

177 Ngaoundéré		J	F	M	A	M	J	J	A	S	O	N	D	Jahr
Mittlere Temperatur	°C	20,5	22,2	24,1	24,1	23,1	22,1	21,5	21,5	21,7	22,1	20,9	20,4	22,0
Mittl. Max. Temp.	°C	30,1	31,6	32,1	30,6	28,9	27,4	26,2	26,2	27,0	28,5	29,6	30,0	29,0
Mittl. Min. Temp.	°C	10,9	12,8	16,1	17,7	17,4	16,9	16,7	16,8	16,4	15,8	13,6	10,7	15,2
Niederschlag	mm	1	1	39	137	184	227	269	280	237	118	6	0	1499

7° 21' N 13° 34' E Kamerun 1104 m ü.d.M. WMO 64870 1961-90

178 Port Harcourt		J	F	M	A	M	J	J	A	S	O	N	D	Jahr
Mittl. Max. Temp.	°C	32,4	33,4	32,7	32,1	31,3	30,0	28,7	28,7	29,3	30,2	31,2	31,8	31,0
Mittl. Min. Temp.	°C	21,2	22,6	23,2	23,3	23,0	22,6	22,3	22,4	22,3	22,3	22,3	21,3	22,4
Niederschlag	mm	29	62	136	188	235	288	345	302	367	246	76	20	2294

4° 51' N 7° 1' E Nigeria 18 m ü.d.M. WMO 62250 1961-90

179 Douala		J	F	M	A	M	J	J	A	S	O	N	D	Jahr
Mittlere Temperatur	°C	27,5	28,1	27,8	27,6	27,2	26,2	25,1	24,9	25,6	26,1	26,9	27,2	26,7
Mittl. Max. Temp.	°C	31,7	32,3	32,1	31,9	31,2	29,4	27,6	27,3	28,6	29,6	30,6	31,3	30,3
Mittl. Min. Temp.	°C	23,3	23,9	23,5	23,4	23,2	22,9	22,6	22,8	22,7	22,6	23,2	23,2	23,1
Niederschlag	mm	36	64	168	230	272	429	695	755	626	410	134	35	3854

4° 0' N 9° 44' E Kamerun 9 m ü.d.M. WMO 64910 1961-90

180 Bitam		J	F	M	A	M	J	J	A	S	O	N	D	Jahr
Mittlere Temperatur	°C	24,2	25,2	25,2	25,2	24,9	24,3	23,4	23,2	24,1	24,3	24,3	24,3	24,4
Mittl. Max. Temp.	°C	28,4	30,3	30,4	30,3	29,6	28,3	26,9	26,9	28,4	28,7	28,8	28,7	28,8
Mittl. Min. Temp.	°C	20,0	20,1	20,0	20,1	20,2	20,2	19,9	19,4	19,8	19,8	19,7	19,9	19,9
Niederschlag	mm	43	73	175	119	207	132	48	64	229	282	175	60	1607

2° 5' N 11° 29' E Gabun 599 m ü.d.M. WMO 64510 1961-90

181 Nairobi		J	F	M	A	M	J	J	A	S	O	N	D	Jahr
Mittlere Temperatur	°C	18,0	18,8	19,4	19,2	17,8	16,3	15,6	15,9	17,3	18,5	18,4	18,1	17,8
Mittl. Max. Temp.	°C	25,5	26,7	26,8	25,0	23,5	22,5	22,0	22,7	25,0	25,7	24,0	24,4	24,5
Mittl. Min. Temp.	°C	10,5	10,9	12,1	13,4	12,1	10,0	9,2	9,1	9,7	11,3	12,7	11,7	11,1
Niederschlag	mm	58	50	92	242	190	39	18	24	31	61	150	108	1063

1° 18' S 36° 45' E Kenia 1798 m ü.d.M. WMO 63741 1961-90

182 Mombasa		J	F	M	A	M	J	J	A	S	O	N	D	Jahr
Mittlere Temperatur	°C	27,6	28,1	28,3	27,6	26,2	24,8	24,0	24,0	24,7	25,7	26,9	27,4	26,3
Mittl. Max. Temp.	°C	33,2	33,7	33,7	32,5	30,9	29,4	28,7	28,8	29,7	30,5	31,6	32,8	31,3
Mittl. Min. Temp.	°C	22,0	22,5	22,9	22,7	21,6	20,1	19,3	19,3	19,7	20,9	22,1	22,0	21,3
Niederschlag	mm	34	14	56	154	236	88	72	68	67	103	105	76	1073
Max. Niederschlag	mm	195	92	253	407	665	199	205	216	300	328	316	186	

4° 2' S 39° 37' E Kenia 55 m ü.d.M. WMO 63820 1961-90

183 Karonga		J	F	M	A	M	J	J	A	S	O	N	D	Jahr
Mittlere Temperatur	°C	24,9	25,0	24,7	24,6	23,6	22,2	21,7	22,4	24,3	26,4	27,0	25,7	24,4
Mittl. Max. Temp.	°C	29,6	29,6	29,3	29,0	28,7	27,6	27,3	28,3	30,6	32,5	32,4	30,5	29,6
Mittl. Min. Temp.	°C	21,8	21,7	21,5	21,3	19,9	17,9	17,0	17,6	19,4	21,9	23,0	22,4	20,5
Niederschlag	mm	132	120	206	130	19	1	1	0	0	1	39	149	798

9° 57' S 33° 53' E Malawi 529 m ü.d.M. WMO 67423 1961-90

184 Kasama		J	F	M	A	M	J	J	A	S	O	N	D	Jahr
Mittlere Temperatur	°C	19,7	19,9	20,2	20,2	18,9	17,2	17,1	18,9	21,8	23,1	21,6	20,1	19,9
Mittl. Max. Temp.	°C	26,3	26,8	26,8	26,5	26,0	24,9	24,9	26,9	29,8	30,9	28,9	26,7	27,1
Mittl. Min. Temp.	°C	16,1	16,2	16,1	15,2	12,5	9,6	9,3	11,0	13,8	15,9	16,4	16,2	14,0
Niederschlag	mm	285	243	233	91	11	0	0	0	3	23	158	295	1342

10° 13' S 31° 8' E Sambia 1384 m ü.d.M. WMO 67475 1961-91

185 Namibe (Môçamedes)		J	F	M	A	M	J	J	A	S	O	N	D	Jahr
Mittlere Temperatur	°C	23,0	24,7	25,6	24,2	21,1	18,3	17,4	17,9	19,2	20,4	21,9	22,5	21,4
Mittl. Max. Temp.	°C	27,0	28,0	28,9	27,9	25,8	22,4	20,6	20,9	22,4	23,6	25,3	25,9	24,9
Mittl. Min. Temp.	°C	19,1	19,8	20,7	18,7	14,7	12,8	13,0	13,8	14,9	15,9	17,1	17,7	16,5
Niederschlag	mm	8	15	14	7	0	0	0	0	0	1	2	2	49

15° 13' S 12° 9' E Angola 45 m ü.d.M. WMO 66422 1966-90, Niederschlag 1931-60

186 Makanga		J	F	M	A	M	J	J	A	S	O	N	D	Jahr
Mittlere Temperatur	°C	27,3	27,0	26,6	25,4	22,9	20,7	20,6	22,8	25,9	28,2	28,7	27,6	25,3
Mittl. Max. Temp.	°C	33,2	33,3	32,5	31,0	29,9	27,9	27,5	30,3	33,6	35,7	35,8	34,2	32,1
Mittl. Min. Temp.	°C	22,9	22,7	22,1	20,3	17,0	14,3	14,3	15,7	18,8	21,5	22,8	23,3	19,6
Niederschlag	mm	157	127	111	38	15	17	17	7	5	29	61	167	751

16° 31' S 35° 9' E Malawi 58 m ü.d.M. WMO 67797 1961-90

187 Sesheke		J	F	M	A	M	J	J	A	S	O	N	D	Jahr
Mittlere Temperatur	°C	23,9	23,4	23,4	21,7	18,3	15,7	15,3	18,2	22,9	26,1	25,8	23,7	21,5
Mittl. Max. Temp.	°C	30,7	30,2	30,6	29,9	27,9	26,0	26,1	29,1	33,1	34,4	32,7	30,8	30,1
Mittl. Min. Temp.	°C	18,7	18,5	17,3	14,1	8,4	4,6	3,6	6,5	11,3	17,1	18,6	18,8	13,1
Niederschlag	mm	177	166	97	27	2	2	0	0	5	35	80	165	758

17° 28' S 24° 18' E Sambia 951 m ü.d.M. WMO 67741 1961-90, mittl. Temp. 1973-90

188 Harare		J	F	M	A	M	J	J	A	S	O	N	D	Jahr
Mittlere Temperatur	°C	21,0	20,7	20,3	18,8	16,1	13,7	13,4	15,5	18,6	20,8	21,2	20,9	18,4
Mittl. Max. Temp.	°C	26,3	25,8	26,2	25,3	23,4	21,4	21,4	23,7	26,8	28,2	27,4	26,2	25,2
Mittl. Min. Temp.	°C	15,8	15,6	14,5	12,3	8,8	6,1	5,5	7,4	10,5	13,4	15,0	15,7	11,7
Niederschlag	mm	191	144	95	41	10	2	2	2	9	37	101	170	804

17° 55' S 31° 8' E Zimbabwe 1480 m ü.d.M. WMO 67775 1961-90

189 Antananarivo		J	F	M	A	M	J	J	A	S	O	N	D	Jahr
Mittlere Temperatur	°C	20,5	20,7	20,1	19,2	16,8	14,6	14,1	14,5	16,3	18,5	19,7	20,2	17,9
Mittl. Max. Temp.	°C	26,4	26,5	25,9	25,2	23,2	21,1	20,4	21,0	23,6	25,8	26,6	26,4	24,3
Mittl. Min. Temp.	°C	16,6	16,8	16,3	15,0	12,3	10,0	9,5	9,6	10,6	12,9	14,8	16,2	13,4
Niederschlag	mm	274	279	204	65	23	8	11	10	11	76	188	310	1459

18° 48' S 47° 29' E Madagaskar 1276 m ü.d.M. WMO 67083 1961-90

190 Bulawayo (Airport)		J	F	M	A	M	J	J	A	S	O	N	D	Jahr
Mittlere Temperatur	°C	21,8	21,2	20,6	18,7	16,0	13,7	13,8	16,4	19,9	21,6	21,7	21,4	18,9
Mittl. Max. Temp.	°C	28,2	27,5	27,3	25,8	23,8	21,5	21,5	24,3	27,9	29,1	28,7	27,8	26,1
Mittl. Min. Temp.	°C	16,5	16,2	15,3	13,0	9,7	7,3	7,2	9,2	12,3	14,8	15,8	16,2	12,8
Niederschlag	mm	122	101	55	33	7	2	2	1	6	34	83	118	564

20° 1' S 28° 37' E Zimbabwe 1326 m ü.d.M. WMO 67965 1961-90

191 Johannesburg		J	F	M	A	M	J	J	A	S	O	N	D	Jahr
Mittlere Temperatur	°C	19,5	19,0	18,0	15,3	12,6	9,6	10,0	12,5	15,9	17,1	17,9	19,0	15,5
Mittl. Max. Temp.	°C	25,6	25,1	24,1	21,1	18,9	16,1	16,7	19,4	22,8	23,8	24,2	25,2	21,9
Mittl. Min. Temp.	°C	14,7	14,1	13,1	10,3	7,3	4,1	4,1	6,2	9,3	11,2	12,7	13,9	10,1
Niederschlag	mm	125	94	90	54	13	9	4	6	27	76	117	103	718

26° 8' S 28° 14' E Südafrika 1700 m ü.d.M. WMO 68368 1961-90

192 Kapstadt		J	F	M	A	M	J	J	A	S	O	N	D	Jahr
Mittlere Temperatur	°C	20,4	20,4	19,2	16,9	14,4	12,5	11,9	12,4	13,7	15,6	17,9	19,5	16,2
Mittl. Max. Temp.	°C	26,1	26,4	25,4	23,0	20,2	18,1	17,4	17,8	19,2	21,3	23,5	24,9	21,9
Mittl. Min. Temp.	°C	15,7	15,5	14,2	11,9	9,4	7,8	7,0	7,5	8,7	10,6	13,1	14,9	11,4
Niederschlag	mm	14	16	21	41	68	93	83	77	41	33	16	17	520

33° 59' S 18° 36' E Südafrika 44 m ü.d.M. WMO 68816 1961-90

Lage:	Nördliche Pazifikküste von Queensland, Australien	WMO-Nr.:	94287
Koordinaten:	16° 53' S 145° 45' E	Allg. Klimacharakteristik:	Winter warm, wenig Regen; Sommer heiß, regenreich
Höhe ü.d.M.:	7 m	Klimatyp:	Aw

		J	F	M	A	M	J	J	A	S	O	N	D	Jahr
Mittl. Max. Temp.	°C	31,5	31,1	30,4	29,1	27,5	25,8	25,6	26,6	28,0	29,4	30,6	31,3	28,9
Mittl. Min. Temp.	°C	23,6	23,6	23,0	21,6	20,0	17,6	16,9	17,5	18,7	20,6	22,4	23,3	20,7
Abs. Max. Temp.	°C	40,4	38,9	36,6	36,8	31,1	30,0	30,1	31,0	33,9	35,4	37,2	39,4	
Abs. Min. Temp.	°C	19,6	17,9	18,6	15,1	11,0	9,0	7,3	9,7	11,5	12,8	17,5	17,1	
Niederschlag	mm	397	422	449	225	107	50	26	22	33	44	100	190	2065
Sonnenscheindauer	h	208	171	192	192	195	225	223	248	249	267	246	239	2655

Klimadaten Cairns (Australien). Bezugszeitraum 1961-90, außer Sonnenscheindauer (1973-90)

Das tropisch-warme Klima von Cairns ist durch geringe Temperaturgegensätze gekennzeichnet. Erst zwei Monate nach dem Zenitstand der Sonne (11. November) werden die höchsten Temperaturen erreicht. Ein weiteres Ansteigen zum folgenden Zenitstand (3. Februar) wird durch die Zunahme der Bewölkung verhindert.
Regenbringer ist der sommerliche Südostpassat, der von den Hochdruckzellen des Südwestpazifiks ausgeht. Auf Grund der südlichen Lage der ITC, die sich im Januar vom Nordwestkap Australiens bis zum Cape Grenville im Nordosten der Halbinsel York erstreckt, strömt der Passat in dieser Zeit aus fast östlicher Richtung auf die Küste. Da der Küstenverlauf nördlich von Halifax Bay auf meridionale Richtung schwenkt, vergrößert sich der Auftreffwinkel der Strömung. Dies bedeutet, daß auf Grund der Reibungskonvergenz die Niederschlagsmengen in diesem Küstenabschnitt besonders hoch ausfallen. Hinzu kommt, daß die Küste in geringem Abstand von der Great Dividing Range begleitet wird, die hier bis auf Höhen von 1600 m aufragt. Zwischen Tully und Cairns zeigt die Überlagerung dieser beiden Effekte ihre stärkste Auswirkung, so daß hier die höchsten Niederschlagsmengen Australiens erreicht werden.
Wenn die sommerliche ITC (bzw. das Monsuntief) sich außergewöhnlich weit nach Süden verlagert, kann Cairns von äquatorialer Luft aus dem Gebiet der Arafurasee erreicht werden. Kräftige Niederschläge erhält dann die Westseite der Dividing Range, während die Küstenregion um Cairns im Regenschatten liegt.
Zu extrem hohen Niederschlägen kann es in Cairns vor allem zwischen Dezember und Februar beim Durchzug von tropischen Wirbelstürmen kommen. Die Wirbel, die die Küste von Osten erreichen, entstehen meist im Seegebiet zwischen den Salomonen und Fiji. Gelegentlich kommt es aber auch vor, daß sich ein Zyklon über dem Carpentariagolf entwickelt, dann entgegen der allgemeinen Tendenz tropischer Wirbelstürme ostwärts wandert und auf diesem Wege die Pazifikküste von Queensland erreicht.
Der winterliche Passat bringt im allgemeinen kaum Niederschlag. Da die ITC zu dieser Zeit etwa 15° nördlich des Äquators verläuft, weht der Passat auf der Breite von Cairns aus Südsüdost und damit annähernd parallel zur Küste. Auch der zu dieser Zeit über dem Kontinent herrschende hohe Luftdruck verhindert ein Übergreifen des Passats auf das Festland. Deshalb kommt es im Winter nur an besonders exponierten Hängen der steil ansteigenden, aber durch Erosion aufgelösten Bruchstufe im Osten des Berglandes zu ergiebigen Niederschlägen.
Das immerfeuchte Tropenklima ist auf die tieferen Lagen beschränkt und bildet die Grundlage für das einzige Vorkommen tropischen Regenwaldes in Australien. Es handelt sich hierbei um ein kleines Areal, das seit Erschließung des Landes durch Europäer stark reduziert wurde und heute noch etwa 17000 km² (ein Viertel der früheren Fläche) umfaßt. Der Regenwald, der sich durch außerordentlich großen Artenreichtum auszeichnet, wurde mittlerweile weitgehend unter Schutz gestellt. Einzelne Abschnitte wurden durch technische Einrichtungen wie Seilbahn und Hängewege für den Tourismus, wie er sich um Cairns in gewaltigen Dimensionen ausgeweitet hat, erschlossen.

194 Cobar

Lage:	Südostaustralien, 600 km westlich der Pazifikküste	WMO-Nr.:	94711
Koordinaten:	31° 29' S 145° 49' E	Allg. Klimacharakteristik:	Winter mild; Sommer heiß; ganzjährig mäßig Regen
Höhe ü.d.M.:	265 m	Klimatyp:	BSh

		J	F	M	A	M	J	J	A	S	O	N	D	Jahr
Mittl. Max. Temp.	°C	33,5	33,3	29,9	24,9	19,7	16,2	15,5	17,5	21,3	25,7	29,2	32,5	24,9
Mittl. Min. Temp.	°C	20,1	20,0	17,2	12,9	9,1	5,9	4,9	6,2	8,8	12,4	15,6	18,6	12,6
Abs. Max. Temp.	°C	46,0	42,8	40,1	36,0	29,5	25,6	25,7	29,7	35,9	39,4	42,6	43,2	
Abs. Min. Temp.	°C	10,3	9,6	6,2	3,2	0,4	-2,0	-2,0	-1,8	-0,1	2,9	4,4	9,1	
Niederschlag	mm	50	32	42	33	37	26	30	33	23	36	32	38	412
Sonnenscheindauer	h	338	302	285	258	214	195	211	245	270	304	312	341	3275

Klimadaten Cobar (Australien). Bezugszeitraum 1961-90, außer Sonnenscheindauer (1978-90)

Für das Klima Australiens wird oft Trockenheit als charakteristisches Kennzeichen herausgestellt. Tatsächlich aber ist die Niederschlagsarmut in weiten Teilen des Landes auf die Lage im südlichen der beiden großen Trockengürtel der Erde zurückzuführen. Bei einem Vergleich mit anderen Regionen entsprechender Lage zeigt sich, daß die Regenmengen in den Trockengebieten Australiens nicht extrem niedrig sind. Dies gilt auch für Cobar, das auf gleicher geographischer Breite wie die Nordasahara und der Irak liegt.

Die Niederschläge im Gebiet von Cobar weisen ein leichtes Maximum im Sommer auf, wie es für den Osten Australiens kennzeichnend ist. Während der Südostpassat an der Küste zwischen Sydney und Coffs Harbour zwischen 1300 und 1700 mm Jahresniederschlag bringt (Maximum im Sommer und Herbst), erhält das Gebiet westlich der Great Dividing Range nur noch knapp ein Drittel davon. Wenn das Gebirge auch eine deutliche Klimascheide bildet, so verhindert es doch nicht das Vordringen feuchter Luft ins Binnenland. Dies wird begünstigt durch die weit vorgedrungene ITC, die in dieser Zeit über dem Norden des Kontinents liegt. Hinzu kommen wandernde Hochs großer vertikaler Mächtigkeit, die Australien von Westen nach Osten queren. Im Sommer bewegen sich ihre Zentren auf etwa 42 ° südlicher Breite. An ihrer Nordseite wirken die Hochs verstärkend auf die Ostströmung, so daß zu dieser Zeit Passatluft vom Pazifik weit ins Land geführt wird.

Auslöser für die Niederschläge im Gebiet um Cobar ist die starke Konvektion über der sommerlich aufgeheizten Landfläche. Immerhin liegen die mittleren Maxima der drei Sommermonate in Cobar bei 33 °C und damit höher als an vielen Orten des tropischen Nordens.

Im Winter kommen weder Südostpassat noch lokale Konvektion als Regenbringer in Frage. Da zu dieser Zeit die Hochdruckzellen auf einer nordwärts verlagerten Bahn den Kontinent queren, herrscht in Cobar häufig hoher Luftdruck. Regenbringer sind in dieser Zeit Fronten, die zwischen den einzelnen Hochs entstehen. An ihnen treffen kontinentale Tropikluft (an der Rückseite des abziehenden Hochs) und maritime Polarluft (an der Vorderseite des folgenden Hochs von Süden herangeführt) aufeinander. Auf Grund der geringen Feuchte der beteiligten Luftmassen sind die Niederschlagsmengen allerdings gering. Der Wechsel der Luftströmungen zwischen den Hochs ist in der Regel mit deutlicher Änderung der Temperatur verbunden.

Anzahl, Intensität und Verlagerungsgeschwindigkeit der Hochs bestimmen, in welchem Maße der Winter durch antizyklonale Witterung bestimmt wird. Für Hochdrucklagen charakteristisch sind hohe Sonnenscheindauer, entsprechend starke Erwärmung während des Tages und kräftige Abkühlung während der Nacht (gelegentlich bis unter den Gefrierpunkt) sowie ausgeprägte Trokkenheit. Wenn ein Hoch für längere Zeit stationär bleibt, kann der Regen wochenlang ausbleiben.

So lag 1997 der Luftdruck im Mittel der drei Monate Juni, Juli und August bei über 1025 hPa, während der Dampfdruck auf unter 8 hPa zurückging. Die gesamte Niederschlagsmenge innerhalb der drei Monate betrug nur 25 mm, während im Jahr zuvor allein im Juli bei relativ niedrigem Luftdruck (Mittel 1016,2 hPa) 54 mm Niederschlag registriert worden waren.

Lage:	Esperance Bay, Südküste Westaustraliens	WMO-Nr.:	94638
Koordinaten:	33° 49' S 121° 53' E	Allg. Klimacharakteristik:	Winter mäßig warm, Regen; Sommer warm, wenig Regen
Höhe ü.d.M.:	26 m	Klimatyp:	Csb

		J	F	M	A	M	J	J	A	S	O	N	D	Jahr
Mittl. Max. Temp.	°C	25,8	25,3	24,9	22,8	20,4	18,5	17,1	17,7	19,5	21,0	22,7	23,9	21,6
Mittl. Min. Temp.	°C	16,1	16,3	15,2	13,1	10,3	9,0	7,8	7,5	9,0	10,7	12,7	14,5	11,9
Abs. Max. Temp.	°C	44,7	44,3	42,5	40,1	34,5	26,3	27,6	29,4	34,4	40,9	42,1	44,4	
Abs. Min. Temp.	°C	8,3	8,0	7,5	5,7	2,9	2,2	2,3	2,5	2,7	3,6	5,8	7,2	
Niederschlag	mm	15	27	24	49	81	83	101	85	53	51	36	17	622
Tage mit ≥ 1 mm N		6	5	8	11	14	16	18	17	14	13	10	6	138

Klimadaten Esperance (Australien). Bezugszeitraum 1965-90, außer abs. Max./Min. (1969-90)

Charakteristisch für das Klima im Gebiet um Esperance ist der mittags einsetzende Seewind, der zu einem spürbaren Rückgang der Temperatur führt. Die um 15 Uhr gemessenen Temperaturen liegen im Sommer um 2,5 bis 3 K unter den Tageshöchstwerten. Im Winter ist dieser Effekt weniger stark ausgeprägt. Der als Folge der stärkeren Erwärmung des Festlandes auftretende Seewind ist an der gesamten Südwestküste Australiens eine bekannte Erscheinung. Er wird allgemein als "Doctor Breeze" bezeichnet oder trägt auf den jeweiligen Ort hinweisende Namen wie "Esperance Doctor". Die Bezeichnung "Doctor" soll auf die bei sommerlicher Hitze erfrischende Wirkung des Windes zurückgehen.

Auffällig sind die niedrigen absoluten Minima im Winter, die erheblich unter der Oberflächentemperatur des Meeres (um 12°C) liegen. Dies deutet darauf hin, daß es gelegentlich zum Vorstoß von Kaltluft aus antarktischen Breiten kommt. Im Sommer kann kontinentale Tropikluft aus dem Inneren Australiens die Temperaturen auf über 40 °C ansteigen lassen. Dies ist im Mittel allerdings nur an zwei bis drei Tagen des Jahres der Fall, während 35 °C immerhin an elf Tagen überschritten werden.

Wie hiermit bereits angedeutet, wird die Region um Esperance wechselnd von maritimer Polarluft und kontinentaler Tropikluft beeinflußt. Maritime Tropikluft, wie sie die nördliche Westküste Australiens häufig prägt und gelegentlich auch noch Perth erreicht, spielt jenseits der Darling Range keine Rolle mehr. Welche Luftmasse wetterwirksam ist, hängt von der Lage und Intensität der Antizyklonen ab, die ganzjährig annähernd parallel zur Küste ostwärts ziehen. Sie entstammen dem Subtropenhoch über dem Südindik und sind wie dementsprechend warm und hochreichend. Etwa 40 Hochs queren Australien jährlich, wobei für einen bestimmten Ort der Durchzug eines Hochs im Mittel jeweils einige Tage bis zu einer Woche dauert. Gelegentlich kann eine Hochdrucklage aber auch längere Zeit andauern.

Im Juli nehmen die Hochs ihre nördlichste Lage, wobei ihre Zentren sich etwa längs des 30. Breitenkreises verlagern, so daß Esperance in der Regel noch voll von den Hochs erfaßt wird. Dies schlägt sich deutlich in den Mittelwerten des Luftdrucks nieder, die im Winter 1019 hPa, im Sommer jedoch nur 1015 hPa erreichen. Trotz der deutlich ausgeprägten Hochs ist der Winter für Esperance die regenreiche Zeit. Dies hängt damit zusammen, daß sich in den Tiefdrucktrögen, die zwischen zwei Hochs liegen, Fronten (inter-anticyclonic fronts) bilden. Sie entstehen, weil auf der Rückseite des vorangehenden Hochs in einer nördlichen Strömung Warmluft, auf der Vorderseite des folgenden Hochs hingegen Kaltluft von Süden mitgeführt wird. Unter Mitwirkung des Subtropenjets bilden sich kleine Tiefs, die entlang der Front nach Südosten wandern. Diese Fronten bzw. die Tiefs sind die Regenbringer des Winters.

Im Sommer, wenn die Bahn der Hochs um etwa acht Breitengrade südlicher verläuft, liegt Esperance hingegen am nördlichen Rand der Hochs, so daß sich die Vorgänge in den Tiefdrucktrögen kaum noch auf die Witterung auswirken. Die Statistik verzeichnet für diese Zeit zwar rund sechs Niederschlagstage je Monat, doch ist die Ergiebigkeit der Regenfälle – von einzelnen Gewitterregen abgesehen – gering.

196 Darwin		J	F	M	A	M	J	J	A	S	O	N	D	Jahr
Mittl. Max. Temp.	°C	31,8	31,4	31,8	32,9	32,1	30,6	30,5	31,3	32,6	33,3	33,3	32,8	32,0
Mittl. Min. Temp.	°C	24,8	24,7	24,5	24,1	22,3	19,9	19,2	20,7	23,2	25,0	25,5	25,5	23,3
Abs. Max. Temp.	°C	35,6	36,0	35,7	36,0	35,3	34,5	34,5	37,0	37,7	38,9	37,0	37,0	
Abs. Min. Temp.	°C	20,2	20,0	20,2	18,3	13,8	12,1	10,8	13,2	16,7	19,0	20,2	19,8	
Niederschlag	mm	437	343	342	85	29	2	1	8	19	76	131	234	1707

12° 24' S 130° 52' E Nordaustralien 30 m ü.d.M. WMO 94120 1961-70, abs. Min./Max. 1961-90

197 Broome		J	F	M	A	M	J	J	A	S	O	N	D	Jahr
Mittl. Max. Temp.	°C	33,2	32,9	33,8	34,3	31,6	29,3	28,8	30,0	31,9	32,9	33,6	33,9	32,2
Mittl. Min. Temp.	°C	26,2	25,9	25,4	22,3	18,4	14,9	13,4	14,8	18,4	22,3	25,2	26,5	21,1
Niederschlag	mm	204	164	105	19	24	16	3	2	2	2	9	48	598

17° 57' S 122° 13' E Westaustralien 9 m ü.d.M. WMO 94203 1961-90

198 Halls Creek		J	F	M	A	M	J	J	A	S	O	N	D	Jahr
Mittl. Max. Temp.	°C	36,6	35,7	35,2	33,6	30,0	27,2	27,0	29,9	33,7	37,1	38,4	38,2	33,6
Mittl. Min. Temp.	°C	24,2	23,7	22,7	20,2	17,1	13,5	12,5	14,9	19,0	22,7	24,5	24,7	20,0
Niederschlag	mm	150	122	89	22	13	4	5	2	6	16	35	73	537

18° 13' S 127° 39' E Westaustralien 424 m ü.d.M. WMO 94212 1961-90

199 Alice Springs		J	F	M	A	M	J	J	A	S	O	N	D	Jahr
Mittl. Max. Temp.	°C	36,2	35,1	32,4	27,9	22,9	19,9	19,5	22,4	26,6	30,9	33,7	35,6	28,6
Mittl. Min. Temp.	°C	21,3	20,6	17,5	12,5	8,3	4,9	3,7	6,0	9,9	14,7	17,8	20,0	13,1
Niederschlag	mm	42	37	52	17	18	14	16	12	11	19	27	36	301

23° 48' S 133° 53' E Nordterritorium 547 m ü.d.M. WMO 94326 1961-90

200 Geraldton		J	F	M	A	M	J	J	A	S	O	N	D	Jahr
Mittl. Max. Temp.	°C	32,0	32,9	31,1	27,4	23,9	20,7	19,4	19,9	22,0	24,6	27,1	29,7	25,9
Mittl. Min. Temp.	°C	18,4	19,3	17,9	15,3	12,7	11,0	9,4	8,9	9,2	10,9	13,8	16,2	13,6
Niederschlag	mm	7	14	19	25	75	112	88	67	32	20	12	5	476

28° 47' S 114° 42' E Westaustralien 34 m ü.d.M. WMO 94403 1961-90

201 Sydney (Airport)		J	F	M	A	M	J	J	A	S	O	N	D	Jahr
Mittl. Max. Temp.	°C	26,4	26,4	25,3	23,0	20,0	17,4	16,9	18,1	20,4	22,4	24,0	26,0	22,2
Mittl. Min. Temp.	°C	18,6	18,8	17,2	14,1	10,6	8,1	6,6	7,7	10,0	13,1	15,2	17,5	13,1
Niederschlag	mm	116	113	148	121	88	128	54	90	60	79	101	81	1179

33° 57' S 151° 11' E Neusüdwales 3 m ü.d.M. WMO 94767 1961-90

202 Mildura		J	F	M	A	M	J	J	A	S	O	N	D	Jahr
Mittl. Max. Temp.	°C	31,8	31,7	28,3	23,5	18,9	15,8	15,4	17,1	20,1	23,9	27,5	30,1	23,7
Mittl. Min. Temp.	°C	16,5	16,4	14,0	10,5	7,7	5,0	4,4	5,4	7,4	9,9	12,6	14,9	10,4
Niederschlag	mm	22	16	21	24	28	22	26	29	28	28	22	22	288

34° 13' S 142° 5' E Victoria 52 m ü.d.M. WMO 94693 1961-90

203 Adelaide		J	F	M	A	M	J	J	A	S	O	N	D	Jahr
Mittl. Max. Temp.	°C	27,9	28,0	25,6	22,2	18,5	15,9	14,9	15,8	18,0	21,0	23,8	25,8	21,5
Mittl. Min. Temp.	°C	15,6	15,8	14,3	11,8	9,6	7,4	7,0	7,5	8,8	10,5	12,5	14,4	11,3
Niederschlag	mm	19	20	22	38	57	50	67	51	41	37	23	25	450

34° 56' S 138° 31' E Südaustralien 4 m ü.d.M. WMO 94672 1961-90

204 Hobart		J	F	M	A	M	J	J	A	S	O	N	D	Jahr
Mittl. Max. Temp.	°C	21,8	21,8	20,2	17,8	14,7	12,3	11,9	13,2	15,2	17,2	18,5	20,0	17,1
Mittl. Min. Temp.	°C	12,3	12,5	11,4	9,6	7,2	5,2	4,6	5,4	6,7	8,1	9,7	11,1	8,7
Niederschlag	mm	41	39	45	44	46	37	60	60	50	58	53	54	587

42° 50' S 147° 29' E Tasmanien 27 m ü.d.M. WMO 94970 1961-90

Lage:	Südküste Alaskas, am Nebenfjord des Cook Inlets	WMO-Nr.:	70273
Koordinaten:	61° 10' N 150° 1' W	Allg. Klimacharakteristik:	Winter kalt und trocken; Sommer mäßig warm mit Regen
Höhe ü.d.M.:	40 m	Klimatyp:	Dfc

		J	F	M	A	M	J	J	A	S	O	N	D	Jahr
Mittlere Temperatur	°C	-9,5	-7,4	-3,5	2,1	8,1	12,4	14,7	13,5	9,1	1,4	-6,0	-8,7	2,2
Mittl. Max. Temp.	°C	-5,9	-3,4	0,6	6,0	12,4	16,4	18,4	17,2	12,9	4,7	-2,7	-5,3	5,9
Mittl. Min. Temp.	°C	-13,1	-11,4	-7,7	-1,9	3,8	8,4	10,9	9,7	5,3	-1,8	-9,4	-12,2	-1,6
Abs. Max. Temp.	°C	10,0	8,9	10,6	18,3	25,0	29,4	27,8	27,8	21,7	16,1	11,7	8,3	
Abs. Min. Temp.	°C	-36,7	-30,6	-31,1	-20,0	-8,3	0,6	2,2	-0,6	-3,9	-19,4	-26,1	-34,4	
Relative Feuchte	%	73	71	66	64	62	66	71	75	76	75	77	77	71
Niederschlag	mm	20	20	18	17	19	29	43	62	69	52	28	28	405
Tage mit ≥ 1 mm N		5	5	5	4	4	6	8	10	11	9	6	7	80
Sonnenscheindauer	h	83	120	196	235	289	275	250	204	160	117	80	52	2061

Klimadaten Anchorage (Alaska, USA). Bezugszeitraum 1961-1990

Die südliche Küstenregion Alaskas kann insgesamt als klimatisch begünstigt bezeichnet werden. Dies zeigt ein Vergleich mit anderen Stationen gleicher Breitenlage in Nordamerika. Noch günstiger fällt der Vergleich aus, wenn man die Küstenregion mit den im Binnenland gelegenen Stationen Alaskas vergleicht. Durchweg sinken an der Küste in keinem Monat des Jahres die Mittelwerte auf weniger als -3 °C, so daß der Küstenstreifen nach der Köppenschen Klassifikation der gemäßigten Zone zugerechnet wird.

Klimastation	Geogr. Breite	Temperatur Jahresamplitude (K)	Temperatur Jahresmittelwert (°C)	Niederschlag Jahressumme (mm)
Fairbanks	64° 49'	40,3	-2,9	277
Anchorage	61° 10'	24,3	2,2	409
Homer	59° 38'	17,1	3,0	646
Kodiak	57° 45'	14,1	4,9	1717

Temperatur und Niederschlag in Alaska. Nord-Süd-Profil auf etwa 150° westl. Länge

Landeinwärts nimmt allerdings der mildernde Einfluß des Meeres rasch ab. Die winterlichen Temperaturen erreichen bereits am inneren Ende der Fjorde Werte um –10 °C, und die Niederschlagsmengen sinken deutlich, vor allem im Lee hoher Gebirgsketten. Dies trifft auch für Anchorage zu, das etwa 200 km vom offenen Meer entfernt am Nebenfjord des Cook Inlets liegt, doch kann auch dieses Gebiet noch als klimatisch begünstigt angesehen werden. Erst nördlich der über 6000 m hoch aufragenden Alaskakette beginnt das kontinentale Borealklima mit seinen extremen Temperaturgegensätzen, wie es für den größten Teil des Landes charakteristisch ist. Den Gegensatz zwischen ozeanisch geprägtem Küstensaum und kontinentalem Landesinneren verdeutlicht die kleine Tabelle.

Die relativ milden Temperaturen ermöglichen im Süden Alaskas in bescheidenem Umfang sogar noch Ackerbau. Für das Matanuska-Tal, nordöstlich von Anchorage gelegen, wurde bereits in den 30er Jahren die agrarische Erschließung projektiert. Tatsächlich umgesetzt wurden die Planungen jedoch erst seit den 40er Jahren. Geradezu Berühmtheit erlangt haben die riesigen Kohlköpfe, die hier dank des hohen Strahlungsgewinns während des Sommers gedeihen. Hinsichtlich der durchschnittlichen Sonnenscheindauer übertrifft auch Anchorage von April bis Juli fast jede mitteleuropäische Region.

Wie in vielen Gebieten der hohen Breiten zeichnet sich auch in Alaska die Periode 1961-90 gegenüber der vorangehenden 30-Jahres-Periode durch höhere Temperaturen aus. Die Abweichung beträgt im Jahresmittel nur 0,4 K, im Dezember und Januar jedoch 1,1 K bzw. 1,4 K. Ob sich hier ein längerfristiger Trend zu weniger strengen Wintern abzeichnet, läßt sich derzeit noch nicht sagen.

Lage:	Südosten Alaskas, am nördlichen Übergang des "Panhandles"	WMO-Nr.:	70361
Koordinaten:	59° 31' N 139° 40' W	Allg. Klimacharakteristik:	Winter mäßig kalt; Sommer mild; ständig sehr hohe Niederschläge
Höhe ü.d.M.:	9 m	Klimatyp:	Dfc

		J	F	M	A	M	J	J	A	S	O	N	D	Jahr
Mittlere Temperatur	°C	-3,8	-2,2	-0,6	2,4	6,3	9,7	12,0	11,8	9,0	4,9	-0,4	-2,7	3,9
Mittl. Max. Temp.	°C	-0,3	1,7	3,4	6,4	10,0	13,1	15,2	15,4	12,9	8,4	2,9	0,6	7,5
Mittl. Min. Temp.	°C	-7,4	-6,1	-4,6	-1,6	2,5	6,3	8,8	8,1	5,0	1,5	-3,8	-6,1	0,2
Abs. Max. Temp.	°C	12,8	12,2	15,0	20,0	26,1	27,2	28,3	28,9	21,7	17,2	12,8	10,6	
Abs. Min. Temp.	°C	-29,4	-28,9	-28,9	-15,0	-6,1	-1,7	1,7	-1,7	-6,1	-14,4	-21,1	-31,1	
Niederschlag	mm	309	271	272	252	245	185	208	293	474	583	369	380	3841
Tage mit ≥ 1 mm N		18	17	18	17	17	15	15	16	19	23	19	19	213
Max. Niederschlag	mm	808	816	694	486	481	466	433	684	1228	1240	1085	894	
Min. Niederschlag	mm	61	5	66	49	97	47	47	62	62	319	82	96	

Klimadaten Yakutat (Alaska, USA). Bezugszeitraum 1961-90

Die höchsten Niederschlagswerte Nordamerikas werden in einem schmalen Streifen längs der Pazifikküste zwischen 45. und 60. Breitenkreis registriert. Mehr als 3000 mm Jahresniederschlag werden fast regelmäßig von den Klimastationen Annette Island, Ethelda Bay und Yakutat gemeldet. Den Rekord hält wohl Henderson Lake auf Vancouver Island, wo im Jahr 1931 ein Niederschlag von 8222 mm gemessen wurde.
Generell nehmen die Niederschlagsmengen an der Pazifikküste nach Norden hin ab, doch treten auch hier in Abhängigkeit vom Relief beträchtliche Unterschiede auf. Während beispielsweise Juneau, die durch vorgelagerte Inseln gegen das offene Meer geschützte Hauptstadt Alaskas, im Mittel nur 1379 mm Niederschlag pro Jahr erhält, verzeichnet die unmittelbar am Meer gelegene Klimastation Yakutat, deren Hinterland im Norden und Osten von den bis 5000 m hohen Elias Mountains umrahmt wird, einen Mittelwert von 3841 mm. Allerdings können von Jahr zu Jahr beträchtliche Schwankungen auftreten. In einzelnen Monaten wurden über 1000 mm Niederschlag gemessen. Trockenperioden, die zu Monatssummen von unter 50 mm führen, sind nur vereinzelt registriert worden.
Die Niederschläge fallen zum großen Teil als Schnee. Deshalb gehören die Gletscher des Küstengebirges nicht nur zu den längsten Nordamerikas, sondern weisen auch einen ungewöhnlich starken Umsatz und ein entsprechend rasches Abfließen des Eises auf.

Von bestimmenden Einfluß für das Wettergeschehen an der pazifischen Küste ist die Lage in der Zone größter meridionaler Temperatur- und Druckgegensätze, polare Frontalzone genannt. Im Sommer verläuft sie relativ weit im Norden und ist nur schwach ausgeprägt. Im Winter ist sie als Folge der extrem niedrigen Temperaturen der Arktis schärfer ausgeprägt und nach Süden verdrängt. Mit der Frontalzone verlagern sich auch die Höhenströmung in der Westwindzone und die von ihr gesteuerten Tiefs, deren Intensität von der Ausprägung der Fronten abhängt.
Ein Gebiet nahezu ständig tiefen Luftdrucks befindet sich südlich der Aleuten (Aleutentief). Dem Druckgefälle zum nordpazifischen Hoch entsprechend werden Luftmassen aus westlichen Richtungen auf den amerikanischen Kontinent geführt. Sie sind relativ mild und feucht, weil sie von einem Ausläufer des warmen Kuroschiostroms beeinflußt werden, der bis an die Küsten Südalaskas reicht. Die Temperaturanomalie des Meeres trägt mit zu den hohen Niederschlagsmengen von Yakutat bei.
Die thermische Begünstigung der Küstenregion macht sich vor allem im Winter bemerkbar, wie ein Vergleich mit Stationen gleicher Breitenlage an der nordamerikanischen Atlantikküste zeigt. Die Wintertemperaturen liegen dort um 20 K, die Sommertemperaturen noch um 5 K niedriger als in Yakutat. Hier zeigt sich sehr deutlich der auch in anderen Kontinenten zu beobachtende Gegensatz zwischen West- und Ostküstenklima.

Lage:	Kanada, im Nordosten Manitobas an der Westküste der Hudsonbai	WMO-Nr.:	71913
Koordinaten:	58° 44' N 94 ° 5' W	Allg. Klima-charakteristik:	Winter sehr kalt und lang; Sommer mild und feucht
Höhe ü.d.M.:	29 m	Klimatyp:	Dfc

		J	F	M	A	M	J	J	A	S	O	N	D	Jahr
Mittlere Temperatur	°C	-26,9	-25,4	-20,2	-10,0	-1,1	6,1	11,8	11,3	5,5	-1,4	-12,5	-22,7	-7,1
Mittl. Max. Temp.	°C	-22,9	-21,2	-15,3	-5,2	2,7	10,9	16,9	15,6	8,8	1,4	-8,8	-18,8	-3,0
Mittl. Min. Temp.	°C	-30,9	-29,8	-25,3	-14,8	-5,1	1,4	6,8	6,9	2,3	-4,3	-16,3	-26,8	-11,3
Abs. Max. Temp.	°C	1,7	19,4	6,4	28,2	27,7	32,2	33,9	32,8	27,8	20,6	7,2	3,0	
Abs. Min. Temp.	°C	-45,0	-45,4	-43,9	-33,3	-25,2	-9,4	-2,2	-2,2	-11,7	-24,4	-36,1	-41,8	
Relative Feuchte	%	67	68	71	78	81	79	77	79	80	83	80	72	76
Niederschlag	mm	17	13	18	23	31	45	51	61	53	47	36	20	415
Sonnenscheindauer	h	79	123	183	206	199	243	280	235	110	59	54	52	1821
Wind	m/s	6,7	6,4	6,1	6,1	5,8	5,3	5,0	5,3	6,1	6,7	6,7	6,1	6,0

Klimadaten Churchill (Kanada). Bezugszeitraum 1961-1990, außer relative Feuchte

Das Klima im Gebiet um Churchill wird in starkem Maße durch die Hudsonbai bestimmt. Sie wird oft als "Eiskeller Nordamerikas" bezeichnet, weil sie mit ihren niedrigen Temperaturen das Klima in großen Teilen des östlichen Kanadas und der USA beeinflußt. Auf Klimakarten findet dies seinen Niederschlag in der markanten Ausbuchtung der Isothermen, der Permafrostgrenze und der Waldgrenze nach Süden.

Im Winter ist der größte Teil der Hudsonbai zugefroren; an der Küste treibt der Wind die Eisschollen zu Packeis zusammen. Die auch im Sommer niedrige Wassertemperatur trägt entscheidend dazu bei, daß Churchill gegenüber meerfernen Stationen Kanadas gleicher Breitenlage im Juli eine um etwa 5 K niedrigere Temperatur zu verzeichnen hat.

Die gesamte Küstenregion der Hudsonbai ist noch von Permafrost geprägt. Das zusammenhängende Verbreitungsgebiet stößt an der Bai bis etwa 54° nördl. Breite vor und erreicht hier seine polfernste Lage. Ursache der Bodengefrornis sind die im Jahresmittel weit unter dem Gefrierpunkt liegenden Temperaturen. Die Wärmeverluste des Untergrundes sind besonders hoch, weil die Schneedecke in der Regel dünn ist und der geringe Wasserdampfgehalt der Luft die Abkühlung durch Ausstrahlung begünstigt. Im Sommer taut der Boden nur an der Oberfläche (in der Regel weniger als 1 m) auf.

Die Auswirkungen der niedrigen Temperaturen auf den Menschen werden verstärkt durch den kräftigen Wind, der ganzjährig meist aus Norden oder Nordwesten weht. Er verhindert, daß sich an der Haut wärmere Luftpolster bilden, so daß die Belastung des Körpers durch Kälte erheblich gesteigert wird (Chill-Effekt). So entspricht bei einer Windgeschwindigkeit von 9 m/s ("frische Brise") die im Winter für Churchill charakteristische Tagestemperatur von -25 °C der Belastung, wie sie bei -50 °C herrscht.

Das häufige Wirksamwerden des Chill-Effekts trägt entscheidend dazu bei, daß das Klima von Churchill nach den Kriterien der verschiedenen "bioklimatischen Indizes" als besonders belastend eingestuft wird. Auf der 100-Prozent-Skala des in Kanada entwickelten "Climate severity index" erhält Churchill den Wert 82 (zum Vergleich: Vancouver hat den Wert 19).

Die Niederschlagsmengen sind im Winter auf Grund des geringen Gehalts der Luft an Wasserdampf minimal. Lediglich im Sommer, wenn die Verdunstung von der auftauenden Oberschicht des Bodens zur Anreicherung der Luft mit Wasserdampf beiträgt, werden höhere Niederschlagssummen erreicht. Die Schneefallmenge schwankt zwischen 150 cm und 200 cm pro Jahr und liegt damit deutlich unter den Werten, die an der Pazifikküste registriert werden.

Zwischen Mai und August ist relativ häufig – im Durchschnitt an sechs Tagen im Monat – mit dichtem Nebel zu rechnen. Er entsteht, wenn relativ warme und feuchte Luft über dem kalten Wasser der Hudsonbai abgekühlt wird.

Lage:	Nordwestliches Alberta, östliches Vorland der Rocky Mountains	WMO-Nr.:	71068
Koordinaten:	56° 14' N 117° 26' W	Allg. Klimacharakteristik:	Winter streng; Sommer mäßig warm und feucht
Höhe ü.d.M.:	571 m	Klimatyp:	Dfc

		J	F	M	A	M	J	J	A	S	O	N	D	Jahr
Mittlere Temperatur	°C	-17,5	-13,3	-7,2	3,0	9,9	14,1	15,9	14,6	9,2	3,4	-8,5	-15,2	0,7
Mittl. Max. Temp.	°C	-12,2	-7,6	-1,1	9,1	16,8	20,7	22,4	21,2	15,4	8,9	-3,8	-10,1	6,6
Mittl. Min. Temp.	°C	-22,2	-19,1	-13,3	-3,3	3,0	7,4	9,4	8,0	3,0	-2,2	-13,3	-20,4	-5,3
Abs. Max. Temp.	°C	10,0	9,4	15,0	29,3	32,8	33,3	36,7	36,7	32,8	25,6	18,9	9,4	
Abs. Min. Temp.	°C	-49,4	-46,7	-40,6	-38,9	-10,0	-4,4	1,1	-2,3	-15,6	-30,0	-42,2	-46,7	
Niederschlag	mm	23	19	15	16	32	63	62	51	40	24	23	20	388

Klimadaten Peace River (Alberta, Kanada). Bezugszeitraum 1961-90 außer absolute Maxima (1944-90) und absolute Minima (1944-91)

Die Daten der Klimastation Peace River können als typisch für die inneren Ebenen in der westlichen Mitte Kanadas angesehen werden. Das Klima trägt hier im Lee der Rocky Mountains deutlich kontinentale Züge. Die Winter sind kalt und bringen gelegentlich Temperaturen von weniger als -40 °C, doch liegt Peace River bereits südlich des Permafrostbereichs. Typische Vegetation ist borealer Nadelwald in artenarmer Zusammensetzung (Fichten mit Lärchen und Birken).

Bei der Niederschlagsverteilung besteht ein ausgeprägter Gegensatz zwischen Sommer und Winter. Zurückzuführen ist dies auf den Einfluß des kräftigen Hochs über der kanadischen Arktis, das sich bis ins Peace-River-Country bemerkbar macht und dort winterliche Trockenheit bewirkt. Erst wenn es sich im Sommer abbaut, dringen regenbringende Zyklonen vom Pazifik bis in die Ebenen jenseits der Kordilleren vor. In den Mittelwerten des Luftdrucks - im Januar verzeichnet Peace River 1019,1 hPa, im Juni 1011,8 hPa – spiegelt sich dieser Wechsel wider.

Die Region um den Peace River wurde durch den schottischen Entdeckungsreisenden Alexander Mackenzie gegen Ende des 18. Jahrhunderts für den Pelzhandel erschlossen. In der Folge entstanden zahlreiche Handelsniederlassungen und zwei Missionsfarmen. Gegen Ende des 19. Jahrhunderts bildeten sich von hier aus erste Ansätze flächenhafter Besiedlung. Der Anschluß an das Eisenbahnnetz begünstigte die weitere Entwicklung zum nördlichsten geschlossenen Anbaugebiet Nordamerikas.

Auch heute noch wird Neuland für die agrarische Nutzung erschlossen. Bei Fort Vermilion ist die Ackerbaufrontier bis auf 58° 24' nördlicher Breite vorgedrungen. Besondere Gunstfaktoren, durch die sich das Peace-River-Country von benachbarten Regionen abhebt, lassen sich aber nur schwer erkennen. Immerhin ist im Vergleich zu weiter ostwärts gelegenen Gebieten gleicher Breitenlage die Vegetationszeit im Peace-River-Country geringfügig länger. Hier ist schon im Mai im Mittel nicht mehr mit Frost zu rechnen. Auch im Herbst treten die ersten Fröste später als im Osten auf, doch ist die Frage nach den Gründen für diesen weiten Vorstoß in die boreale Nadelwaldzone letztlich aus den klimatischen Gegebenheiten allein nicht zu beantworten. Andere Vorstöße des Ackerbaus in die Region des borealen Nadelwaldes Kanadas, etwa im Clay Belt im Grenzgebiet von Quebec und Ontario, waren trotz ähnlicher Temperaturverhältnisse weniger erfolgreich.

Am Peace River wurde bereits im 19. Jahrhundert Sommerweizen angebaut, der innerhalb von 110 Tagen heranreifte. Neue Züchtungen reduzierten die erforderliche Zeitspanne auf 100 Tage. Trotzdem mußten die Farmer immer wieder erleben, daß Frosteinbrüche die Ernte vernichteten. Heute werden neben Weizen vor allem Gerste und Raps angebaut.

Als positiver natürlicher Faktor können die Bodenverhältnisse angeführt werden, denn im Gegensatz zu den für den größten Teil der Nadelwaldzone typischen Podsolböden sind im zentralen Bereich des Peace-River-Country Schwarzerden verbreitet. Aus dem heutigen Klima ist ihre Vorkommen nicht zu erklären; es sind vielmehr Relikte einer postglazialen Wärmeperiode.

209 Lethbridge

Lage:	Südosten Albertas, östliches Vorland der Rocky Mountains	WMO-Nr.:	71874
Koordinaten:	49° 38' N 112° 48' W	Allg. Klimacharakteristik:	Winter kalt und trocken; Sommer (mäßig) warm und feucht
Höhe ü.d.M.:	929 m	Klimatyp:	Dfb (an der Grenze zu BSk)

		J	F	M	A	M	J	J	A	S	O	N	D	Jahr
Mittlere Temperatur	°C	-8,4	-4,8	-0,8	5,6	11,2	15,8	18,4	17,8	12,5	7,5	-1,2	-6,7	5,6
Abs. Max. Temp.	°C	16,7	19,3	23,3	31,1	34,2	38,3	39,4	38,3	36,7	31,7	22,8	19,6	
Abs. Min. Temp.	°C	-42,8	-42,2	-37,8	-25,6	-11,7	-1,7	1,7	0,0	-9,4	-26,7	-34,4	-42,8	
Relative Feuchte	%	70	69	68	60	56	56	56	57	60	58	68	70	62
Niederschlag	mm	20	13	26	36	51	66	45	43	44	16	16	20	396
Wind	m/s	6,1	5,6	5,3	5,8	5,6	5,3	4,4	4,2	4,7	5,8	5,8	6,1	5,4

Klimadaten Lethbridge (Kanada). Bezugszeitraum 1961-90, außer abs. Maxima und Minima (1938-90)

Seine im Mittel relativ milden Temperaturen verdankt Lethbridge einem föhnartigen Westwind, der bei entsprechender Druckkonstellation von den Rocky Mountains in das Vorland hinabströmt und Chinook genannt wird. Nach SCHAMP bezeichnete dieser von einem Indianerstamm abgeleitete Name ursprünglich einen feuchtwarmen Südwestwind in der Küstenregion von Washington und Oregon. Später wurde er auf den trockenen Fallwind an der Ostflanke der Rocky Mountains in den USA und Kanada übertragen und wird heute ausschließlich in diesem Sinne verwendet.

Die Intensität des Chinooks spiegelt sich in den hohen Mittelwerten der Windgeschwindigkeit, wie sie auch für Lethbridge kennzeichnend sind, wider. Auf die Temperaturverhältnisse im Vorland wirkt sich der Wind vor allem in der kalten Jahreszeit aus. Der Wärmegewinn ist - wie beim Föhn - auf die Differenz zwischen feuchtadiabatischer Abkühlung beim Aufsteigen an der Luvseite des Gebirges und trockenadiabatischer Erwärmung beim Absteigen der Luft zurückzuführen. Die winterliche Schneedecke kann durch die plötzliche Zufuhr trocken-warmer Luft in kürzester Zeit aufgezehrt werden – überwiegend durch Verdunstung (teils wohl auch durch Sublimation des Wasserdampfes an Eislinsen im Boden), so daß sich nur wenig Schmelzwasser bildet. Deshalb liefern die winterlichen Niederschläge hier nur einen sehr geringen Beitrag zur Erhöhung der Bodenfeuchte.

Vorteilhaft wirkt sich der Chinook auf die Möglichkeiten der Rinderhaltung aus. Er sorgt dafür, daß sich auf den Weiden am Ostabfall der Rocky Mountains eine Schneedecke nur für kurze Zeit halten kann, so daß die Tiere im Freien überwintern können.

Wintersportler werden den als "Schneefresser" berüchtigten Chinook anders beurteilen. Bei den Olympischen Winterspielen in Calgary 1988 brachte er den Terminplan zeitweilig durcheinander, weil viele Wettkämpfe mangels Schnee verschoben werden mußten. Im Mittel ist zwischen Dezember und Februar im Raum Lethbridge mit 12 Tagen pro Monat zu rechnen, an denen infolge von Chinooklagen die Temperatur bis auf mindestens 4,4 °C ansteigt.

Mehrfach schon wurde in Lethbridge und in anderen Gebieten im Vorland der Rocky Mountains im Winter ein Temperaturanstieg um 20 K oder mehr innerhalb eines Tages festgestellt. Derartige Werte werden allerdings nur erreicht, wenn zuvor das Vorland von kontinentaler Kaltluft (oft um -20 °C) erfüllt war. Zum sprunghaften Ansteigen der Temperatur kommt es erst, wenn die Kaltluft abfließt und der vom Chinook herangeführten milden Luft Platz macht. Bei den hier herrschenden Höhenverhältnissen ist der Föhneffekt allein nicht ausreichend, um einen Wärmegewinn von 20 K hervorzubringen.

Das Gebiet um Lethbridge ist Teil des nach dem Leiter einer Erkundungsexpedition (1857/60) als "Palliser Triangle" bezeichneten Trockengebietes. Der South Saskatchewan River und weitere aus dem Gebirge strömende Flüsse liefern jedoch genug Wasser für die Landwirtschaft. Wo künstliche Bewässerung nicht möglich oder nicht rentabel ist, werden besondere Anbautechniken (Dry farming) angewandt, um die Feuchtigkeitsverluste des Bodens durch hohe Verdunstung zu verringern.

Lage:	Südwestkanada zwischen Fraser Plateau und Monashee Mountains	WMO-Nr.:	71889
Koordinaten:	49° 28' N 119° 36' W	Allg. Klimacharakteristik:	Winter mäßig kalt; Sommer warm; wenig Niederschlag
Höhe ü.d.M.:	344 m	Klimatyp:	BSk

		J	F	M	A	M	J	J	A	S	O	N	D	Jahr
Mittlere Temperatur	°C	-2,0	0,7	4,5	8,7	13,3	17,6	20,3	19,9	14,7	8,7	3,2	-1,1	9,0
Mittl. Max. Temp.	°C	0,7	4,4	9,9	15,4	20,4	25,0	28,2	27,6	21,7	14,5	6,5	1,4	14,6
Mittl. Min. Temp.	°C	-4,8	-3,0	-1,0	2,0	6,1	10,1	12,3	12,1	7,6	2,8	-0,3	-3,7	3,4
Abs. Max. Temp.	°C	15,7	16,6	21,7	29,6	33,9	37,7	40,6	38,9	36,6	28,9	19,4	14,4	
Abs. Min. Temp.	°C	-26,7	-26,7	-17,8	-7,2	-5,6	0,0	2,2	2,9	-3,0	-14,5	-22,3	-27,2	
Dampfdruck	hPa	4,2	5,0	5,4	6,3	8,5	10,6	11,9	12,1	10,0	7,6	5,8	4,6	7,7
Relative Feuchte	%	75	74	66	58	57	54	52	54	61	67	72	75	64
Niederschlag	mm	27	21	20	26	33	34	23	28	23	16	24	32	307
Wind	m/s	4,2	3,9	3,3	3,1	2,8	2,8	2,8	2,5	2,5	3,1	4,2	4,4	3,3

Klimadaten Penticton (British Columbia, Kanada). Bezugszeitraum 1961-90, außer absolute Minima und Maxima (1941-90)

Der größte Teil Kanadas erhält zwar weniger als 500 mm Niederschlag pro Jahr, doch sorgt die geringe Verdunstung dafür, daß arides Klima auf kleine Bereiche beschränkt ist. Hierzu gehören der Süden der Provinz Alberta im Lee der Rocky Mountains sowie einige Täler zwischen Fraser Plateau und den Monashee Mountains in British Columbia. Bedingt durch das Relief wechseln hier die klimatischen Verhältnisse auf engem Raum. Ähnliche Verhältnisse wie in Penticton im Okanagan Valley finden sich in Kamloops und Kelowna. Gleichfalls niederschlagsarm, jedoch auf Grund der Höhenlage (939 m) erheblich kühler ist Cranbrook.

Verursacht wird die Niederschlagsarmut im Okanagan Valley durch das Zusammenwirken mehrerer Faktoren. Feuchte Luftmassen können im gebirgigen Westen Kanadas nur vom Pazifik kommen. Einen großen Teil ihres Niederschlagspotentials geben sie aber bereits beim ersten Anstieg auf den vorgelagerten Inseln bzw. an der Luvseite der Küstenkette ab. Immerhin reicht die Feuchtigkeit der weiter nach Osten gelangenden Luft noch aus, um den höhergelegenen Abschnitten der Kordilleren beträchtliche Niederschläge liefern zu können – Voraussetzung für die Existenz der Wintersportzentren (z.B. um Princeton).

Feuchte Luft gelangt aber auch über das Okanagan Valley hinaus nach Osten und bringt dort reichlich Niederschlag. So erhält Revelstoke in 443 m Höhe am Fuße der über 3000 m aufragenden Selkirk Mountains 952 mm Niederschlag (davon 60 % im Winterhalbjahr). Die Trockenheit des Okanagan Valleys kann also nicht allein auf die abschirmende Wirkung der Küstenkette zurückgeführt werden. Weitere Ursachen liegen in den kleinräumigen topographischen Verhältnissen, die das Auftreten föhnartiger Winde in dem Tal begünstigen und die mittlere Luftfeuchtigkeit im Sommer auf 54 bis 52 % absinken lassen. Eine Rolle spielt aber auch die Öffnung des Tales nach Süden zum Columbia Basin im benachbarten US-Bundesstaat Washington mit seinem milden sommertrockenen Klima.

Auf Grund der milden Wintertemperaturen und der langen Vegetationszeit konnte sich das Okanagan Valley zu einem der wichtigsten Obstanbaugebiete Kanadas entwickeln. Einige der Anbauzentren schmücken sich mit bezeichnenden Namen wie Summerland und Peachland. Bemerkenswert ist die Weinproduktion des Tales, das zu den bekanntesten Anbaugebieten Kanadas gehört. Eine gewisse Gefährdung bildet das starke Absinken der Temperaturen in der Nacht, insbesondere das Frost.

Insgesamt aber ist das Tal gegenüber den benachbarten Wärmeinseln begünstigt, weil der Okanagan River genügend Wasser liefert, um künstliche Bewässerung durchführen zu können. Ein Stausee sichert die Versorgung auch während des sommerlichen Spitzenbedarfs.

Lage:	Südostküste Neufundlands, Burin-Halbinsel	WMO-Nr.:	71802
Koordinaten:	46° 55' N 55° 23' W	Allg. Klimacharakteristik:	Winter (mäßig) kalt, schneereich; Sommer mäßig warm, Regen
Höhe ü.d.M.:	49 m	Klimatyp:	Dfc

		J	F	M	A	M	J	J	A	S	O	N	D	Jahr
Mittlere Temperatur	°C	-3,7	-4,4	-2,1	1,5	5,3	8,9	12,9	14,4	11,7	7,2	3,4	-1,1	4,5
Mittl. Max. Temp.	°C	-0,3	-0,9	1,2	4,7	8,9	12,4	16,2	17,7	15,4	10,9	6,6	2,2	7,9
Mittl. Min. Temp.	°C	-7,3	-8,0	-5,5	-1,8	1,6	5,3	9,6	11,0	7,9	3,6	0,2	-4,6	1,0
Abs. Max. Temp.	°C	10,7	11,9	11,0	16,4	23,8	26,1	27,2	27,2	23,3	20,6	16,0	12,7	
Abs. Min. Temp.	°C	-20,6	-25,0	-21,4	-11,6	-8,9	-2,2	3,8	3,2	-1,7	-5,8	-12,2	-19,4	
Relative Feuchte	%	85	85	86	87	88	90	93	92	87	86	86	85	88
Niederschlag	mm	131	127	122	119	115	138	107	127	143	146	142	131	1548
Wind	m/s	8,9	8,9	8,3	7,5	6,4	5,3	5,0	5,3	6,4	6,9	7,8	8,6	7,1

Klimadaten St. Lawrence (Neufundland, Kanada). Bezugszeitraum 1966-90

Im Vergleich zur amerikanischen Westküste gleicher Breite weist Neufundland ein rauhes Klima auf. Die Winter sind relativ kalt und schneereich. Der frische Wind steigert sich nicht selten zum Sturm. Die höchsten mittleren Windgeschwindigkeiten werden an der Nordküste erreicht – in Bonavista im Jahresmittel 8,3 m/s (Stärke 5). Die Südküste ist gegenüber der Nordküste klimatisch nur wenig begünstigt.

Obwohl auf Neufundland kein Punkt weiter als 120 km von der Küste entfernt liegt, ist der Einfluß des Meeres auf das Klima relativ gering. Die Differenz zwischen Sommer- und Wintertemperaturen liegt an der Nordküste bei 21 K und erreicht im Binnenland bei Deer Lake 25,5 K. An der Südküste ist der ozeanische Einfluß etwas größer, was sich u.a. darin zeigt, daß in St. Lawrence die Extremwerte nicht im Januar und Juli, sondern einen Monat später erreicht werden. Die Jahresamplitude beträgt hier 18,8 K und ist damit etwa doppelt so groß wie an der auf gleicher Breite gelegenen Küste Irlands.

Abgesehen von Juli und August muß in St. Lawrence in allen Monaten mit Frost gerechnet werden. Kaltluft polaren Ursprungs dringt besonders im Winter bei kräftig ausgebildetem Gegensatz zwischen Islandtief und Kanadahoch nach Neufundland vor. Im Sommer kann an der Rückseite des Azoren-(Bermuda-) Hochs feuchtwarme Luft bis nach Neufundland verfrachtet werden. Sie wirkt sich allerdings nur wenig auf die Temperaturverhältnisse aus, da sie über dem kalten Wasser des Labradorstroms abkühlt. Die Folge sind ausgedehnte Nebelfelder, die häufig auch auf die Küstenregion übergreifen. In St. John's muß zwischen April und August an 10 bis 15 Tagen eines Monats mit dichtem Nebel gerechnet werden.

Auffällig gering sind die Tagesschwankungen der Temperatur. Dies deutet darauf hin, daß Ein- und Ausstrahlung sich nur wenig auswirken. Ursache hierfür ist vor allem das hohe Ausmaß der Bewölkung, die im Durchschnitt des Jahres etwa drei Viertel des Himmels einnimmt. Sie verringert die Einstrahlung, reduziert aber auch den Wärmeverlust durch Ausstrahlung.

Die Niederschlagsmengen sind in allen Monaten beträchtlich. Entsprechend der Lage Neufundlands in der Westwindzone kommen die niederschlagbringenden Luftmassen in der Regel nicht vom Atlantik, sondern aus Südwesten. An der Südküste fällt deshalb um etwa 50 % mehr Niederschlag als an der Nordküste. Ein besonderes Problem für den Verkehr bilden die hohen Schneemengen; in St. John's addieren sie sich im Mittel auf 3,60 m/Jahr.

Die Gewässer um Neufundland werden durch den kalten Labradorstrom stark beeinflußt und weisen ganzjährig niedrige Temperaturen auf. Eisberge sind an der Nordküste Neufundlands bis in den Hochsommer keine Seltenheit. Andere treiben an der Ostküste vorbei nach Süden. Für die Bohrplattformen, von denen aus die Ölfelder vor der Küste erschlossen werden, mußten aufwendige Vorkehrungen getroffen werden, um eine Gefährdung durch Eisberge auszuschließen.

212 Mount Washington

Lage:	Nördliche Appalachen im US-Bundesstaat New Hampshire	WMO-Nr.:	72613
Koordinaten:	44° 16' N 71° 18' W	Allg. Klimacharakteristik:	Winter streng, Sommer kühl; ganzjährig hohe Niederschläge
Höhe ü.d.M.:	1910 m	Klimatyp:	ET

		J	F	M	A	M	J	J	A	S	O	N	D	Jahr
Mittlere Temperatur	°C	-15,6	-15,0	-10,7	-5,3	1,6	6,5	9,1	8,2	4,6	-0,9	-6,3	-12,8	-3,05
Mittl. Max. Temp.	°C	-10,9	-10,5	-6,6	-1,8	5,0	9,7	12,0	11,0	7,7	2,4	-2,6	-8,3	0,6
Mittl. Min. Temp.	°C	-20,3	-19,6	-14,8	-8,8	-1,9	3,3	6,1	5,3	1,4	-4,3	-10,1	-17,4	-6,8
Abs. Max. Temp.	°C	5,0	6,1	11,1	15,6	18,9	20,0	21,1	22,2	17,2	13,3	11,1	7,2	
Abs. Min. Temp.	°C	-43,3	-40,6	-35,6	-27,2	-18,9	-10,6	-3,9	-6,7	-10,6	-18,9	-27,2	-40,6	
Niederschlag	mm	202	217	228	208	191	199	180	209	188	183	264	247	2516

Klimadaten Mount Washington (New Hampshire, USA). Bezugszeitraum 1961-90

Kaum eine Klimastation der USA – von Alaska abgesehen – weist ein ähnlich rauhes Klima auf wie der Mt. Washington. Jeden zweiten Tag regnet oder schneit es, und häufig ist der Gipfel sturmumtost. Im April 1934 wurden hier Rekordwerte der Windgeschwindigkeit gemessen – in einer Bö 103 m/s und im 5-Minuten-Mittel noch 84 m/s. Im Jahresmittel beträgt die Windgeschwindigkeit knapp 15 m/s – gleichfalls ein Rekordwert, der nur an wenigen Forschungsstationen in der Antarktis übertroffen wird.

Der Mt. Washington liegt auf derselben Breite wie die italienische Riviera, innerhalb der USA aber doch schon weit im Norden. Daß Breiten- und Höhenlage Auswirkungen auf die Temperaturverhältnisse haben, ist offensichtlich. Hinzu kommt, daß der Mt. Washington alle benachbarten Gipfel überragt. Die isolierte Lage hat Einfluß auf die Windgeschwindigkeit, da mit zunehmender Höhe über der Erdoberfläche der Reibungseinfluß geringer wird. Das hat auch zur Folge, daß Druckgegensätze und die sich daraus ergebenden Luftbewegungen länger bestehen bleiben als nahe der Erdoberfläche.

Von entscheidender Bedeutung für die klimatischen Verhältnisse am Mt. Washington ist die Lage im Zentrum der Westwindzone. Die Höhenwestwinde erreichen ihre maximale Stärke in einem schmalen Streifen, in dem (nahe der Obergrenze der Troposphäre) das Temperatur- und Druckgefälle zwischen den warmen und den kalten Zonen der Erde am stärksten ist. Ihr Verlauf wird von den topographischen Gegebenheiten auf der Erde mitbestimmt und verändert sich mit den jahreszeitlichen Temperaturschwankungen über den Polargebieten. Der Mt. Washington ragt dort empor, wo die Höhenwestwinde im Sommer ihr Maximum haben. Im Winter verlagert sich ihre Achse zwar um rund 12° nach Süden, doch steigt gleichzeitig die Windgeschwindigkeit auf das Doppelte, so daß auch am Mt. Washington noch eine Zunahme zu verzeichnen ist.

Ein weiterer wichtiger Faktor sind die Tiefdruckgebiete, die Wetter und Klima in den mittleren Breiten der USA vor allem im Winterhalbjahr stark beeinflussen. Sie entstehen teils über dem nördlichen Pazifik, teils erst im östlichen Vorland der Kordilleren – im Winter vor allem an der weit vorgeschobenen Arktikfront im Süden der kanadischen Provinz Alberta. Auch im Osten von Colorado und Texas bilden sich im Lee der Rocky Mountains gelegentlich Zyklonen. Alle diese Tiefs wandern auf verschiedenen Wegen nach Osten, und gelangen dabei fast immer in das Gebiet zwischen nördlichen Appalachen und Atlantik. Die Folge ist, daß sich an diesem Knotenpunkt die mit dem Durchzug eines Tiefs verbundenen Wettererscheinungen in schneller Folge immer wieder erneut abspielen.

Die Tiefs stecken trotz ihrer weiten Reise voller Energie, weil sie sich – je nach Bahn – über dem relativ warmen Wasser der Großen Seen regeneriert haben. Andere dringen über die Südstaaten der USA bis zum Atlantik vor und werden dann am Ostrand des Azoren-Bermuda-Hochs nach Norden gelenkt. An der Rückseite der Tiefs wird Luft von Norden nach Süden geführt, und das bedeutet am Mt. Washington Kaltluft aus Kanada. Die relativ warme Luft, die dem Tief von Süden zuströmt, ist entsprechend ihrer Herkunft vom Atlantik sehr feucht und liefert den für die Wolkenbildung erforderlichen Wasserdampf.

Lage:	Michigan, Ostufer des Michigansees	WMO-Nr.:	72636
Koordinaten:	43° 10' N 86° 15' W	Allg. Klimacharakteristik:	Winter (mäßig) kalt; Sommer warm; ganzjährig feucht
Höhe ü.d.M.:	193 m	Klimatyp:	Dfb

		J	F	M	A	M	J	J	A	S	O	N	D	Jahr
Mittlere Temperatur	°C	-4,8	-4,2	0,7	7,2	13,3	18,3	21,3	20,3	16,2	10,2	4,1	-1,9	8,4
Mittl. Max. Temp.	°C	-1,8	-0,7	5,1	12,5	19,2	24,2	26,8	25,6	21,.6	15,0	7,8	0,9	13,0
Mittl. Min. Temp.	°C	-7,9	-7,8	-3,7	1,9	7,3	12,4	15,7	14,9	10,8	5,3	0,4	-4,8	3,7
Abs. Max. Temp.	°C	15,0	16,7	26,7	30,0	33,9	33,9	35,6	37,2	31,7	28,3	24,4	17,8	
Abs. Min. Temp.	°C	-24,4	-25,6	-21,1	-17,2	-5,0	-0,6	5,0	2,2	-2,8	-6,1	-15,0	-26,1	
Relative Feuchte	%	78	75	71	65	64	68	71	75	76	74	75	79	73
Niederschlag	mm	59	38	64	74	66	60	53	87	99	71	80	77	828
Tage mit ≥ 1 mm N		13	9	10	9	8	8	7	8	8	9	11	13	113
Max. Niederschlag	mm	118	73	167	155	165	139	92	251	344	167	168	136	
Min. Niederschlag	mm	20	9	21	18	11	12	25	3	4	18	16	33	

Klimadaten Muskegon (Michigan, USA). Bezugszeitraum 1961-90

Die klimatischen Gegebenheiten im Umkreis der Großen Seen werden in starkem Maße durch die ausgedehnten Wasserflächen beeinflußt. Dies ist besonders am Oberen und am Michigansee der Fall, die die größten Wasservolumina enthalten. Bei den kleineren und im Mittel flacheren Seen ist der Einfluß auf das Umland stärker begrenzt. Generell ist der Einfluß auf der Westseite der Seen geringer bzw. auf einen kleineren Uferstreifen beschränkt als auf der Ostseite. Zu erklären ist dies mit dem Vorherrschen westlicher Luftströmungen. Im Hinblick auf die Lufttemperaturen wirkt die Wasserfläche ausgleichend. Infolgedessen sind die Winter an der Ostküste milder, die Sommer jedoch etwas kühler als an der Westseite.

Auf die Niederschlagsmengen hat der See dadurch Einfluß, daß er die zur Verdunstung und Anreicherung der Luft mit Wasserdampf benötigte Wassermenge in praktisch unbegrenzter Menge anbietet und damit die Chancen zur Bildung von Niederschlag erhöht. Zum anderen erwärmen sich die unteren Luftschichten durch den Kontakt mit der im Winter und Frühjahr relativ warmen Wasserfläche. Dies führt zur Erhöhung des vertikalen Temperaturgradienten und damit zur Labilisierung der Luft. Auch hierdurch vergrößern sich die Chancen zur Bildung von Niederschlag. Die größten Niederschlagsmengen werden jedoch nicht unmittelbar am Ostufer des Michigansees, sondern landeinwärts, im Hügelland des südlichen Michigan verzeichnet (Grand Rapids, 78 m über dem Seespiegel).

Da dieses Gebiet hufeisenförmig vom Michigansee und vom Huronsee umrahmt wird, macht sich auch bei vorherrschender Nordströmung der Einfluß der Wasserflächen noch ausgleichend bemerkbar. Aus diesem Grund ist das Gebiet im Winter zwar reich an Schneefall, andererseits aber doch nicht so tiefen Temperaturen ausgesetzt wie die auf gleicher Breite liegenden Gebiete in Minnesota.

		Rochester Minnesota	Madison Wisconsin	Milwaukee Wisconsin	Muskegon Michigan	Grand Rapids	Flint Michigan
Mittl. Temp. Januar	°C	-11,4	-8,9	-7,3	-4,8	-5,7	-5,8
Mittl. Temp. Juli	°C	21,6	21,7	21,6	21,3	22,0	21,4
Amplitude der Monatsmittel	K	10,9	11,6	9,1	9,3	10,7	10,3
Jahresniederschlag	mm	754	785	837	828	917	770

Klimaprofil von Westen nach Osten. Milwaukee am Westufer, Muskegon am Ostufer des Michigansees

Lage:	Great Plains, Vorland der Rocky Mountains in Nebraska	WMO-Nr.:	72562
Koordinaten:	41° 8' N 100° 41' W	Allg. Klimacharakteristik:	Winter kalt und trocken; Sommer warm bis sehr warm, Regen
Höhe ü.d.M.:	849 m	Klimatyp:	BSk (Grenze zu Dfa bzw. Dwa)

		J	F	M	A	M	J	J	A	S	O	N	D	Jahr
Mittl. Temperatur	°C	-5,8	-2,4	2,5	9,0	14,6	19,9	23,3	22,1	16,3	9,8	1,9	-4,3	8,9
Mittl. Max. Temp.	°C	1,4	4,9	9,9	16,9	22,1	27,6	31,0	30,0	24,8	18,7	9,7	2,9	16,7
Mittl. Min. Temp.	°C	-13,0	-9,8	-5,0	1,1	7,0	12,3	15,6	14,2	7,9	0,8	-5,9	-11,6	1,1
Abs. Max. Temp.	°C	22,8	26,1	30,0	34,4	35,6	41,1	42,2	40,0	38,9	34,4	27,8	23,9	
Abs. Min. Temp.	°C	-30,6	-30,0	-25,6	-13,9	-7,2	-1,7	4,4	1,7	-8,3	-11,7	-25,0	-36,7	
Relative Feuchte	%	69	68	64	60	63	64	63	64	64	62	67	70	65
Niederschlag	mm	9	11	31	51	87	86	78	44	41	25	17	12	492

Klimadaten North Platte (Nebraska, USA). Bezugszeitraum 1961-90

Die Klimadaten von North Platte sind typisch für die mittleren Great Plains. Wie auf Grund der kontinentalen Lage nicht anders zu erwarten, ist die Jahresamplitude der Monatsmittel der Temperatur hoch (29,1 K); die mittlere Tagesamplitude (15,6 K) zeigt an, daß die Strahlung hier nicht so starken Einfluß hat wie in den Trockengebieten des benachbarten Gebirgslandes.
Außerordentlich hoch ist hingegen die Spannweite der Extremwerte der Temperatur, die innerhalb von 30 Jahren gemessen wurden. Die absoluten Maxima und Minima liegen in den Monaten Januar bis März rund 55 K, im Dezember sogar 60 K auseinander. Die Ursache hierfür liegt darin, daß das Klima der Great Plains durch die wechselnde Herrschaft sehr unterschiedlicher Luftmassen geprägt wird. Die von Westen herangeführte maritime Pazifikluft verliert beim Überqueren der Kordilleren ihren ursprünglichen Charakter, da sie an den Luvseiten der Gebirgsketten viel Feuchtigkeit durch Bildung von Niederschlag abgibt und beim Absinken im Vorland adiabatisch erwärmt wird. Die von Norden aus den arktischen Regionen gelegentlich vorstoßende Polarluft ist gleichfalls, trocken, jedoch sehr kalt. Von Süden kann vom Golf von Mexiko feucht-warme Luft ohne Überwindung einer Gebirgsbarriere vordringen.
Welche Luftmasse sich durchsetzen kann, hängt von der Lage und Stärke weitab gelegener Aktionszentren ab: Ein stark ausgeprägtes Subtropenhoch über dem Nordpazifik verstärkt die Westströmung, insbesondere wenn das Aleutentief eine südliche Lage einnimmt. Ein starkes Tief über dem Nordosten des Kontinents, wie es im Sommer ausgeprägt sein kann, begünstigt die Vorherrschaft nördlicher Strömungen. Das Hitzetief, das sich im Sommer mit Zentrum über Arizona bildet, begünstigt im Zusammenwirken mit dem Hoch über dem Golf von Mexiko die Zufuhr feucht-warmer Meeresluft von Süden.

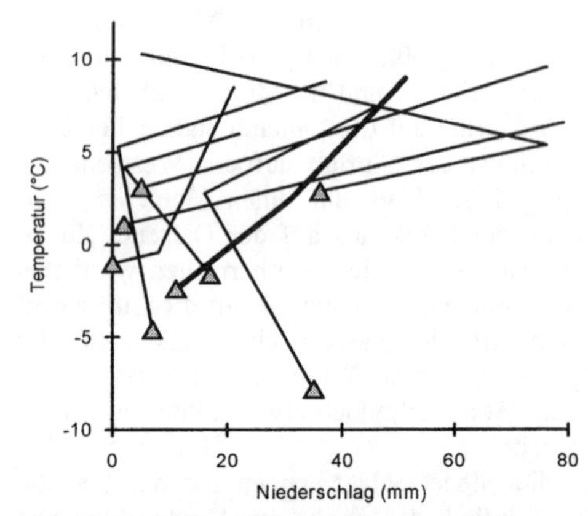

Klimogramm North Platte. Mittelwerte Februar bis April 1991-97 und langjährige Mittelwerte 1961-90 (fett). Februar durch Dreiecke gekennzeichnet.

Der kaum behinderte und häufige Luftmassentausch sorgt für Kaltluftvorstöße, im Winter oft mit Schneestürmen (Blizzards) verbunden. Die sommerlichen Hagelschläge erreichen hinsichtlich Häufigkeit und Größe der Hagelkörner Rekordwerte. Das andere Extrem sind Hitzewellen und Dürreperioden. Mittelwerte sind deshalb für diese Region wenig aussagekräftig, wie das Diagramm für die Jahre 1991-1997 belegt.

Lage:	Nevada, Osten des Großen Beckens	WMO-Nr.:	72486
Koordinaten:	39° 17' N 114° 51' W	Allg. Klimacharakteristik:	Winter mäßig kalt, Sommer warm; ganzjährig trocken
Höhe ü.d.M.:	1909 m	Klimatyp:	BSk

		J	F	M	A	M	J	J	A	S	O	N	D	Jahr
Mittlere Temperatur	°C	-4,1	-1,4	1,4	5,3	10,3	15,3	19,7	18,6	13,5	7,7	1,2	-3,6	7,0
Mittl. Max. Temp.	°C	4,3	6,4	9,1	13,9	19,6	25,7	30,6	29,1	24,0	17,5	9,6	4,8	16,2
Mittl. Min. Temp.	°C	-12,6	-9,2	-6,3	-3,3	0,9	4,8	8,9	8,1	2,9	-2,1	-7,2	-11,9	-2,2
Abs. Max. Temp.	°C	17,2	19,4	22,8	27,2	31,7	35,6	37,8	36,1	33,9	28,9	23,9	18,9	
Abs. Min. Temp.	°C	-32,2	-34,4	-23,9	-20,6	-13,3	-7,8	-1,1	-3,3	-9,4	-19,4	-26,1	-33,9	
Relative Feuchte	%	65	65	59	52	47	40	35	39	42	51	60	64	52
Niederschlag	mm	18	17	24	25	29	22	18	21	26	23	17	18	258
Sonnenscheindauer	h	215	211	265	287	329	363	365	336	309	266	200	198	3344
Rel. Sonnenschein	%	71	70	72	72	74	81	81	79	83	77	66	67	75

Klimadaten Ely (Nevada, USA). Bezugszeitraum 1961-90

Das von der Sierra Nevada und von der Wasatchkette umrahmte Große Becken ist das größte der intramontanen Becken im Westen der USA. Kennzeichnend für die Temperaturverhältnisse sind ausgeprägte Gegensätze zwischen Sommer und Winter. Sie erreichen in Ely im östlichen Abschnitt des Beckens 23,8 K und in Elko im Zentrum des Beckens 25,8 K. Derartig hohe Jahresamplituden sind typisch für Regionen, deren Klima nicht durch die ausgleichende Wirkung benachbarter Meeresgebiete beeinflußt wird.

Etwas ungewöhnlicher ist die hohe Tagesamplitude, die im Jahresmittel bei 18,4 K liegt und in der Zeit von Juni bis September sogar Werte um 21 K erreicht. Die Ursache für den großen Gegensatz zwischen Tag- und Nachttemperaturen liegt darin, daß die Temperaturverhältnisse hier in außergewöhnlich starkem Maße durch Ein- und Ausstrahlung beeinflußt werden.

Die Einstrahlung ist sehr intensiv, weil nur selten Bewölkung auftritt, der Weg der Strahlung durch die Atmosphäre auf Grund der Höhenlage relativ kurz ist und die Luft nur wenig Beimengungen (Aerosolpartikel) enthält, die zur Absorption oder Streuung der Strahlung und damit zur Abschwächung führen könnten. Die Trockenheit des Klimas erhöht den Anteil der Strahlung, der zur Erwärmung der Erdoberfläche beiträgt (geringe Verdunstung; geringes Ausmaß der Reflexion, da keine dauerhafte Schneedecke).

Die hohe Strahlungsintensität spiegelt sich auch in der Sonnenscheindauer wider. Nur wenige Stationen Nordamerikas, z.B Las Vegas, El Paso und Key West, weisen höhere Werte auf.

Der hohen Einstrahlung entspricht eine ähnlich intensive Ausstrahlung. Während tagsüber die Einstrahlung überwiegt und die Verluste durch Ausstrahlung mehr als ausgeglichen werden, sinkt sie nach Sonnenuntergang auf Null, d.h. die Energieabgabe durch Ausstrahlung läßt die Temperatur der Erdoberfläche und letztlich auch der Luft bis zum Sonnenaufgang kontinuierlich zurückgehen. Die Gegenstrahlung, die die Wirksamkeit der Ausstrahlung stark verringern kann, spielt hier auf Grund des geringen Bewölkungsgrades und des geringen Wasserdampfgehalts der Luft kaum eine Rolle.

In gewisser Weise läßt sich das Große Becken als hochgelegene "Heizfläche" auffassen. Sie wird – wie bereits angedeutet – durch Sonnenstrahlung stark aufgeheizt und wirkt entsprechend auf die Luft ein. Deren Temperaturen liegen hier höher als in der freien Atmosphäre gleicher Höhenlage. Eine solche positive Wärmeanomalie auf Grund des "Massenerhebungseffekts" wurde in vielen großen Gebirgen bestätigt. Der Wärmeüberschuß beeinflußt die Druckverhältnisse in der Höhe und damit auch die Höhenströmung. Ein Teil der Fernwirkung, die Hochgebirge auf ihr Umland haben, wird hierauf zurückgeführt. So ist die äquatorwärtige Ausbuchtung, die die Höhenströmung im Lee großer Gebirge macht, nach Ansicht mancher Klimatologen eine Folge des Massenerhebungseffekts.

Lage:	Zusammenfluß von Mississippi und Missouri	WMO-Nr.:	72434
Koordinaten:	38° 45' N 90° 22' W	Allg. Klimacharakteristik:	Winter mäßig kalt; Sommer sehr warm bis heiß; ganzjährig feucht
Höhe ü.d.M.:	172 m	Klimatyp:	Cfa

		J	F	M	A	M	J	J	A	S	O	N	D	Jahr
Mittlere Temperatur	°C	-1,5	1,1	7,3	13,7	18,9	24,1	26,6	25,3	21,2	14,7	7,9	1,1	13,4
Mittl. Max. Temp.	°C	3,2	5,9	12,6	19,4	24,5	29,6	31,8	30,7	26,6	20,3	12,6	5,4	18,6
Mittl. Min. Temp.	°C	-6,2	-3,8	1,9	8,0	13,3	18,7	21,3	19,9	15,8	9,1	3,2	-3,3	8,2
Abs. Max. Temp.	°C	24,4	28,3	31,7	33,9	33,9	38,9	41,7	41,7	40,0	34,4	29,4	24,4	
Abs. Min. Temp.	°C	-27,8	-23,3	-18,3	-5,6	-0,6	6,1	10,6	8,3	2,2	-5,0	-17,2	-26,7	
Relative Feuchte	%	73	72	68	64	67	67	68	70	72	69	72	76	70
Niederschlag	mm	46	54	91	89	101	95	98	72	79	68	83	77	953
Tage mit ≥ 1 mm N		6	6	9	9	9	8	7	6	7	7	7	7	88
Sonnenscheindauer	h	161	158	198	224	267	292	309	270	236	208	141	130	2594

Klimadaten St. Louis (Illinois, USA). Bezugszeitraum 1961-90

St. Louis, das "Tor zum Westen", weist ein für Klimastationen des nordamerikanischen Binnenlandes relativ ausgeglichenes Klima auf. Nur vereinzelt kommt es zu Kaltluftvorstößen oder zu Hitzewellen mit extremen Temperaturwerten. Auch die Niederschlagsverhältnisse sind einigermaßen ausgeglichen. Wie im gesamten Tiefland zwischen Appalachen und Rocky Mountains muß aber im Sommer mit Tornados gerechnet werden. Ihre Entstehung ist an das Aufeinandertreffen trockener Kaltluft und feuchter Warmluft geknüpft.

Durch die Lage am Zusammenfluß von Mississippi und Missouri wird St. Louis jedoch auch von Witterungsereignissen betroffen, die sich in einigen hundert oder sogar in mehr als tausend Kilometer Entfernung abspielen, denn das riesige Einzugsgebiet der beiden Ströme reicht bis nach Südkanada und in die Kordilleren hinein.

Kommt es dort zu ergiebigen Niederschlägen, so wirkt sich das stromab meist in mäßigem Anstieg des Wasserstandes aus, denn in der Regel ist nur ein Teil des gesamten Einzugsgebietes betroffen. Gelegentlich wird jedoch über dem nordamerikanischen Kontinent maritime Tropikluft in so breiter Front nach Norden verlagert, daß sie im Kontakt mit der Kaltluft großflächig zu entsprechend hohen Niederschlägen führt. Eine solche Situation ist gegeben, wenn sich über dem Kontinent eine langandauernde stabile Wellenzirkulation mit Höhentrog im Westen und Höhenrücken im Osten ausprägt. Auf der Bodenwetterkarte läßt das Azorenhoch in diesem Fall eine außergewöhnlich weite Ausdehnung bis in den westlichen Atlantik hinein erkennen. Nur selten hält diese Situation allerdings so lange an, daß die Niederschläge im Einzugsgebiet von Mississippi und Missouri zu Hochwasser und katastrophalen Überflutungen führen, wie es 1844, 1915 und 1993 der Fall war.

Klimastation	Juni-August 1993 mm	Abweichung vom Mittel 1961-90 mm
Omaha, Nebraska	612	+ 348
Bismarck, North Dakota	513	+ 346
Des Moines, Iowa	754	+ 438
Great Falls, Montana	257	+ 125
St. Louis	431	+ 166

Niederschlag im Einzugsgebiet von Mississippi und Missouri von Juni bis August 1993

Die Katastrophe vom Sommer 1993 forderte 47 Todesopfer und verursachte Schäden in Höhe von 12 Milliarden Dollar. Anfang August vereinigten sich die Hochwasserwellen der beiden Flüsse bei St. Louis, wo etwa das Sechsfache der mittleren Abflußmenge registriert wurde. Weitere Regenfälle verschärften die Lage. Das zeitweilig vom Wasser überflutete Gebiet am Mittellauf des Mississippis und am unteren Missouri entsprach der Fläche Dänemarks.

Lage:	Mittlerer Westen der USA, Great Plains, am Arkansas River	WMO-Nr.:	72451
Koordinaten:	37° 46' N 99° 58' W	Allg. Klimacharakteristik:	Winter mäßig kalt und trocken; Sommer sehr warm bis heiß
Höhe ü.d.M.:	790 m	Klimatyp:	Cfa (nahe der Grenze zu BSk)

		J	F	M	A	M	J	J	A	S	O	N	D	Jahr
Mittlere Temperatur	°C	-1,2	1,7	6,4	12,6	17,9	23,6	26,8	25,7	20,6	14,2	6,2	0,3	12,9
Abs. Max. Temp.	°C	26,7	30,0	33,9	37,8	38,9	42,2	42,8	41,7	40,0	35,6	32,8	24,4	
Abs. Min. Temp.	°C	-25,0	-25,0	-18,3	-9,4	-3,3	5,6	7,8	10,0	-1,7	-6,1	-17,2	-29,4	
Relative Feuchte	%	66	65	61	58	63	60	55	58	62	58	64	67	61
Niederschlag	mm	12	16	40	52	77	79	82	69	49	33	21	17	547
Tage mit ≥ 1 mm N		3	3	5	5	8	7	7	6	5	4	3	3	59

Klimadaten Dodge City (Kansas, USA). Bezugszeitraum 1961-90

Dodge City liegt ziemlich genau auf 100° westlicher Länge, d.h. auf jenem Längenkreis, der bei einer Grobgliederung der USA häufig als Trennlinie zwischen dem feuchten Osten (über 500 mm Jahresniederschlag) und dem trockenen Westen (unter 500 mm) benutzt wird. Genaugenommen verläuft die Isohyete allerdings etwas weiter im Osten auf etwa 98° Länge.
Zeichnet man auf dem Breitenkreis von Dodge City ein Niederschlagsprofil von Westen nach Osten durch die USA, so stellt man eine nahezu kontinuierliche Abnahme des Jahresniederschlags von der Pazifikküste zum Landesinneren fest. Erst jenseits der Rocky Mountains, also in den Great Plains, nehmen die Mengen wiederum zu. Daß gerade im Lee der bis über 4000 m aufragenden Ketten der Kordilleren die Niederschlagsmengen zunehmen, bedarf einer Erklärung.
Tatsächlich erreichen die vom Pazifik ostwärts vordringenden Luftmassen bzw. Tiefs, die als Regenbringer in Frage kommen könnten, in der Regel die Great Plains nicht oder nur stark umgewandelt. Im östlichen Vorland des Gebirges bilden sich jedoch erneut Tiefdruckgebiete (Colorado-Zyklonen), die von hier in nordöstliche Richtung wandern und den gesamten Kontinent überqueren können.
Auch in anderen Abschnitten des Kordillerenvorlandes, vor allem in Südalberta (Alberta-Zyklonen), gelegentlich auch in Texas, kommt es zur "Lee-Zyklogenese". Zurückzuführen ist dieser Vorgang letztlich auf die topographischen Gegebenheiten. Beim Überqueren des Gebirges wird die mit der Westströmung transportierte Luft nicht nur in ihrer Temperatur und Feuchtigkeit verändert, sondern auch in ihrer Stabilität. Stauchung der Luft an der Luvseite führt zur Stabilisierung, Streckung beim Erreichen des östlichen Abfalls zur Labilisierung der Luft. Gleichzeitig erhält die Strömung beim Anstieg eine antizyklonale, beim Abstieg eine zyklonale Komponente. Dieser Effekt, der auch an anderen großen Gebirgen festzustellen ist, beruht darauf, daß die Stabilität der Schichtung und die Vorticity der Luftströmung voneinander abhängig sind.
Im Sinne einer Labilisierung kann auch die Erwärmung der Luft über dem wolkenarmen und deshalb durch Einstrahlung aufgeheizten Tiefland wirken. Aus einer Wellenstörung kann sich unter diesen Gegebenheiten ein zunächst schwaches Tief entwickeln. Der fallende Luftdruck setzt dann aber die Zufuhr von Luft aus dem Norden und dem Süden in Gang, so daß zwei unterschiedliche Luftmassen in das entstehende Tief "eingebaut" werden. Bei der Verlagerung nach Osten wird dieser Vorgang fortgesetzt, wobei die feucht-warme maritime Tropikluft aus der Golfregion den Wasserdampf liefert, der zur Bildung von Niederschlag erforderlich ist.
Aber auch wenn die Zufuhr feuchter Luft weit im Norden der USA abreißt, können die Tiefs eine Regenerierung erfahren, und zwar im Gebiet der Großen Seen, die in der kalten Jahreszeit eine Wärmequelle bilden. Hier werden sie gewissermaßen "aufgetankt", d.h. mit fühlbarer Wärme und latenter Energie (Wasserdampf) versorgt. Eine entsprechende Regenerierung erhalten weiter südlich ziehende Tiefs über dem Atlantik, bevor auch sie nach Norden in Richtung Neuenglandstaaten schwenken. Dort sorgen die Zyklonen aus dem Kordillerenvorland für unbeständiges Wetter und im Winter für ergiebigen Schneefall.

Lage:	Pazifikküste der USA, am Zugang zur San Francisco Bay	WMO-Nr.:	72494
Koordinaten:	37° 37' N 122° 23' W	Allg. Klimacharakteristik:	Winter mild und regenreich; Sommer mäßig warm, trocken
Höhe ü.d.M.:	5 m	Klimatyp:	Csb (Csn)

		J	F	M	A	M	J	J	A	S	O	N	D	Jahr
Mittlere Temperatur	°C	9,3	11,2	11,8	13,1	14,5	16,4	17,1	17,6	18,1	16,1	12,7	9,7	14,0
Mittl. Max. Temp.	°C	13,1	15,2	16,0	17,7	19,2	21,3	22,0	22,4	23,1	21,2	16,9	13,4	18,5
Mittl. Min. Temp.	°C	5,4	7,2	7,7	8,4	9,8	11,4	12,2	12,8	12,9	11,0	8,4	5,9	9,4
Relative Feuchte	%	78	76	73	71	71	71	73	75	72	72	75	78	74
Niederschlag	mm	111	81	78	35	3	3	1	1	5	31	73	79	503
Tage mit ≥ 1 mm N		8	7	8	5	1	1	0	0	1	3	6	8	48

Klimadaten San Francisco (Kalifornien, USA). Bezugszeitraum 1961-90

Innerhalb der außertropischen Westwindzone verzeichnen die Westküsten der Kontinente generell hohe Niederschlagsmengen mit Höchstwerten im Winter. Die Ursache hierfür liegt darin, daß die niederschlagbringenden Tiefdruckwirbel nach Stärke und Häufigkeit des Auftretens ihr Maximum in der kalten Jahreszeit erreichen.
Dies gilt auch für die Pazifikküste Nordamerikas, doch nehmen hier die Niederschlagsmengen südlich von Seattle rasch ab, so daß im Raum San Francisco im Sommer praktisch kein und im Winter nur mäßiger Niederschlag zu verzeichnen ist. Auffällig niedrig sind die Sommertemperaturen von 17 bis 18 °C (das auf gleicher Breite liegende Sizilien erreicht im Mittel 23 bis 25 °C).
Eine wichtige Rolle für das Klima San Franciscos spielt das über dem Ostpazifik liegende Hoch. An seiner Ostseite, also nahe der kalifornischen Küste, bewirkt es eine Nord-Süd gerichtete Strömung, die eine entsprechende Meeresströmung verursacht, nämlich den von Norden kommenden und folglich kalten Kalifornienstrom. Mit der Verlagerung und Verstärkung des Hochs im Sommer nimmt sein Einfluß auf das Klima Kaliforniens zu.
Die von Norden herangeführte Luft ist gemäß ihrem Ursprung feucht und kühl. Je mehr sie südwärts verlagert wird, macht sich als Folge des zunehmenden Umfangs der Breitenkreise Flächendivergenz bemerkbar, was wiederum Nachsinken der höheren Luftschichten und adiabatische Erwärmung in entsprechender Höhenlage hervorruft. Im unmittelbaren Kontakt mit dem Meer bleibt die Luft hingegen kühl. Sie wird im Sommer vor der Küste sogar noch weiter abgekühlt, weil dort, bedingt durch die besonderen Strömungsverhältnisse, kaltes Wasser aus der Tiefe aufquillt. Im Juli liegen die Wassertemperaturen vor San Francisco bei 13 bis 14 °C, im August sogar nur bei 12 bis 13 °C und damit etwa 6,5 K unter der Temperatur des offenen Pazifiks auf gleicher Breite.
Abkühlung einer Luftmasse von unten bedeutet Stabilisierung, d.h. Verringerung der vertikalen Austauschmöglichkeit. Im gleichen Sinne wirkt die durch das Absinken hervorgerufene Erwärmung in der Höhe. Sie verursacht in einigen hundert Metern Höhe eine Inversion, die das konvektive Aufsteigen von Luft und damit die Entstehung von Niederschlag verhindert. Welche Auswirkungen die Unterbindung des vertikalen Austauschs hat, wird an den Dunstglocken über den Großstädten sichtbar.
Im Raum San Francisco bewirkt die Inversion, daß die über dem kalten Wasser entstehenden Nebel eine markante Obergrenze in wenigen hundert Meter Höhe haben. Auf Grund des niedrigen Luftdrucks, der im Sommer über dem Südwesten der USA herrscht, ist auch in San Francisco fast ständig ein Seewind zu verspüren, der die Nebelschwaden landeinwärts treibt. Die kühle Meeresluft und die Verringerung der Einstrahlung durch häufigen Nebel sind Ursache für die niedrigen Sommertemperaturen. Die höheren Lagen des Hinterlandes, die über die Inversionsschicht hinausreichen, haben hingegen im Juli und August spürbar höhere Temperaturwerte aufzuweisen. In San Francisco steigen erst zum Herbst hin, wenn die Auftriebswasser weniger stark sind und die Wassertemperaturen etwas höhere Werte erreichen, die Mittelwerte der Lufttemperatur auf über 18 °C an.

Lage:	Mississippi, nahe der Mündung in den Golf von Mexiko	WMO-Nr.:	72231
Koordinaten:	29° 59' N 90° 15' W	Allg. Klimacharakteristik:	Winter mild; Sommer heiß; ganzjährig hoher Niederschlag
Höhe ü.d.M.:	9 m	Klimatyp:	Cfa

		J	F	M	A	M	J	J	A	S	O	N	D	Jahr
Mittlere Temperatur	°C	10,7	12,4	16,4	20,3	23,8	26,7	27,7	27,5	25,6	20,6	16,2	12,5	20,0
Mittl. Max. Temp.	°C	16,0	17,8	22,0	25,8	29,1	31,8	32,6	32,3	30,3	26,3	21,7	17,9	25,3
Mittl. Min. Temp.	°C	5,4	6,9	10,9	14,7	18,4	21,6	22,8	22,7	20,8	14,8	10,6	7,1	14,7
Abs. Max. Temp.	°C	28,3	29,4	31,7	33,3	35,0	37,2	38,3	38,9	38,3	33,3	30,6	28,9	
Abs. Min. Temp.	°C	-10,0	-7,2	-3,9	0,0	7,8	10,0	15,6	15,6	5,6	1,7	-4,4	-11,7	
Relative Feuchte	%	76	73	73	73	74	76	79	79	78	75	77	77	76
Niederschlag	mm	128	153	125	114	116	148	155	157	140	78	112	146	1572
Tage mit > 1 mm N		8	8	7	6	7	10	12	11	9	5	7	8	98
Sonnenscheindauer	h	153	161	219	252	279	274	257	252	229	243	172	158	2649

Klimadaten New Orleans (Louisiana, USA), Bezugszeitraum 1961-90

Das Klima des "Tiefen Südens" der USA am Unterlauf des Mississippis ist in starkem Maße durch den Golf von Mexiko geprägt. Entsprechend dem sommerlichen Luftdruckgefälle vom Golf (Ausläufer des Azoren-Bermuda-Hochs) zum Kontinent (Tief mit Zentrum über Arizona) steht die Region in dieser Jahreszeit unter dem Einfluß maritimer Tropikluft. Schwülwarme Witterung mit ergiebigen Niederschlägen, häufig in Form von Starkregen, ist die Folge.
Auf Grund der Bewölkung ist die Sonnenscheindauer geringer als sonst in den Subtropen, und die sommerlichen Temperaturen sind weniger hoch als in den kontinentalen Bereichen der USA. Nach Norden hin verliert sich der Einfluß des Meeres jedoch rasch. Die Sonnenscheindauer nimmt zu, so die Sommertemperatur abseits der Küste höhere Werte erreicht.

Klimastation	Temperatur			Sonnenscheindauer	Niederschlag
	Monatsmittel	abs. Maximum	abs. Minimum		
	°C	°C	°C	h	mm
Memphis	28,1	42,2	13,9	327	96
Shreveport	28,2	41,1	14,4	318	93
Jackson	27,5	41,1	10,6	283	115
New Orleans	27,7	38,3	15,6	257	155

Klimadaten des Mississippitieflandes im Juli (Nord-Süd-Profil)

Die Winter sind zwar den Mittelwerten nach ausgesprochen mild, doch kommt es immer wieder vor, daß arktische Kaltluft bis in die Golfregion vorstößt. Die frostfreie Periode verkürzt sich dadurch auf etwa 300 Tage. Der Anbau von frostempfindlichen Kulturen ist deshalb mit großem Risiko verbunden und in heutiger Zeit auf Zukkerrohr beschränkt. Für den Anbau von Baumwolle kommt die Küstenregion wegen zu hoher Sommerniederschläge nicht in Frage.
Große Schäden richten an der Golfküste die tropischen Wirbelstürme an, die nahezu regelmäßig zwischen Juli und September - oft mehrmals im Jahr - auftreten. Jeder Abschnitt der Küste Louisianas wird durchschnittlich alle 1,6 Jahre von einem tropischen Sturm und alle 4,1 Jahre von einem Hurrikan mittlerer Stärke betroffen. Mit einem schweren Hurrikan muß in jedem zehnten Jahr gerechnet werden.
Gravierende und dauerhafte Schäden hinterlassen oft die Sturmfluten, die im Gefolge der Hurrikane auftreten. Zwar sind die Industrie- und Hafenanlagen an der Küste gut gesichert, und die Wohnsiedlungen liegen meist weit landeinwärts, so daß die Gebäudeschäden relativ gering sind. Doch die Flachküste, weithin nur unzureichend durch niedrige Dünenwälle gegen das Meer geschützt, kann den Angriffen der Sturmflut oft nicht standhalten. Immer wieder kommt es zu Überflutungen und Landverlusten. An besonders gefährdeten Abschnitten wird die Küstenlinie jährlich um 10 bis 20 m zurückverlegt.

Lage:	Florida, zwischen Atlantikküste (70 km) und Golfküste (120 km)	WMO-Nr.:	72205
Koordinaten:	28° 26' N 81° 19' W	Allg. Klimacharakteristik:	Winter mäßig warm und feucht; Sommer heiß, regenreich
Höhe ü.d.M.:	32 m	Klimatyp:	Cfa

		J	F	M	A	M	J	J	A	S	O	N	D	Jahr
Mittlere Temperatur	°C	15,4	16,2	19,3	21,8	24,9	27,3	27,9	28,1	27,2	24,0	20,0	16,7	22,4
Mittl. Max. Temp.	°C	21,6	22,6	25,6	28,3	31,0	32,5	33,1	33,1	32,1	29,2	25,8	22,7	28,1
Mittl. Min. Temp.	°C	9,2	9,8	12,9	15,2	18,8	22,1	22,8	23,0	22,4	18,8	14,2	10,7	16,7
Abs. Max. Temp.	°C	30,0	31,7	32,2	35,0	36,7	37,8	37,2	37,8	36,7	35,0	31,7	32,2	
Abs. Min. Temp.	°C	-7,2	-1,7	-3,9	3,3	10,6	11,7	17,8	20,0	13,9	6,7	0,0	-6,7	
Relative Feuchte	%	73	71	70	67	71	76	78	79	79	75	75	75	74
Niederschlag	mm	58	77	82	46	90	186	184	172	153	62	58	55	1223
Tage mit ≥ 1 mm N		5	6	6	4	7	12	14	14	10	6	5	5	94

Klimadaten Orlando (Florida, USA). Bezugszeitraum 1961-90

Die Klimadaten von Orlando unterscheiden sich nur geringfügig von den Werten der Küstenregionen Floridas. Im Winter ist die Küste am Atlantik um etwa 1 bis 2 K wärmer (Einfluß des warmen Floridastroms), während im Sommer die Stationen im Binnenland um etwa 0,5 bis 1 K höhere Werte aufweisen. Hier ist auch die Tagesamplitude etwas größer als an der Küste. Im Binnenland fallen rund 300 mm weniger Regen pro Jahr als an der Küste (nur im Sommer sind die Regenmengen im Landesinnern etwas größer). Insgesamt läßt sich ein mäßiger Gegensatz zwischen dem ozeanisch beeinflußten Klima der Küste und dem des Binnenlandes feststellen.

Seine im Hinblick auf den Tourismus entscheidenden klimatischen Vorzüge kann Florida eigentlich nur im Winter und Frühjahr ausspielen. Die Sommer sind auf Grund der großen Hitze, der hohen Niederschlagsmengen und der fast ständig herrschenden Schwüle eher belastend. Bemerkenswert ist, daß die Badeorte an der Küste des "Sunshine State" in dieser Zeit im Mittel geringere Sonnenscheindauer und mehr Regentage aufweisen als viele Orte im Norden der USA und selbst im südlichen Kanada.

So ist es verständlich, daß die klassische Tourismussaison in Florida den Sommer ausschließt. Erst durch die Zunahme von Zweitwohnsitzen, die Anlage von Rentnerstädten und den Zustrom von Besuchern aus Europa hat in jüngerer Zeit auch die Sommersaison trotz der weniger günstigen Witterungsverhältnisse an Bedeutung gewonnen.

	Sonnenscheindauer (h)	Regentage
Winnipeg	898	28
Boston	865	23
Chicago	913	24
Miami	886	42

Mittlere Sonnenscheindauer (Stunden) und Regentage in Florida im Zeitraum Juni bis August

Ein für Florida wichtiger Wirtschaftsbereich ist der Anbau von Gemüse und von Südfrüchten. Allerdings gefährdet gelegentlich auftretender Frost die Kulturen. Dies ereignet sich vor allem dann, wenn im Winter an der Rückseite ostwärts ziehender Zyklonen Kaltluft von Norden weit nach Süden transportiert wird. Die Wahrscheinlichkeit ist umso größer, je schwächer das Azoren-Bermuda-Hoch ausgeprägt bzw. je weiter sein Kern nach Osten verlagert ist.

Im nördlichen Drittel Floridas ist praktisch in jedem Winter mit Frost zu rechnen. In vier von zehn Jahren wird in Gainesville die für Orangenbäume kritische Temperatur von -5,5 °C wenigstens einmal unterschritten. Deswegen konzentriert sich der Anbau auf die Mitte der Halbinsel. Hier wirken die zahlreichen Seen – ihre Zahl wird auf über 20.000 geschätzt – als Wärmespeicher, die die Gefährdung durch Frost herabsetzen. Nach katastrophalen Frosteinbrüchen im Dezember 1983 und Januar 1985 hat sich der Schwerpunkt des Anbaus in das klimatisch günstigste Gebiet südlich von Orlando verlagert.

221 Eureka		J	F	M	A	M	J	J	A	S	O	N	D	Jahr
Mittlere Temperatur	°C	-36,6	-38,4	-37,4	-28,0	-10,9	1,9	5,4	3,0	-8,4	-22,3	-32,0	-34,5	-19,8
Mittl. Max. Temp.	°C	-33,1	-35,0	-34,1	-23,9	-7,6	4,4	8,4	5,4	-5,5	-18,6	-28,6	-31,0	-16,6
Mittl. Min. Temp.	°C	-40,3	-42,0	-40,9	-32,2	-14,5	-0,7	2,4	0,6	-11,4	-26,1	-35,6	-38,1	-23,2
Niederschlag	mm	3	3	2	4	3	7	11	12	10	8	3	3	69

79° 59' N 85° 56' W Kanada (NWT) 10 m ü.d.M. WMO 71917 1961-90

222 Barrow		J	F	M	A	M	J	J	A	S	O	N	D	Jahr
Mittlere Temperatur	°C	-25,2	-27,7	-26,2	-19,0	-7,1	1,1	4,1	3,3	-0,8	-10,3	-18,7	-24,0	-12,5
Mittl. Max. Temp.	°C	-21,9	-24,3	-22,8	-15,2	-4,3	3,5	7,2	5,7	1,0	-7,7	-15,8	-20,7	-9,6
Mittl. Min. Temp.	°C	-28,5	-30,9	-29,5	-22,8	-9,8	-1,3	0,9	0,7	-2,8	-12,9	-21,6	-27,3	-15,5
Niederschlag	mm	4	4	4	5	4	7	24	24	15	11	6	4	112

71° 18' N 156° 47' W USA (Alaska) 4 m ü.d.M. WMO 70026 1961-90

223 Yellowknife		J	F	M	A	M	J	J	A	S	O	N	D	Jahr
Mittlere Temperatur	°C	-27,9	-24,5	-18,5	-6,2	5,0	13,1	16,5	14,1	6,7	-1,4	-14,8	-24,1	-5,2
Mittl. Max. Temp.	°C	-23,9	-19,7	-12,5	-0,5	10,1	18,0	20,8	18,1	10,0	1,3	-10,8	-20,1	-0,8
Mittl. Min. Temp.	°C	-32,2	-29,4	-24,6	-12,0	-0,1	8,2	12,0	10,0	3,4	-4,2	-18,9	-28,2	-9,7
Niederschlag	mm	15	13	11	10	17	23	35	42	29	35	24	15	269

62° 28' N 114° 27' W Kanada (NWT) 206 m ü.d.M. WMO 71936 1961-90

224 Edmonton		J	F	M	A	M	J	J	A	S	O	N	D	Jahr
Mittlere Temperatur	°C	-12,5	-8,9	-3,6	4,9	11,6	15,6	17,5	16,6	11,1	5,9	-4,2	-10,5	3,6
Mittl. Max. Temp.	°C	-8,2	-4,2	1,1	10,5	17,5	21,3	23,0	22,1	16,6	11,3	-0,1	-6,3	8,7
Mittl. Min. Temp.	°C	-17,0	-13,7	-8,4	-0,7	5,7	9,9	12,0	11,0	5,6	0,6	-8,4	-14,8	-1,5
Niederschlag	mm	23	17	17	22	44	80	94	67	42	17	16	22	461

53° 34' N 113° 31' W Kanada (Alberta) 671 m ü.d.M. WMO 71879 1961-90

225 Churchill Falls		J	F	M	A	M	J	J	A	S	O	N	D	Jahr
Mittlere Temperatur	°C	-21,5	-19,7	-13,2	-5,0	3,0	9,5	13,7	12,2	6,4	-0,4	-8,2	-18,5	-3,5
Mittl. Max. Temp.	°C	-15,9	-13,4	-6,8	0,6	8,1	15,0	19,0	17,2	10,4	2,9	-4,2	-13,5	1,6
Mittl. Min. Temp.	°C	-27,3	-26,1	-19,7	-10,8	-2,2	4,0	8,4	7,2	2,3	-3,9	-12,4	-23,6	-8,7
Niederschlag	mm	64	51	63	66	57	95	114	93	111	81	82	68	945

53° 33' N 64° 6' W Kanada (Nfld.) 440 m ü.d.M. WMO 71182 1961-90

226 Winnipeg		J	F	M	A	M	J	J	A	S	O	N	D	Jahr
Mittlere Temperatur	°C	-18,3	-15,1	-7,0	3,8	11,6	16,9	19,8	18,3	12,4	5,7	-4,7	-14,6	2,4
Mittl. Max. Temp.	°C	-13,2	-9,7	-1,8	9,8	18,6	23,4	26,1	24,9	18,6	11,3	-0,4	-9,9	8,1
Mittl. Min. Temp.	°C	-23,6	-20,6	-12,4	-2,3	4,5	10,4	13,4	11,7	6,1	0,1	-9,2	-19,4	-3,4
Niederschlag	mm	19	15	23	36	60	84	72	75	51	30	21	19	505

49° 54' N 97° 14' W Kanada (Manitoba) 239 m ü.d.M. WMO 71852 1961-90

227 Vancouver		J	F	M	A	M	J	J	A	S	O	N	D	Jahr
Mittlere Temperatur	°C	3,0	4,7	6,3	8,8	12,1	15,2	17,2	17,4	14,3	10,0	6,0	3,5	9,9
Mittl. Max. Temp.	°C	5,7	8,0	9,9	12,7	16,3	19,3	21,7	21,7	18,4	13,5	9,0	6,1	13,5
Mittl. Min. Temp.	°C	0,1	1,4	2,6	4,9	7,9	11,0	12,7	12,9	10,1	6,4	3,0	0,8	6,2
Niederschlag	mm	150	124	109	75	62	46	36	38	64	115	170	179	1168

49° 11' N 123° 10' W Kanada (BC) 2 m ü.d.M. WMO 71892 1961-90

228 Aberdeen		J	F	M	A	M	J	J	A	S	O	N	D	Jahr
Mittlere Temperatur	°C	-12,2	-8,5	-1,2	7,3	13,9	19,2	22,7	21,4	15,3	8,5	-0,9	-9,3	6,4
Mittl. Max. Temp.	°C	-6,2	-2,8	4,3	14,1	20,9	26,0	29,9	29,1	22,7	15,8	4,7	-3,7	12,9
Mittl. Min. Temp.	°C	-18,1	-14,2	-6,8	0,6	6,9	12,4	15,3	13,8	7,8	1,2	-6,7	-14,8	-0,2
Niederschlag	mm	9	12	34	50	61	80	70	54	47	28	15	10	470

45° 27' N 98° 26' W USA (S-Dakota) 396 m ü.d.M. WMO 72659 1961-90

229 Toronto		J	F	M	A	M	J	J	A	S	O	N	D	Jahr
Mittlere Temperatur	°C	-6,7	-6,1	-0,8	6,0	12,3	17,4	20,5	19,5	15,2	8,9	3,2	-3,5	7,2
Mittl. Max. Temp.	°C	-2,5	-1,6	3,7	11,5	18,4	23,6	26,8	25,5	20,9	14,1	7,2	0,4	12,3
Mittl. Min. Temp.	°C	-7,9	-7,4	-2,8	2,5	7,7	12,8	16,2	16,4	12,6	6,8	1,9	-4,5	4,5
Niederschlag	mm	46	46	57	64	66	69	77	84	74	63	70	66	782

43° 40' N 79° 38' W Kanada 173 m ü.d.M. WMO 71624 1961-90

230 Des Moines		J	F	M	A	M	J	J	A	S	O	N	D	Jahr
Mittlere Temperatur	°C	-7,0	-4,1	2,9	10,5	16,8	22,1	24,8	23,3	18,4	11,9	3,9	-4,2	9,9
Mittl. Max. Temp.	°C	-2,2	0,9	8,3	16,6	22,8	27,9	30,4	29,0	24,2	17,9	8,9	0,3	15,4
Mittl. Min. Temp.	°C	-11,8	-9,1	-2,4	4,4	10,8	16,2	19,2	17,6	12,5	5,9	-1,2	-8,8	4,4
Niederschlag	mm	24	28	59	85	93	113	96	107	90	67	46	34	842

41° 32' N 93° 39' USA (Iowa) 294 m ü.d.M. WMO 72546 1961-90

231 New York (JFK)		J	F	M	A	M	J	J	A	S	O	N	D	Jahr
Mittlere Temperatur	°C	-0,4	0,5	5,0	10,3	15,6	20,8	24,2	23,7	19,8	13,9	8,4	2,6	12,0
Mittl. Max. Temp.	°C	3,1	4,2	8,9	14,6	19,8	25,0	28,2	27,7	23,9	18,2	12,1	5,9	16,0
Mittl. Min. Temp.	°C	-3,9	-3,2	1,1	6,0	11,3	16,6	20,1	19,6	15,6	9,6	4,7	-0,8	8,1
Niederschlag	mm	81	77	91	99	97	93	97	87	84	73	93	87	1059

40° 39' N 73° 47' W USA 7 m ü.d.M. WMO 74486 1961-90

232 Washington		J	F	M	A	M	J	J	A	S	O	N	D	Jahr
Mittlere Temperatur	°C	1,4	3,1	8,4	13,6	19,1	24,2	26,7	25,8	21,8	15,4	9,9	4,1	14,5
Mittl. Max. Temp.	°C	5,7	7,7	13,6	19,3	24,6	29,3	31,4	30,5	26,7	20,6	14,6	8,3	19,4
Mittl. Min. Temp.	°C	-2,9	-1,6	3,2	8,0	13,7	19,2	21,9	21,1	16,9	10,2	5,1	-0,2	9,6
Niederschlag	mm	69	69	81	69	93	86	97	99	84	77	79	79	982

38° 51' N 77° 2' W USA 20 m ü.d.M. WMO 72405 1961-90

233 Louisville		J	F	M	A	M	J	J	A	S	O	N	D	Jahr
Mittlere Temperatur	°C	-0,2	2,1	7,9	13,5	18,5	22,9	25,1	24,3	20,8	14,2	8,4	2,7	13,4
Mittl. Max. Temp.	°C	4,6	7,1	13,5	19,6	24,4	28,6	30,6	29,8	26,8	20,7	13,8	7,3	18,9
Mittl. Min. Temp.	°C	-4,9	-3,1	2,3	7,4	12,6	17,2	19,6	18,8	14,8	7,7	2,9	-1,9	7,8
Niederschlag	mm	73	84	118	107	117	88	115	90	80	69	94	93	1128

38° 11' N 85° 44' W USA (Kentucky) 149 m ü.d.M. WMO 72423 1961-90

234 Atlanta		J	F	M	A	M	J	J	A	S	O	N	D	Jahr
Mittlere Temperatur	°C	10,7	12,4	14,8	18,8	23,3	28,8	30,3	29,2	26,9	21,3	15,1	11,1	20,2
Mittl. Max. Temp.	°C	17,7	19,9	22,7	27,3	32,2	37,6	37,4	36,0	34,1	29,1	22,6	17,9	27,9
Mittl. Min. Temp.	°C	3,7	5,0	7,0	10,2	14,4	19,9	23,1	22,3	19,7	13,7	7,6	4,3	12,6
Niederschlag	mm	22	18	18	8	5	5	60	56	42	27	17	27	305

33° 39' N 84° 25' W USA (Georgia) 315 m ü.d.M. WMO 72219 1961-90

235 Tucson		J	F	M	A	M	J	J	A	S	O	N	D	Jahr
Mittlere Temperatur	°C	10,7	12,4	14,8	18,8	23,3	28,8	30,3	29,2	26,9	21,3	15,1	11,1	20,2
Mittl. Max. Temp.	°C	17,7	19,9	22,7	27,3	32,2	37,6	37,4	36,0	34,1	29,1	22,6	17,9	27,9
Mittl. Min. Temp.	°C	3,7	5,0	7,0	10,2	14,4	19,9	23,1	22,3	19,7	13,7	7,6	4,3	12,6
Niederschlag	mm	22	18	18	8	5	5	60	56	42	27	17	27	305

32° 7' N 110° 56' W USA (Arizona) 779 m ü.d.M. WMO 72274 1961-90

236 Austin		J	F	M	A	M	J	J	A	S	O	N	D	Jahr
Mittlere Temperatur	°C	9,3	11,6	16,4	20,9	24,2	27,4	29,2	29,3	26,8	21,7	16,1	10,9	20,3
Mittl. Max. Temp.	°C	14,9	17,4	22,2	26,3	29,3	32,8	35,0	35,3	32,5	27,8	22,1	16,7	26,0
Mittl. Min. Temp.	°C	3,7	5,6	10,6	15,4	19,2	21,9	23,3	23,3	21,0	15,6	9,9	5,1	14,6
Niederschlag	mm	43	55	48	65	121	95	52	52	84	87	60	48	810

30° 18' N 97° 42' W USA (Texas) 189 m ü.d.M. WMO 72254 1961-90

Lage:	Hochbecken, umrahmt von 3000 bis 5000 m hohen Sierras	WMO-Nr.:	76680
Koordinaten:	19° 24' N 99° 12' W	Allg. Klima-charakteristik:	April/Mai warm, sonst ganzjährig mäßig warm; Regen im Sommer
Höhe ü.d.M.:	2308 m	Klimatyp:	Cwb

		J	F	M	A	M	J	J	A	S	O	N	D	Jahr
Mittlere Temperatur	°C	13,4	14,7	17,0	18,2	18,6	17,4	16,2	16,4	16,3	15,5	14,9	13,5	16,0
Mittl. Max. Temp.	°C	21,3	22,9	25,4	26,5	26,6	24,7	23,2	23,4	22,9	22,6	22,2	21,3	23,6
Mittl. Min. Temp.	°C	6,5	7,4	9,7	11,3	12,2	12,5	11,8	11,9	11,9	10,4	8,4	7,2	10,1
Dampfdruck	hPa	8,3	8,0	8,4	9,6	10,9	12,4	12,9	13,1	13,0	11,6	9,6	8,9	10,6
Rel. Feuchte (Max.)	%	93	90	89	89	92	95	96	96	96	96	93	94	93
Rel. Feuchte (Min.)	%	18	17	14	16	18	23	32	39	34	28	21	22	24
Niederschlag	mm	9	9	13	27	58	157	183	173	144	61	6	8	848
Sonnenscheindauer	h	208	212	229	209	197	153	144	158	139	177	199	187	2212

Klimadaten Mexiko-Stadt (Mexiko). Bezugszeitraum 1961-90

Die allseits ausufernde Hauptstadt liegt innerhalb der wechselfeuchten Randtropen im Bereich des kühlen Höhenklimas. Die Tierra fria, wie diese Höhenstufe genannt wird, löst die Tierra templada (gemäßigte Zone) in etwa 1700 m Höhe ab und reicht bis zur Obergrenze der Vegetation in 4000 und 4700 m Höhe.
Von außertropischen Klimaten unterscheiden sich tropische Höhenklimate generell durch geringe Jahresamplitude (Mexiko 5,2 K) und hohe Strahlungsintensität. Dies hat zur Folge, daß – je nachdem, ob eine Fläche der Sonnenstrahlung ausgesetzt ist oder nicht – auch kleinräumig sehr unterschiedliche Temperaturen auftreten. Die wechselnden Temperaturverhältnisse wirken sich wiederum auf die Verdunstung und damit auch auf den Bodenwasserhaushalt und die Pflanzendecke aus. Die Temperaturunterschiede zwischen Tag und Nacht werden vor allem in der Trokkenzeit verstärkt, weil die nächtliche Ausstrahlung die Temperatur der wasserdampfarmen Luft drastisch sinken läßt.
Nach der Niederschlagsverteilung und den Temperaturen lassen sich in der Region um die Hauptstadt drei Jahreszeiten unterscheiden: Die Regenzeit dauert etwa von Juni bis September. Die Regenfälle werden häufig durch Konvektion ausgelöst und sind in ihrer Ergiebigkeit stark wechselnd. Die temperierte Trockenzeit (Oktober bis Januar) mit gelegentlichem Niederschlag ist die angenehmste Zeit. Ihr folgt ab Februar eine extreme Trockenzeit, die auf Grund steigender Temperaturen, stark sinkender Luftfeuchtigkeit (Mittagswerte unter 20 %) und zunehmender Belastung durch Staub und Abgase als schwer erträglich empfunden wird.
Die Niederschlagsmengen schwanken von Jahr zu Jahr beträchtlich, wodurch die Sicherung der Wasserversorgung der Hauptstadt zu einem besonderen Problem wird.
Die potentielle Verdunstung dürfte im Mittel die Niederschlagsmenge überschreiten. Dafür spricht die Existenz des (heute teilweise überbauten) abflußlosen Texcocosees mit salzhaltigem Wasser. Messungen und Berechnungen zur Höhe der Verdunstung wurden mehrfach durchgeführt, allerdings weichen die gewonnenen Zahlenwerte stark voneinander ab. Begünstigt wird die Verdunstung durch die intensive Einstrahlung und den geringen Luftdruck – beides durch die Höhenlage bedingt.
Das Leben in der Stadt wird erschwert durch gravierende Umweltbelastungen. Staubstürme entstehen vor allem zwischen März und Mai, wenn der Texcocosee ausgetrocknet ist und der Salzstaub vom Wind fortgeweht wird. Im Jahresmittel ist mit 68 Staubstürmen, in Mexiko Tolvaneras genannt, zu rechnen. Sie treten vor allem auf, wenn kalte Luftmassen von Norden ("Nortes") ins Hochland vordringen.
Eine weitere Belastung für die Bewohner der Stadt sind die Emissionen der Industrie und des Kfz-Verkehrs. Bei den sich häufig über dem Hochbecken ausbildenden Inversionswetterlagen kommt es zu gesundheitsgefährdenden Schadstoffanreicherungen in der Luft.

Lage:	Nordostküste Puerto Rico, im Vorland der Cordillera Central	WMO-Nr.:	78526
Koordinaten:	18° 26' N 66° 0' W	Allg. Klima-charakteristik:	Winter sehr warm; Sommer heiß; ganzjährig feucht
Höhe ü.d.M.:	19 m	Klimatyp:	Am

		J	F	M	A	M	J	J	A	S	O	N	D	Jahr
Mittlere Temperatur	°C	25,0	25,1	25,6	26,3	27,2	27,9	28,1	28,2	28,1	27,7	26,7	25,6	26,8
Mittl. Max. Temp.	°C	28,4	28,7	29,1	29,9	30,7	31,4	31,4	31,5	31,6	31,3	29,9	28,8	30,2
Mittl. Min. Temp.	°C	21,6	21,4	22,0	22,7	23,6	24,5	24,9	24,8	24,6	24,2	23,3	22,4	23,3
Abs. Max. Temp.	°C	33,3	35,6	35,6	36,1	35,6	36,1	35,0	36,1	36,1	36,7	35,6	34,4	
Abs. Min. Temp.	°C	16,1	16,7	16,1	17,8	18,9	21,1	21,1	21,7	21,1	20,0	18,9	17,2	
Relative Feuchte	%	74	72	71	71	75	76	76	76	76	77	76	75	75
Niederschlag	mm	71	55	60	96	151	102	111	135	134	145	151	120	1331
Tage mit ≥ 1 mm N		13	9	8	9	13	12	14	15	13	14	15	14	149
Max. Niederschlag	mm	193	170	131	263	381	278	238	287	377	283	405	427	
Sonnenscheindauer	h	237	231	282	268	255	259	281	268	235	227	202	217	2964

Klimadaten San Juan (Puerto Rico). Bezugszeitraum 1961-90

Die Lage Puerto Ricos in den nördlichen Randtropen wirkt sich vor allem auf die Einstrahlung und die Temperaturverhältnisse aus. Von Mai bis Anfang August steht die Sonne mittags nahezu senkrecht über der Insel. Die höchsten Temperaturen werden am Ende dieses Zeitraums erreicht. Der Unterschied zur weniger heißen Jahreszeit beträgt an der Nordküste aber nur etwa 3 bis 4 K. Auch zwischen Tag und Nacht bestehen nur mäßige Temperaturgegensätze, da das warme Wasser des Meeres ausgleichend wirkt. Dies macht sich besonders in der Hauptstadt San Juan bemerkbar, da sie auf drei Seiten von Wasser umgeben ist. Der hohe Wasserdampfgehalt der Luft und die Bewölkung tragen gleichfalls dazu bei, die Temperaturgegensätze gering zu halten. Das Klima ist trotz Hitze und Feuchtigkeit gut zu ertragen, weil fast ständig ein frischer Wind weht. Kühler ist es im Gebirge, das die Insel von Westen nach Osten durchzieht. In 700 m Höhe werden Jahresmittel um 20 °C registriert. Nachts sinken die Werte im Mittel um 11 bis 14 K unter den Tageshöchstwert.

Große regionale und jahreszeitliche Unterschiede ergeben sich beim Niederschlag, dessen Verteilung vor allem durch den beständig aus östlichen Richtungen wehenden Passat bestimmt wird. Die mit ihm herangeführte Luft hat über dem tropischen Atlantik ihre ursprünglich stabile Schichtung verloren und viel Feuchtigkeit aufgenommen. Da sich die Insel in West-Ost-Richtung erstreckt und von einem bis über 1000 m hohen Bergland durchzogen wird, ergeben sich deutliche Gegensätze zwischen der niederschlagreichen Luv- und der deutlich weniger Niederschlag erhaltenden Leeseite. Während an der Ostküste in Humacao über 2100 mm Niederschlag fallen, erhalten die Südküste und ihr Hinterland in der Regel nur zwischen 800 und 1000 mm. Doch gibt es in auch kleinere Bereiche im "Regenschatten", die als arid zu bezeichnen sind.

Nicht nur räumlich, sondern auch zeitlich wechseln die Niederschlagsmengen an der Südküste stark. Die meisten Niederschläge fallen in der Zeit, in der auch die Nordküste den meisten Niederschlag erhält, nämlich zwischen Mai und November. Dies hängt u.a. damit zusammen, daß die Luft bei höheren Temperaturen mehr Wasserdampf aufnimmt und beim Aufsteigen über der Insel entsprechend mehr Regen liefern kann. Hinzu kommt, in dieser Zeit gelegentlich Hurrikane auftreten, in deren Gefolge es zu gewaltigen Regenfällen kommen kann. Auch wenn diese Ereignisse selten sind, so wirken sie sich doch in einer Anhebung der mittleren Niederschlagswerte aus. Rekordwerte brachte der Hurrikan Hortense in Rio Mameyes, wo am 10./11. September 1996 innerhalb von 24 Stunden 584 mm Regen niedergingen, also etwa soviel, wie in Berlin innerhalb eines ganzen Jahres fällt).

Lage:	Mexikanische Pazifikküste, Golf von Tehuantepec	WMO-Nr.:	76833
Koordinaten:	16° 10' N 95° 12' W	Allg. Klima-charakteristik:	Winter sehr warm, trocken; Sommer sehr heiß, regenreich
Höhe ü.d.M.:	ca. 10 m	Klimatyp:	Aw

		J	F	M	A	M	J	J	A	S	O	N	D	Jahr
Mittlere Temperatur	°C	25,7	26,1	27,6	29,0	29,9	28,9	29,4	29,3	28,4	28,2	27,4	26,3	28,0
Mittl. Max. Temp.	°C	31,8	32,1	33,2	34,4	35,1	33,9	34,7	34,9	33,7	33,4	32,9	32,2	33,5
Mittl. Min. Temp.	°C	20,0	20,2	21,8	23,4	24,1	23,4	23,7	23,7	23,1	22,9	22,0	20,9	22,4
Dampfdruck	hPa	20,7	21,5	24,4	26,8	27,9	28,0	26,8	27,1	27,8	24,3	22,2	21,5	24,9
Niederschlag	mm	9	4	3	2	63	286	135	198	300	66	24	9	1099
Wind	m/s	4,4	4,8	4,1	3,2	3,8	3,1	3,5	3,4	2,8	4,4	5,4	5,1	4,0

Klimadaten Salina Cruz (Mexiko). Bezugszeitraum 1961-90

Der das Klima der Randtropen beherrschende Passat bringt der Luvseite Zentralamerikas im Sommer hohe Niederschläge. An der Leeseite, der stellenweise über 4000 m hoch aufragenden Gebirge kann er keinen Niederschlag bringen, weil die Luft unterhalb der Inversion ihre Feuchtigkeit weitgehend abgegeben hat und die obere Schicht ohnehin trocken ist.
Dies trifft auch für die Region um den Golf von Tehuantepec zu, der im Osten von über 2000 m hohen Bergländern umrahmt wird. Lediglich im Norden besteht am Isthmus von Tehuantepec eine Einsattelung. Mit ihrer Höhe von nicht einmal 250 m Höhe bildet sie einen Durchlaß für Luftmassen aus dem Golf von Mexiko. Die Kanalisierung der Lufströmung hat vor allem im Winter, wenn der Passat seine kräftigste Ausprägung hat, hohe Windgeschwindigkeiten zur Folge. Das nahe am Ausgang dieses Nadelöhrs gelegene Salina Cruz gilt als der "windigste" Ort Mexikos.
Im Winter findet von Norden bis in den Golf von Mexiko vorgestoßene Kaltluft polaren Ursprungs über den Isthmus gelegentlich sogar einen Weg bis an die Küste des Pazifiks. Der mit dem Kaltluftvorstoß verbundene heftige Wind wird als Tehuantepequero bezeichnet. Die Abkühlung durch die Kaltluft wirkt sich in Salina Cruz jedoch meist nur noch in einem kurzfristigen Absinken der Temperatur um etwa 4 K aus.
Die Sommerniederschläge in Salina Cruz sind allerdings weder durch den Tehuantepequero noch durch den Passat zu erklären. Ursache ist vielmehr ein relativ kleinräumiges tagesperiodisches Windsystem, das durch die thermisch bedingte Luftdruckdifferenz zwischen Meer und Land hervorgerufen wird. Es ist nur im Sommer ausgebildet, weil der Gegensatz im Winter zu gering ist und sich das lokale Tief über Salina Cruz von 1005 hPa auf 1007 hPa abschwächt. Zudem verhindert der im Winter besonders kräftige und hier ablandig wehende Passat, daß sich ein Seewind durchsetzen kann. Entsprechend dem Tagesgang der Temperatur erreicht der sommerliche Seewind nachmittags und abends seine größte Stärke. Folge der Konvektion über dem Festland sind die meist sehr kräftigen Regenschauer.
Gelegentlich gelangt Salina Cruz in den Einzugsbereich tropischer Wirbelstürme, die vor der mexikanischen Pazifikküste entstehen und hier Cordonazos genannt werden. Obwohl sie relativ häufig auftreten, wird über sie in den Medien selten berichtet, da sie meist keine Zerstörungen anrichten - es sei denn, sie schwenken vom Pazifik nordwärts auf das mexikanische Festland (Zerstörung der Stadt Manzanillo im Oktober 1959).
Die küstennahe Entstehung läßt die Vermutung zu, daß außer der hohen Oberflächentemperatur des Meeres auch das Relief die Entstehung begünstigt. Eine außergewöhnlich weite Nordwärtsverlagerung der ITC mag im Juni/Juli hinzukommen. Allerdings werden die meisten Cordonazos im August und September beobachtet, wenn die ITC nur wenig nördlich des Äquators verläuft.
Gelegentlich kommt es vor, daß ein Hurrikan von der Karibik her bis zum Pazifik vordringt und sich dort über dem warmen Wasser wieder regeneriert (z.B. Hurrikan Cesar 1996). Die vor der Küste vorbeiziehenden Cordonazos bringen für Salina Cruz oft Sturm aus Süd und wolkenbruchartige Regenfälle, die mehr als 200 mm innerhalb eines Tages ausmachen können. Das Monatsmaximum liegt bei 953 mm (September).

Lage:	Martinique, Kleine Antillen, nahe der Westküste bei Fort de France	WMO-Nr.:	78925
Koordinaten:	14° 36' N 61° 0' W	Allg. Klimacharakteristik:	Winter sehr warm; Sommer heiß; Frühjahr mäßig, sonst sehr feucht
Höhe ü.d.M.:	7 m	Klimatyp:	Af

		J	F	M	A	M	J	J	A	S	O	N	D	Jahr
Mittlere Temperatur	°C	24,9	24,8	25,2	25,9	26,8	27,3	27,2	27,2	27,0	26,7	26,3	25,4	26,2
Mittl. Max. Temp.	°C	28,3	28,4	28,8	29,5	30,1	30,2	30,2	30,5	30,7	30,5	29,9	28,9	29,7
Mittl. Min. Temp.	°C	21,4	21,3	21,5	22,2	23,4	24,3	24,3	24,0	23,3	23,0	22,7	21,9	22,8
Relative Feuchte	%	78	77	77	77	78	79	80	81	82	82	82	80	79
Niederschlag	mm	121	89	88	96	123	170	204	252	236	270	224	159	2032
Tage mit ≥ 1 mm N		18	14	14	12	15	17	20	21	19	20	18	18	206
Sonnenscheindauer	h	252	232	257	250	253	233	246	252	224	230	229	242	2899
Wind	m/s	3,9	4,4	4,4	4,1	4,4	5,3	4,8	4,1	3,2	2,9	3,3	3,7	4,0

Klimadaten Le Lamentin (Martinique). Bezugszeitraum 1961-90

Trotz geringer Ausdehnung der Insel weist Martinique, bedingt durch das bis auf 1397 m Höhe ansteigende Bergland, ziemlich unterschiedliche klimatische Verhältnisse auf. Die Temperaturen sind entsprechend der Breitenlage ganzjährig hoch. Von Anfang April bis in den September hinein steht die Sonne mittags mehr als 80° über dem Horizont, also nahezu senkrecht. Wenn sie sich im Dezember über dem südlichen Wendekreis befindet, beträgt der Einfallswinkel der Strahlung auf Martinique immer noch 52°.

Die Niederschlagsverteilung wird weitgehend durch die von Osten kommende Passatströmung bestimmt. Die Passatluft hat auf ihrem Weg über den tropischen Atlantik viel Wasserdampf aufgenommen und sich über der warmen Meeresoberfläche erwärmt. Die Folge ist zunehmende Labilisierung der Luft, so daß Konvektion und Bildung von Quellbewölkung begünstigt werden.

Die charakteristische Inversion des Passats liegt im Winter im Gebiet um Martinique bei etwa 1500 bis 1800 m. Soweit die Luft an der Luvseite von Gebirgen zum Aufsteigen gezwungen wird, können aber trotz der Sperrschicht niederschlagbringende Wolken entstehen und größere Regenmengen niedergehen.

Im Sommer ist die Inversion in der Regel weniger stark ausgeprägt und liegt relativ hoch bei mehr als 3000 m. Die Mächtigkeit der unter der Sperrschicht liegenden Luft reicht deshalb aus, um auch ohne orographisch bedingtes Aufsteigen durch Konvektion niederschlagbringende Wolken entstehen zu lassen.

Ein weitere Ursache für die Zunahme der Häufigkeit und Ergiebigkeit der Niederschläge in der zweiten Jahreshälfte ist das Auftreten von Wellen in der Höhenströmung, die sich an der äquatorwärtigen Seite des Azorenhochs bilden und mit der Strömung nach Westen wandern (Easterly Waves). Vor der Welle, also westlich der Wellenachse, herrscht Divergenz der Strömungslinien. Sie bewirkt ein Absinken der Passatinversion, so daß nur wenige Wolken auftreten, die keinen Niederschlag bringen. Nach dem Durchzug der Wellenachse bricht die Inversion auf, und es kommt zu beträchtlichen Niederschlägen, die auch im nachfolgenden Konvergenzbereich der Strömung noch anhalten.

Vereinzelt können die Niederschlagsmengen auf Martinique ganz erheblich von den Mittelwerten abweichen. So waren im August 1995 in Le Lamentin 791 mm zu registrieren – mehr als das Dreifache der mittleren Menge. Ursache war der tropische Wirbelsturm Iris, der die Insel am 26.8 heimsuchte.

Martinique hat wie die übrigen Inseln der kleinen Antillen relativ häufig unter Wirbelstürmen zu leiden. Zu den direkten Auswirkungen durch die Gewalt des Sturms kommen oft indirekte hinzu. Die gewaltigen Wassermassen, die im Gefolge eines Hurrikans niedergehen, können die von lokkeren vulkanischen Aschen bedeckten Hänge des Berglandes ins Rutschen bringen, so daß Siedlungen und Verkehrswege in Mitleidenschaft gezogen werden und oft auch Todesopfer zu beklagen sind.

Lage:	Nordwesten der Insel Trinidad	WMO-Nr.:	78970
		Allg. Klima-charakteristik:	Winter sehr warm; Sommer heiß; Frühjahr mäßig, sonst sehr feucht
Koordinaten:	10° 37' N 61° 21' W		
Höhe ü.d.M.:	15 m	Klimatyp:	Aw

		J	F	M	A	M	J	J	A	S	O	N	D	Jahr
Mittlere Temperatur	°C	24,8	25,0	25,7	26,5	26,9	26,4	26,2	26,4	26,5	26,4	25,9	25,2	26,0
Abs. Max. Temp.	°C	33,2	33,0	34,9	34,9	35,3	34,4	33,5	34,2	36,5	35,5	33,8	33,2	
Abs. Min. Temp.	°C	15,6	16,1	16,7	17,2	18,9	19,7	18,3	18,9	19,4	19,4	17,9	16,7	
Dampfdruck	hPa	25,7	25,1	24,7	27,6	28,5	28,4	28,4	28,6	28,7	28,7	28,2	26,6	27,4
Relative Feuchte	%	81	80	77	77	79	84	84	84	84	85	86	84	82
Niederschlag	mm	71	43	34	51	117	252	266	250	203	199	228	156	1870
Sonnenscheindauer	h	241	231	248	238	233	184	206	213	197	207	198	215	2610

Klimadaten Piarco (Flughafen Trinidad). Bezugszeitraum 1960/61-90

Die Lage Trinidads auf halben Wege zwischen Äquator und nördlichem Wendekreis bewirkt, daß die Sonne mittags von Mitte März bis September nahezu senkrecht über der Insel steht. Die Temperaturgegensätze zwischen den einzelnen Monaten sind dementsprechend gering. Die niedrigsten Werte treten im Januar auf – etwa einen Monat nachdem die Sonne den südlichen Wendekreis erreicht hat. Eine minimale Verringerung tritt im Juli auf, nachdem die Sonne sich bis zum nördlichen Wendekreis entfernt hat.

Obwohl die Sonne schon früh untergeht, kühlt sich die Luft bis zum Morgen nur mäßig ab, da der hohe Wasserdampfgehalt der Luft und die Bewölkung die Wärmeverluste durch Ausstrahlung gering halten. Hinzu kommt, daß die das Klima prägende maritime Tropikluft sehr homogen ist und daß Kaltluftvorstöße, wie sie im Norden der Karibik vereinzelt noch vorkommen, auf Trinidad unbekannt sind.

Die Niederschläge werden in erster Linie durch den beständig aus östlichen Richtungen wehenden Passat bestimmt. Seefahrer früherer Jahrhunderte unterschieden bei den Kleinen Antillen – je nachdem, ob sie Passatniederschlag erhalten oder nicht – zwischen den "Inseln über dem Wind" und den "Inseln unter dem Wind". Mit diesen Bezeichnungen, die ihre Entsprechungen auch im Französischen, Niederländischen und Spanischen haben, decken sich die englischen Namen "Leeward Islands" und "Windward Islands" nicht; sie kennzeichneten während der Kolonialzeit lediglich die Zugehörigkeit zu bestimmten Verwaltungseinheiten.

Da die auf Trinidad die Gebirgszüge in der Richtung der Passatströmung verlaufen, ist die Insel gewissermaßen "winddurchlässig", so daß auch im Landesinneren noch ausreichend Regen fällt. Die größten Regenmengen fallen im Nordosten, dessen Bergland zwischen 3000 und 4000 mm erhält. Nach Süden, wo die Gebirgszüge niedriger sind, und ebenso nach Westen hin nehmen die Mengen deutlich ab. Je trockener das Klima wird, desto deutlicher wird die Konzentration auf die zweite Jahreshälfte. Dies lassen auch die Niederschlagsdaten von Piarco erkennen, das noch im semihumiden Bereich der Insel liegt.

Ein wesentlicher Grund für die Zunahme der Häufigkeit und Ergiebigkeit der Niederschläge in der zweiten Jahreshälfte ist das Auftreten von Wellen in der Höhenströmung, die sich an der äquatorwärtigen Seite des Azorenhochs bilden und mit der Strömung nach Westen wandern (Easterly Waves). Vor der Welle, also westlich der Wellenachse, herrscht Divergenz der Strömungslinien. Sie bewirkt ein Absinken der Passatinversion, so daß nur wenige Wolken auftreten, die keinen Niederschlag bringen. Nach dem Durchzug der Wellenachse bricht die Inversion auf, und es kommt zu ergiebigen Niederschlägen, die auch im folgenden Konvergenzbereich der Strömung noch anhalten.

Die Prägung des Klimas durch Easterly Waves hat Trinidad mit den übrigen Inseln über dem Wind gemeinsam. Im Gegensatz zu ihnen ist Trinidad jedoch durch Hurrikane weniger gefährdet, da sie in der Regel eine nördlichere Zugbahn einschlagen.

Lage:	Im Nordosten Costa Ricas am Moskitogolf	WMO-Nr.:	78767
Koordinaten:	10° 0' N 83° 3' W	Allg. Klimacharakteristik:	Winter sehr warm; Sommer heiß; ganzjährig sehr feucht
Höhe ü.d.M.:	3 m	Klimatyp:	Af

		J	F	M	A	M	J	J	A	S	O	N	D	Jahr
Mittlere Temperatur	°C	24,0	24,3	25,0	25,8	26,1	25,9	25,2	25,6	25,7	25,4	25,1	24,3	25,2
Mittl. Max. Temp.	°C	29,5	29,7	30,2	30,6	30,9	30,5	29,8	30,2	29,7	30,6	29,8	29,5	30,1
Mittl. Min. Temp.	°C	20,3	20,3	20,9	21,6	22,2	22,3	22,1	22,1	22,2	21,9	21,6	20,8	21,5
Niederschlag	mm	319	201	193	287	281	276	408	289	163	198	367	402	3384
Sonnenscheindauer	h	158	154	177	174	171	129	121	146	153	164	147	152	1845

Klimadaten Puerto Limón (Costa Rica). Bezugszeitraum 1961-90, außer Sonnenscheindauer (1971-90)

Die Atlantikküste Costa Ricas erhält in allen Monaten beträchtliche Mengen an Niederschlag. Die Sommerniederschläge sind als Ergebnis des Zusammenwirken von Passat und der im Juli bis auf 10° Breite oder weiter nördlich verlagerten ITC zu verstehen. Tropische Wirbelstürme erreichen das Land nicht. Das bis etwa 12° Nord vorstoßende Festland Südamerikas sorgt dafür, daß sich Costa Rica einer Schutzlage in einem "toten Winkel" erfreuen kann, während das angrenzende Nicaragua bereits unter Hurrikanen zu leiden hat.
Unter dem Einfluß der ITC erhält auch die Pazifikseite Costa Ricas im Sommer Niederschlag. Hier ist nicht der Nordostpassat der Regenbringer, sondern der Südostpassats des Pazifiks, der beim Übertritt auf die Nordhalbkugel eine Ablenkung nach rechts erfährt.
Im Winterhalbjahr erhält die Atlantikküste Costa Ricas gleichermaßen hohe Niederschläge wie im Sommer. Dies ist nicht selbstverständlich, denn der winterliche Passat ist in der Karibik normalerweise mit Trockenheit verbunden. Die Ursache für die ergiebigen Regenfälle im Winterhalbjahr liegt darin, daß die ganzjährig hohe Wassertemperaturen des Moskitogolfs und die entsprechend starke Verdunstung für einen sehr hohen Wasserdampfgehalt der Luft sorgen. Bei einer Temperatur von 30 °C und einer relativen Feuchte von 95 % beträgt die Taupunktdifferenz nur 0,9 K, so daß schon geringste Anlässe ausreichen, um eine kettenreaktionsartig ablaufende Konvektion einzuleiten. Die Folge sind die für Costa Rica typischen Starkregen, die in allen Monaten Spitzenwerte von 100 mm oder mehr pro Tag liefern können. Verstärkt wird dieser Effekt dadurch, daß das Bergland im Hinterland rasch bis auf Höhen von mehr als 3000 m ansteigt und die Luft zum Aufsteigen veranlaßt.
Jenseits des Berglandes herrscht auf der pazifischen Seite von Dezember bis April eine ausgeprägte Trockenzeit. Dies hat seinen Grund darin, daß das südostpazifische Hoch zu dieser Zeit weniger stark ausgeprägt ist und der Passat die Küste Costa Ricas nicht erreicht. Soweit der Nordostpassat vom Atlantik über das Gebirge übergreift, hat er Föhncharakter und vergrößert damit die Trockenheit der Pazifikküste.
Der Wechsel zwischen ganzjährig feuchtem Klima auf der Atlantikseite und wechselfeuchtem Klima auf der Pazifikseite ist - wie die folgenden Daten zeigen - für weite Gebiete der zentralamerikanischen Landbrücke typisch.

	Klimastation	J	F	M	A	M	J	J	A	S	O	N	D	Jahr
Atlantik	La Ceiba	305	330	225	121	77	155	175	197	203	424	540	479	3231
	Bluefields	218	114	71	101	264	581	828	638	383	418	376	328	4320
Pazifik	Choluteca	2	5	8	31	286	267	139	245	359	276	77	9	1704
	Chinandega	1	0	7	14	309	313	193	271	404	330	63	84	1989

Mittlerer Niederschlag (mm) an der Antlantik- und an der Pazifikseite Zentralamerikas
La Ceiba, Honduras: 15° 44' N, 86° 52' W; Bluefields, Nicaragua: 12° 0' N, 86° 46' W; Choluteca, Honduras: 13° 18' N, 87° 11' W; Chinandega, Nicaragua: 13° 38' N, 87° 8' W

243 Nassau		J	F	M	A	M	J	J	A	S	O	N	D	Jahr
Mittlere Temperatur	°C	21,1	21,1	22,2	23,4	25,3	26,9	27,9	27,9	27,3	25,9	23,8	21,9	24,6
Mittl. Max. Temp.	°C	25,2	25,3	26,5	27,7	29,2	30,7	31,7	31,8	31,3	29,7	27,7	25,9	28,6
Mittl. Min. Temp.	°C	16,7	16,9	17,7	19,0	21,0	22,9	23,7	23,8	23,6	22,2	20,0	17,7	20,4
Niederschlag	mm	47	40	40	54	116	233	158	216	171	176	57	52	1360

25° 3' N 77° 28' W Providence-I., Bahamas 7 m ü.d.M. WMO 78073 1961-90

244 Mazatlán		J	F	M	A	M	J	J	A	S	O	N	D	Jahr
Mittlere Temperatur	°C	19,7	19,7	20,4	22,5	25,0	27,7	28,7	28,8	28,5	27,3	23,7	21,0	24,4
Mittl. Max. Temp.	°C	25,0	25,1	25,4	27,2	29,1	31,3	32,2	32,4	32,1	31,5	28,9	26,3	28,9
Mittl. Min. Temp.	°C	14,5	14,5	15,1	17,3	20,1	24,0	24,9	24,9	24,5	23,1	18,8	16,2	19,8
Niederschlag	mm	28	4	2	3	2	26	212	216	217	95	23	25	853

23° 12' N 106° 25' W Mexiko 4 m ü.d.M. WMO 76458 1961-90

245 Habana (Havanna)		J	F	M	A	M	J	J	A	S	O	N	D	Jahr
Mittlere Temperatur	°C	22,2	22,4	23,7	24,8	26,1	26,9	27,6	27,8	27,4	26,2	24,5	23,0	25,2
Mittl. Max. Temp.	°C	25,8	26,1	27,6	28,6	29,8	30,5	31,3	31,6	31,0	29,2	27,7	26,5	28,8
Mittl. Min. Temp.	°C	18,6	18,6	19,7	20,9	22,4	23,4	23,8	24,1	23,8	23,0	21,3	19,5	21,6
Niederschlag	mm	64	69	46	54	98	182	106	100	144	181	88	58	1190

23° 10' N 82° 21' W Kuba 50 m ü.d.M. WMO 78325 1961-90

246 Tampico		J	F	M	A	M	J	J	A	S	O	N	D	Jahr
Mittlere Temperatur	°C	18,3	19,2	22,5	24,9	26,9	27,9	28,0	28,1	27,5	25,5	22,6	20,1	24,3
Mittl. Max. Temp.	°C	22,2	23,2	26,2	28,6	30,4	31,3	31,4	31,8	31,0	28,9	26,4	24,3	28,0
Mittl. Min. Temp.	°C	13,4	14,5	17,2	20,0	22,2	23,0	23,2	23,3	22,1	20,2	17,4	14,7	19,3
Niederschlag	mm	21	16	15	20	37	144	111	120	203	89	34	39	849

22° 13' N 97° 51' W Mexiko ca. 10 m ü.d.M. WMO 76548 1961-90

247 Mérida		J	F	M	A	M	J	J	A	S	O	N	D	Jahr
Mittlere Temperatur	°C	22,9	23,7	25,9	27,6	28,7	28,0	27,4	27,3	26,9	25,8	24,4	23,2	26,0
Mittl. Max. Temp.	°C	29,2	30,4	33,3	35,2	36,2	34,8	34,0	33,9	33,0	31,6	30,4	29,5	32,6
Mittl. Min. Temp.	°C	17,5	17,8	19,6	21,0	22,6	23,1	22,7	22,8	22,5	21,0	19,3	17,8	20,6
Niederschlag	mm	26	26	24	23	63	144	162	163	180	94	42	34	981

20° 59' N 89° 39' W Mexiko 9 m ü.d.M. WMO 76644 1961-90

248 Santo Domingo		J	F	M	A	M	J	J	A	S	O	N	D	Jahr
Mittlere Temperatur	°C	24,4	24,4	24,9	25,6	26,3	26,9	27,0	27,1	27,0	26,7	26,0	24,9	25,9
Mittl. Max. Temp.	°C	29,2	29,2	29,6	30,2	30,4	30,8	31,3	31,5	31,4	31,1	30,6	29,6	30,4
Mittl. Min. Temp.	°C	19,6	19,7	20,2	21,1	22,2	22,9	22,8	22,7	22,7	22,3	21,4	20,3	21,5
Niederschlag	mm	63	57	54	72	188	140	145	177	181	187	100	84	1448

18° 26' N 69° 53' W Dominikan. Rep. 14 m ü.d.M. WMO 78486 1961-90

249 Gustavia		J	F	M	A	M	J	J	A	S	O	N	D	Jahr
Mittlere Temperatur	°C	25,2	25,3	25,6	26,4	27,3	28,1	28,1	28,1	28,2	27,9	26,8	25,7	26,9
Mittl. Max. Temp.	°C	27,9	28,2	28,5	29,4	30,4	30,9	30,9	30,9	31,1	30,9	29,5	28,2	29,7
Mittl. Min. Temp.	°C	22,6	22,4	22,7	23,3	24,2	25,2	25,3	25,3	25,3	24,9	24,2	23,2	24,1
Niederschlag	mm	58	46	51	58	91	55	79	102	111	126	108	98	983

17° 54' N 62° 51' W St. Barthélemy 52 m ü.d.M. WMO 78894 1961-90

250 Acapulco		J	F	M	A	M	J	J	A	S	O	N	D	Jahr
Mittlere Temperatur	°C	26,4	26,4	26,4	27,1	28,2	28,4	28,5	28,4	28,0	29,0	27,5	26,8	27,5
Mittl. Max. Temp.	°C	31,1	31,4	31,0	31,8	32,4	32,5	32,7	32,5	32,0	32,4	32,0	31,5	31,9
Mittl. Min. Temp.	°C	21,1	21,2	21,2	22,0	23,4	24,4	24,4	24,3	24,1	24,0	23,1	21,8	22,9
Niederschlag	mm	9	1	2	5	28	271	209	312	341	145	50	14	1387

16° 50' N 99° 56' W Mexiko 13 m ü.d.M. WMO 76805 1961-90

251 Le Raizet		J	F	M	A	M	J	J	A	S	O	N	D	Jahr
Mittlere Temperatur	°C	24,5	24,5	24,9	25,9	26,9	27,5	27,6	27,7	27,4	27,0	26,3	25,2	26,3
Mittl. Max. Temp.	°C	29,1	29,1	29,4	30,1	30,7	31,3	31,5	31,6	31,5	31,2	30,5	29,6	30,5
Mittl. Min. Temp.	°C	19,9	19,9	20,4	21,7	23,1	23,8	23,8	23,7	23,3	22,9	22,1	20,9	22,1
Niederschlag	mm	84	64	73	123	148	118	150	198	236	228	220	137	1779

16° 16' N 61° 31' W Guadeloupe 11 m ü.d.M. WMO 78897 1961-90

252 Melville Hall		J	F	M	A	M	J	J	A	S	O	N	D	Jahr
Mittlere Temperatur	°C	24,9	24,8	25,1	25,8	26,6	27,3	27,4	27,4	27,1	26,1	26,2	25,4	26,2
Mittl. Max. Temp.	°C	28,0	28,0	28,4	29,1	29,6	30,1	30,2	30,5	30,4	29,0	29,6	28,6	29,3
Mittl. Min. Temp.	°C	21,8	21,6	21,8	22,5	23,7	24,5	24,6	24,3	23,8	23,2	22,8	22,2	23,1
Niederschlag	mm	40	27	34	31	56	41	46	62	76	85	95	61	654

15° 32' N 61° 18' W Dominica 14 m ü.d.M. WMO 78905 1971-90

253 Tegucigalpa		J	F	M	A	M	J	J	A	S	O	N	D	Jahr
Mittlere Temperatur	°C	19,5	20,4	22,1	23,4	23,6	22,6	22,1	22,4	22,2	21,5	20,4	19,7	21,7
Mittl. Max. Temp.	°C	25,7	27,4	29,5	30,2	30,2	28,6	27,8	28,5	28,5	27,3	26,0	25,4	27,9
Mittl. Min. Temp.	°C	14,3	14,5	15,5	17,1	18,2	18,2	18,0	18,0	17,9	17,6	16,3	15,0	16,7
Niederschlag	mm	5	5	10	43	144	159	82	89	177	109	40	10	873

14° 3' N 87° 13' W Honduras 1007 m ü.d.M. WMO 78720 1961-90, Niederschlag 1970-90

254 Puerto Cabezas		J	F	M	A	M	J	J	A	S	O	N	D	Jahr
Mittlere Temperatur	°C	25,0	24,5	26,5	27,2	27,8	27,5	27,1	27,1	27,0	26,3	25,8	25,4	26,4
Mittl. Max. Temp.	°C	29,7	29,7	30,5	31,3	31,8	31,4	30,8	31,2	31,2	31,6	30,8	29,7	30,8
Mittl. Min. Temp.	°C	18,8	18,6	19,8	20,9	21,8	22,0	21,9	22,0	22,2	21,6	20,8	19,3	20,8
Niederschlag	mm	148	83	48	54	183	378	414	370	303	338	278	202	2799

14° 3' N 83° 22' W Nicaragua 20 m ü.d.M. WMO 78730 1971-90

255 San Salvador		J	F	M	A	M	J	J	A	S	O	N	D	Jahr
Mittlere Temperatur	°C	22,2	22,8	23,8	24,5	24,2	23,3	23,3	23,2	22,8	22,8	22,4	22,0	23,1
Mittl. Max. Temp.	°C	30,3	30,1	32,0	32,2	30,8	29,5	30,1	30,0	29,0	29,1	29,0	29,6	30,1
Mittl. Min. Temp.	°C	16,3	16,8	17,7	19,0	20,0	19,6	19,1	19,3	19,4	19,0	17,9	16,9	18,4
Niederschlag	mm	5	2	9	36	152	292	316	311	348	217	36	10	1734

13° 42' N 89° 7' W El Salvador 621 m ü.d.M. WMO 78663 1961-90

256 Chinandega		J	F	M	A	M	J	J	A	S	O	N	D	Jahr
Mittlere Temperatur	°C	26,4	27,2	28,0	28,7	27,9	26,6	26,9	26,8	26,0	26,0	26,1	26,1	26,9
Mittl. Max. Temp.	°C	34,5	35,4	36,1	36,4	34,2	32,6	33,4	33,2	31,9	31,9	32,4	33,4	33,8
Mittl. Min. Temp.	°C	18,9	19,4	20,6	22,3	23,3	22,7	22,2	22,2	22,3	22,1	22,1	19,6	21,4
Niederschlag	mm	1	0	7	14	309	313	193	271	404	330	63	84	1989

12° 38' N 87° 8' W Nicaragua 60 m ü.d.M. WMO 78739 1961-90, Max./Min. 1971-90

257 San Andres		J	F	M	A	M	J	J	A	S	O	N	D	Jahr
Mittlere Temperatur	°C	26,6	26,5	26,9	27,3	27,8	27,9	27,8	27,8	27,7	27,4	27,3	27,0	27,3
Mittl. Max. Temp.	°C	28,7	28,9	29,5	29,9	30,2	30,1	29,9	30,1	30,2	30,0	29,6	29,0	29,7
Mittl. Min. Temp.	°C	24,5	24,4	24,5	25,0	25,5	25,3	25,4	25,4	25,4	24,9	25,0	24,8	25,0
Niederschlag	mm	95	41	22	34	121	224	204	200	234	302	296	173	1946

12° 35' N 81° 43' W San Andres, Kol. 6 m ü.d.M. WMO 80001 1961-90

258 Puntarenas		J	F	M	A	M	J	J	A	S	O	N	D	Jahr
Mittlere Temperatur[1]	°C	26,8	27,7	28,3	28,6	27,7	26,9	26,7	26,5	26,3	26,3	26,4	26,5	27,1
Mittl. Max. Temp.	°C	33,8	34,6	35,2	34,8	33,2	32,5	32,4	32,5	32,1	31,8	31,7	32,6	33,1
Mittl. Min. Temp.	°C	22,9	23,0	23,0	22,5	21,9	23,5	23,1	22,9	23,0	23,0	22,5	21,9	22,8
Niederschlag	mm	6	2	6	30	189	223	176	227	291	248	117	32	1547

9° 58' N 84° 50' W Costa Rica 3 m ü.d.M. WMO 78760 (1) 1971-90, sonst 1961-90

Lage:	Nordküste Venezuelas, südlich der Halbinsel Paraguaná	WMO-Nr.:	80403
Koordinaten:	11° 25' N 69° 41' W	Allg. Klima-charakteristik:	Winter heiß; Sommer sehr heiß; ganzjährig wenig Regen
Höhe ü.d.M.:	17 m	Klimatyp:	BSh

		J	F	M	A	M	J	J	A	S	O	N	D	Jahr
Mittlere Temperatur	°C	26,4	26,6	27,1	27,6	28,4	28,6	28,4	28,7	28,8	28,3	27,6	26,7	27,8
Mittl. Max. Temp.	°C	31,3	31,7	32,2	32,6	33,5	33,8	33,5	34,2	34,4	33,5	32,4	31,4	32,9
Mittl. Min. Temp.	°C	23,6	23,8	24,3	24,9	25,6	25,7	25,5	25,7	25,8	25,3	24,8	23,9	24,9
Abs. Max. Temp.	°C	37,8	35,9	37,5	37,2	39,1	38,2	38,5	39,5	38,5	38,1	36,8	36,8	
Abs. Min. Temp.	°C	19,5	19,0	20,5	21,1	20,4	21,8	20,5	21,6	20,5	20,7	20,8	18,9	
Relative Feuchte	%	75	74	73	75	76	75	74	75	76	78	78	77	76
Niederschlag	mm	14	16	9	18	26	26	35	24	32	53	57	54	364
Tage mit ≥ 1 mm N		3	2	1	2	3	3	4	4	4	5	6	5	42
Sonnenscheindauer	h	291	269	288	234	248	255	285	288	261	251	252	267	3190

Klimadaten Coro (Venezuela). Bezugszeitraum 1961-90

Hohe Temperaturwerte und geringe Schwankung der Monatsmittelwerte sind typisch für das Klima der Tropen. Im Vergleich zu benachbarten Stationen liegen die Werte von Coro um etwa 1 bis 2 K höher.

Auffällig für eine Küstenregion der Tropen sind die geringen Niederschlagswerte. Lediglich zwischen Oktober und Dezember fallen größere Regenmengen, doch reichen auch sie im Mittel nicht aus, um diese Monate als humid einzustufen. Wie für Trockenklimate typisch, ist der Einfluß der Strahlung auf die Lufttemperatur sehr groß. Die Tagesschwankungen der Temperatur erreichen deshalb hohe Werte.

Die Niederschlagsarmut an der venezolanischen Nordküste bildet eine Besonderheit innerhalb des sonst überwiegend wechselfeuchten Klimas im Norden Südamerikas. Ihr Zustandekommen ist nach TREWARTHA auf die Kombination von reibungsbedingtem Divergenzeffekt und Einfluß relativ kalten Küstenwassers zurückzuführen. Wo die vorherrschende Ostströmung (Passat) die parallel verlaufende Küste Venezuelas erreicht, erfolgt über Land eine Ablenkung nach links zum Tief über Amazonien. Der Wind wird also aus seinem fast isobarenparallelen Verlauf in Richtung der Gradientkraft abgelenkt. Da über dem Wasser keine Ablenkung erfolgt, entsteht in der unteren Luftschicht Divergenz, die ein Nachsinken von oben zur Folge hat. Die damit verbundene adiabatische Erwärmung der Luft verhindert das Aufkommen von Bewölkung. Die Folgen sind starke Einstrahlung und entsprechend starke Aufheizung des Landes sowie Niederschlagsarmut.

Verstärkt wird die Trockenheit dadurch, daß der küstenparallele Wind über dem Meer das Oberflächenwasser vom Land wegtreibt (Gesetzmäßigkeit der Ekman-Spirale), so daß kaltes Tiefenwasser aufquillt. Die Abkühlung der Luft über dem Wasser wirkt auf eine Stabilisierung der sonst in der Karibik eher labil geschichteten Luft hin und verringert damit zusätzlich die Möglichkeiten der Bildung von Niederschlag. Auf Grund der hohen Temperatur und der Nähe des Meeres ist die Luft zwar relativ feucht, doch setzt der nahezu ständig wehende Wind das Schwüleempfinden herab.

Die Niederschlagsmengen sind in den meisten Jahren deutlich geringer als die Mittelwerte, die durch die zwar seltenen, dafür aber um so gewaltigeren Starkregen bestimmt werden. Dies zeigen besonders deutlich die Februarwerte. Im Zeitraum 1961-90 lag der Niederschlag in diesem Monat in 80 % der Jahre unter dem Mittelwert. Nur in 6 Jahren lag er höher und erreichte einmal sogar 296 mm. Auch in anderen Monaten treten ähnlich hohe Maxima auf. Gelegentlich sind tropische Zyklonen Ursache für Starkregen. Venezuela liegt zwar außerhalb der typischen Bahn tropischer Wirbelstürme, vereinzelt wird aber die Nordküste noch in Mitleidenschaft gezogen, so am 8. August 1993 und im Juli 1996 durch die Wirbelstürme Bret bzw. Cesar.

Lage:	In den Llanos Venezuelas, etwa 300 km südlich von Caracas	WMO-Nr.:	80450
Koordinaten:	7° 54' N 67° 25' W	Allg. Klima-charakteristik:	Ganzjährig heiß; Winter trocken; Sommer regenreich
Höhe ü.d.M.:	48 m	Klimatyp:	Aw

		J	F	M	A	M	J	J	A	S	O	N	D	Jahr
Mittlere Temperatur	°C	26,5	27,4	28,6	28,7	27,2	25,9	25,7	26,1	26,6	27,1	26,9	26,5	26,9
Mittl. Max. Temp.	°C	33,1	34,2	35,2	34,8	32,5	30,6	30,0	30,3	31,2	32,1	32,4	32,6	32,4
Mittl. Min. Temp.	°C	21,9	22,7	23,8	24,3	23,7	23,0	22,8	23,2	23,6	23,8	23,3	22,3	23,2
Relative Feuchte	%	75	70	66	69	79	86	88	88	86	85	83	80	80
Niederschlag	mm	1	4	6	72	167	243	276	255	173	99	44	10	1350
Tage mit ≥ 1 mm N		0	0	1	4	11	17	20	18	13	9	4	1	98
Sonnenscheindauer	h	294	274	285	216	189	162	177	186	204	242	261	288	2779

Klimadaten San Fernando de Apure (Venezuela). Beobachtungszeitraum 1961-90

Die Klimadaten repräsentieren das für die savannenartigen Llanos im Norden Südamerikas typische wechselfeuchte Klima. Der Jahresgang der Temperatur ist deutlicher ausgeprägt als in den immerfeuchten Tropen. Die Maxima werden kurz nach dem Höchststand der Sonne erreicht. Das zweite Maximum (Oktober) ist nur schwach ausgeprägt, weil auf Grund der Bewölkung die Einstrahlung weniger wirksam ist. Bemerkenswert hoch sind die mittleren Tagesschwankungen der Temperatur, die in der Trockenzeit, wenn sich Ein- und Ausstrahlung unmittelbar auf den Temperaturgang auswirken, 11 K überschreiten, in der Regenzeit hingegen auf 7 K zurückgehen.

Die Niederschläge der Llanos sind nach WEISCHET eine Folge der sommerlichen Ausdehnung des "kontinentaltropischen Tiefs", das sich im Juli bis in den Norden Venezuelas erstreckt. Schwierigkeiten bereitet es allerdings, diese Aussage mit den vorliegenden Daten der Periode 1961-90 in Einklang zu bringen, denn im Sommer wird für nahezu alle in Frage kommenden Stationen zwischen Amazonas und Orinoko eine Zunahme des Luftdrucks bis auf (Juli-)Werte um 1014 hPa (San Fernando) bzw. 1015 hPa (Puerto Ayacucho) verzeichnet. Erst im Umland des Maracaibosees zeichnet sich ein deutlich begrenztes Tief ab, dessen Werte ganzjährig bei 1010 hPa liegen. Im Sommer der Nordhemisphäre ergibt sich aus dem Druckgefälle eine schwache südöstliche Strömung, im Winter eine kräftigere aus Ost bis Nordnordost (Passat). Generell gilt, daß der Passat im Winter auf Grund seiner kräftigeren Strömung eine relativ stabile Schichtung aufweist und die Entstehung ausgeprägter Störungen nicht zuläßt. In den Llanos des Orinokotieflandes fällt deshalb von Mitte November bis Mitte April kaum Regen. Erst weiter westlich kommt es auch in dieser Zeit mit dem Anstieg des Geländes zu Niederschlägen (z.B. Guasdalito in 131 m Höhe von Dezember bis März 112 mm, San Antonio de Tachira in 378 m Höhe 190 mm). Dem zunehmenden Angebot an Feuchtigkeit entspricht der Übergang von der Savanne zum Trockenwald (Alisiowald).

Im Sommer hingegen, wenn das Azorenhoch über dem Atlantik polwärts verlagert und weniger stark ist, liegen die Llanos im Einflußbereich einer schwachen Südostströmung, die feuchtwarme Luft aus Amazonien nach Norden bringt. Ihr hoher Wasserdampfgehalt und die starke Erhitzung des Landes begünstigen die Konvektion, so daß hochreichende Quellbewölkung entsteht, die reichlich Niederschlag liefert. Die Mengen nehmen nach Süden hin deutlich zu – sowohl in der Regenzeit als auch in der Trockenzeit. So erhält das 260 km südlicher gelegene Puerto Ayacucho von April bis November 630 mm mehr Niederschlag als San Fernando; in den übrigen Monaten beträgt das Plus 162 mm.

Die Niederschläge fallen im Gebiet um San Fernando häufig in Form von wolkenbruchartigen Starkregen, bei denen gelegentlich über 100 mm innerhalb von 24 Stunden niedergehen. Da der ausgetrocknete Boden mit seiner dürftigen Vegetationsdecke nur einen geringen Teil des Wassers aufnehmen kann, kommt es zu kurzfristigen Überflutungen des Landes.

Lage:	Guayanaküste, Republik Guyana, mit flachem Hinterland	WMO-Nr.:	81001
Koordinaten:	6° 48' N 58° 9' W	Allg. Klimacharakteristik:	Ganzjährig heiß und feucht; Regenmaximum im Sommer
Höhe ü.d.M.:	2 m	Klimatyp:	Af

		J	F	M	A	M	J	J	A	S	O	N	D	Jahr
Mittlere Temperatur	°C	26,1	26,4	26,7	27,0	26,8	26,5	26,6	27,0	27,5	27,6	27,2	26,4	26,8
Mittl. Max. Temp.	°C	28,6	28,9	29,2	29,5	29,4	29,2	29,6	30,2	30,8	30,8	30,2	29,1	29,6
Mittl. Min. Temp.	°C	23,6	23,9	24,2	24,4	24,3	23,8	23,5	23,8	24,2	24,4	24,2	23,8	24,0
Dampfdruck	hPa	27,9	27,2	27,4	28,6	29,6	29,8	29,5	29,8	29,6	29,8	29,6	28,9	29,0
Niederschlag	mm	185	89	111	141	286	328	268	201	98	107	186	262	2262
Tage mit ≥ 1 mm N		16	10	10	12	19	23	21	15	9	9	12	18	174

Klimadaten Georgetown (Guyana). Bezugszeitraum 1961-90

Das Klima der Guayanaküste wird auf Grund der gleichbleibend hohen Temperaturen, die auch nachts nur wenig zurückgehen, und der hohen Luftfeuchtigkeit (im Mittel 80 bis 85 % relative Feuchte) als sehr belastend empfunden. Georgetown, die Hauptstadt der Republik Guyana, erhält in allen Monaten beträchtliche Regenmengen, doch läßt sich eine besonders niederschlagsreiche Zeit abgrenzen. Sie beginnt einige Wochen nach dem Sonnenhöchstand (7. April) und dauert bis Anfang September, wenn die Sonne sich nach dem zweiten Höchststand (5. September) äquatorwärts entfernt.

Guyana liegt im Winter der Nordhemisphäre im Einflußbereich des Passats, der in dieser Zeit dem Norden Südamerikas in einer recht beständigen Strömung Luft aus Ostnordost zuführt. Der kräftige winterliche Passat ist auf Grund der stabilen Schichtung (Passatinversion) kein ausgesprochener Regenbringer. Beim Auftreffen auf die Küste entsteht aber infolge verstärkter Reibung ein Stau, der die nachfolgende Luft zum Aufsteigen zwingt (Reibungskonvergenz). Je größer der Winkel, unter dem der Wind auf die Küste trifft, und je höher die Windgeschwindigkeit, desto größer ist dieser Effekt. In Surinam, dessen Küste in West-Ost-Richtung verläuft, bringt der Passat in dieser Jahreszeit etwas weniger Niederschlag als in Georgetown – nach WEISCHET ein Beleg für die Wirksamkeit des unterschiedlichen Einflusses der Reibungskonvergenz an den Küsten der beiden Länder.

Die Reibungskonvergenz ist auf die Küste und das angrenzende Hinterland beschränkt; weiter landeinwärts strömt die Luft wieder gleichmäßig. Schon im Bergland von Guayana und noch stärker in den westlich anschließenden Llanos (vgl. San Fernando de Apure) tritt an die Stelle ganzjähriger Niederschläge ein Wechsel von Regen- und Trockenzeit.

Im Sommer ist die Passatströmung weniger beständig und trifft nicht mehr senkrecht, sondern unter kleinerem Winkel auf die Küste Guyanas, so daß die Reibungskonvergenz schwächer ausgeprägt ist. Daß dennoch in dieser Zeit die größten Niederschlagsmengen zu verzeichnen sind, ist eine Folge der Nordverlagerung der ITC, die von Mai bis August die Guyanaländer quert. Damit werden die mit der ITC verbundenen typischen atmosphärischen Bedingungen für die Küstenregion um Georgetown wirksam, d.h. Auflösung der Passatinversion und zunehmende Labilisierung der Luft. Ein sehr kleiner Anstoß (Aufheizung über der Landfläche, Turbulenz infolge verstärkter Reibung oder ein geringer Geländeanstieg) reicht nun aus, um eine "Kettenreaktion" einzuleiten: Die mit der Passatströmung zugeführte feuchte Luft steigt auf, der Wärmegewinn durch Kondensation verstärkt den Auftrieb, wodurch wiederum die Kondensation in Gang gehalten wird. In der Folge kann sehr hoch reichende Quellbewölkung entstehen, die entsprechend kräftige Regenfälle zur Folge hat.

Im September und Oktober, wenn die ITC nach BARRY & CHORLEY ihre nördlichste Lage über dem Orinokodelta einnimmt sind die Regenmengen am geringsten. Erst im November/Dezember hat sich die ITC soweit äquatorwärts zurückgezogen, daß der Passat auf Ostnordost schwenkt und wieder im rechten Winkel auf die Küste trifft. Die Reibungskonvergenz wird erneut voll wirksam, und die Niederschläge werden stärker.

Lage:	Kolumbien, westl. Andenvorland, 70 km von der Pazifikküste	WMO-Nr.:	80144
Koordinaten:	5° 43' N 76° 37' W	Allg. Klimacharakteristik:	Ganzjährig heiß und feucht; alle Monate extrem regenreich
Höhe ü.d.M.:	33 m	Klimatyp:	Af
entfernt			

		J	F	M	A	M	J	J	A	S	O	N	D	Jahr
Mittlere Temperatur	°C	26,2	26,5	26,7	26,6	26,7	26,5	26,6	26,4	26,2	26,0	26,0	25,9	26,4
Mittl. Max. Temp.	°C	30,0	30,4	30,5	30,9	31,3	31,4	31,4	31,2	31,0	30,6	30,5	29,9	30,8
Mittl. Min. Temp.	°C	23,0	23,0	23,2	23,2	23,1	22,8	22,8	22,8	22,9	22,6	22,7	22,9	22,9
Dampfdruck	hPa	29,5	29,4	29,9	30,2	30,1	29,9	29,8	29,5	29,4	29,2	29,2	29,5	29,6
Niederschlag	mm	558	486	513	605	704	754	770	868	688	621	695	648	7910
Max. Niederschlag	mm	1188	1056	1005	900	1229	1530	1441	2030	1334	938	1985	1222	12428
Min. Niederschlag	mm	141	78	96	84	118	103	140	213	378	165	323	248	3625
Sonnenscheindauer	h	89	85	87	93	112	113	139	132	108	118	112	92	1279

Klimadaten Quibdo (Kolumbien). Bezugszeitraum 1961-90, außer Sonnenscheindauer (1977-90)

Quibdó gehört zu den regenreichsten Klimastationen der Erde. Ähnlich hohe Werte sind aus dem kolumbianischen Küstenstädtchen Andagoya bekannt, wo für den Zeitraum 1914-23 ein Jahresmittel von 7089 mm errechnet wurde, sowie aus Buenaventura, Kolumbiens wichtigstem Pazifikhafen. In einzelnen Jahren können die Werte erheblich höher liegen, so etwa in Quibdó mit über 19.000 mm im Jahr 1936. Im Zeitraum 1961-90 wurden in den sechs feuchtesten Jahren Werte zwischen etwa 9.000 und 12.428 mm gemessen. In den sechs "trockensten" Jahren fielen zwischen 3625 und 7000 mm Regen.

Die Unterschiede zwischen den einzelnen Monaten sind nicht allzu groß. Selbst in den "trockensten" Monaten fällt hier noch deutlich mehr Niederschlag als im Amazonastiefland. Im Mittel ist mit 25 Regentagen pro Monat zu rechnen.

Unter bioklimatischem Aspekt ist das Leben in der Küstenregion sehr belastend. Hitze und hoher Dampfdruck lassen die Äquivalenttemperatur mittags auf Werte um 80 bis 85 °C steigen, also weit über die Schwülegrenze von 52 °C.

Die Ursache für die extremen Niederschlagsmengen wird darin gesehen, daß die ITC über dem Ostpazifik ihre Lage im Laufe des Jahres nur wenig verändert. Dies wiederum dürfte damit zusammenhängen, daß der Bereich warmen Wassers in Äquatornähe stark eingeengt ist – vor allem von den nördlichen Ausläufern des Humboldtstroms.

Im Januar trifft die ITC (bzw. ihr äußerer Ast) am Äquator auf das südamerikanische Festland und biegt dann nach Süden aus. Im Juli quert sie bei etwa 7 ° nördlicher Breite (es werden in manchen Veröffentlichungen allerdings auch 10° bis 12° genannt) die zentralamerikanische Landbrücke. Die kolumbianische Küste wenige Grad nördlich des Äquators liegt damit ganzjährig im Bereich der ITC. Die Folgen sind hohe Labilität der Luft und verstärkte Konvektion. Die häufig zwischen der äußeren und einer zweiten, äquatornahen ITC zu beobachtenden Westwinde sind hier auf eine schmale Zone begrenzt. Auch wenn diese Strömung nicht allzu stark ist, so bringt sie doch reichlich feucht-warme Luft mit.

Beim Übergang vom Meer auf das wärmere Festland wird die Konvektion verstärkt. In diesem Sinne wirken auch der durch die Zunahme der Reibung hervorgerufene Stau und der Anstieg zum Landesinneren hin. Hierdurch wird aber nur ein erster Anstoß gegeben. In Gang gehalten wird die Konvektion durch die bei der Kondensation des Wasserdampfes freigesetzte Wärme. So entsteht eine Art Kettenreaktion, als deren Ergebnis gewaltige Mengen an Regen auf das Land niedergehen.

Schon wenige Kilometer weiter östlich, am Anstieg zur westlichen Andenkette, sind die Niederschlagsmengen deutlich geringer. Das Klima ist zwar noch ganzjährig feucht, aber es lassen sich doch schon zwei deutlich ausgeprägte Maxima (April/Mai und Oktober/November) erkennen, wie sie dann auch für das nur noch mäßig feuchte Hochland (Bogotá in 2548 m Höhe mit 824 mm) charakteristisch sind.

Lage:	Nordküste Brasiliens, Bundesstaat Maranhão		WMO-Nr.:	82280
			Allg. Klimacharakteristik:	Ganzjährig heiß; Aug. bis Nov. trocken, sonst regenreich
Koordinaten:	2° 32' S	44° 18' W		
Höhe ü.d.M.:	51 m		Klimatyp:	Aw

		J	F	M	A	M	J	J	A	S	O	N	D	Jahr
Mittlere Temperatur	°C	26,1	25,7	25,8	25,8	25,9	25,9	25,7	26,0	26,4	26,6	27,0	26,8	26,1
Mittl. Max. Temp.	°C	30,0	29,4	29,4	29,6	30,1	30,4	30,2	30,7	31,0	31,2	31,4	31,1	30,4
Mittl. Min. Temp.	°C	22,3	23,1	23,0	23,1	23,1	22,9	22,6	23,0	23,5	23,7	24,0	22,9	23,1
Relative Feuchte	%	85	88	89	90	89	86	86	84	81	81	79	81	85
Niederschlag	mm	256	382	422	473	320	171	138	32	20	11	11	92	2328
Sonnenscheindauer	h	194	114	107	114	163	213	238	260	250	252	244	206	2354

Klimadaten São Luís (Brasilien). Bezugszeitraum 1961-90

Das Klima an der Küste des brasilianischen Bundesstaates Maranhão wird durch einen markanten Wechsel von Regen- und Trockenzeit geprägt. Zu Beginn der Regenzeit im Dezember hat die ITC über Brasilien ihre südlichste Lage eingenommen, so daß São Luís vom Passat der Nordhalbkugel erreicht wird.

Wo der aus Ostnordost wehende Wind auf die Küste trifft, wird er infolge der verstärkten Reibung gebremst; der dadurch entstehende Stau bedeutet ein Konvergieren der Strömung, das zum Aufsteigen der Luft und zur Wolkenbildung führt. Allzu wirksam ist die Reibungskonvergenz nicht, weil der Wind nicht rechtwinklig, sondern nur im spitzen Winkel auf die Küste trifft und das Hinterland kaum ansteigt. Da aber die Passatinversion hier in über 2000 m Höhe liegt, können die Wolken eine hinreichende Mächtigkeit entwickeln, um Niederschlag hervorbringen zu können.

Einfluß auf die Höhe und Verteilung des Niederschlags hat auch das Hitzetief, das sich im Sommer der Südhalbkugel über Gran Chaco und Mato Grosso bildet. Entsprechend dem Druckgefälle wird im Nordosten Brasiliens eine Strömung aus nordöstlicher Richtung angeregt, wodurch der Passat verstärkt bzw. landeinwärts abgelenkt wird. Damit nimmt die Zufuhr feuchter Luft auf das Festland zu.

Die entscheidende Zunahme erfahren die Niederschläge aber erst im März und April, wenn das Hitzetief bereits wieder im Abklingen begriffen ist. In dieser Zeit wird die Konvektion im Raum São Luís verstärkt durch die sich wieder nordwärts verlagernde ITC. In deren Einflußbereich können sich hochreichende Wolkentürme aufbauen und Niederschlag liefern.

Hat die ITC erst einmal die Amazonasmündung erreicht, hört die Regenzeit in São Luís auf. Nur vereinzelt können noch Schauer auf Grund lokaler Konvektion niedergehen. Mit der Nordverlagerung der ITC dehnt der Passat des Südatlantiks seinen Wirkungsbereich nach Norden aus. Eine durch Stau bedingte Konvergenz an der Küste besteht nicht, weil der Wind annähernd küstenparallel weht. In höheren Breiten wäre ein Konvergieren zu erwarten, weil die Ablenkung durch die Corioliskraft über dem Land kleiner ist als über dem Meer, nicht jedoch doch in Äquatornähe.

Entscheidend für die Trockenheit aber ist, daß São Luís im "Regenschatten" des Brasilianischen Berglandes liegt, an dessen Luvseite der Passat seine Feuchtigkeit abgibt (Recife mit 1910 mm Niederschlag zwischen März und August).

Gelegentlich kommt es jedoch vor, daß São Luís auch in der Regenzeit nur wenig Niederschlag erhält, wie es in der zwanzig Monate andauernden Trockenperiode ab April 1992 der Fall war. Die Differenz gegenüber dem Mittelwert summierte sich bis bis November 1993 auf rund 1900 mm.

Das Ausbleiben der Regenfälle steht vermutlich im Zusammenhang mit Abweichungen in der Lage und Stärke der Hochdruckzellen über dem Atlantik. Bei schwachem bzw. ungewöhnlich weit nördlich liegendem Azorenhoch und starkem Hoch über dem Südatlantik bleibt auch die ITC relativ weit nördlich. Als Folgen ergeben sich Verstärkung des kalten Benguelastroms und schließlich Verringerung der Oberflächentemperatur des tropischen Südatlantiks. Dies führt zur Stabilisierung der Passatströmung und zur Absenkung der Passatinversion, so daß die Ergiebigkeit der Niederschläge an der ostbrasilianischen Küste deutlich geringer ausfällt.

Lage:	Westliches Amazonastiefland, im Südosten Kolumbiens	WMO-Nr.:	80398
Koordinaten:	4° 10' S 69° 57' W	Allg. Klimacharakteristik:	Ganzjährig heiß; ganzjährig hohe Niederschläge
Höhe ü.d.M.:	84 m	Klimatyp:	Af

		J	F	M	A	M	J	J	A	S	O	N	D	Jahr
Mittlere Temperatur	°C	25,9	26,1	26,1	25,9	25,8	25,1	25,0	25,6	26,0	26,3	26,2	25,9	25,8
Mittl. Max. Temp.	°C	30,6	30,6	30,6	30,3	30,0	29,5	29,8	30,7	31,2	31,4	31,2	30,6	30,5
Mittl. Min. Temp.	°C	22,3	22,2	22,4	22,6	22,3	21,2	20,5	21,1	21,4	22,2	22,3	22,3	21,9
Abs. Max. Temp.	°C	35,8	35,2	35,5	34,7	33,8	34,2	35,2	35,2	36,0	37,0	37,5	39,0	
Abs. Min. Temp.	°C	19,0	19,2	18,9	19,0	16,0	14,2	13,4	13,8	16,4	18,3	17,6	19,4	
Dampfdruck	hPa	29,3	29,3	29,4	29,2	29,0	27,9	27,2	27,6	28,3	29,0	29,4	29,3	28,7
Niederschlag	mm	359	331	343	358	278	201	172	173	226	291	301	307	3340
Sonnenscheindauer	h	129	118	137	138	151	149	193	201	179	172	150	138	1853

Klimadaten Leticia, Kolumbien. Bezugszeitraum 1971-90, außer abs. Maxima und Minima (1973-90), Niederschlag (1961-90) und Sonnenscheindauer (1976-90)

Leticia verzeichnet in allen Monaten hohe Niederschlagsmengen, vor allem aber von Januar bis April, d.h. um die Zeit des ersten Sonnenhöchststandes. Insgesamt schwanken die Beträge relativ wenig. Im Zeitraum 1971-90 gingen sie nur in drei Monaten auf 60 bis 100 mm zurück. Die absolut höchsten Werte wurden in den Monaten Februar (707 mm) und Dezember (792 mm) erreicht. Die Jahressummen zeigten im Zeitraum 1971-90 relativ geringe Abweichungen und lagen zwischen 2652 mm und 3906 mm.

Bemerkenswert sind die absoluten Minima der Temperatur. Sie lassen erkennen, daß es gelegentlich, vor allem in den Monaten Juni bis August, zu deutlichem Absinken der Temperatur kommen kann. Auf Grund der geringen Auswirkung auf die Mittelwerte ist anzunehmen, daß es sich um seltene Kaltlufteinbrüche handelt, die jeweils nur wenige Tage andauern. Da sie dann auftreten, wenn die Sonne nördlich des Äquators steht, kommt als Herkunftsgebiet der Kaltluft nur der Süden des Kontinents in Frage.

Es handelt sich dabei um Vorstöße maritimer Polarluft, die von den hohen Breiten der Südhalbkugel mit wandernden Antizyklonen über dem Kontinent weit nach Norden gelangen können. Günstige Voraussetzungen für einen derartigen Kaltluftvorstoß bestehen bei einer starken Meridionalsteuerung der Luftmassen, wie sie bei einer Low-Index-Zirkulation gegeben ist. Auf der Südhalbkugel der Erde ist dies wegen der geringeren Ausdehnung der Landmassen zwar selten der Fall, doch wenn es hierzu kommt, dann findet die in einem Keil nordwärts strömende Luft zwischen den Anden im Westen und dem Brasilianischen Bergland im Osten eine ideale Leitlinie.

Mit der Annäherung an die innere Tropenregion ist häufig eine Linksablenkung der Kaltluftvorstöße festzustellen, so daß sie innerhalb Amazoniens vor allem im Westen auftreten, vereinzelt aber auch noch Manaus erreichen. In extremen Fällen können die Vorstöße über den Äquator hinaus bis an die Nordküste Venezuelas vordringen. Sie werden allgemein mit dem im Brasilien üblichen Ausdruck als Friagem bezeichnet.

Während der Nordwärtsverlagerung wird die maritime Polarluft in gewissem Grade transformiert, d.h. erwärmt und labilisiert. Immerhin reicht die Temperaturdifferenz auch in niederen Breiten noch aus, um dort eine Abkühlung bis zum Taupunkt zu bewirken. Die dadurch entstehende Bewölkung trägt dazu bei, die Temperaturen der vorstoßenden Luft niedrig zu halten, und zwar vor allem durch die starke nächtliche Ausstrahlung von der Wolkenoberseite.

Bei einem kräftigen Kaltlufteinbruch können die Temperaturen in Amazonien um etwa 6 bis 10 K sinken. An Stelle der sonst typischen kräftigen Regenschauer tritt langandauernder feiner Nieselregen. Normalerweise bleibt diese Situation ein paar Tage bestehen; nur selten währt sie länger als eine Woche. Die Friagems treten unregelmäßig auf: in manchen Jahren mehrfach, in anderen Jahren überhaupt nicht.

265 Cabrobo

Lage:	Nordost-Brasiliens, am nördlichsten Punkt des Rio São Francisco	WMO-Nr.:	82886
Koordinaten:	8° 31' S 39° 20' W	Allg. Klimacharakteristik:	Winter sehr warm und trocken; Sommer heiß mit Regen
Höhe ü.d.M.:	341 m	Klimatyp:	BSh

		J	F	M	A	M	J	J	A	S	O	N	D	Jahr
Mittlere Temperatur	°C	25,7	26,4	26,5	25,9	25,1	24,5	21,4	23,7	26,0	28,0	28,5	27,8	25,8
Mittl. Max. Temp.	°C	32,8	31,0	31,9	31,0	29,2	28,4	29,1	30,2	32,0	34,0	27,0	33,7	30,9
Mittl. Min. Temp.	°C	21,8	21,7	19,2	20,5	21,7	20,2	20,5	19,5	21,0	22,7	22,1	22,7	21,1
Relative Feuchte	%	57	61	67	67	67	66	65	59	53	48	49	54	59
Niederschlag	mm	78	87	141	117	33	19	12	12	4	4	4	7	518
Sonnenscheindauer	h	241	205	231	200	234	192	226	227	245	271	270	247	2788

Klimadaten Cabrobo (Brasilien). Bezugszeitraum 1961-90

Im Nordosten Brasiliens erstreckt sich etwa 100 bis 200 km nordwestlich der immerfeuchten Küstenregion um Salvador ein Trockenraum mit stark wechselnden Niederschlagsmengen. Bei ganzjährig hohen Temperaturen fallen im Mittel nur 500 bis 800 mm Niederschlag, davon der größte Teil in den ersten vier Monaten des Jahres. Die typische Vegetation ist ein lichter Bestand aus niedrigen oder mittelhohen Bäumen und dornigen Sträuchern. Die Caatinga, wie dieser Landschaftstyp nach einer indianischen Bezeichnung genannt wird, kann sich noch auf dem sterilsten und trockensten Boden behaupten.

Innerhalb des Gebietes liegen die niederschlagärmsten Bereiche meist in geringer Höhenlage am Rio São Francisco oder in Becken, die von Gebirgsketten umrahmt werden. Doch nicht immer lassen sich die Niederschlagsmengen durch die Reliefverhältnisse oder den Abstand zur Küste erklären. So erhält die oft angeführte Klimastation Quixeramobim im Mittel 859 mm/Jahr, das weiter landeinwärts gelegene Iguatu jedoch 2280 mm/Jahr.

Das Hauptproblem der Region ist allerdings weniger die Trockenheit als vielmehr die Variabilität der Niederschläge. Immer wieder kommt es vor, daß auch in der kurzen Regenzeit nicht genügend Niederschlag fällt, so daß mehr oder minder häufig Dürrekatastrophen auftreten.

Die Trockenheit und die Variabilität der Niederschläge im brasilianischen Nordosten haben schon im vergangenen Jahrhundert Klimatologen zu Forschungen angeregt. Eine allgemein akzeptierte Erklärung für die Verringerung bzw. das zeitweilige Ausbleiben der Niederschläge steht allerdings noch aus.

Nach WEISCHET liegt der Nordosten Brasiliens in der "Kampfzone" zwischen dem südatlantischen Hoch, dem kontinentalen Hitzetief und der ITC. Relativ geringe Verstärkung oder Abschwächung eines dieser Faktoren macht sich in einer grundlegenden Änderung der Niederschlagsverhältnisse bemerkbar. Trockenjahre sind mit niedrigen Temperaturen über dem Südatlantik und starkem Hoch verknüpft, dessen Einfluß sich dann bis auf den Kontinent erstreckt. Gleichzeitig werden über dem Nordatlantik höhere Temperaturen gemessen. Niedrige Temperaturen des Südatlantiks müssen zu einer Stabilisierung der Passatströmung und Reduzierung des Niederschlags führen. An der Küste macht sich dies kaum bemerkbar, da dort reibungsbedingte Konvergenz bzw. orographisch bedingte Hebung zu Niederschlag führen, wohl aber im Hinterland.

Die Ansicht, daß die Niederschlagsschwankungen mit Veränderungen der Druckkonstellation und Witterungsabläufen in anderen Gebieten der Erde in Zusammenhang stehen, vertrat schon in den 20er Jahren der Klimatologe WALKER. Heute wird die Existenz solcher Telekonnexionen allgemein für wahrscheinlich gehalten.

Seit längerem werden Zusammenhänge zwischen den Dürren Nordostbrasiliens und dem El-Niño-Phänomen vor der südamerikanischen Westküste vermutet. So sollen in El-Niño-Jahren die Niederschläge im Nordosten Brasiliens über weitreichende und komplizierte Mechanismen drastisch reduziert werden. Tatsächlich konnte während der langandauernden El-Niño-Situation der 90er Jahre (wie zuvor schon 1982/83) eine Abnahme der Niederschläge im Nordosten Brasiliens festgestellt werden.

Lage:	Peruanische Pazifikküste, nördlich der Halbinsel Paracas	WMO-Nr.:	84691
Koordinaten:	13° 45' S 76° 17' W	Allg. Klimacharakteristik:	Winter warm; Sommer heiß; alle Monate ohne Regen
Höhe ü.d.M.:	7 m	Klimatyp:	BWh

		J	F	M	A	M	J	J	A	S	O	N	D	Jahr
Mittl. Max. Temp.	°C	26,9	27,7	27,3	25,7	23,1	21,2	20,2	20,4	21,0	22,0	23,2	25,2	23,7
Mittl. Min. Temp.	°C	18,7	19,5	19,0	17,4	15,2	13,8	13,1	12,9	13,3	14,2	15,4	17,1	15,8
Niederschlag	mm	T	T	T	0	0	T	T	T	T	T	T	0	0

Klimadaten Pisco (Peru). Bezugszeitraum 1961-90. T = minimaler Niederschlag (Garua)

Die peruanische Küste ist wie der Norden Chiles durch extreme Niederschlagsarmut gekennzeichnet. Zwischen 4° und 28° südlicher Breite fällt in einem über 3000 km langen Streifen in der Regel kein Niederschlag. Nur die seltenen Ausnahmen verschaffen Orten wie Trujillo, Callao, Chimbote, Antafagosta und Chanaral mittlere Jahressummen zwischen 2 und 12 mm. In Pisco, Arica und Iquique bleibt der Niederschlag unter 0,5 mm.

Von größter Bedeutung für die Entstehung des Wüstenklimas in Peru sind die niedrigen Wassertemperaturen des Humboldstromes sowie eine tiefliegende, sehr kräftige Inversion über der Küstenregion. Beides hängt mit dem Subtropenhoch über dem östlichen Südpazifik zusammen.

Dieses meist kräftig ausgebildete Hoch bewirkt, daß an seiner Ostseite ein beständiger Wind aus südlichen Richtungen weht. Die Folge ist ein nordwärts gerichteter Versatz des Wassers, das – entsprechend seiner Herkunft – relativ kalt ist. Die negative Temperaturanomalie wird verstärkt durch kaltes Auftriebswasser, so daß die Oberflächentemperaturen deutlich unter denen des offenen Pazifiks liegen. Luft, die diese Zone überstreicht, wird stark abgekühlt, wodurch sich ihre stabile Schichtung weiter verstärkt.

Vom Meer dringt vor allem im Winter beständig feuchte Luft auf das Land vor. Der Himmel über der peruanischen Küste ist in dieser Zeit nahezu immer wolkenverhangen. Da sich die geringmächtige Wolkendecke an ihrer Oberseite durch Ausstrahlung stark abkühlt, wird darunter der vertikale Temperaturgradient größer, d.h., die Luft verliert ihre stabile Schichtung. Die Kühlungsrate der Wolkenoberfläche ist deswegen außergewöhnlich stark, weil sich darüber eine wasserdampfarme Schicht anschließt, die für die langwellige Strahlung der Wolkenoberseite quasi durchlässig ist.

Die Instabilität der unteren Luftschicht ist auf wenige hundert Meter beschränkt, denn durch die adiabatische Erwärmung der unter Hochdruckeinfluß absinkenden trockenen Luft und die Abkühlung an der Wolkenobergrenze entsteht auf eng begrenztem Raum oberhalb von etwa 800 m Höhe eine Inversion. Sie verhindert, daß die Wolken zu größerer Mächtigkeit anwachsen und Regen liefern können. Da die Temperaturen an der Küste durch den Einfluß des Meeres und als Folge der Abschirmung der Sonnenstrahlung durch die Wolkendecke keine hohen Werte erreichen, kann die Inversion nicht durchbrochen werden.

Im Sommer tritt ausgeprägte Bewölkung nur gelegentlich auf, so daß die Inversion weniger stark ist. Sie liegt jedoch deutlich niedriger als im Winter (hier spielt möglicherweise die adiabatische Erwärmung der gelegentlich von Osten über die Anden vorstoßenden Luft eine Rolle).

Innerhalb der instabilen unteren Schicht kommt es vor allem im Süden der peruanischen Küste nachts zur Kondensation des Wasserdampfes und zur Bildung eines sehr feinen Niederschlags, Garúa genannt. Er hinterläßt nur einen feuchten Film und ist mengenmäßig kaum erfaßbar. In Klimatabellen wird das häufige Vorkommen von Garúa durch den Buchstaben T gekennzeichnet. Im Laufe des Tages verdunstet der Niederschlag und erhöht damit die relative Feuchte der Luft.

Dieser charakteristische tägliche Wechsel trifft nur für den Küstenstreifen selbst zu. Wenn das Gelände landeinwärts auf Höhen von mehr als 100 m ansteigt, bildet sich in der Kontaktzone zwischen Wolken und Boden nahezu ständig feiner Nebelniederschlag. Er ist relativ ergiebig und kann sich im Jahr auf Werte von 100 bis 200 mm summieren. Allerdings ist diese feuchte Zone innerhalb der Wüste nicht allzu breit und auf Höhen unter 800 m beschränkt.

Lage:	Südlicher Mato Grosso am Übergang zum Pantanal	WMO-Nr.:	83361
Koordinaten:	15° 33' S 56° 7' W	Allg. Klimacharakteristik:	Winter sehr warm und trocken; Sommer heiß und regenreich
Höhe ü.d.M.:	179 m	Klimatyp:	Aw

		J	F	M	A	M	J	J	A	S	O	N	D	Jahr
Mittlere Temperatur	°C	26,7	25,3	26,5	26,1	24,6	23,5	22,0	24,7	26,6	27,4	27,2	26,6	25,6
Mittl. Max. Temp.	°C	32,6	32,6	32,9	32,7	31,6	30,7	31,8	34,1	34,1	34,0	31,0	32,5	32,6
Mittl. Min. Temp.	°C	23,2	22,9	22,9	22,0	19,7	17,5	16,6	18,3	22,1	17,1	22,9	23,0	20,7
Relative Feuchte	%	81	82	81	80	74	74	65	57	62	70	74	79	73
Niederschlag	mm	210	199	171	123	54	16	10	11	58	115	154	194	1315
Sonnenscheindauer	h	168	158	187	214	208	220	247	230	179	217	196	182	2406

Klimadaten Cuiabá (Brasilien). Bezugszeitraum 1961-90

Das Klima im Gebiet um Cuiabá ist durch hohe Mittelwerte der Temperatur und einen deutlich ausgeprägten Wechsel von Regen- und Trockenzeit gekennzeichnet. Der Jahresgang der Temperatur zeigt eine deutliche Anlehnung an den Sonnenstand. Ganz anders ist hingegen die Sonnenscheindauer verteilt, die im Sommerhalbjahr infolge des hohen Bewölkungsgrades ihre geringsten Werte aufweist.

Auffällig groß sind die Tagesschwankungen der Temperatur, die die Jahresschwankungen weit übertreffen, jedoch einen deutlichen Unterschied zwischen Sommer- und Winterhalbjahr erkennen lassen. Die Reduzierung der direkten Strahlung im Sommer beeinflußt die täglichen Maxima, die im Sommer um 1,5 K unter denen des Frühjahrs liegen. Bei den Minima wirken die stärkere Bewölkung und der höhere Wasserdampfgehalt der Luft in umgekehrter Richtung: sie vermindern die effektive Ausstrahlung und schützen so vor allzu starker nächtlicher Abkühlung.

Die niedrigen Minima des Winters sind aber nicht allein durch die hohen Werte der Ausstrahlung bedingt, sondern auch durch gelegentliche Vorstöße von Kaltluft, die Temperaturabsenkungen von 10 K oder mehr bewirken können. Das Diagramm läßt die Auswirkungen eines kräftigen Kaltluftvorstoßes im Juli 1992 erkennen. In Paraná nordwestlich von Buenos Aires ließ dieser Vorstoß die Temperatur auf -2 °C sinken; in Cuiabá führte er zu einem Minimum von 7 °C.

Kaltluftvorstöße, in Brasilien Friagem genannt, entstehen dann, wenn der Süden Argentiniens im Winter im Bereich hohen Luftdrucks liegt, wie es nach WEISCHET durch Übergreifen der pazifischen Antizyklone vorkommen kann. An der Ostseite des Hochs nach Norden gelenkte Kaltluft findet in der Senke des Paraná und und des Pantanals eine Leitlinie, der sie häufig bis ins Bergland von Mato Grosso und gelegentlich sogar weiter nach Norden folgt.

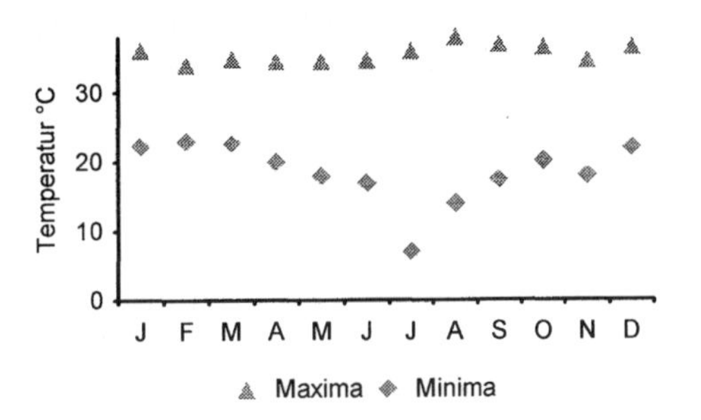

Absolute Maxima u. Minima in Cuiabá 1992. Kaltluftvorstoß im Juli. Daten nach Seewetterbericht

Obwohl Cuiabá weitab von der Küste nahezu im Zentrum des Kontinents liegt und auf drei Seiten von Bergländern umgeben ist, sind die Niederschlagsmengen während der Regenzeit auffällig hoch. Sie sind hier an die Ausbildung des großen Hitzetiefs geknüpft, das sich im Sommer vom Chaco bis zum Bergland von Mato Grosso erstreckt und Teil des "kontinentaltropischen Tiefs" über Südamerika ist. Bei der Frage des Nachschubs an Wasserdampf dürfte hier im Lee des Brasilianischen Berglandes der Passat kaum noch eine Rolle spielen. Der bei den Konvektionsvorgängen kondensierende Wasserdampf ist wohl überwiegend das Ergebnis kräftiger Verdunstung über dem Land selbst – vor allem über dem riesigen Sumpfgebiet des Pantanals.

Lage:	Im äußersten Nordwesten Argentiniens an der Grenze zu Bolivien	WMO-Nr.:	87007
Koordinaten:	22° 6' S 65° 36' W	Allg. Klimacharakteristik:	Winter kühl und trocken; Sommer mäßig warm mit Regen
Höhe ü.d.M.:	3459 m	Klimatyp:	Cwb

		J	F	M	A	M	J	J	A	S	O	N	D	Jahr
Mittlere Temperatur	°C	12,5	12,1	12,0	10,2	6,7	4,0	3,8	6,0	8,7	10,7	12,0	12,2	9,2
Mittl. Max. Temp.	°C	19,9	19,5	19,7	19,1	17,1	15,0	14,9	16,8	18,6	20,5	21,1	20,4	18,6
Mittl. Min. Temp.	°C	7,0	6,7	6,0	2,1	-3,6	-6,6	-7,4	-5,1	-1,6	2,0	4,7	6,3	0,9
Abs. Max. Temp.	°C	26,2	26,7	26,8	24,0	21,4	19,9	19,9	24,1	23,4	25,3	26,5	26,9	
Abs. Min. Temp.	°C	1,7	-0,1	-0,7	-7,9	-11,0	-14,5	-15,2	-14,5	-11,2	-6,3	-3,5	0,4	
Dampfdruck	hPa	9,0	8,8	8,3	5,8	3,3	2,7	2,6	3,0	3,9	5,6	7,1	8,5	5,7
Relative Feuchte	%	67	66	63	51	37	33	31	33	38	48	56	64	49
Niederschlag	mm	80	68	48	9	1	1	0	1	3	17	30	78	336

Klimadaten La Quiaca, (Argentinien). Bezugszeitraum 1961-90, außer abs. Max./Min. (1971-90)

Infolge ihrer großen Nord-Süd-Erstreckung haben die Anden Anteil an fast allen Klimazonen. Dies spiegelt sich nicht nur in den Temperaturen, sondern auch in der Verteilung der Niederschläge wider. Während es in den innertropischen Anden ganzjährig zu Niederschlägen kommt (vgl. Bogotá und Quito, beide mit Regenmaxima kurz nach dem Zenitstand der Sonne, d.h. im März/April und Oktober), nimmt zu den Randtropen hin die Zahl der Regentage immer weiter ab, und es gibt einen deutlichen Wechsel zwischen Regen- und Trockenzeiten.

In Argentinien werden die Anden an ihrer Ostflanke auf fast ganzer Länge von einem Trockenstreifen begleitet. Im Nordwesten des Landes liegen die trockensten Bereiche im Gebirge selbst, und zwar auf den Hochflächen, die über das mittlere Kondensationsniveau hinausragen. Diese Höhenstufe, die durch starke Temperaturgegensätze zwischen Tag und Nacht, geringe Niederschlagsmengen und hohe Verdunstung gekennzeichnet ist, wird als Puna bezeichnet. Die Pflanzendecke ist spärlich und besteht aus xerophilen Arten, Gräsern und niedrigwüchsigen Sträuchern, die an besonderen Verhältnisse besonders angepaßt sind. Im Nordwesten Argentiniens löst die Puna in 3400 m Höhe die Präpuna ab und geht in 4000 m höhe in die hochandine Stufe über.

Das östliche Vorland erhält immerhin im Sommer ausreichend Regen, und zwar durch warme Luftmassen, die an der Ostseite des Chacotiefs von Nordosten bzw. an seiner Südseite von Osten herangeführt werden.

Über den sommerlich aufgeheizten abflußlosen Becken (Bolsones) bilden sich im Sommer gelegentlich lokale Hitzetiefs mäßiger vertikaler Erstreckung. Die Tiefs lassen Wirbelwinde entstehen, bringen jedoch nur selten Niederschlag hervor, der ohnehin auf die tieferen Lagen beschränkt ist.

Wo Luftmassen von Westen über die Anden gelangen, erreichen sie als warme, trockene Fallwinde (Zonda) das Vorland. Besonders ausgeprägt ist dieser Föhneffekt im Gebiet um Salta.

Die Daten von La Quiaca lassen typische Kennzeichen des Klimas der andinen Hochflächen erkennen. Die Jahresamplitude ist relativ gering, die Tagesamplitude im Sommer klein, weil durch höheren Wasserdampfgehalt und die Wolkenbedeckung sowohl der Wärmegewinn durch Einstrahlung als auch das nächtliche Absinken der Temperatur durch Ausstrahlung vermindert werden. Im trockenen Winter sind die Gegensätze zwischen Tag und Nacht deutlich größer. Frost kommt – abgesehen von Dezember und Januar – in allen Monaten des Jahres vor. Dauerfrost ist jedoch selten, weil die kräftige Einstrahlung die Temperaturen spätestens zur Mittagszeit über den Gefrierpunkt treibt. Je nach Relief und Exposition zur Sonne bestehen beträchtliche Unterschiede im kleinklimatischen Bereich.

Dies gilt auch für die Verdunstung, die generell hohe Werte erreicht. Dies ist zurückzuführen auf die starke Erwärmung in Bodennähe, den extrem geringen Dampfdruck und den meist ziemlich kräftigen Wind.

Lage:	Südbrasilianische Atlantikküste, Baía da Ilha Grande	WMO-Nr.:	83788
Koordinaten:	23° 1' S 44° 19' W	Allg. Klimacharakteristik:	Winter warm und feucht; Sommer heiß und regenreich
Höhe ü.d.M.:	2 m	Klimatyp:	Af

		J	F	M	A	M	J	J	A	S	O	N	D	Jahr
Mittlere Temperatur	°C	26,0	26,4	25,8	24,0	22,2	20,6	20,2	20,7	21,3	22,3	23,5	24,9	23,2
Mittl. Max. Temp.	°C	29,8	30,4	29,5	27,6	26,2	25,0	24,6	25,0	24,9	25,6	27,0	28,6	27,0
Mittl. Min. Temp.	°C	22,6	23,1	22,5	20,8	18,9	17,1	16,5	17,2	18,2	19,3	20,4	21,7	19,9
Relative Feuchte	%	81	80	81	82	82	82	81	81	82	83	82	82	82
Niederschlag	mm	276	240	237	190	109	78	76	78	116	144	167	265	1976
Sonnenscheindauer	h	174	176	172	147	160	147	160	149	120	121	128	129	1782

Klimadaten Angra dos Reis (Brasilien). Bezugszeitraum 1961-90

Tropisches Regenwaldklima ist in Südamerika in kleinen Arealen noch südlich des Wendekreises verbreitet. Beispiel ist der Abschnitt der brasilianischen Küste, der westlich von Rio de Janeiro beginnt und sich zwischen der Serra do Mar und dem Atlantik nach Südosten erstreckt. Hier sind die hohen Niederschlagswerte allerdings nicht an das jahreszeitliche Wandern der ITC geknüpft, sondern Folge der Exposition gegenüber dem Passat. Eindrucksvoll ist der Gegensatz zwischen dem ganzjährig feuchten Klima der Ostküste und dem Trockenklima der Westküste Südamerikas, wo auf gleicher Breite Antofagasta ein Jahresmittel von 2 mm Niederschlag verzeichnet.

Die Monatsmittel der Temperatur weisen nur in einem schmalen Küstenstreifen vor der Serra do Mar ganzjährig mehr als 20 °C und die für die Tropen charakteristischen geringen Schwankungen auf. Bereits in Santos und São Paulo ist die Jahresamplitude der Monatsmittel größer als die mittlere Tagesschwankung.

Werden an der Küste rund 2000 mm Jahresniederschlag gemessen, so erreichen einzelne Stationen des gebirgigen Hinterlandes in besonders exponierter Lage (z.B. Alta da Serra, Itapunhu) sogar Werte zwischen 3500 mm und 4500 mm.

Die Klimadaten von Angra do Reis lassen eine deutliche Periodizität im Niederschlagsgang erkennen. Während in der Zeit von November bis April 1375 mm Regen fallen, werden in der anderen Jahreshälfte nur 601 mm gemessen. Das Nachlassen der Niederschläge ist darauf zurückzuführen, daß im Winter der Südhalbkugel das südatlantische Hoch besonders kräftig ausgebildet ist, sich nordwärts verlagert und auf das südamerikanische Festland übergreift. Mit der Intensivierung verbunden ist ein Absinken der Passatinversion. Wo an der südbrasilianischen Küste Gebirgszüge hoch genug aufragen, wird die Luft an der Luvseite zum Aufsteigen gezwungen, so daß in einigen hundert Metern Höhe Kondensation einsetzt. Eine geschlossene Wolkenbank vor der Serra do Mar in der Höhe von etwa 600 m gehört zum typischen Bild der Küstenlandschaft. Da die Serra do Mar allerdings nicht hoch genug aufragt, um eine Überwindung der Inversion zu ermöglichen, sind die Niederschläge im Winter deutlich weniger ergiebig als im Sommer.

Hinzu kommt, daß die landeinwärts gerichtete Komponente des Passats im Winter schwächer ausgeprägt ist, weil die Verstärkung durch den Seewind bzw. das sommerliche Hitzetief im Landesinneren (Chacotief) fehlt. Die relative Feuchte ist zwar in allen Monaten gleich groß, doch sind im Winter der Wasserdampfgehalt und damit die Menge des ausfällbaren Wassers auf Grund der niedrigeren Temperaturen geringer.

Im Gegensatz zu den Küsten gleicher Breite nördlich des Äquators (Mexiko, Kuba) wird die südamerikanische Küste nicht von Hurrikanen betroffen. Voraussetzung zur Bildung von Wirbelstürmen ist einer Oberflächentemperatur des Ozeans von 27 °C. Dieser Grenzwert wird im Südatlantik nicht erreicht, weil die Abkühlung durch den kalten Benguelastrom vor der afrikanischen Küste sich auf Grund der geringen Breite des Südatlantiks bis in den Westen auswirkt. Damit verknüpft ist das ganzjährig recht beständige südatlantische Hoch, das einerseits Motor des Benguelastroms ist, andererseits erst durch die niedrigen Wassertemperaturen seine Beständigkeit erreicht.

Lage:	Zentrales Uruguay, am Stausee des Río Negro	WMO-Nr.:	86460
Koordinaten:	32° 48' S 56° 31' W	Allg. Klimacharakteristik:	Ganzjährig feucht; Winter mäßig warm; Sommer sehr warm
Höhe ü.d.M.:	75 m	Klimatyp:	Cfa

		J	F	M	A	M	J	J	A	S	O	N	D	Jahr
Mittlere Temperatur	°C	24,6	23,7	21,6	17,7	14,6	11,5	11,4	12,5	14,3	17,3	20,0	23,0	17,7
Mittl. Max. Temp.	°C	30,9	29,4	27,2	23,3	19,8	16,4	16,2	17,7	19,8	22,8	25,8	29,1	23,2
Mittl. Min. Temp.	°C	18,8	18,4	16,5	12,7	9,9	7,0	7,2	7,8	9,3	12,1	14,5	17,2	12,6
Abs. Max. Temp.	°C	41,2	40,2	37,6	34,4	32,0	29,1	30,3	32,2	32,2	34,2	37,0	40,2	
Abs. Min. Temp.	°C	7,6	7,2	4,6	0,6	-2,3	-3,5	-3,2	-2,0	-1,2	1,7	3,1	8,1	
Dampfdruck	hPa	20,1	20,4	18,8	15,6	13,3	11,1	11,1	11,3	12,4	14,4	16,3	18,3	15,3
Niederschlag	mm	121	124	125	102	104	98	113	90	97	111	108	97	1290
Tage mit ≥ 1 mm N		6	7	6	6	6	6	7	6	6	7	6	6	75
Sonnenscheindauer	h	288	214	228	188	166	127	144	169	181	225	240	287	2456

Klimadaten Paso de los Toros (Uruguay). Bezugszeitraum 1961-90, außer Sonnenschein (1981-90)

Die Daten der Station Paso de los Toros können als repräsentativ für den größten Teil des Landes angesehen werden. Im Januar, dem wärmsten Monat, sind für den Nordwesten des Hügel- und Stufenlandes Mittelwerte um 25 °C charakteristisch; sie gehen zur Küste hin allmählich auf 21 bis 22 °C zurück. Seebäder wie Punta del Este mit ihren gegenüber dem Binnenland im Mittel um 3 K, mittags sogar um 5 bis 6 K niedrigeren Temperaturen bieten dann eine angenehme Möglichkeit, der Hitze zu entgehen. Im Winter sind die klimatischen Unterschiede zwischen Küstenland (11 °C) und dem Landesinneren (im Nordwesten 13 °C) gering. Häufig wehende kalte Südwinde lassen während des Winters besonders im Küstengebiet die Temperaturen stärker absinken als im Binnenland. Temperaturstürze von 15 K sind beim Wechsel vom warmen Nordwind zum kalten Südostwind (Pampero) keine Seltenheit. Frost tritt in jedem Winter auf.

Von Juli bis September verzeichnen nahezu alle Klimastationen des Landes im Mittel einen Luftdruck von über 1018 hPa – verursacht durch das Übergreifen des atlantischen Hochs auf das Festland. Dies sind Bedingungen, die eher Trockenheit als Niederschlag erwarten lassen. Nun wird die Witterung in Uruguay nach WEISCHET weniger vom Atlantik als vielmehr von Luftmassen aus dem Süden geprägt, die "über die relativ niedrigen Kordillerenteile südlich 38° S ins östliche Vorland gelangt sind und den von der allgemeinen Zirkulation vorgezeichneten Weg nordostwärts in den Wirkungsbereich der atlantischen Antizyklone nehmen, wo sie absorbiert und transformiert werden" (WEISCHET, S. 308). Entsprechend ihrer Herkunft handelt es sich um Kaltluft, deren meist deutlich ausgeprägte Kaltfront über die La-Plata-Bucht hinaus auch noch Uruguay Regen liefert.

Die Niederschlagsmengen sind an der Küste um etwa 10 bis 30 % geringer als im Landesinneren, wo im Sommer lokale Hitzetiefs Anlaß zu heftiger Konvektion mit entsprechendem Niederschlag und oft auch Gewittern bilden. Pro Niederschlagstag fällt im Sommer durchschnittlich fast dreimal so viel Regen wie in Mitteleuropa.

Die Niederschläge sind annähernd gleichmäßig auf alle Monate des Jahres verteilt, allerdings gilt dies nur im Mittel. Tatsächlich ist die Variabilität der Niederschläge recht groß. In allen Monaten kommt es gelegentlich vor, daß weniger als 30 mm Regen gemessen werden. Ebenso häufig wird aber auch die fünffache Menge überschritten. Der Höchstwert innerhalb der Periode 1961-90 lag bei 554 mm und wurde in einem Februar gemessen. 17,2 mm Regen,

Die Variabilität der Niederschläge hängt damit zusammen, daß das südatlantische Hoch einmal stärker ausgedehnt ist, ein andermal weniger, so daß sein Einfluß gerade in den Randbereichen schwankt. Auch bezüglich der regenbringenden Fronten nimmt Uruguay eine Randlage ein, und dementsprechend ist die Häufigkeit ihres Durchzugs immer wieder Schwankungen unterworfen.

271 Concepción

Lage:	Südliches Mittelchile, Mündung des Rio Bío Bío in den Pazifik	WMO-Nr.:	85682
Koordinaten:	36° 46' S 73° 3' W	Allg. Klima-charakteristik:	Winter mild, regenreich; Sommer mäßig warm und trocken
Höhe ü.d.M.:	12 m	Klimatyp:	Csb

		J	F	M	A	M	J	J	A	S	O	N	D	Jahr
Mittlere Temperatur	°C	16,3	15,7	13,9	12,0	10,8	9,2	8,8	9,1	9,7	11,5	13,5	15,5	12,2
Dampfdruck	hPa	13,9	13,9	12,9	11,7	11,4	10,3	9,9	9,9	10,1	11,0	11,8	13,0	11,7
Relative Feuchte	%	75	78	81	84	88	88	87	86	84	81	76	74	82
Niederschlag	mm	21	15	25	56	178	218	222	153	88	65	41	28	1110

Klimadaten Concepción (Chile). Bezugszeitraum 1961-90

Kennzeichnend für das Klima Mittelchiles sind warme Sommer mit Tageshöchstwerten von 20 bis 25 °C und milde Winter. Die Sommertemperaturen liegen gegenüber Orten gleicher Breite im Mittelmeerraum (z.B. Malaga, Tunis, Antalya) um 8 bis 12 K niedriger.
Es ist naheliegend, die Ursache für die niedrigen Temperaturen im Einfluß des küstenparallelen kalten Humboldtstromes zu vermuten. Doch ist das Kaltwassergebiet vor Concepción im Sommer immerhin 15 °C warm und nicht breit genug, um die Lufttemperatur in derartigem Maße absenken zu können. Eine mindestens gleich große Rolle spielt die allgemeine thermische Benachteiligung der Südhalbkugel, die teilweise auf der Fernwirkung der Antarktis beruht, aber auch mit dem Fehlen großer Landmassen und der damit verbundenen Intensität der Westwindzirkulation zusammenhängt. Beides trägt dazu bei, daß die Einstrahlung sich nicht in so hohen Temperaturen auswirkt wie auf der Nordhalbkugel. Dem entspricht, daß das sommerliche Wärmedefizit von Concepción gegenüber lagemäßig vergleichbaren Stationen der Südhalbkugel (z.B. Auckland, Adelaide) nur etwa 4 K beträgt.
Stärker als durch die Temperaturen macht sich der Gegensatz zwischen Sommer und Winter jedoch in der unterschiedlichen Verteilung des Niederschlags bemerkbar. Besonders ausgeprägt ist der Gegensatz zwischen der Trockenzeit im Sommer und der niederschlagsreichen Zeit im Winter im südlichen Mittelchile wie z.B. in Concepción.
Hier ist der Wechsel zwischen Regen- und Trokkenzeit eine Folge der jahreszeitlichen Verlagerung und Verstärkung des Hochs über dem Südostpazifik. Im Januar hat es sein Zentrum bei 30° südlicher Breite und 100° westlicher Länge. Im Winter verlagert es sich unter Verstärkung um etwa sechs bis acht Breitengrad äquatorwärts. Entsprechend verlagert sich die Westwindzone an der Südseite des Hochs.
Da das Pazifikhoch im Winter stärker ausgeprägt ist, greift es in dieser Zeit randlich auf das südamerikanische Festland über. Im Winter sind deshalb in Mittelchile Hochdruckwetterlagen durchaus nicht selten. Das damit verbundene Absinken der Luft kann zur Ausbildung von Inversionen führen. Sie sind besonders ausgeprägt in den Längstälern und Becken abseits der Küste und verhindern dort den vertikalen Austausch der Luft. In der Millionenstadt Santiago de Chile kommt es unter diesen Bedingungen zur belastenden Konzentration von Emissionen aus Industrie und Verkehr.
Weiter südlich können die regenbringenden Tiefs der Westwindzone im Winter nicht mehr durch das Pazifikhoch behindert werden. Deshalb erhält Concepción von April bis Oktober mit 980 mm dreimal mehr Niederschlag als Santiago de Chile. Im Sommer kann die vom Hoch als Südwestwind auf das Land treffende Luft keinen nennenswerten Niederschlag liefern, weil sie über dem kalten Humboldtstrom bis (oder nahe) an den Taupunkt abgekühlt wird. Die Erwärmung auf dem Land vergrößert die Taupunktdifferenz wieder, so daß die relative Feuchte sinkt; sie ist aber andererseits nicht ausreichend, um hochreichende Konvektion einzuleiten.
Die Südgrenze des wechselfeuchten Klimas liegt in Chile bei etwa 38° südlicher Breite, wo es vom ganzjährig feuchten Klima der Westwindzone abgelöst wird. Nach Norden nehmen die Winterniederschläge immer weiter ab. Bei etwa 30° südlicher Breite geht das wechselfeuchte Klima allmählich in das relativ kühle Wüstenklima Nordchiles über.

Lage:	Nordöstliches Patagonien, nahe der Atlantikküste	WMO-Nr.:	87828
Koordinaten:	43° 12' S 65° 16' W	Allg. Klimacharakteristik:	Ganzjährig trocken; Winter kühl; Sommer warm
Höhe ü.d.M.:	43 m	Klimatyp:	BWk

		J	F	M	A	M	J	J	A	S	O	N	D	Jahr
Mittlere Temperatur	°C	20,9	20,0	17,2	13,4	9,5	6,1	6,0	7,8	10,6	13,7	17,2	19,5	13,5
Mittl. Max. Temp.	°C	28,5	27,8	24,6	20,6	16,0	12,0	12,1	14,6	17,6	20,9	24,7	27,0	20,5
Mittl. Min. Temp.	°C	14,1	13,2	10,8	7,4	4,2	1,3	1,2	2,3	4,3	7,2	10,1	12,5	7,4
Abs. Max. Temp.	°C	40,8	40,0	38,5	35,0	29,5	25,0	24,6	25,6	30,4	36,4	38,3	40,5	
Abs. Min. Temp.	°C	3,0	3,4	-0,8	-4,2	-6,7	-10,8	-10,7	-10,2	-6,8	-4,0	0,8	1,0	
Dampfdruck	hPa	8,7	9,5	9,1	7,6	6,9	6,1	6,0	5,8	5,9	6,7	7,4	8,2	7,3
Relative Feuchte	%	38	43	49	52	60	66	65	57	50	46	42	39	51
Niederschlag	mm	12	17	19	17	20	14	19	14	11	17	14	14	188
Sonnenscheindauer	h	310	269	251	198	155	135	136	174	195	245	285	295	2647

Klimadaten Trelew (Argentinien). Bezugszeitraum 1961-90, außer abs. Max./Min. (1971-90)

Unmittelbar an ein Weltmeer grenzende Trockengebiete sind aus den Subtropen und Tropen bekannt, jedoch auf die Westküsten der Kontinente beschränkt (z.B. Chile, Peru, Namibia). Niederschlagsarmut im Bereich der außertropischen Westwinde an der Ostküste eines Kontinents, wie hier durch die Klimastation Trelew repräsentiert, ist hingegen ungewöhnlich.
Trotz der Nähe zum Meer zeigen die Klimadaten von Trelew kaum Merkmale von Ozeanität. Die Gegensätze zwischen täglichen Maxima und Minima sind vor allem im Sommer höher als an anderen Küstenstationen gleicher Breitenlage. Auch die große Spannweite zwischen absoluten Maxima und Minima (in allen Monaten 35 bis 40 K), die geringen Niederschlagsmengen, der niedrige Dampfdruck, der vor allem im Sommer weit von den Sättigungswerten entfernt ist, und die hohe Sonnenscheindauer sind eher für küstenferne Stationen typisch.
Zieht man ein Klimaprofil durch Südamerika auf 43° südlicher Breite, so findet man an der Pazifikküste ein kühles und niederschlagsreiches Klima vor, wie in der Tabelle (rechts) durch die Station Castro auf der küstennahen Insel Chiloe belegt wird. Mit Annäherung an die Anden nehmen die Niederschlagsmengen weiter zu, doch einen Teil ihrer Feuchtigkeit nimmt die Luft über den Andenkamm mit, so daß auch auf der Leeseite in Argentinien (Esquil) noch Niederschlag in beachtlicher Menge fällt. Das für die Westwindzone typische winterliche Maximum bleibt erhalten. Weiter nach Osten nehmen die Niederschlagsmengen jedoch rasch ab; bereits im patagonischen Bergland am Rio Chubut werden weithin weniger als 200 mm pro Jahr gemessen.

	Castro Chile Insel Chiloe	Esquil Andenostseite	Trelew Patagonien Küste
April-Sept.	1353	373	95
Okt.-März	520	133	93

Niederschlagsummen (mm) im Winter- und Sommerhalbjahr auf etwa 43° südl. Breite zwischen Pazifik und Atlantik

Ursache für die Abnahme der Niederschlagsmengen ist einmal der Föhneffekt im Lee der Anden. Hinzu kommt im Sommer eine kräftige Erwärmung über dem durch intensive Einstrahlung aufgeheizten patagonischen Tafelland. Die am Westrand des südatlantischen Hochs nach Süden gerichtete Luftströmung, die im Sommer auch Patagonien erreichen kann, kommt entsprechend ihrer Herkunft aus dem Norden Argentiniens als Regenbringer nicht in Frage.
Gegenüber dem Atlantik bildet schließlich der kalte Falklandstrom, der die argentinische Küste bis etwa zur Halbinsel Valdes begleitet, eine wirksame Sperre. Die über dem Wasser abgekühlte Luft kann keinen nennenswerten Niederschlag liefern, selbst wenn sie mit dem Seewind auf das Festland gelangt.

273 Lago Argentino

Lage:	Südufer des Lago Argentino, am Ostfuß der südlichen Anden	WMO-Nr.:	87903
Koordinaten:	50° 20' S 72° 18' W	Allg. Klimacharakteristik:	Ganzjährig trocken; Winter kühl; Sommer mäßig warm
Höhe ü.d.M.:	220 m	Klimatyp:	BSk

		J	F	M	A	M	J	J	A	S	O	N	D	Jahr
Mittlere Temperatur	°C	13,1	12,9	10,8	7,6	4,0	1,6	0,7	2,6	5,3	8,3	10,8	12,3	7,5
Mittl. Max. Temp.	°C	18,7	18,5	16,3	12,5	7,7	5,2	4,3	6,6	10,4	13,8	16,3	17,9	12,4
Mittl. Min. Temp.	°C	7,7	7,5	5,6	3,1	0,2	-2,0	-2,8	-1,2	0,7	2,9	5,1	6,7	2,8
Abs. Max. Temp.	°C	30,5	29,5	27,0	21,5	17,5	15,5	16,5	16,6	21,8	22,5	25,0	28,5	
Abs. Min. Temp.	°C	0,5	0,6	-2,4	-4,0	-8,5	-11,5	-11,5	-12,0	-7,0	-3,5	-2,5	-2,6	
Dampfdruck	hPa	6,9	6,9	6,7	6,2	5,7	5,1	4,9	5,1	5,3	5,6	6,0	6,5	5,9
Relative Feuchte	%	47	48	53	60	70	74	76	70	61	53	48	47	59
Niederschlag	mm	13	8	14	25	31	21	26	21	16	12	9	14	210
Sonnenscheindauer	h	254	210	192	156	115	96	96	140	168	214	246	257	2143
Wind	m/s	5,5	4,8	3,6	2,9	2,0	1,8	1,7	2,3	3,2	4,2	5,5	5,6	3,6

Klimadaten Lago Argentino (Argentinien). Bezugszeitraum 1961-90, außer abs. Max./Min. (1971-90)

Der Lago Argentino ist einer der zahlreichen Seen, die sich von den südlichen Anden bis in das patagonische Vorland hinein erstrecken. Ihre oft bizarre Form verdanken sie teils der Erosion durch eiszeitliche Gletscher, teils dem Aufstau durch Moränen. Das Klima ist hier in besonders starkem Maße vom Relief geprägt. In dem entsprechenden Abschnitt an der chilenischen Küste, der ganzjährig im Bereich extrem kräftiger Weströmung liegt, werden mittlere Jahressummen des Niederschlags von über 4000 mm gemessen (San Pedro). Am Westabfall der Anden ist nach Schätzung mit bis zu 7000 mm/Jahr zu rechnen.

Dem stehen östlich der Anden am Lago Argentino 210 mm Jahresniederschlag gegenüber. Ein derartig krasser Wechsel in den hygrischen Verhältnissen dürfte es kaum in einer anderen Region der Erde geben.

Die Niederschlagsarmut am Lago Argentino ist wohl darauf zurückzuführen, daß sich unmittelbar westlich des Sees mit der stark vergletscherten Cordillera Darwin und dem Morenogletscher ein massiver Gebirgswall erhebt, der im Gegensatz zu anderen Abschnitten der Südanden keinen Durchlaß aufweist.

Die höheren Lagen des östlichen Andenabfalls erhalten durchaus noch reichlich Schneeniederschlag, wie aus der Länge der Gletscher und ihrer raschen Fließbewegung zu ersehen ist. Durch das Vorstoßen des Moreno Gletschers kam es bereits mehrmals in diesem Jahrhundert zur Abdämmung eines Nebenarms des Lago Argentino, so daß gewaltige Eisstauseen entstanden. Erst nach Monaten oder sogar Jahren konnte das Wasser die Eisbarriere durchbrechen.

Die Niederschlagsverteilung im Umkreis des Lago Argentino wird auch durch kleinräumige Gegebenheiten geprägt, die deutliche Gegensätze im Vegetationsbild zur Folge haben, wie sie WILHELMY anschaulich beschreibt: "Während die Westhänge der gegen das patagonische Tafelland vorstoßenden Gebirgsausläufer noch Wald tragen, überzieht Steppe deren östliche Hänge. Die meisten Seen werden von dieser markanten Wetter- und Klimascheide meridional durchzogen. Die steilflankigen schmalen Seearme im gebirgigen Teil sind von Wäldern umrahmt, die von hohen Endmoränen abgedämmten breiten östlichen Becken dagegen liegen bereits im offenen Gras- und Buschland Patagoniens." (WILHELMY & ROHMEDER, S. 472)

Die Klimastation am Lago Argentino verzeichnet im Sommer um etwa 2 K höhere Mittelwerte der Temperatur, als im chilenischen Andenvorland gemessen werden; im Winter liegen sie allerdings deutlich niedriger. Eine Erwärmung durch Föhneffekt scheint sich hier, im Gegensatz zu anderen Abschnitten der argentinischen Anden, nicht allzu stark auf den Mittelwert der Temperatur auszuwirken. Im Winter ist die mittlere Windgeschwindigkeit (um 2 m/s) deutlich niedriger als im Sommer (5 m/s).

Lage:	Südliches Feuerland, Beagle-Kanal	WMO-Nr.:	87938
Koordinaten:	54° 48' S 68° 19' W	Allg. Klima-charakteristik:	Winter kühl; Sommer mild; Niederschlag ganzjährig mäßig
Höhe ü.d.M.:	14 m	Klimatyp:	ET

		J	F	M	A	M	J	J	A	S	O	N	D	Jahr
Luftdruck*	hPa	96,7	97,6	99,6	98,5	0,6	0,5	0,7	99,2	1,2	0,6	97,7	99,1	99,3
Mittlere Temperatur	°C	9,6	9,3	7,7	5,7	3,2	1,7	1,3	2,2	4,1	6,2	7,8	9,1	5,7
Mittl. Max. Temp.	°C	13,9	13,7	12,2	9,6	6,5	4,6	4,2	5,6	8,2	10,5	12,1	13,4	9,5
Mittl. Min. Temp.	°C	5,4	5,3	3,9	2,3	0,1	-1,4	-1,7	-1,0	0,5	2,3	3,6	4,9	2,0
Abs. Max. Temp.	°C	25,6	25,1	24,9	21,2	17,6	16,2	16,0	12,8	19,2	19,8	22,2	24,3	
Abs. Min. Temp.	°C	-0,4	-1,0	-3,0	-5,2	-8,5	-11,8	-11,6	-10,0	-7,8	-4,0	-3,0	-1,8	
Niederschlag	mm	39	45	52	56	53	48	36	45	42	35	35	43	529
Wind	m/s	4,6	4,4	3,8	3,3	2,6	2,9	2,8	3,3	3,9	4,7	5,1	4,8	3,9

Klimadaten Ushuaia (Argentinien). Bezugszeitraum 1961-90, außer absolute Maxima und Minima (1971-88) sowie Wind (1961-88). *Luftdruckwerte über 900 bzw. 1000 hPa

Nach Europa übertragen entspricht die Breitenlage Ushuaias der Lage von Sylt. Ein Vergleich der Temperaturwerte fällt aber zu Ungunsten von Ushuaia aus, denn dort werden im Sommer um etwa 7 K niedrigere Mittelwerte registriert. Im Winter allerdings ist es im Mittel auf Sylt um 1 bis 2 K kälter als in Ushuaia.

Das Sommerhalbjahr der Südhemisphäre ist zwar rund eine Woche kürzer als das der Nordhemisphäre, doch auf Grund der zu dieser Zeit größeren Sonnennähe (Perihel im Januar) erfolgt im solaren Klima wieder ein Ausgleich. Die niedrigeren Sommertemperaturen sind also durch astronomische Gegebenheiten nicht zu erklären.

In stärkerem Maße als durch die kalten Meeresströmungen wird Feuerland durch antarktische Kaltluft beeinflußt, die – abgesehen vom mittleren Südpazifik – vor allem im westlichen Südatlantik bei etwa 65° westlicher Länge nahezu regelmäßig nach Norden vordringt. Das Ausströmen wird begünstigt durch die hohe Lageenergie, die der spezifisch schweren Kaltluft auf Grund der Höhe des antarktischen Eisschildes innewohnt. Gleichfalls von der Antarktis beeinflußt sind die kalten Meeresströmungen (Falklandstrom, Kap-Hoorn-Strom). Andererseits kann Feuerland im Sommer aber auch in den Genuß von Warmluft kommen, die an der Westseite des südatlantischen Hochs im Vorland der Anden weit nach Süden vordringt.

Der wechselnden Prägung durch kalte und warme Luftmassen scheinen die Klimadaten zu widersprechen, denn sie erwecken den Eindruck eines ausgeglichenen Temperaturgangs. Dies ist auf Glättung durch Mittelwertbildung zurückzuführen, denn tatsächlich liegen die höchsten und niedrigsten Temperaturwerte eines Monats im Sommer oft mehr als 25 K auseinander. So wurden beispielsweise im Januar 1992 ein Höchstwert von 27,5 °C und im gleichen Monat ein Minimum von 0,6 °C gemessen. In den Wintermonaten, wenn infolge der Verstärkung der Westströmung die Möglichkeiten des meridionalen Luftmassentauschs verringert sind, geht die Häufigkeit von Temperatursprüngen zurück.

Die Niederschlagsmengen sind in Ushuaia infolge der Lage im Lee der südlichen Anden, die hier noch 2500 m Höhe erreichen, gering. Erst weiter im Süden, wo das Gebirge ins Meer abtaucht, nehmen die Niederschlagsmengen zu. Auf der Feuerland im Südosten vorgelagerten Staateninsel liegt die Jahressumme bei etwa 1500 mm.

Die niedrigen Mittelwerte des Luftdrucks sind damit zu erklären, daß Ushuaia bereits im Randbereich des subpolaren Tiefdruckgürtels liegt. Seine niedrigsten Werte erreicht er im Juli mit Werten unter 980 hPa im Pazifik auf 70 bis 75° südlicher Breite. Im Januar liegen die Werte generell etwas höher. In Ushuaia zeigen die Daten eine Umkehr dieser jahreszeitlichen Periodizität. Dies entspricht dem überall in Argentinien zu beobachtendem winterlichem Anstieg des Luftdrucks infolge der Ausdehnung des südatlantischen Hochs auf das Festland.

275 Caracas		J	F	M	A	M	J	J	A	S	O	N	D	Jahr
Mittlere Temperatur	°C	20,2	20,8	21,7	22,7	23,2	22,6	22,2	22,3	22,7	22,4	22,0	20,7	22,0
Mittl. Max. Temp.	°C	26,6	27,6	28,6	29,0	28,8	27,8	27,4	27,7	28,3	28,1	27,6	26,6	27,8
Mittl. Min. Temp.	°C	16,0	16,3	17,2	18,6	19,6	19,4	18,9	18,7	18,7	18,5	18,1	16,8	18,1
Niederschlag	mm	16	13	12	59	80	139	121	124	114	123	73	42	916

10° 30' N 66° 53' W Venezuela 835 m ü.d.M. WMO 80416 1961-90

276 Bogotá		J	F	M	A	M	J	J	A	S	O	N	D	Jahr
Mittlere Temperatur	°C	12,9	13,2	13,6	13,8	13,8	13,5	13,1	13,1	13,1	13,2	13,4	12,9	13,3
Mittl. Max. Temp.	°C	19,6	19,7	19,7	19,3	19,0	18,3	18,1	18,3	18,7	18,8	19,1	19,2	19,0
Mittl. Min. Temp.	°C	5,4	6,1	7,4	8,2	8,4	8,0	7,5	7,0	6,9	7,6	7,7	6,1	7,2
Niederschlag	mm	33	43	66	111	94	57	41	49	73	115	88	54	824

4° 43' N 74° 9' W Kolumbien 2548 m ü.d.M. WMO 80222 1961-90

277 Quito		J	F	M	A	M	J	J	A	S	O	N	D	Jahr
Mittlere Temperatur	°C	14,2	14,0	14,3	14,3	14,5	14,5	14,6	15,0	14,8	14,3	14,3	14,4	14,4
Abs. Max. Temp.	°C	25,8	25,1	25,0	24,9	23,8	24,5	24,4	25,8	26,2	25,6	26,3	25,8	
Abs. Min. Temp.	°C	3,0	4,7	5,1	5,3	2,5	3,0	3,0	2,2	3,4	4,2	2,5	2,5	
Niederschlag	mm	74	114	127	149	98	37	26	32	79	115	79	83	1013

0° 10' S 78° 29' W Ecuador 2400 m ü.d.M. WMO 84072 1961-90

278 Itacoatiara		J	F	M	A	M	J	J	A	S	O	N	D	Jahr
Mittlere Temperatur	°C	25,5	25,3	25,4	25,6	25,8	25,6	25,5	26,1	26,6	26,8	26,8	26,3	25,9
Mittl. Max. Temp.	°C	30,2	29,9	30,1	30,2	30,6	30,9	31,1	32,0	32,4	32,5	32,0	31,3	31,1
Mittl. Min. Temp.	°C	22,6	22,5	22,8	22,8	22,8	22,0	21,6	21,7	22,4	22,8	22,4	22,3	22,4
Rel. Feuchte	%	85	87	88	88	87	85	84	82	80	79	80	82	84
Niederschlag	mm	327	316	335	272	204	138	91	50	43	42	46	65	1929
Sonnenscheindauer	h	92	82	86	98	124	153	181	187	164	136	121	109	1532

3° 8' S 58° 26' W Brasilien ca. 50 m WMO 82336 1961-90

279 Rio Branco		J	F	M	A	M	J	J	A	S	O	N	D	Jahr
Mittlere Temperatur	°C	25,5	25,4	25,5	25,3	24,5	23,2	23,4	24,3	25,2	25,7	25,7	25,6	24,9
Mittl. Max. Temp.	°C	30,9	30,9	31,3	31,1	30,6	30,3	31,3	32,6	32,8	32,6	31,9	31,2	31,5
Mittl. Min. Temp.	°C	22,3	22,6	22,7	22,5	20,6	19,3	18,5	19,2	20,9	21,6	21,9	22,2	21,2
Niederschlag	mm	288	286	228	174	102	46	42	40	96	172	206	264	1944

9° 58' S 67° 48' W Brasilien ca. 160 m WMO 82915 1961-90

280 Lima		J	F	M	A	M	J	J	A	S	O	N	D	Jahr
Mittl. Max. Temp.	°C	26,1	26,8	26,3	24,5	22,0	20,1	19,1	18,8	19,1	20,3	22,1	24,4	22,5
Mittl. Min. Temp.	°C	19,4	19,8	19,5	17,9	16,4	15,6	15,2	14,9	14,9	15,5	16,6	18,2	17,0
Niederschlag	mm	1	T	T	T	T	1	1	2	1	T	T	T	6

12° 0' S 77° 7' W Peru 13 m ü.d.M. WMO 84628 1961-90 T = Garua < 1 mm

281 Salvador		J	F	M	A	M	J	J	A	S	O	N	D	Jahr
Mittlere Temperatur	°C	26,5	26,6	26,7	25,2	25,2	24,3	23,6	23,7	24,2	25,0	25,5	26,0	25,2
Mittl. Max. Temp.	°C	29.9	30,0	30,0	28,6	27,7	26,5	26,2	26,4	27,2	28,1	28,9	29,0	28,2
Mittl. Min. Temp.	°C	23,7	23,9	24,1	22,9	23,0	22,1	21,4	21,3	21,8	22,5	22,9	23,2	22,7
Niederschlag	mm	111	121	145	322	325	251	204	136	112	122	119	132	2100

13° 1' S 38° 31' W Brasilien 51 m ü.d.M. WMO 83229 1961-90

282 Cuzco		J	F	M	A	M	J	J	A	S	O	N	D	Jahr
Mittl. Max. Temp.	°C	18,8	18,8	19,1	19,7	19,7	19,4	19,2	19,9	20,1	20,9	20,6	20,8	19,8
Mittl. Min. Temp.	°C	6,6	6,6	6,3	5,1	2,7	0,5	0,2	1,7	4,0	5,5	6,0	6,5	4,3
Niederschlag	mm	160	133	108	44	9	2	4	8	22	47	79	120	736

13° 33' S 71° 59' W Peru 3249 m ü.d.M. WMO 84686 1961-90

283 Juliaca		J	F	M	A	M	J	J	A	S	O	N	D	Jahr
Mittl. Max. Temp.	°C	16,7	16,7	16,5	16,8	16,6	16,0	16,0	17,0	17,6	18,6	18,8	17,7	17,1
Mittl. Min. Temp.	°C	3,6	3,5	3,2	0,6	-3,8	-7,0	-7,5	-5,4	-1,4	0,3	1,5	3,0	-0,8
Niederschlag	mm	133	109	99	43	10	3	2	6	22	41	55	86	609

15° 29' S 70° 9' W Titicacasee, Peru 3827 m ü.d.M. WMO 84735 1961-90

284 Brasília		J	F	M	A	M	J	J	A	S	O	N	D	Jahr
Mittlere Temperatur	°C	21,6	21,8	22,0	21,4	20,2	19,1	19,1	21,2	22,5	22,1	21,7	21,5	21,2
Mittl. Max. Temp.	°C	26,9	26,7	27,1	26,6	25,7	25,2	25,1	27,3	28,3	27,5	26,6	26,2	26,6
Mittl. Min. Temp.	°C	17,4	17,4	17,5	16,8	15,0	13,3	12,9	14,6	16,0	17,4	17,5	17,5	16,1
Niederschlag	mm	241	215	189	124	39	9	12	13	52	172	238	249	1553

15° 47' S 47° 56' W Brasilien 1158 m ü.d.M. WMO 83377 1961-90

285 Corumbá		J	F	M	A	M	J	J	A	S	O	N	D	Jahr
Mittlere Temperatur	°C	27,0	26,9	26,7	26,0	23,1	21,1	21,8	22,7	24,2	26,6	27,0	27,2	25,0
Mittl. Max. Temp.	°C	32,7	32,4	31,9	30,6	28,1	26,2	26,9	28,4	31,0	32,1	33,1	32,9	30,5
Mittl. Min. Temp.	°C	23,2	23,2	23,5	21,6	20,6	17,2	18,7	18,1	19,7	21,9	22,7	23,1	21,1
Niederschlag	mm	207	123	138	78	53	31	29	32	47	82	144	154	1118

19° 5' S 57° 30' W Brasilien ca. 120 m ü.d.M. WMO 83552 1961-90

286 Iquique		J	F	M	A	M	J	J	A	S	O	N	D	Jahr
Mittlere Temperatur	°C	21,1	21,1	20,1	18,3	16,9	15,9	15,2	15,3	15,9	16,9	18,4	20,0	17,9
Dampfdruck	hPa	17,8	18,0	17,4	16,0	14,6	13,9	13,3	13,2	13,7	14,1	15,2	16,6	15,3
Relative Feuchte	%	71	72	74	76	76	77	77	76	76	73	72	71	74
Niederschlag	mm	0	0	0	T	0	T	T	0	T	0	0	0	0

20° 32' S 70° 11' W Chile 48 m ü.d.M. WMO 85418 1961-90

287 Rio de Janeiro		J	F	M	A	M	J	J	A	S	O	N	D	Jahr
Mittlere Temperatur	°C	26,2	26,5	26,0	24,5	23,0	21,5	21,3	21,8	21,8	22,8	24,2	25,2	23,7
Mittl. Max. Temp.	°C	29,4	30,2	29,4	27,8	26,4	25,2	25,3	25,6	25,0	26,0	27,4	28,6	27,2
Mittl. Min. Temp.	°C	23,3	23,5	23,3	21,9	20,4	18,7	18,4	18,9	19,2	20,2	21,4	22,4	21,0
Niederschlag	mm	114	105	103	137	86	80	56	51	87	88	96	169	1172

22° 55' S 43° 10' W Brasilien ca. 30 m ü.d.M. WMO 83743 1961-90

288 Asunción		J	F	M	A	M	J	J	A	S	O	N	D	Jahr
Mittlere Temperatur	°C	27,5	26,9	25,9	22,8	19,8	17,6	17,9	18,6	20,5	23,2	24,9	26,5	22,7
Mittl. Max. Temp.	°C	33,1	32,6	31,5	28,1	24,9	22,6	23,4	24,2	26,1	28,9	30,6	32,2	28,2
Mittl. Min. Temp.	°C	22,7	22,4	21,4	18,7	16,0	13,5	13,7	14,2	15,9	18,3	20,0	21,6	18,2
Niederschlag	mm	158	122	115	157	110	72	42	77	79	116	153	132	1333

25° 16' S 57° 38' W Paraguay 101 m ü.d.M. WMO 86218 1961-90

289 Mendoza		J	F	M	A	M	J	J	A	S	O	N	D	Jahr
Mittlere Temperatur	°C	25,1	23,6	20,4	16,1	11,6	7,8	7,7	10,2	13,4	18,1	21,7	24,4	16,7
Mittl. Max. Temp.	°C	32,2	30,6	27,3	23,5	19,4	15,6	15,3	18,5	21,2	25,5	29,0	31,5	24,1
Mittl. Min. Temp.	°C	18,1	17,0	14,4	10,2	5,6	2,0	1,7	3,5	6,4	10,8	14,3	17,2	10,1
Niederschlag	mm	36	34	27	13	6	4	7	3	8	11	16	24	189

32° 50' S 68° 47' W Argentinien 704 m ü.d.M. WMO 87418 1961-90

290 Buenos Aires		J	F	M	A	M	J	J	A	S	O	N	D	Jahr
Mittlere Temperatur	°C	24,5	23,4	21,3	17,6	14,4	11,2	11,0	12,3	14,4	17,2	20,3	23,0	17,6
Mittl. Max. Temp.	°C	29,9	28,6	26,3	22,8	19,3	15,7	15,4	17,1	19,3	22,1	25,2	28,2	22,5
Mittl. Min. Temp.	°C	19,6	18,9	16,9	13,3	10,4	7,7	7,6	8,3	10,0	12,7	15,4	18,1	13,2
Niederschlag	mm	119	118	134	97	74	63	66	70	73	119	109	105	1147

34° 35' S 58° 29' W Argentinien 25 m ü.d.M. WMO 87585 1961-90

Lage:	Südosten der 1043 m hohen Vulkaninsel Faial, Azoren	WMO-Nr.:	08506
Koordinaten:	38° 31' N 28° 38' W	Allg. Klimacharakteristik:	Winter mäßig warm, regenreich; Sommer warm bis sehr warm
Höhe ü.d.M.:	62 m	Klimatyp:	Csa

		J	F	M	A	M	J	J	A	S	O	N	D	Jahr
Luftdruck*	hPa	19,5	18,5	19,6	20,1	22,0	24,1	25,1	23,1	20,8	19,7	19,2	19,7	21,0
Mittlere Temperatur	°C	14,2	13,6	14,2	14,9	16,4	18,6	21,1	22,2	21,3	18,9	16,8	15,2	17,3
Mittl. Max. Temp.	°C	16,3	15,9	16,3	17,2	18,9	21,2	23,9	25,1	24,0	21,3	18,9	17,2	19,7
Mittl. Min. Temp.	°C	12,1	11,4	12,0	12,6	14,0	16,1	18,3	19,4	18,6	16,5	14,6	13,1	14,9
Relative Feuchte	%	80	80	80	79	81	81	80	80	80	79	80	81	80
Niederschlag	mm	112	98	81	65	56	49	35	54	90	100	115	120	975
Max. Niederschlag	mm	247	174	191	150	152	121	66	207	248	182	277	277	1145
Min. Niederschlag	mm	17	21	14	8	12	11	1	7	17	34	8	22	778
Tage mit ≥ 1 mm N		15	14	12	10	9	6	6	7	10	12	13	14	128
Sonnenscheindauer	h	91	95	120	155	182	174	232	238	178	144	103	83	1795
Wind	m/s	8,2	8,6	7,8	6,7	6,0	5,0	4,4	4,6	5,6	6,1	6,9	7,7	6,5

Klimadaten Horta (Azoren). Bezugszeitraum 1961-90, außer Wind (1970-90). * Luftdruck über 1000 hPa

Die Azoren liegen im Bereich des nördlichen der beiden subtropischen Hochdruckgürtel, die die Erde zwischen Tropen und Mittelbreiten umspannen. Als durchgehender Gürtel existiert er allerdings nur in größeren Höhen, denn in der unteren Troposphäre wird er durch die flachen Hitzetiefs über den Landflächen in ein System von einzelnen Hochdruckzellen aufgelöst.

Das Azorenhoch ist neben dem Islandtief das zweite große Aktionszentrum des Nordatlantiks, das auch das Klima Europas stark mitbestimmt. Im Gegensatz zu den thermisch bedingten Hochs, die sich im Winter über den kalten Landmassen bilden, wird es durch Zufuhr von Luft in größerer Höhe hervorgerufen, ist entsprechend hochreichend und "warmkernig", d.h. aus relativ warmer Luft aufgebaut. Da Hochdrucklagen durch Absinken der Luft und stabile Schichtung charakterisiert sind, wird die Bildung von Niederschlag unterbunden. Die reichliche Versorgung der Azoren mit Regen scheint dazu im Widerspruch zu stehen, doch sind dynamisch bedingte Druckgebilde weniger beständig, als es die Bezeichnung und die Darstellung auf Karten vermuten lassen. So gibt es auch im Gebiet des Azorenhochs immer wieder kürzere oder längere Perioden mit relativ niedrigem Luftdruck zwischen 1005 und 1010 hPa. Dies ist besonders im Winterhalbjahr der Fall, während Einbrüche von Tiefs im Sommer selten sind und nicht so lange andauern. Deshalb ist das Azorenhoch im Sommer im Mittel deutlich kräftiger ausgebildet als im Winter.

Doch schon im Herbst wird das geschlossene Hochdruckgebiet immer häufiger durch zyklonale Störungen, die sich überwiegend von Südwesten nach Nordosten fortpflanzen, zerrissen (ALISSOW). Kräftige Niederschläge, wie sie für Horta aus den Klimadaten abzulesen sind, charakterisieren deshalb die winterliche Witterung. Insgesamt zeichnet sich das Winterhalbjahr (vor allem Februar und März) durch Unbeständigkeit des Wetters aus.

Die Verstärkung der zyklonalen Tätigkeit im Winter führt zu heftiger Zunahme der Windgeschwindigkeit, wobei nicht selten Sturmstärke erreicht wird. Diese Erfahrung machte im Februar 1493 schon Kolumbus, dessen Flotte auf der Rückfahrt von Amerika in einen Orkan geriet, so daß man auf der Insel Santa Maria Zuflucht suchen mußte.

Hinsichtlich der Temperaturverhältnisse sind die einzelnen Inseln der Azoren ziemlich gleichartig. Größere Unterschiede bestehen jedoch bei den Niederschlägen, die nach Osten hin deutlich abnehmen und auf Santa Maria bei 750 mm/Jahr liegen. Ursache hierfür sind wohl die etwas geringeren Wassertemperaturen, die einer Labilisierung der Luftschichtung entgegenwirken.

Lage:	Östlicher Atlantik vor der westafrikanischen Küste	WMO-Nr.:	08594
Koordinaten:	16° 44' N 22° 57' W	Allg. Klimacharakteristik:	Winter warm; Sommer sehr warm bis heiß; ganzjährig trocken
Höhe ü.d.M.:	55 m	Klimatyp:	BWh

		J	F	M	A	M	J	J	A	S	O	N	D	Jahr
Mittlere Temperatur	°C	21,4	21,1	21,6	21,9	22,5	23,4	24,6	26,0	26,6	26,1	24,5	22,7	23,5
Mittl. Max. Temp.	°C	24,0	24,1	24,8	24,8	25,3	26,0	27,2	28,8	29,3	28,6	27,3	25,2	26,3
Relative Feuchte	%	70	71	71	71	73	75	75	75	77	75	73	71	73
Niederschlag	mm	5	4	1	0	0	0	1	14	34	7	3	2	71
Sonnenscheindauer	h	183	176	202	217	206	175	149	161	179	199	190	156	2194
Wind	m/s	6,7	6,7	6,8	6,8	7,1	6,8	5,3	5,1	5,4	5,7	5,8	6,4	6,2

Klimadaten Sal (Kapverden). Bezugszeitraum 1961-90

Das Klima der Kapverden wird überwiegend durch den Passat geprägt. Sein Einfluß ist besonders stark auf den nordöstlichen Inseln, zu denen auch Sal gehört (maritimes Kernpassatklima). Im Winter, wenn das Azorenhoch nach Süden verlagert ist und auch über Nordafrika relativ hoher Luftdruck herrscht, erreicht der Passat die Inseln als besonders beständige und kräftige Strömung aus östlicher Richtung. Auch die charakteristische Passatinversion, die hochreichende Konvektion verhindert, ist in dieser Zeit am deutlichsten ausgeprägt.
Im Sommer, wenn das Azorenhoch weiter nördlich liegt und sich die ITC mit dem Zenitstand der Sonne nordwärts verlagert, ist die Passatströmung im Bereich der Kapverden abgeschwächt. Die Inversion ist weniger deutlich ausgeprägt, so daß in dieser Zeit gelegentlich auch Störungen in der Höhenströmung auftreten können, die die Entstehung von Niederschlag begünstigen. Die Abschwächung des Passats macht sich allerdings weniger auf Sal als auf den südlichen Inseln bemerkbar, weil hier der Abstand zur ITC nur noch gering ist.
Entsprechend seiner Herkunft bringt der Passat sehr trockene und im Sommer heiße Luft vom afrikanischen Festland mit. Obwohl die Kapverden immerhin 650 bis 850 km vor der Küste liegen, erreicht die Passatluft die Inseln, ohne über dem Meer an Feuchtigkeit gewonnen zu haben. Wenn die Temperaturdifferenz zwischen Luft und Wasser auch gering ist, so erfolgt durch den Kontakt mit dem Ausläufer des kalten Kanarenstroms doch eine Abkühlung, die allerdings auf die unterste Luftschicht beschränkt bleibt. Die sich daraus ergebende Verringerung des vertikalen Temperaturgradienten bedeutet weitere Stabilisierung der Luftschichtung. Dadurch wird die Durchmischung verhindert, so daß die Aufnahme von Wasserdampf auf die untersten Luftschichten beschränkt bleibt.
Häufig ist die Passatluft mit Staub (bruma seca = "trockener Nebel" genannt) aus den Trockengebieten Afrikas angereichert. Dies führt zu einem deutlichen Rückgang der Sonnenscheindauer, die auf Sal gegenüber den für die Sahelzone des Festlandes typischen Werten um etwa ein Drittel reduziert ist. Der besonders reich mit Staub beladene Ostwind wird Harmattan genannt. Oft tagelang anhaltende Trübung der Luft durch Staub veranlaßte Seefahrer früherer Jahrhunderte, diesem Teil des Atlantiks den Namen "Dunkelmeer" zu geben – eine Bezeichnung, die auch auf zeitgenössischen Karten zu finden ist.
Nur im August und September kann auf Sal mit Regen gerechnet werden. Gelegentlich dringt in dieser Zeit die ITC bis zu den Kapverden vor. Damit gelangt feuchte äquatoriale Luft aus Südwesten bis zu den Inseln, und an ihren Luvseiten können kräftige Niederschläge fallen. Für Sal trifft dies auf Grund der Lage im Nordosten der Inselgruppe und der geringeren Erhebung aber kaum zu. Hier sind die Niederschläge meist verbunden mit Störungen in der Passatströmung, die im Spätsommer auftreten. Im Winter können außertropische Zyklonen den nördlichen Inseln der Kapverden Niederschlag bringen. Dies ist der Fall, wenn bei extrem ausgeprägter Mäanderbildung in der Zone der außertropischen Westwinde die Polarfront weit nach Süden vordringt. Im Mittel ergeben diese seltenen Winterniederschläge jedoch nur wenige Millimeter pro Jahr.

293 Santa Maria		J	F	M	A	M	J	J	A	S	O	N	D	Jahr
Mittlere Temperatur	°C	14,4	14,0	14,6	15,2	16,7	18,8	20,8	22,2	21,4	19,3	17,4	15,4	17,5
Mittl. Max. Temp.	°C	16,8	16,5	17,1	17,9	19,5	21,6	23,8	25,1	24,3	21,9	19,3	17,7	20,1
Mittl. Min. Temp.	°C	12,1	11,5	12,0	12,5	13,9	15,9	17,9	19,2	18,6	16,7	15,5	13,0	14,9
Niederschlag	mm	100	86	79	55	30	22	25	40	57	84	102	95	775

36° 58' N 25° 10' W Azoren 100 m ü.d.M. WMO 08515 1961-90

294 Funchal		J	F	M	A	M	J	J	A	S	O	N	D	Jahr
Mittlere Temperatur	°C	16,1	15,9	16,3	16,5	17,7	19,4	21,1	22,3	22,3	20,9	18,8	16,9	18,7
Mittl. Max. Temp.	°C	19,1	19,1	19,5	19,6	20,9	22,3	24,3	25,6	25,7	24,2	22,0	20,0	21,9
Mittl. Min. Temp.	°C	13,1	12,8	13,0	13,4	14,6	16,5	18,0	18,9	18,9	17,6	15,6	13,9	15,5
Niederschlag	mm	103	87	64	39	19	12	2	3	37	75	101	100	642

32° 38' N 16° 54' W Madeira 56 m ü.d.M. WMO 08522 1961-90

295 Arrecife		J	F	M	A	M	J	J	A	S	O	N	D	Jahr
Mittlere Temperatur	°C	16,9	17,3	18,4	18,6	19,9	21,6	23,7	24,7	24,5	22,4	20,2	17,9	20,5
Niederschlag	mm	25	18	12	6	2	0	0	0	2	6	15	26	112

28° 57' N 13° 36' W Lanzarote 21 m ü.d.M. WMO 60040 1962-90

296 Santa Cruz		J	F	M	A	M	J	J	A	S	O	N	D	Jahr
Mittlere Temperatur	°C	17,9	18,0	18,6	19,2	20,5	22,1	24,5	25,1	24,4	22,9	20,8	18,8	21,1
Niederschlag	mm	37	34	24	16	4	1	0	1	9	18	38	52	234

28° 27' N 16° 15' W Teneriffa 36 m ü.d.M. WMO 60020 1961-90

297 Las Palmas		J	F	M	A	M	J	J	A	S	O	N	D	Jahr
Mittlere Temperatur	°C	17,5	17,6	18,4	18,7	19,9	21,4	23,3	24,1	23,8	22,5	20,4	18,3	20,5
Niederschlag	mm	17	22	10	6	2	0	0	0	0	10	21	21	118

27° 56' N 15° 23' W Gran Canaria 47 m ü.d.M. WMO 60030 1973-90

298 Gough		J	F	M	A	M	J	J	A	S	O	N	D	Jahr
Mittlere Temperatur	°C	13,9	14,4	13,9	12,8	11,3	10,0	9,1	8,9	8,9	10,1	11,9	13,2	11,5
Mittl. Max. Temp.	°C	17,2	17,4	16,9	15,4	13,7	12,4	11,5	11,2	11,5	12,9	14,9	16,2	14,3
Mittl. Min. Temp.	°C	11,1	11,6	11,3	10,4	8,9	7,6	6,6	6,5	6,6	7,8	9,4	10,3	9,0
Niederschlag	mm	210	183	254	276	286	310	273	304	270	294	262	241	3163

40° 21' S 9° 53' W Südatlantik WMO 68906 1961-90

299 Base Orcadas		J	F	M	A	M	J	J	A	S	O	N	D	Jahr
Luftdruck	hPa	991,9	990,8	991,1	990,2	995,5	994,1	994,8	993,1	992,5	991,4	985,5	991,5	992,1
Mittlere Temperatur	°C	0,8	1,0	0,2	-2,3	-5,5	-8,4	-9,4	-8,6	-5,5	-3,1	-1,3	0,1	-3,5
Mittl. Max. Temp.	°C	2,7	2,9	2,0	-0,1	-2,5	-4,6	-5,3	-4,8	-2,0	0,1	1,5	2,4	-0,6
Mittl. Min. Temp.	°C	-0,9	-0,7	-1,8	-4,6	-8,5	-12,3	-13,9	-13,0	-9,4	-6,0	-3,4	-1,6	-6,3
Niederschlag	mm	44	74	73	73	63	52	45	52	48	48	45	46	663

60° 45' S 44° 43' W Laurie Island, Süd-Orkneys 6 m ü.d.M. WMO 88968 1964-83, außer Niederschlag und Luftdruck (1961-83)

Lage:	Nordostküste von Mahé, der größten Insel der Seychellen	WMO-Nr.:	63980
Koordinaten:	4° 40' S 55° 31' E	Allg. Klimacharakteristik:	Ganzjährig heiß; Winter mäßiger Regen; Sommer sehr regenreich
Höhe ü.d.M.:	3 m	Klimatyp:	Af

		J	F	M	A	M	J	J	A	S	O	N	D	Jahr
Mittlere Temperatur	°C	26,8	27,3	27,8	28,0	27,7	26,6	25,8	25,9	26,4	26,7	26,8	26,7	26,9
Mittl. Max. Temp.	°C	29,8	30,4	31,0	31,4	30,5	29,1	28,3	28,4	29,1	29,6	30,1	30,0	29,8
Mittl. Min. Temp.	°C	24,1	24,6	24,8	25,0	25,4	24,6	23,9	23,9	24,2	24,3	24,0	23,9	24,4
Abs. Max. Temp.	°C	32,6	33,4	33,4	33,6	33,3	32,6	31,1	30,4	31,3	32,4	33,5	33,2	
Abs. Min. Temp.	°C	21,4	21,1	22,1	22,3	21,6	21,1	20,4	19,6	20,2	20,5	21,7	20,0	
Dampfdruck	hPa	28,8	28,0	29,3	30,0	29,3	27,6	26,7	26,5	27,1	27,7	28,1	28,6	28,1
Relative Feuchte	%	82	80	79	80	79	79	80	79	78	79	80	82	80
Niederschlag	mm	379	262	167	177	124	63	80	97	121	206	215	281	2172
Tage mit $\geq$ 1 mm N		17	11	11	14	11	10	10	10	11	12	14	18	149
Max. Niederschlag	mm	610	507	345	307	418	158	277	372	390	565	441	560	
Min. Niederschlag	mm	168	9	55	62	7	16	18	15	13	29	39	58	
Sonnenscheindauer	h	153	176	211	228	253	232	231	231	228	221	196	171	2528

Klimadaten Victoria (Mahé, Seychellen). Bezugszeitraum 1961-90, außer Abs. Max./Min. Temp., Tage mit Niederschlag, Sonnenscheindauer, Max./Min. Niederschlag (1971-90)

Das Klima der Seychellen ist durch große Gleichförmigkeit im Jahresgang gekennzeichnet. Einzig beim Niederschlag ist ein deutlicher Rhythmus zu erkennen. Von Mai bis Oktober liegt Mahé im Einflußbereich des Südostpassats, der in dem zu dieser Zeit besonders kräftig ausgebildeten und nordwestlich verlagerten Hoch des Südindiks seinen Ausgang nimmt. Durch die Aufnahme von Wasserdampf und die Erwärmung an der warmen Meeresoberfläche wird die vertikale Stabilität des Passats vermindert. Dies begünstigt mit Annäherung an die Äquatorzone die Bildung von Niederschlag. Auf den flachen Inseln macht sich das zwar kaum bemerkbar, wohl aber auf den höher aufragenden wie Mahé (bis 905 m), da hier die Luft zum Aufsteigen gezwungen wird.

Mit der Verlagerung der ITC auf die Südhalbkugel (15° bis 12° südl. Breite) zieht sich der Passat zurück, und Mahé gerät in den Einflußbereich einer aus nördlicher bis nordwestlicher Richtung kommenden Strömung. Es handelt sich hierbei um den Nordostpassat der Nordhalbkugel, der unter dem Einfluß des sich am Äquator vollziehenden Richtungswechsels der Corioliskraft eine westliche Komponente erhält.

Diese auch als Monsun bezeichnete Strömung ist zwar deutlich schwächer als der Südostpassat des Winterhalbjahres, liefert aber höhere Niederschläge. Das liegt daran, daß die Luft einen weiten Weg über sehr warme Meeresgebiete zurückgelegt und dabei viel Wasserdampf aufgenommen hat. Da die Monsunluft im Gegensatz zur Passatluft labil geschichtet ist, beschränkt sich die hohe Luftfeuchtigkeit nicht auf die untere Schicht, sondern reicht bis in größere Höhe.

Trotz der Regelmäßigkeit dieses Wechsels weist Victoria doch beträchtliche Schwankungen der Niederschlagsmengen auf. Dies ist – zumindest teilweise – auf die unterschiedliche Ausprägungen bzw. Umformungen der Walkerzirkulation zurückzuführen. In deren "High Phase" besteht über dem westlichen Indik absinkende Luftbewegung mit Niederschlagsunterdrückung, über dem östlichen hingegen aufsteigende mit überdurchschnittlich starken Niederschlägen im Gebiet des Malayischen Archipels. Umgekehrt sind die Verhältnisse in der "Low Phase", für die der August 1997 ein gutes Beispiel bildet. In diesem Monat erhielt Mahé 694 mm Niederschlag, d.h. mehr als das Sechsfache des langjährigen Mittelwertes, während Indonesien unter Trockenheit zu leiden hatte und dort gebietsweise nur ein Sechstel der mittleren Regenmenge niederging (z.B. in Padang auf Sumatra nur 35 mm).

Lage:	Südl. Ostindik, Prinz-Eduard-Inseln, 1600 km südöstl. Afrika	WMO-Nr.:	68994
Koordinaten:	46° 53' S 37° 52' E	Allg. Klimacharakteristik:	Winter kühl; Sommer mäßig kühl; ganzjährig sehr regenreich
Höhe ü.d.M.:	22 m	Klimatyp:	ET

		J	F	M	A	M	J	J	A	S	O	N	D	Jahr
Mittlere Temperatur	°C	7,2	7,7	7,4	6,2	5,1	4,7	4,1	3,7	3,8	4,5	5,3	6,3	5,5
Mittl. Max. Temp.	°C	10,6	10,9	10,6	9,2	7,9	7,3	6,6	6,3	6,6	7,7	8,8	9,8	8,5
Mittl. Min. Temp.	°C	4,8	5,3	5,0	3,8	2,8	2,2	1,7	1,2	1,4	2,0	2,8	3,8	3,1
Abs. Max. Temp.	°C	23,8	22,9	21,8	18,4	18,4	14,8	13,5	16,2	15,9	17,5	19,2	20,0	
Abs. Min. Temp.	°C	-1,4	-1,4	-1,1	-2,2	-3,0	-6,0	-6,0	-5,5	-6,5	-4,7	-3,1	-1,5	
Relative Feuchte	%	83	84	84	84	85	86	85	84	83	82	82	83	84
Niederschlag	mm	219	195	216	219	232	204	194	187	183	171	176	203	2399
Tage mit $\geq$ 1 mm N		21	18	19	20	22	23	23	22	21	21	21	20	251
Max. Niederschlag	mm	350	333	402	363	428	461	308	250	260	288	293	302	2993
Min. Niederschlag	mm	90	73	52	101	100	104	98	107	118	75	48	106	1867
Sonnenscheindauer	h	160	135	114	91	82	58	66	92	104	138	159	160	1358

Klimadaten Marion (Prinz-Eduard-Inseln, Indischer Ozean). Bezugszeitraum 1961-90

Die nach dem Entdecker Marion-Dufresne (1772) benannte Insel weist ein bereits deutlich von der Antarktis beeinflußtes ozeanisches Klima auf. Das im Winter weit nach Norden vordringende Treibeis erreicht die Insel in den meisten Jahren jedoch nicht. Dies hat seine Ursache in der unmittelbar südlich von Marion verlaufenden antarktischen Konvergenzzone, an der das kalte Wasser unter das wärmere Wasser des Südindiks abtaucht. Dadurch ergibt sich an der Oberfläche ein deutlicher Temperatursprung innerhalb von einigen hundert Kilometern von 4 °C auf 11°C.

Auf Grund der hohen Bewölkung und des starken Meereseinflusses haben die Strahlungsverhältnisse nur geringe Auswirkungen auf den Temperaturgang. Dies zeigt sich deutlich in der zweimonatigen Verzögerung der Extremwerte gegenüber den Zeitpunkten des höchsten bzw. niedrigsten Sonnenstandes. Auffällig sind die Temperaturänderungen in den Übergangsjahreszeiten, vor allem im April und Mai. Der abrupte Wechsel hängt damit zusammen, daß das Vordringen von Meereis im Südpolarmeer rascher erfolgt und einen direkteren Einfluß auf die Temperatur hat als das Abschmelzen des Eises im Frühjahr.

Gleichbleibend hoch sind die Luftfeuchtigkeit und die Monatsmengen des Niederschlags. Selbst die Extremwerte der 30jährigen Periode liegen nicht allzu weit auseinander.

Geprägt wird das Klima von Marion Island durch die Lage im Westwindgürtel der Südhemisphäre. Die hier auftretenden Tiefs verlagern sich mit hoher Geschwindigkeit (1000 bis 1300 km/Tag) ostwärts. Sie entstehen vor allem dort, wo unterschiedlich temperierte Luftmassen, unterstützt durch entsprechende Meeresströmungen, aufeinander treffen. Dies ist der Fall im westlichen Südatlantik vor der patagonischen Küste, aber auch südlich von Afrika im Grenzgebiet zwischen den Ausläufern des warmen Agulhasstroms und des kalten Bouvetstroms sowie an der antarktischen Konvergenzzone. Da den Tiefs kein Hindernis entgegensteht, entwickeln sie sich häufig zu Sturmtiefs. An ihrer Vorderseite kann wärmere Luft aus dem Norden und an ihrer Rückseite kältere Luft aus der Antarktis meridional verfrachtet werden. Auf diesem Wege kann Marion Island von Warmluftvorstößen aus subtropischen Breiten erreicht werden, die in seltenen Fällen einen Temperaturanstieg um 10 bis 15 K bewirken.

Gelegentlich wird Marion Island noch vom Subtropenhoch über dem Indischen Ozean beeinflußt. Wenn es sich sich im Sommer nach Süden verlagert, nehmen die wandernden Zyklonen eine südlichere Bahn ein, so daß der Luftdruck steigt und die Niederschlagsmengen zurückgehen. Monatswerte unter 100 mm sind aber auch im Sommer seltene Ausnahmen.

302 Male		J	F	M	A	M	J	J	A	S	O	N	D	Jahr
Mittl. Max. Temp.	°C	30,0	30,4	31,2	31,5	31,0	30,5	30,4	30,2	30,0	30,0	30,1	29,9	30,4
Mittl. Min. Temp.	°C	25,4	25,6	25,8	26,4	26,2	25,8	25,6	25,5	25,1	25,2	25,3	25,1	25,6
Niederschlag	mm	75	50	73	132	216	172	147	188	243	222	201	232	1951
Sonnenscheindauer	h	248	258	280	247	223	202	227	212	200	235	226	221	2778

4° 12' N 73° 32' E Malediven 2 m ü.d.M. WMO 43555 1961-90, Sonnenschein 1975-90

303 Port Blair		J	F	M	A	M	J	J	A	S	O	N	D	Jahr
Mittlere Temperatur	°C	25,2	25,6	26,5	27,9	27,2	26,3	26,1	26,0	25,8	25,9	25,9	25,7	26,2
Mittl. Max. Temp.	°C	29,2	30,1	31,1	32,2	31,0	29,5	29,2	29,1	29,2	29,6	29,4	29,1	29,9
Mittl. Min. Temp.	°C	21,3	21,0	21,8	23,4	23,3	23,1	23,0	22,9	22,4	22,2	22,3	22,3	22,4
Niederschlag	mm	36	21	9	70	346	456	400	425	403	295	254	157	2872

11° 40' N 92° 43' E Andamanen 79 m ü.d.M. WMO 43333 1971-90

304 Rodrigues		J	F	M	A	M	J	J	A	S	O	N	D	Jahr
Mittlere Temperatur	°C	26,2	26,5	26,5	25,7	24,2	22,8	21,9	21,4	22,0	22,9	24,1	25,5	24,1
Mittl. Max. Temp.	°C	28,9	29,2	29,3	28,5	27,1	25,7	24,8	24,5	25,2	26,1	27,2	28,4	27,1
Mittl. Min. Temp.	°C	23,4	23,8	23,7	23,0	21,6	20,0	19,1	18,6	19,1	20,0	21,3	22,7	21,4
Niederschlag	mm	132	168	150	129	87	73	85	61	41	38	63	90	1117

19° 41' S 63° 25' E Maskarenen 59 m ü.d.M. WMO 61988 1961-90

305 Plaisance		J	F	M	A	M	J	J	A	S	O	N	D	Jahr
Mittlere Temperatur	°C	25,9	26,1	25,8	24,8	23,2	21,8	21,1	20,8	21,3	22,4	23,8	25,3	23,5
Mittl. Max. Temp.	°C	29,4	29,4	29,1	28,2	26,5	25,0	24,1	23,9	24,8	26,1	27,7	29,0	26,9
Mittl. Min. Temp.	°C	22,7	22,8	22,6	21,6	19,8	18,4	17,8	17,5	17,8	18,9	20,2	21,7	20,2
Niederschlag	mm	251	246	217	221	148	101	113	89	61	67	89	190	1793
Tage mit ≥ 1 mm N		16	16	17	17	14	14	18	14	10	11	9	13	169

20° 26' S 57° 40' E Mauritius 57 m ü.d.M. WMO 61990 1961-90

306 Kokosinsel		J	F	M	A	M	J	J	A	S	O	N	D	Jahr
Mittl. Max. Temp.	°C	29,5	29,8	29,8	29,6	29,1	28,4	27,9	27,9	28,1	28,6	28,9	29,3	28,9
Mittl. Min. Temp.	°C	24,6	24,9	25,1	25,0	24,8	24,2	23,8	23,7	23,6	24,0	24,2	24,5	24,4
Niederschlag	mm	206	173	249	250	187	209	197	118	84	51	99	117	1940

12° 11' S 96° 49' E Östl. Indischer Ozean 3 m ü.d.M. WMO 96996 1961-90

307 Martin de Viviès		J	F	M	A	M	J	J	A	S	O	N	D	Jahr
Mittlere Temperatur	°C	16,6	17,0	16,1	15,0	13,3	12,0	11,3	11,1	11,6	12,3	13,5	15,5	13,8
Mittl. Max. Temp.	°C	19,5	19,8	18,7	17,3	15,4	14,0	13,3	13,3	13,8	14,7	15,9	18,0	16,1
Mittl. Min. Temp.	°C	14,3	14,5	13,7	12,9	11,2	9,8	9,3	9,0	9,5	10,1	11,3	13,2	11,6
Niederschlag	mm	96	78	82	102	110	113	104	95	83	85	90	81	1119

37° 48' S 77° 32' E Amsterdam-Insel 29 m ü.d.M. WMO 61996 1961-90

308 Port-aux-Français		J	F	M	A	M	J	J	A	S	O	N	D	Jahr
Mittlere Temperatur	°C	7,2	7,5	7,0	5,6	3,7	2,4	2,0	2,0	2,2	3,3	4,7	6,3	4,5
Mittl. Max. Temp.	°C	11,2	11,5	10,7	8,8	6,6	5,0	4,8	5,0	5,3	6,8	8,4	10,2	7,9
Mittl. Min. Temp.	°C	4,1	4,3	3,7	2,6	0,9	-0,3	-0,8	-0,8	-0,7	0,4	1,6	3,1	1,5
Niederschlag	mm	49	46	59	67	69	56	65	67	65	55	53	58	709

49° 21' S 70° 15' E Kerguelen 30 m ü.d.M. WMO 61998 1961-90

309 Honululu

Lage:	Südküste von Oahu, Hawaii-Inseln	WMO-Nr.:	91182
Koordinaten:	21° 21' N 157° 56' W	Allg. Klimacharakteristik:	Winter sehr warm, regenreich; Sommer heiß und trocken
Höhe ü.d.M.:	5 m	Klimatyp:	As

		J	F	M	A	M	J	J	A	S	O	N	D	Jahr
Mittlere Temperatur	°C	22,7	22,8	23,6	24,3	25,3	26,3	26,9	27,4	27,2	26,4	25,1	23,4	25,1
Mittl. Max. Temp.	°C	26,7	26,9	27,6	28,2	29,3	30,3	30,8	31,5	31,4	30,5	28,9	27,3	29,1
Mittl. Min. Temp.	°C	18,7	18,6	19,6	20,4	21,3	22,3	23,1	23,4	23,1	22,4	21,3	19,4	21,1
Abs. Max. Temp.	°C	30,6	31,1	31,1	31,7	33,9	33,3	33,3	33,9	34,4	34,4	33,9	31,7	
Abs. Min. Temp.	°C	11,1	11,7	12,8	13,9	15,6	18,3	18,9	19,4	18,9	17,8	13,9	12,2	
Relative Feuchte	%	73	71	69	67	66	64	65	64	66	68	70	72	68
Niederschlag	mm	90	56	56	39	29	13	15	11	20	58	76	97	560
Tage mit ≥ 1 mm N		7	5	6	5	3	2	3	3	4	5	6	7	56
Max. Niederschlag	mm	326	183	213	227	184	63	59	64	53	283	374	439	
Min. Niederschlag	mm	5	2	2	3	3	1	1	0	1	4	1	2	
Sonnenscheindauer	h	214	213	259	252	281	286	306	303	279	244	200	199	3036
Wind	m/s	3,8	4,0	4,5	4,7	4,6	5,0	5,2	5,0	4,4	4,2	4,2	4,0	4,5

Klimadaten Honululu (Oahu, Hawaii-Inseln). Bezugszeitraum 1961-90

Die Hawaii-Inseln weisen beträchtliche klimatische Unterschiede auf, die sich vor allem in der Höhe und Verteilung der Niederschläge bemerkbar machen. Ursachen sind die große Ausdehnung des Archipels, die stark wechselnde Landesnatur der einzelnen Inseln mit teilweise hoch aufragenden Gebirgen und die unterschiedliche Exposition zum Passat.

Auf Oahu, das randlich von der Nordwest-Südost verlaufenden Koolau-Range durchzogen wird, erhalten die höheren Lagen zwischen 3500 und 7000 mm Jahresniederschlag. Der Gebirgszug ragt zwar bis 950 m Höhe auf, bleibt aber unterhalb der Passatinversion und verhindert nicht das Vordringen feuchter Luft. Die Leeseite mit Honululu und der sich nordwestlich anschließenden Ewa-Ebene erhält im Sommer kaum Niederschlag; erst der erneute Anstieg des Reliefs in den 1200 m aufragenden Waianae-Bergen im Westen Oahus bringt wiederum reichlich Regen.

Der markante Gegensatz zwischen Luv- und Leeseite der Koolau-Range ist nur während der Zeit des Sommerpassats ausgeprägt. Im Winter wird Oahu noch von Zyklonen der Westwindzone erreicht (eine weit äquatorwärts verlagerte Grenze zwischen Passat und Westwinden ist über den zentralen Bereichen der Ozeane die Regel). Die winterlichen zyklonal bedingten Niederschläge kommen im Lee der Koolau-Range viel stärker zur Geltung als auf der Luvseite, wo sie im Verhältnis zur gesamten Niederschlagsmenge nahezu unbedeutend sind. Das ausgeprägte Wintermaximum, wie es die Klimadaten von Honululu erkennen lassen, ist deshalb auf Leelagen beschränkt.

Weniger offenkundig sind die Zusammenhänge zwischen Niederschlagsverteilung und Relief auf den übrigen Inseln, auf denen der Passat nicht in gleicher Beständigkeit aus Nordosten weht, sondern – teils durch andere Inseln beinflußt – aus anderen Richtungen. Das gilt insbesondere für die Insel Kauai, deren zentraler Vulkangipfel Mt. Waialeale mit 1548 m Höhe einer der regenreichsten Orte der Erde ist. Für die Jahre 1930 bis 1958 wurde ein Jahresmittelwert von 12.547 mm, für 1930 bis 1939 sogar ein Mittel von 14.661 mm/Jahr berechnet. Die 20 km davon entfernt im Südosten der Insel liegende Klimastation Lihue verzeichnet hingegen nur ein Jahresmittel von 1093 mm (davon 722 mm im Winterhalbjahr).

Ein weiteres Beispiel ist von der Insel Maui bekannt. Dort wurden im Jahr 1918 an der Station Puu Kului in 1500 m Höhe 14.275 mm Regen registriert, während an tiefgelegenen Punkten der kleinen Insel in einzelnen Jahren weniger als 200 mm/Jahr gemessen wurden.

Lage:	Zentraler Westpazifik, flaches Atoll sehr geringer Ausdehnung	WMO-Nr.:	91376
Koordinaten:	7° 5' N 171° 23 ' E	Allg. Klima-charakteristik:	Ganzjährig heiß und regenreich; min. Temperaturschwankungen
Höhe ü.d.M.:	3 m	Klimatyp:	Af

		J	F	M	A	M	J	J	A	S	O	N	D	Jahr
Mittlere Temperatur	°C	27,1	27,3	27,3	27,3	27,3	27,3	27,2	27,4	27,4	27,4	27,3	27,1	27,3
Mittl. Max. Temp.	°C	29,4	29,7	29,8	29,8	29,9	29,9	29,8	30,1	30,2	30,2	30,0	29,6	29,9
Mittl. Min. Temp.	°C	24,7	24,8	24,8	24,7	24,8	24,6	24,5	24,6	24,6	24,6	24,6	24,6	24,7
Abs. Max. Temp.	°C	31,7	31,1	31,7	31,7	32,2	31,7	32,2	32,8	32,2	32,2	32,8	32,2	
Abs. Min. Temp.	°C	21,1	21,1	21,1	21,1	21,1	21,7	21,1	21,7	21,7	21,1	21,1	21,1	
Relative Feuchte	%	78	77	79	81	82	81	81	79	79	79	80	80	80
Niederschlag	mm	214	156	210	261	284	294	330	293	316	352	325	301	3336
Tage mit $\geq$ 1 mm N		14	12	15	17	20	21	21	21	20	21	20	19	221
Max. Niederschlag	mm	558	428	442	790	559	448	538	508	536	579	598	637	
Min. Niederschlag	mm	20	10	17	50	38	137	136	154	163	157	115	70	
Wind	m/s	5,4	5,5	5,3	4,8	4,5	3,9	3,5	3,1	3,0	3,1	3,6	5,0	4,2

Klimadaten Majuro (Marshall-Inseln). Bezugszeitraum 1961-90, außer Wind, relative Feuchte, absolute Minima und Maxima (1968-90)

Auf Grund der geringen Ausdehnung des Atolls ist der Einfluß der Landfläche auf das Klima minimal. Die Mittelwerte sind deshalb praktisch identisch mit denen der Meeresoberfläche, die durch die ohnehin geringen Schwankungen der Einstrahlung kaum beeinflußt wird. Im Gegensatz zum äquatorialen Klima des Festlandes, wo es immerhin gelegentlich zu Vorstößen kühler Luft kommen kann, werden hochozeanische Inseln wie Majuro ganzjährig von gleich warmer Luft geprägt.

Vergleichsweise groß ist der Gegensatz zwischen täglichen Maxima und Minima. Erheblichen Einfluß auf die Tagesschwankungen haben kräftige Regengüsse, deren kühle Sturzfluten die Lufttemperatur innerhalb einer halben Stunde um 5 K absenken können.

Die hohen Niederschlagsmengen auf den winzigen und sich kaum über das Meeresniveau erhebenden Marshallinseln wurden schon während der deutschen Kolonialzeit von den Stationen auf Jaluit und Ujelang systematisch erfaßt. Eine Erklärung für ihr Zustandekommen konnte aber zu jener Zeit noch nicht geliefert werden.

Die Klimadaten von Majuro lassen zwei Abschnitte des Jahres erkennen, die sich deutlich hinsichtlich der Niederschläge und Windgeschwindigkeit, geringfügig auch bei den übrigen Klimaelementen unterscheiden. Von Januar bis März liegt die Monatssumme der Niederschläge bei 200 mm, die relative Feuchte (78 %) ist etwas geringer, Luftdruck, Windgeschwindigkeit, Sonnenscheindauer und Temperaturmaxima liegen geringfügig über den Werten des zweiten Abschnitts, der am deutlichsten von Juni bis November ausgeprägt ist. Von Dezember bis März/April wird die Witterung auf Majuro vom Nordostpassat bestimmt. Er bringt normalerweise den flachen Inseln des Pazifiks kaum Niederschlag. So erhält z.B. Wake in dieser Zeit Monatssummen zwischen 30 und 40 mm, Kwajalein und Guam nur etwa 100 mm/Monat.

In Majuro macht sich allerdings eine strömungsbedingte Konvergenz des Passats bemerkbar, der hier seine Richtung wechselt und der im Februar über den Neuen Hebriden liegenden Südpazifischen Konvergenzzone (SPCZ) zuströmt. Je nach Ausprägung und Lage der SPCZ (deren Existenz auf die Zeit von Dezember bis März/April beschränkt ist) verstärkt sich die Konvergenz über den Marshallinseln oder schwächt sich ab, so daß die Niederschlagsmengen in dieser Zeit von Jahr zu Jahr wechseln können.

In der übrigen Zeit des Jahres liegt Majuro im Einflußbereich der ITC, die sich im Zentralpazifik zwischen 4 und 8° nördlicher Breite bewegt, im Westpazifik jedoch zwischen Dezember und April durch die SPCZ abgelöst wird.

311 San Cristóbal

Lage:	Ostpazifik, östlichste der Galápagos Inseln, bis 759 m hoch	WMO-Nr.:	84008
Koordinaten:	0° 54' S 89° 36' W	Allg. Klimacharakteristik:	Dez. bis Juni sehr warm, z.T. Regen; ab Juli warm und trocken
Höhe ü.d.M.:	6 m	Klimatyp:	BSh

		J	F	M	A	M	J	J	A	S	O	N	D	Jahr
Mittlere Temperatur	°C	25,0	25,7	28,3	28,3	24,9	23,4	22,2	21,3	21,1	21,6	22,5	23,5	24,0
Abs. Max. Temp.	°C	32,4	33,6	34,2	33,8	32,6	31,6	30,9	30,0	28,8	29,4	30,4	30,2	
Abs. Min. Temp.	°C	17,2	16,2	18,1	17,7	16,0	15,2	13,2	14,0	13,5	14,6	15,4	16,2	
Niederschlag	mm	68	91	94	72	34	23	14	6	6	6	7	30	451
Tage mit ≥ 1 mm N		6	7	4	5	3	2	2	2	2	3	2	4	42

Klimadaten San Cristóbal (Galápagos). Bezugszeitraum 1961-90

Das Klima der Galápagos Inseln unterscheidet sich durch einen ausgeprägten Jahresgang der Temperatur und relativ niedrige Niederschlagssummen von dem der meisten anderen äquatornahen Regionen der Erde. Die klimatischen Besonderheiten hängen mit der Lage der Inseln in einem relativ kühlen Meeresgebiet zusammen. Die Oberflächentemperatur liegt hier im Winter der Südhalbkugel kaum über 20 °C, während im Westpazifik auf gleicher Breite Temperaturen um 28 °C gemessen werden.

Die negative Temperaturanomalie wird hervorgerufen durch Ausläufer des kalten Humboldtstromes, der längs der südamerikanischen Küste nordwärts fließt, südlich des Äquators nach Westen abbiegt und in den Südäquatorialstrom übergeht. Seine niedrigen Wassertemperaturen sind eine Folge der Herkunft des Wassers aus hohen Breiten, werden aber kräftig verstärkt durch die Vermischung mit kaltem Wasser, das an der nordchilenischen und peruanischen Küste aus größeren Tiefen aufquillt.

Da im Ostpazifik auf Grund des kühlen Wassers die ITC nicht auf die Südhalbkugel wechselt, liegen die Galápagos ganzjährig im Einflußbereich des Südostpassats. Weitere Folgen der geringen Wassertemperaturen sind die niedrige Lage der Passatinversion und die Stabilisierung der Luftschichtung, so daß keine guten Voraussetzungen zur Bildung von Niederschlag bestehen. Da die Galápagos Inseln teilweise mehrere hundert Meter emporragen, kommt es an den Luvseiten aber immerhin im Sommer und Herbst der Südhalbkugel doch zu ergiebigen Regenfällen.

Die Konzentration der Regenfälle auf den Sommer hängt damit zusammen, daß in dieser Zeit das Ursprungsgsgebiet des Passats, das Südpazifikhoch, um einige Grad polwärts verlagert und weniger kräftig ausgebildet ist. Infolge der Abschwächung des Passats ist der von der Küste weggerichtete Versatz des Oberflächenwassers geringer, so daß das Aufquellen kalten Wassers nachläßt und der Humboldtstrom etwas höhere Temperaturen erreicht. Da hiervon auch die mit dem Wasser in Kontakt stehende Luft beeinflußt wird, erreichen die Temperaturen auf den Galápagos-Inseln mit gewisser Verzögerung zwischen Januar und April ihre höchsten Werte. Mit der Erwärmung von der Meeresoberfläche her nimmt das vertikale Temperaturgefälle zu, die Stabilität der Schichtung jedoch ab, so daß sich die Voraussetzungen zur Entstehung von Niederschlägen verbessern.

Der jahreszeitliche Wechsel der Wassertemperaturen ist jedoch nicht immer so regelmäßig wie hier angedeutet. Bei längerer Abschwächung des Südpazifikhochs steigen die Oberflächentemperaturen des Wassers vor der peruanischen Küste und darüber hinaus bis hin zu den Galápagos-Inseln. Mit einem solchen Ereignis – El Niño genannt – sind oft außergewöhnlich hohe Niederschläge nicht nur auf den Galápagos-Inseln, sondern auch an der sonst regenarmen südamerikanischen Küste verbunden.

Eine weitere Folge ist die Aufhebung oder Umkehrung des Temperaturgegensatzes zwischen (normalerweise kaltem) Ostpazifik und (normalerweise warmem) Westpazifik. Dies wiederum wirkt sich auf die Luftdruckverhältnisse aus, so daß in El-Niño-Jahren die normale östliche Zirkulation in eine westliche mit hohem Luftdruck und absteigendem Ast über Indonesien niedrigem Luftdruck und aufsteigendem Ast über dem Ostpazifik umgekehrt wird.

Lage:	Fiji-Inseln, Südwestpazifik (Melanesien)	WMO-Nr.:	91690 (Laucala Bay)
		WMO-Nr.	91680 (Nandi)
Koord. L.B.:	18° 9' S 178° 27' E	Allg. Klima	Winter sehr warm; Sommer heiß;
Nandi	17° 45' S 177° 27' E	charakteristik:	Regenmaximum im Sommer
Höhe ü.d.M.:	9 m (L.B.) bzw. 18 m (Nandi)	Klimatyp:	Laucala Bay Af - Nandi Aw

		J	F	M	A	M	J	J	A	S	O	N	D	Jahr
Mittlere Temperatur	°C	27,1	27,4	27,0	26,4	25,1	24,5	23,5	23,5	23,9	24,8	25,7	26,5	25,5
Mittl. Max. Temp.	°C	30,6	31,0	30,6	29,7	28,3	27,6	26,5	26,6	27,0	27,9	28,8	29,8	28,7
Mittl. Min. Temp.	°C	23,7	23,8	23,5	23,1	21,9	21,4	20,4	20,5	20,9	21,7	22,5	23,2	22,2
Abs. Max. Temp.	°C	34,0	34,5	33,8	33,6	32,4	31,9	31,3	31,8	31,9	32,2	33,5	33,5	
Abs. Min. Temp.	°C	19,6	19,0	19,0	18,4	17,1	15,9	15,0	14,9	15,0	13,3	16,8	17,9	
Niederschlag	mm	315	287	371	390	267	164	142	159	184	234	264	263	3040
Sonnenscheindauer	h	168	151	149	136	134	124	120	128	118	134	148	199	1706

		J	F	M	A	M	J	J	A	S	O	N	D	Jahr
Mittlere Temperatur	°C	27,1	27,2	26,9	26,2	24,9	24,2	23,4	23,6	24,4	25,3	26,2	26,7	25,5
Mittl. Max. Temp.	°C	31,6	31,5	31,1	30,6	29,7	29,2	28,5	28,8	29,4	30,2	30,9	31,4	30,2
Mittl. Min. Temp.	°C	22,7	23,0	22,6	21,7	20,1	19,3	18,3	18,4	19,3	20,4	21,5	22,1	20,8
Niederschlag	mm	300	303	324	173	80	62	47	59	77	103	139	159	1826
Sonnenscheindauer	h	214	182	190	198	212	206	218	231	215	227	222	225	2539

Klimadaten Laucala Bay (oben) und Nandi (unten), beide auf Viti Levu (Fiji). Bezugszeitraum 1961-90

Viti Levu gehört mit seinen über 10.000 km² zu den größten Inseln Polynesiens. Der Südosten mit der Hauptstadt Suva, hier durch die Klimastation Laucala Bay repräsentiert, ist unmittelbar dem Südostpassat ausgesetzt. Das Innere der Insel ragt bis über 1300 m Höhe auf, so daß die Niederschläge im Stau des Berglandes sehr hohe Werte erreichen. An der Küste sind die Regenmengen deutlich geringer, summieren sich aber doch auf mehr als 3000 mm/Jahr.

Nandi, Standort des internationalen Flughafens, liegt auf der dem Passat abgewandten Seite im Nordwesten der Insel. Die Leelage wirkt sich in einer Verringerung der Niederschlagssummen aus. Im Jahresmittel fallen in Nandi etwa zwei Drittel der in Laucana Bay registrierten Mengen, in den Monaten Juni bis August im jedoch gerade ein Drittel. Die Ursache für die winterliche Trokkenheit in Nandi liegt darin, daß das Subtropenhoch im Winter äquatorwärts verschoben ist und der Passat in dieser Zeit eine besonders stabile Schichtung aufweist. Da damit konvektives Aufsteigen unterbunden ist, kann es in dieser Zeit nur an der Luvseite durch erzwungenes Aufsteigen am Gebirge zu Niederschlag kommen.

Im Sommer wirkt sich der Lee-Effekt deutlich schwächer aus. In dieser Zeit steht ein beträchtlicher Teil der Regenfälle in Zusammenhang mit dem Durchzug von tropischen Wirbelstürmen, die häufig nordwestlich von Fiji auf etwa 10° südlicher Breite entstehen und von dort südostwärts ziehen. Nandi ist deshalb ihrer Gewalt in stärkerem Maße ausgesetzt als Laucala Bay. Auch wenn nicht jedes Jahr ein Wirbelsturm Fiji erreicht, so macht sich dieser Effekt im langjährigen Mittel doch in einer Zunahme der Regenmengen bemerkbar. So verursachte z.B. der tropische Sturm Oli vom 17.2.1993 in Nandi einen Anstieg der Februarsumme auf 788 mm.

Der Unterschied zwischen wolkenreicher Luv- und sonniger Leeseite Viti Levus tritt auch bei den Daten zur Sonnenscheindauer deutlich hervor. Die Gegensätze zwischen Tag- und Nachttemperatur sind in Laucala Bay auf Grund der Bewölkung spürbar geringer als in Nandi. Die Wolkendecke im Stau des Berglandes führt tagsüber zu einer Reduzierung der Einstrahlung und Kappung des Temperaturanstiegs, verringert andererseits die effektive Ausstrahlung und damit die nächtliche Abkühlung.

313 Minamitorishima		J	F	M	A	M	J	J	A	S	O	N	D	Jahr
Mittlere Temperatur	°C	21,9	21,3	21,9	23,8	25,7	27,4	28,0	27,8	28,0	27,4	26,1	24,0	25,3
Mittl. Max. Temp.	°C	24,3	24,0	24,8	26,7	28,6	30,4	30,9	30,5	30,6	29,9	28,4	26,2	27,9
Mittl. Min. Temp.	°C	19,9	19,1	19,7	21,8	23,5	25,1	25,6	25,5	25,8	25,5	24,4	22,1	23,2
Niederschlag	mm	92	44	56	66	78	71	183	167	119	98	77	102	1153

24° 18' N 153° 58' E Marcus-Insel 9 m ü.d.M. WMO 47991 1961-90

314 Hilo		J	F	M	A	M	J	J	A	S	O	N	D	Jahr
Mittlere Temperatur	°C	22,1	22,1	22,2	22,6	23,3	24,0	24,3	24,6	24,6	24,3	23,4	22,4	23,3
Mittl. Max. Temp.	°C	26,6	26,6	26,4	26,6	27,3	28,2	28,3	28,7	28,8	28,4	27,4	26,7	27,5
Mittl. Min. Temp.	°C	17,6	17,6	18,0	18,6	19,2	19,8	20,3	20,5	20,3	20,1	19,3	18,2	19,1
Niederschlag	mm	251	261	354	388	252	158	247	237	217	244	369	306	3284

19° 43' N 155° 4' W Haiwaii-Insel 11 m ü.d.M. WMO 91285 1961-90

315 Koror		J	F	M	A	M	J	J	A	S	O	N	D	Jahr
Mittlere Temperatur	°C	27,3	27,2	27,5	27,9	28,0	27,6	27,4	27,5	27,7	27,7	27,9	27,7	27,6
Mittl. Max. Temp.	°C	30,6	30,6	30,9	31,3	31,4	31,0	30,6	30,7	30,9	31,1	31,4	31,1	31,0
Mittl. Min. Temp.	°C	23,9	23,9	24,1	24,4	24,5	24,2	24,1	24,3	24,5	24,4	24,4	24,2	24,2
Niederschlag	mm	272	232	208	220	305	439	458	380	301	352	288	304	3759

7° 20' N 134° 29' E Palau-Inseln 33 m ü.d.M. WMO 91408 1961-90

316 Auki		J	F	M	A	M	J	J	A	S	O	N	D	Jahr
Mittl. Max. Temp.	°C	30,6	30,4	30,4	30,3	30,2	29,9	29,3	29,4	29,6	30,1	30,5	30,7	30,1
Mittl. Min. Temp.	°C	23,8	23,8	23,6	23,5	23,2	22,9	22,5	22,3	22,6	22,8	23,2	23,6	23,2
Niederschlag	mm	397	385	428	257	223	178	239	227	212	227	224	293	3290

8° 47' S 160° 44' E Malaita-I., Salomonen 11 m ü.d.M. WMO 91507 1962-90

317 Atuona		J	F	M	A	M	J	J	A	S	O	N	D	Jahr
Mittl. Max. Temp.	°C	30,6	30,9	30,9	30,6	30,0	29,0	28,5	28,5	29,1	29,9	30,6	30,8	30,0
Mittl. Min. Temp.	°C	22,8	23,1	23,5	23,5	23,0	22,7	22,2	22,1	22,1	22,2	22,4	22,7	22,7
Niederschlag	mm	129	122	147	131	144	178	137	113	68	86	70	97	1422

9° 48' S 139° 2' W Marquesas-Inseln 52 m ü.d.M. WMO 91925 1961-90

318 Bora-Bora		J	F	M	A	M	J	J	A	S	O	N	D	Jahr
Mittl. Max. Temp.	°C	30,0	30,2	30,5	30,3	29,5	28,6	28,1	28,1	28,6	29,1	29,4	29,6	29,3
Mittl. Min. Temp.	°C	25,1	25,3	25,5	25,5	25,1	24,2	23,8	23,8	24,0	24,3	24,7	24,8	24,7
Niederschlag	mm	269	233	177	183	130	98	83	60	66	100	204	281	1884

16° 27' S 151° 45' W Tahiti, Gesellschaftsinseln 3 m ü.d.M. WMO 91930 1976-1993

319 Koumac		J	F	M	A	M	J	J	A	S	O	N	D	Jahr
Mittlere Temperatur	°C	26,0	26,1	25,7	24,2	22,6	21,2	20,0	20,1	21,0	22,5	24,0	25,1	23,2
Mittl. Max. Temp.	°C	29,7	29,7	29,4	28,0	26,5	25,0	24,0	24,2	25,1	26,5	28,0	29,0	27,1
Mittl. Min. Temp.	°C	22,5	22,8	22,4	20,7	19,0	17,8	16,3	16,2	16,8	18,3	20,1	21,3	19,5
Niederschlag	mm	173	177	127	67	60	70	53	44	39	39	64	101	1014

20° 34' S 164° 17' E Neukaledonien 18 m ü.d.M. WMO 91577 1961-90

320 Rikitea		J	F	M	A	M	J	J	A	S	O	N	D	Jahr
Mittl. Max. Temp.	°C	28,2	28,2	28,1	27,1	25,5	24,1	23,5	23,5	23,9	24,7	25,6	26,8	25,8
Mittl. Min. Temp.	°C	22,7	22,9	22,8	22,3	20,9	19,6	18,9	18,7	18,8	19,5	20,6	21,7	20,8
Niederschlag	mm	121	139	182	159	136	176	168	196	131	149	256	204	2017

23° 8' S 134° 58' W Mangareva (Gambier-Inseln) 89 m ü.d.M. WMO 91948 1981-92

321 Osterinsel		J	F	M	A	M	J	J	A	S	O	N	D	Jahr
Mittlere Temperatur	°C	23,3	23,6	23,1	21,8	20,2	18,8	18,2	18,0	18,3	19,1	20,4	21,8	20,6
Niederschlag	mm	73	85	96	121	153	106	105	94	87	68	74	86	1148

27° 10' S 109° 26' W Südostpazifik 51 m ü.d.M. WMO 85469 1961-90

322 Norfolk		J	F	M	A	M	J	J	A	S	O	N	D	Jahr
Mittl. Max. Temp.	°C	24,5	24,8	24,3	22,7	20,9	19,4	18,4	18,3	18,9	20,1	21,7	23,3	21,4
Mittl. Min. Temp.	°C	19,2	19,6	19,4	17,9	16,2	14,8	13,6	13,4	13,7	14,9	16,4	17,8	16,4
Niederschlag	mm	83	95	107	138	122	160	124	115	102	85	97	88	1316

29° 2' S 167° 56' E Südwestpazifik 109 m ü.d.M. WMO 94996 1961-88

323 Robinson-Crusoe-I.		J	F	M	A	M	J	J	A	S	O	N	D	Jahr
Mittlere Temperatur	°C	18,5	18,7	17,9	16,6	15,3	13,7	12,7	12,3	12,4	13,4	14,9	17,0	15,3
Niederschlag	mm	29	33	66	86	158	173	171	118	87	55	35	31	1042

33° 37' S 78° 49' W Juan-Fernandez-Inseln 30 m ü.d.M. WMO 85585 1961-90

324 Auckland (Airport)		J	F	M	A	M	J	J	A	S	O	N	D	Jahr
Mittlere Temperatur	°C	19,5	19,8	18,7	16,2	13,4	11,4	10,5	11,3	12,7	14,3	16,1	18,0	15,2
Mittl. Max. Temp.	°C	23,3	23,6	22,5	19,8	17,0	14,8	14,0	14,8	16,0	17,6	19,6	21,6	18,7
Mittl. Min. Temp.	°C	15,8	15,9	14,9	12,5	9,9	7,9	6,9	7,9	9,4	10,9	12,6	14,3	11,6
Niederschlag	mm	74	81	86	93	100	116	126	111	93	80	84	91	1135

37° 1' S 174° 48' E Neuseeland 6 m ü.d.M. WMO 93119 1961-90

325 Christchurch (Airport)		J	F	M	A	M	J	J	A	S	O	N	D	Jahr
Mittlere Temperatur	°C	17,2	16,7	15,2	12,2	8,8	6,2	5,8	7,1	9,4	11,8	13,9	15,9	11,7
Mittl. Max. Temp.	°C	22,3	21,8	20,1	17,4	14,0	11,3	10,7	12,1	14,5	17,1	19,1	21,0	16,8
Mittl. Min. Temp.	°C	12,1	11,6	10,3	6,9	3,7	1,0	0,8	2,1	4,3	6,5	8,6	10,8	6,6
Niederschlag	mm	46	42	58	53	58	51	68	60	41	44	50	45	616

43° 28' S 172° 31' E Neuseeland 36 m ü.d.M. WMO 92780 1961-90

326 Milford Sound		J	F	M	A	M	J	J	A	S	O	N	D	Jahr
Mittlere Temperatur	°C	14,6	14,9	13,8	11,3	8,2	5,7	5,5	6,9	8,5	10,1	11,7	13,6	10,4
Mittl. Max. Temp.	°C	18,7	19,2	18,1	15,5	12,2	9,4	9,3	11,5	13,0	14,2	15,8	17,7	14,6
Mittl. Min. Temp.	°C	10,5	10,5	9,4	7,0	4,2	1,9	1,6	2,4	4,0	6,0	7,6	9,5	6,2
Niederschlag	mm	652	472	670	562	556	405	383	409	564	639	549	642	6503

44° 40' S 167° 55' E Neuseeland 6 m ü.d.M. WMO 93720 1961-90

327 Macquarie		J	F	M	A	M	J	J	A	S	O	N	D	Jahr
Mittl. Max. Temp.	°C	8,8	8,8	8,1	6,9	5,9	5,2	5,1	5,2	5,4	5,8	6,6	7,9	6,6
Mittl. Min. Temp.	°C	5,4	5,5	4,8	3,6	2,5	1,7	1,8	1,7	1,5	1,9	2,7	4,3	3,1
Abs. Max. Temp.	°C	13,6	12,3	12,6	10,2	9,6	8,7	8,3	8,5	8,6	10,3	10,7	14,4	
Absl. Min. Temp.	°C	1,0	-0,6	-2,3	-4,5	-6,8	-7,0	-8,6	-8,2	-8,7	-4,6	-3,3	-1,7	
Niederschlag	mm	79	82	91	91	75	71	69	63	71	72	70	74	908

54° 29' S 158° 57' E Macquarie-I. 8 m ü.d.M. WMO 94998 1961-90

328 Cape Reinga		J	F	M	A	M	J	J	A	S	O	N	D	Jahr
Mittlere Temperatur	°C	18,8	19,2	18,9	17,0	15,1	13,4	12,4	14,9	13,2	14,2	15,6	17,3	15,8
Mittl. Max. Temp.	°C	21,7	22,3	21,7	19,6	17,4	15,7	14,7	19,7	15,7	16,9	18,4	20,2	18,7
Mittl. Min. Temp.	°C	15,8	16,2	16,0	14,4	12,7	11,2	10,1	10,1	10,6	11,4	12,8	14,4	13,0
Niederschlag	mm	63	67	82	109	88	122	129	116	94	64	63	61	1058

34° 26' S 172° 41 E Neuseeland 191 m ü.d.M. WMO 93004 1961-90

329 Polar GMO		J	F	M	A	M	J	J	A	S	O	N	D	Jahr
Mitlere Temperatur	°C	-25,6	-25,1	-25,2	-19,9	-10,1	-1,7	0,8	0,0	-3,4	-11,9	-19,6	-23,1	-13,7
Niederschlag	mm	31	31	26	16	17	15	26	25	28	26	26	27	294

80° 37' N 58° 3' E Franz-Joseph-Land 20 m ü.d.M. WMO 20046 1961-90

330 Ny-Alesund II		J	F	M	A	M	J	J	A	S	O	N	D	Jahr
Mittlere Temperatur	°C	-14,1	-15,2	-14,6	-11,3	-4,2	1,4	4,7	3,9	-0,1	-5,6	-9,6	-12,5	-6,4
Abs. Max. Temp.	°C	0,5	1,6	1,8	1,9	4,4	8,0	11,8	11,0	7,3	4,2	3,2	1,5	
Niederschlag	mm	27	36	38	22	17	19	29	40	46	37	32	27	370

78° 55' N 11° 56' E Spitzbergen 8 m ü.d.M. WMO 01004 1975-90

331 Danmarkshavn		J	F	M	A	M	J	J	A	S	O	N	D	Jahr
Mittlere Temperatur	°C	-23,1	-24,3	-23,4	-17,3	-6,6	0,7	3,7	2,4	-4,2	-13,6	-19,9	-21,8	-12,3
Mittl. Max. Temp.	°C	-18,4	-19,7	-19,1	-12,9	-3,3	3,6	7,0	5,5	-1,6	-10,5	16,1	17,5	-8,6
Mittl. Min. Temp.	°C	-27,6	-28,7	-27,7	-21,9	-10,1	-1,7	1,0	-0,1	-6,7	-16,8	-23,7	-26,0	-15,8
Niederschlag	mm	11	12	16	10	5	6	14	15	11	12	12	15	139

76° 46' N 18° 40' W Ostgrönland 12 m ü.d.M. WMO 04320 1961-90

332 Bäreninsel		J	F	M	A	M	J	J	A	S	O	N	D	Jahr
Mittlere Temperatur	°C	-8,1	-7,7	-7,6	-5,4	-1,4	1,8	4,4	4,4	2,7	-0,5	-3,7	-7,1	-2,3
Abs. Max. Temp.	°C	2,6	2,3	2,5	2,5	4,7	9,3	13,3	12,0	8,9	5,9	3,8	2,8	
Abs. Min. Temp.	°C	-21,7	-21,0	-21,0	-7,9	2,3	-3,4	-0,5	-0,1	-2,3	-8,4	-13,4	-19,6	
Niederschlag	mm	30	33	28	21	18	23	30	36	44	44	33	31	371

74° 31' N 19° 1' E Nordatlantik 16 m ü.d.M. WMO 01028 1961-90

333 Malye Karmakuly		J	F	M	A	M	J	J	A	S	O	N	D	Jahr
Mittlere Temperatur	°C	-15,7	-15,5	-13,4	-11,0	-4,7	1,5	6,9	6,5	3,2	-2,9	-8,5	-12,0	-5,5
Niederschlag	mm	40	31	29	24	25	27	41	50	47	43	32	32	421

72° 22' N 52° 42' E Nowaja Semlja 15 m ü.d.M. WMO 20744 1961-90

334 Jan Mayen		J	F	M	A	M	J	J	A	S	O	N	D	Jahr
Mittlere Temperatur	°C	-5,7	-6,1	-6,1	-3,9	-0,7	2,0	4,2	4,9	2,8	0,1	-3,3	-5,2	-1,4
Abs. Max. Temp.	°C	3,4	3,3	2,6	4,5	6,0	9,3	10,7	10,8	8,4	7,0	4,9	3,7	
Absl. Min. Temp.	°C	-17,5	-18,3	-17,8	-11,4	-4,5	-2,5	-0,3	0,5	-2,9	-7,9	-12,2	-16,1	
Niederschlag	mm	61	53	55	40	40	35	47	61	82	82	66	65	687

70° 56' N 8° 40' W Nordatlantik 9 m ü.d.M. WMO 01001 1961-90

335 Nuuk (Godthåb)		J	F	M	A	M	J	J	A	S	O	N	D	Jahr
Mittlere Temperatur	°C	-7,4	-7,8	-8,0	-3,9	0,6	3,9	6,5	6,1	3,5	-0,6	-3,6	-6,2	-1,4
Mittl. Max. Temp.	°C	-4,4	-4,5	-4,8	-0,8	3,5	7,7	10,6	9,9	6,3	1,7	-1,0	-3,3	1,7
Mittl. Min. Temp.	°C	-10,1	-10,6	-10,6	-6,1	-1,5	1,3	3,8	3,8	1,6	-2,5	-5,8	-8,7	-3,8
Niederschlag	mm	39	47	50	46	55	62	82	89	88	70	74	54	756

64° 10' N 51° 45' W Westgrönland 70 m ü.d.M. WMO 04250 1961-90

336 Prins-Christian-Sund		J	F	M	A	M	J	J	A	S	O	N	D	Jahr
Mittlere Temperatur	°C	-4,1	-4,0	-3,7	-1,0	1,8	4,3	6,5	6,5	4,5	1,1	-1,2	-3,2	0,6
Mittl. Max. Temp.	°C	-2,1	-1,8	-1,4	1,6	4,4	7,6	10,0	10,0	7,4	3,4	0,7	-1,3	3,2
Mittl. Min. Temp.	°C	-6,2	-6,2	-5,9	-3,4	-0,4	1,5	3,5	3,6	2,2	-0,9	-3,2	-5,2	-1,7
Niederschlag	mm	250	259	201	233	177	140	131	180	238	216	233	246	2504

60° 3' N 43° 10' W Südgrönland 75 m ü.d.M. WMO 04390 1961-90

337 Base Esperanza		J	F	M	A	M	J	J	A	S	O	N	D	Jahr
Mittlere Temperatur	°C	0,5	-0,5	-3,1	-7,3	-9,6	-10,9	-10,8	-10,5	-7,0	-3,6	-1,7	0,4	-5,3
Abs. Max. Temp.	°C	14,8	13,7	12,6	13,7	14,0	12,8	10,9	13,0	10,5	17,0	10,3	14,6	
Abs. Min. Temp.	°C	-6,9	-12,0	-20,9	-26,0	-29,6	-30,0	-32,3	-31,0	-27,0	-23,0	-17,8	-8,9	
Niederschlag	mm	56	65	76	59	54	47	54	72	62	56	65	59	725
Wind	m/s	5,7	7,1	7,4	8,1	8,9	8,3	9,1	8,5	9,5	8,3	7,0	6,0	7,8

63° 24' S 56° 59' W Antarkt. Halbinsel 13 m ü.d.M. WMO 88963 1961-90, abs. Min./Max. 1971-90

338 Davis		J	F	M	A	M	J	J	A	S	O	N	D	Jahr
Mittl. Max. Temp.	°C	3,3	-0,4	-6,0	-10,2	-12,5	-12,6	-14,6	-14,2	-12,9	-9,3	-2,6	2,4	-7,5
Mittl. Min. Temp.	°C	-0,9	-4,6	-11,2	-15,9	-18,5	-18,7	-20,6	-20,6	-19,9	-15,5	-7,8	-2,1	-13,0
Abs. Max. Temp.	°C	13,0	10,0	4,1	4,2	2,0	0,0	0,0	1,0	0,3	0,5	8,0	11,0	
Abs. Min. Temp.	°C	-6,1	-14,4	-26,0	-40,0	-38,3	-38,1	-39,0	-37,0	-36,2	-31,0	-18,6	-9,2	
Niederschlag	mm	2	6	10	11	12	9	7	5	3	5	2	3	75
Sonnenscheindauer	h	279	165	96	66	22	0	9	56	123	161	228	279	1484

68° 35' S 77° 58' E Antarktis 13 m WMO 89571 1961-90

339 Byrd Station		J	F	M	A	M	J	J	A	S	O	N	D	Jahr
Mittlere Temperatur	°C	-14,6	-20,1	-27,5	-30,0	-33,1	-34,4	-35,4	-36,3	-37,3	-31,5	-12,9	-15,4	-28,1
Abs. Max. Temp.	°C	5,0	-3,3	-8,9	-8,3	-8,3	-10,6	-12,2	-13,9	-10,0	-12,8	-6,1	1,1	
Abs. Min. Temp.	°C	-28,9	-40,0	-51,1	-56,7	-61,7	-61,1	-60,6	-62,2	-62,2	-58,3	-43,3	-34,4	
Niederschlag	mm	6	4	2	1	5	3	2	1	0	1	2	3	30

80° 1' S 119° 32' W Antarktis 1515 m ü.d.M. WMO 89125 1961-88, abs. Min./Max. 1961-86

340 Amundsen-Scott		J	F	M	A	M	J	J	A	S	O	N	D	Jahr
Mittlere Temperatur	°C	-27,7	-40,6	-53,4	-57,1	-57,8	-58,2	-60,1	-59,5	-59,4	-51,1	-38,4	-27,8	-49
Abs. Max. Temp.	°C	-15,6	-20,6	-26,7	-27,8	-30,6	-31,1	-33,9	-32,8	-29,4	-29,4	-22,2	-13,9	
Abs. Min. Temp.	°C	-41,1	-57,2	-71,1	-75,0	-78,3	-82,8	-80,6	-77,8	-79,4	-71,1	-55,0	-38,9	
Niederschlag	mm	0	0	0	0	0	0	0	0	0	0	0	0	0

90° 0' S Antarktis 2835 m ü.d.M. WMO 89009 1961-88, abs. Min./Max. 1963-89

Anhang

Verdunstung

Verdunstung, d.h. der Übergang von Wasser aus der flüssigen oder festen Phase in die gasförmige, ist von weitreichender Konsequenz nicht nur für klimatologisch relevante Vorgänge in der Atmosphäre. Die Bedeutung für hydrologische, ökologische bodenkundliche, agrarwissenschaftliche und andere Fragestellungen ist offenkundig.
Die Gesamtverdunstung setzt sich aus Evaporation freier Wasserflächen, Bodenevaporation, Interzeptionsverdunstung und Transpiration (über Pflanzen u.a. Organismen) zusammen. Die Anteile sind regional stark schwankend. In Deutschland steht die Transpiration mit einem Anteil von 72,6 % an der Gesamtverdunstung an erster Stelle; während auf die Evaporation freier Wasserflächen nur 2,2 % entfallen (nach SCHRÖDTER).
Weil sich das Ausmaß der Verdunstung mit den mikroklimatischen Bedingungen und der sich von Ort zu Ort auch kleinräumig verändernden Oberflächen ändert, ist die Bestimmung der Verdunstungshöhe (ausgedrückt in mm), sehr schwierig.
Der Komplexität des Verdunstungsvorgangs entsprechend erfordert sie sehr aufwendige Meßmethoden, die es gestatten, insbesondere auch die regional und jahreszeitlich stark wechselnde Transpiration in repräsentativer Gewichtung zu erfassen. Als relativ zuverlässiges Verfahren gilt die Lysimetermessung. Lysimeter werden meist als große Wägeeinrichtungen konstruiert, die es gestatten, die Differenz zwischen Input (Niederschlag) und Output (Verdunstung) für einen als Modell festgelegten Landschaftsausschnitt zu bestimmen. Diese notwendigerweise ortsfesten technischen Anlagen stehen weltweit nur in geringer Zahl zur Verfügung. Andere Meßeinrichtungen sind in ihrer Zuverlässigkeit umstritten und beschränken sich meist auf die Verdunstungsmessung von einer freien Wasserfläche (Evaporation).
Um trotz aller meßtechnischen Schwierigkeiten Verdunstungswerte zu erhalten, wurden empirische Verdunstungsformeln entwickelt. In sie gehen leichter meßbare oder im Rahmen der Klimabeobachtung bereits verfügbare Daten ein. Das Ergebnis ist die unter den erfaßten klimatischen Bedingungen maximal mögliche Verdunstung. Soweit davon ausgegangen wird, daß die Berechnung auch den Einfluß der Vegetation berücksichtigt, wird das Ergebnis als potentielle Evapotranspiration bezeichnet.
Allerdings liefern die unterschiedlichen Formeln stark abweichende Ergebnisse. Nach ausührlicher Bewertung einer größeren Zahl von Verdunstungsformeln kommt SCHRÖDTER zu der Feststellung, "daß alle direkten und indirekten Verfahren zur Bestimmung der potentiellen Evapotranspiration ... die Forderungen der heute gültigen Definition des Begriffs nur sehr bedingt erfüllen" und "daß empirische Formeln nur dort ihre Berechtigung finden können, wo sie entwickelt wurden, so daß ihre Anwendungsmöglichkeiten regional begrenzt sind". (SCHRÖDTER, S.131 ff.)
Trotz der bekannten erheblichen Einschränkung der Aussagekraft von Berechnungen dieser Art werden die Ergebnisse oft angeführt, um zumindest die Größenordnung der Verdunstung zahlenmäßig belegen zu können. Dabei werden Methoden bevorzugt, die mit wenigen leicht verfügbaren Daten auskommen. Dies trifft vor allem für die häufig benutzte Formel von THORNTHWAITE zu, bei der nur die Monatsmittel der Temperatur in allerdings komplizierter Gewichtung die Höhe der potentiellen Evapotranspiration bestimmen.
Andere Formeln gehen von der Differenz zwischen aktuellem Dampfdruck und Sättigungsdampfdruck bzw. deren Mittelwerten aus (z.B. ALBRECHT, HAUDE, PAPADAKIS). Festzuhalten bleibt, daß auch diese Formeln außerhalb der Region, für die sie konzipiert wurden, wenig zuverlässig sind. Zu den weniger bekannten Ansätzen zur Bestimmung der potentiellen Evapotranspiration gehört die Formel von MEYER, die außer dem Sättigungsdefizit auch die mittlere Windgeschwindigkeit berücksichtigt. Nach dieser Formel wurde die potentielle Evapotranspiration für eine Auswahl von Klimastationen berechnet. Das Verfahren von MEYER wurde bevorzugt, weil die Ergebnisse besser mit Meßergebnissen, wie sie für einzelne Stationen vorliegen, in Einklang stehen als die Berechnungen nach PAPADAKIS und THORNTHWAITE .

Potentielle Evapotranspiration nach MEYER für ausgewählte Klimastationen auf der Basis von Mittelwerten der Periode 1961-90

PET = 0,5 (E - e) (1 + 0,224 v)

PET mittlerer Tageswert der potentiellen Evapotranspration [mm]
E Sättigungsdampfdruck des Monatsmittels der Temperatur [mm Hg]
e Monatsmittel des Dampfdrucks [mm Hg]
v mittlere Windgeschwindigkeit [m/s]
Monatswerte durch Multiplikation der Tageswerte mit der Anzahl der Tage

	Klimastation	J	F	M	A	M	J	J	A	S	O	N	D	Jahr
6	Malin Head	138	140	123	93	72	60	60	59	68	80	108	124	1125
13	Craiova	7	11	35	83	121	138	173	168	112	57	18	7	930
16	Kerkyra	44	46	63	71	106	156	213	191	119	82	53	45	1189
30	Vlissingen	25	28	39	60	86	96	108	115	93	65	44	31	790
39	Wien	22	28	58	95	116	135	169	148	90	52	29	23	965
46	Varna	25	24	38	52	74	110	131	141	101	73	45	32	846
54	Luqa	77	79	94	116	160	205	252	226	174	141	110	87	1721
58	Ulaan Gom	0	1	2	42	133	176	154	135	76	31	7	1	758
59	Chardzhev	31	46	104	210	382	548	630	538	307	156	79	40	3071
71	Shenyang	16	25	64	131	204	177	132	120	106	76	40	22	1113
73	Yinchuan	23	34	68	133	194	200	179	133	95	66	36	22	1183
74	Miyazaki	62	57	72	82	96	92	138	138	96	88	65	60	1046
78	Erenhot	9	15	64	175	324	371	356	276	181	108	37	14	1930
91	Naha	127	105	119	119	123	123	182	189	168	196	174	151	1776
98	Ghazni	26	21	69	149	256	375	354	385	241	164	92	39	2171
100	Kerman	89	112	186	262	391	570	798	751	493	310	168	109	4239
101	Jiddah	209	160	192	223	257	260	323	291	197	184	170	163	2629
106	Täbriz	31	38	97	181	294	533	908	841	482	209	85	44	3743
116	Bahrein	127	132	213	290	445	578	517	462	360	309	211	141	3785
117	Doha	141	142	249	394	669	854	714	617	396	348	235	147	4906
119	New Delhi	116	147	280	516	672	562	270	217	275	272	174	126	3627
121	Nagpur	183	255	456	654	866	475	183	143	167	214	199	172	3967
122	Chiang Mai	94	137	238	259	178	120	119	101	94	101	94	88	1623
123	Madras	139	151	224	286	437	452	332	297	220	154	118	121	2931
126	Colombo	161	139	136	116	120	124	130	140	124	104	100	129	1523
134	Vientiane	132	149	206	206	133	107	107	93	106	124	133	123	1619
140	Sandakan	103	114	117	111	99	90	91	96	86	86	83	86	1162
147	Assuan	267	317	522	705	949	1056	1025	967	839	667	400	287	8001
150	Maiduguri	353	435	639	674	584	387	240	159	191	376	411	398	4847
157	Analalava	109	88	126	177	200	145	271	288	265	228	162	126	2185
165	Kairo	147	169	233	337	443	458	363	325	304	271	181	149	3380
171	Asmara	154	183	212	213	229	208	103	73	129	137	117	124	1882
177	Ngaoundéré	237	250	254	154	105	81	70	70	76	100	154	209	1760
226	Winnipeg	0	0	8	70	145	163	174	158	107	65	13	0	903
239	Salina Cruz	297	311	291	274	320	241	306	290	213	336	385	332	3596
247	Mérida	115	156	218	270	269	171	135	118	101	104	101	104	1862
248	Santo Domingo	154	139	164	166	178	148	184	159	187	140	151	152	1922
253	Tegucigalpa	161	182	252	264	217	151	161	165	132	128	126	143	2082
270	Paso de los Toros	236	171	143	88	65	47	50	68	84	120	155	219	1446
272	Trelew	554	398	307	209	135	87	90	137	200	285	392	504	3298
289	Mendoza	277	197	147	95	74	57	63	101	129	193	245	285	1863
319	Koumac	153	141	135	134	121	107	116	122	145	156	156	163	1649

Maximal mögliche Sonnenscheindauer für 36° bis 70° nördlicher Breite. Bearbeitet von G. SCHINDLER Nach F. LINKE & F. BAUR (1970): Meteorologisches Taschenbuch. Neue Ausgabe, Band II, 2. Aufl. Leipzig, Seite 388 (verkürzter Auszug)

Breite	J	F	M	A	M	J	J	A	S	O	N	D	Jahr
70°	41	190	360	483	686	720	732	565	400	276	101	0	4554
68°	89	207	361	470	638	720	699	540	396	287	150	10	4567
66°	143	220	363	459	588	675	641	522	392	295	178	91	4567
64°	172	230	365	450	564	614	601	507	390	302	199	134	4528
62°	195	240	366	442	545	580	574	495	389	308	216	165	4515
60°	213	248	367	436	529	557	554	485	387	314	229	187	4506
58°	229	256	368	431	516	539	537	475	386	318	241	204	4500
56°	242	264	368	425	504	524	524	467	385	322	251	218	4494
54°	251	270	368	420	494	511	513	460	384	326	260	231	4488
52°	259	276	368	416	485	499	503	454	382	330	267	243	4482
50°	267	282	368	412	477	489	493	448	380	334	273	253	4476
48°	275	286	369	408	471	479	483	442	378	337	279	261	4468
46°	282	290	369	405	465	471	475	437	376	339	285	269	4463
44°	288	293	369	403	459	463	468	433	375	341	289	277	4458
42°	294	296	369	400	453	456	461	429	374	343	295	284	4454
40°	300	300	370	397	447	449	455	425	373	345	299	290	4450
38°	306	302	370	395	442	443	450	421	372	347	304	296	4448
36°	312	305	371	393	437	437	445	417	371	348	309	302	4446

Spezifische Feuchte, Taupunkttemperatur und relative Feuchte für ausgewählte Werte des Dampfdrucks (bei Luftdruck von 1013 hPa). Berechnung auf der Grundlage der Werte des Sättigungsdampfdrucks in F. LINKE & F. BAUR (1970): Meteorologisches Taschenbuch. Neue Ausg., Bd. II, 2. Aufl. Leipzig, S. 476

Dampfdruck	Spezifische Feuchte	Taupunkt-temperatur	Relative Feuchte bei einer Lufttemperatur von						
			5 °C	10 °C	15 °C	20 °C	25 °C	30 °C	35 °C
hPa	g/kg	°C	%	%	%	%	%	%	%
4	2,5	-5,7	45,9	32,6	23,5	17,1	12,6	9,4	7,1
8	4,9	3,8	91,8	65,2	46,9	34,2	25,3	18,9	14,2
12	7,4	9,7	-	97,8	70,4	51,3	37,9	28,3	21,3
16	9,9	14,0	-	-	93,9	68,5	50,5	37,7	28,5
20	12,4	17,5	-	-	-	85,6	63,2	47,1	35,6
24	14,9	20,4	-	-	-	-	75,8	56,6	42,7
28	17,4	23,0	-	-	-	-	88,4	66,0	49,8
32	19,9	25,2	-	-	-	-	-	75,4	56,9

Physiologisch äquivalente Temperatur als Folge des Abkühlungseffekts des Windes in Abhängigkeit von Temperatur und Windgeschwindigkeit (nach LANDSBERG, 1969, vereinfacht). Grau unterlegt sind die Bereiche beträchtlicher bzw. sehr großer Gefährdung (Gefrieren exponierter Haut).

Windgeschwindigkeit (m/s)	Gemessene Temperatur (°C)						
	-10	-15	-20	-25	-30	-35	-40
2,2	-12	-17	-23	-28	-33	-38	-44
4,4	-20	-26	-32	-38	-44	-51	-57
6,7	-25	-32	-38	-45	-52	-58	-65
8,9	-28	-36	-42	-49	-57	-64	-71

Physiologisch äquivalente Temperatur (°C)

Glossar

adiabatisch: ohne Wärmezufuhr oder -abfuhr von außen ablaufend. Die adiabatische Erwärmung bei absinkender Luft beruht auf der Zunahme des Luftdrucks und beträgt 1 K/100 m. Entsprechend bewirkt Aufsteigen von Luft adiabatische Abkühlung um 1 K/100 m. Bei gleichzeitig ablaufender Kondensation liegt dieser Wert infolge der Freisetzung von Kondensationswärme niedriger (kann bei warmer Luft mit hohem Wasserdampfgehalt auf unter 0,4 K/100 m zurückgehen).
Albedo: Reflexionsvermögen einer Oberfläche für Strahlung, oft ausgedrückt als (Prozent-) Anteil der reflektierten Strahlung an der einfallenden Strahlung.
Antizyklone: svw. Hoch(druckgebiet).
Corioliskraft: ablenkende Kraft der Erdrotation. Ihre horizontale Komponente, die von den Polen äquatorwärts abnimmt, bewirkt eine Ablenkung großräumiger Bewegungen auf der Nordhalbkugel der Erde nach rechts, auf der Südhalbkugel nach links.
Divergenz: Auseinanderströmen von Luft. Man spricht auch von Divergenz, wenn in horizontaler Richtung weniger Luft in einen Raum hineinströmt als abfließt. Die Folge ist vertikales Nachsinken von Luft (Subsidenz).
Föhn: warmer, trockener und meist stark böiger Fallwind auf der Leeseite hoher Gebirge.
Front: Grenze zwischen zwei Luftmassen.
Hoch(druckgebiet), auch Antizyklone: Gebiet, das sich durch höheren Luftdruck vom benachbarten Gebiet gleicher Höhenlage unterscheidet. Im Hoch herrscht absinkende Luftbewegung, unten Divergenz, in der Höhe Konvergenz der Strömung. Auf der Nordhalbkugel wird ein Hoch im Uhrzeigersinn umströmt, auf der Südhalbkugel entgegengesetzt. Thermisch (durch Abkühlung der Luft) bedingte Hochs sind flach und werden in größeren Höhen von einem Tief überlagert. Dynamisch (durch Zufuhr von Luft in der Höhe) bedingte Hochs sind hochreichend und von relativ warmer Luft erfüllt.
Inversion: Unterbrechung der Temperaturabnahme der Luft mit der Höhe; wirkt als Sperrschicht und schränkt den vertikalen Austausch innerhalb der Atmosphäre ein.
ITC: Abk. für engl. "intertropical convergence". In der ITC-Zone (dt. innertropische Konvergenzzone) strömen die Passate der Nord- und Südhalbkugel zusammen. Sie liegt über den Ozeanen nahe beim Äquator; verlagert sich über den Kontinenten mit den Jahreszeiten nord- und südwärts, z.T. bis in die Region der Wendekreise.
Jetstream (auch Strahlstrom): schmaler, jedoch mehrere tausend Kilometer langer Luftstrom sehr hoher Geschwindigkeit (über 144 km/h) in der oberen Troposphäre (auch Stratosphäre). Die Jetstreams verlaufen etwa parallel zu den Breitenkreisen, verlagern sich jedoch mit der gesamten planetarischen Zirkulation im Winter äquatorwärts, im Sommer polwärts.
Kaltfront: Front einer Luftmasse, die sich gegen eine wärmere Luftmasse bewegt.
Kelvin (abgekürzt K): gesetzliche Maßeinheit der Temperatur. Zur Bezeichnung von Skalenwerten ist auch die Maßeinheit °C zulässig. Temperaturdifferenzen sind jedoch nur in Kelvin anzugeben; die Differenz zwischen zwei aufeinanderfolgenden Skalenwerten der Celsiusskala beträgt 1 K.
Kondensation: Übergang des Wasserdampfes der Atmosphäre vom gasförmigen Zustand in den flüssigen (teils auch in den festen). Entscheidender Vorgang bei der Wolkenbildung.
Kontinentalität: Grad der Einengung des Einflusses von Wasserflächen auf das Klima. Auf eine Zunahme der Kontinentalität wirken hin: Entfernung zum Meer, Abriegelung des Landes durch küstenparallele Gebirge, Eisbedeckung des Meeres, ablandige Wind. Kontinentales Klima ist vor allem durch große jahreszeitliche Temperaturgegensätze und mäßige Niederschlagsmengen mit Sommermaximum gekennzeichnet.
Konvektion: Aufsteigen von Luft als Folge von Erwärmung, oft verstärkt durch Freisetzung von Wärme bei der Kondensation von Wasserdampf.
konvektiv: durch Konvektion bedingt; unter Konvektion ablaufend.
Konvergenz: Zusammenströmen von Luft; in horizontaler Richtung strömt mehr Luft in ein Volumen als abströmt. Die Folge ist vertikales Aufsteigen von Luft, das die Bildung von Wolken und die Entstehung von Niederschlag zur Folge haben kann.

labile Schichtung: herrscht bei überdurchschnittlich großer Abnahme der Temperatur mit der Höhe und hat starke Vertikalbewegung der Luft und oft auch Wolkenbildung zur Folge. Ursache der Labilisierung ist häufig Erwärmung von stark erhitzter Landoberfläche oder Abkühlung in der Höhe durch Vorstoßen von Kaltluft. Hohe Luftfeuchtigkeit begünstigt die Labilisierung.
Lee: dem Wind abgewandte Seite (einer Insel oder eines Gebirges).
Luftmasse: ausgedehntes Luftpaket, das sich durch seine charakteristischen Eigenschaften (Temperatur, vertikale Schichtung, Feuchte) von der umgebenden Luft unterscheidet. Ausdehnung von 1 Mio. km^2 oder mehr in der Fläche, einige Kilometer in die Höhe.
Luv: dem Wind zugewandte Seite (einer Insel oder eines Gebirges).
Monsun: zusammenfassende Bezeichnung für großräumige, relativ beständige Winde, die in etwa halbjährlichem Wechsel aus annähernd entgegengesetzen Richtungen wehen. Auf die Entstehung von Monsunen hat die Verteilung von Land und Meer Einfluß. Sie sind vor allem im Umkreis des Indischen Ozeans ausgeprägt.
ozeanisch (auch maritim): durch das Meer beeinflußt; Geg. zu kontinental (vgl. Kontinentalität).
Passate: beständige Winde, die beiderseits des Äquators in den Subtropen und Tropen auftreten und in der ITC zusammenlaufen.
planetarische Zirkulation (auch allgemeine Zirkulation der Atmosphäre): Gesamtheit aller großräumigen Luftbewegungen auf der Erde.
Polarfront: in ihrem Verlauf stark schwankende Grenze zwischen Polarluft und Tropikluft; besonders wetterwirksam, da häufig Entstehungsgebiet von Zyklonen.
Rücken (auch Keil): Ausbuchtung eines Hochs, oft auf die Druckverteilung in größeren Höhen bezogen (Höhenrücken, Höhenkeil).
Sommer: Abschnitt des Jahres, in dem die Sonne über einem Breitenkreis der jeweiligen Halbkugel der Erde senkrecht steht. Dies ist südlich des Äquators vom 23. September bis 21. März der Fall. In diesem Sinne wird die Bezeichnung auch in diesem Buch verwendet. Sommer im meteorologischen Sinne umfaßt die Monate Juni bis August bzw. Dezember bis Februar. Hiervon abweichend wird in wechselfeuchten Tropenregionen teils auch die regenarme Jahreszeit als Sommer, die Regenzeit als Winter bezeichnet.
stabile Schichtung: herrscht bei überdurchschnittlich geringer Abnahme bzw. bei Zunahme der Temperatur mit der Höhe; schränkt die Vertikalbewegung der Luft ein und verhindert die Bildung hochreichender Wolken. Ursache der Stabilisierung ist häufig Abkühlung der unteren Luftschicht, z.B. über kühlen Meeresströmungen, oder Erwärmung von oben (z.B. durch absinkende Luft).
Strahlstrom: dt. Bez. für Jetstream (s. dort).
Taupunkt: Temperatur, bei der der Wasserdampfgehalt der Luft am Beobachtungsort gleich dem Sättigungswert ist. Bei weiterer Abkühlung setzt Kondensation ein. Die Taupunkttemperatur ist ein Maß für den Wasserdampfgehalt der Luft (vgl. auch Tabelle S. 153).
Telekonnexion (in Anlehnung an die engl. Schreibweise auch Telekonnektion): Zusammenhang zwischen klimarelevanten atmosphärischen Vorgängen bzw. Zuständen in weit voneinander entfernt liegenden Regionen der Erde.
Tief(druckgebiet), auch Zyklone, Depression: Gebiet, das sich durch geringeren Luftdruck vom benachbarten Gebiet gleicher Höhenlage unterscheidet. Im Tief herrscht aufsteigende Luftbewegung, unten Konvergenz, in der Höhe Divergenz der Strömung. Auf der Nordhalbkugel wird ein Tief entgegen dem Uhrzeigersinn umströmt, auf der Südhalbkugel im Uhrzeigersinn. Thermisch (durch Erwärmung der Luft) bedingte Tiefs sind flach und werden in größeren Höhen von einem Hoch überlagert. Dynamisch (durch Abfuhr von Luft in der Höhe) bedingte Tiefs sind hochreichend und von relativ kalter Luft erfüllt.
Trog: Ausbuchtung eines Tiefs; meist auf die Druckverteilung in größeren Höhen bezogen (Höhentrog).
Troposphäre: etwa 8 km (Polargebiete) bis 17 km (Äquatorregion) hoch reichender Teil der Lufthülle der Erde, in dem die Temperatur im Mittel eine Abnahme von 0,5 bis 0,7 K/100 m aufweist.
Walkerzirkulation: von G. WALKER in den 20er Jahren erstmals nachgewiesene Zirkulation über dem tropischen Pazifik, die durch unterschiedliche Oberflächentemperatur des Meerwassers hervorgerufen wird.
Warmfront: Front einer Luftmasse, die sich gegen eine kältere Luftmasse bewegt.
Winter: Abschnitt des Jahres, in dem die Sonne über keinem Breitenkreis der jeweiligen Halbkugel der Erde senkrecht steht. vgl. Sommer.
Zyklon (der): regionale Bezeichnung für einen tropischen Wirbelsturm im Golf von Bengalen.
Zyklone (die): svw. Tief(druckgebiet).

Literatur

Quelle der Klimadaten (soweit nicht anders vermerkt):

WORLD METEOROLOGICAL ORGANIZATION/WMO (1996): Climatological Normals (CLINO) for the period 1961-1990.-WMO-No. 847, Geneva

Weitere Quellen:

ALEX, M.: (1985): Klimadaten ausgewählter Stationen des Vorderen Orients. Beihefte zum Tübinger Atlas des Vorderen Orients, Reihe A, Nr. 14. - Reichert, Wiesbaden

ALISSOW, B. P. (1954): Die Klimate der Erde. - Deutscher Verlag der Wissenschaften, Berlin

ARAKAWA, H. (ed.) (1969): Climates of northern and eastern asia. World survey of climatology 8. - Elsevier, Amsterdam

BARRY, R.G. & CHORLEY, R.J. (1998): Atmosphere, Weather and Climate. 7. Aufl. - Routledge, London

BARTH, H.-K. (1986): Mali. Eine geographische Landeskunde. - Wiss. Buchges., Darmstadt

BLUME, H. (1975): USA, eine geographische Landeskunde. - Wiss. Buchges., Darmstadt

CONRAD, V. (1936): Die klimatologischen Elemente und ihre Abhängigkeit von terrestrischen Einflüssen. - Handbuch der Klimatologie. Hg. von Köppen-Geiger, Bd. I, Teil B, Berlin 1936

CONRAD, V. & POLLAK, L.W. (1950): Methods in climatology. - Cambridge, Mass.

DEUTSCHER WETTERDIENST (Hg.): Die Witterung in Übersee. Jg. 1991-97

DOMRÖS, M. & GONGBING, P. P. (1988): The climate of china. - Springer, Berlin

DOMRÖS, M. (1976): Sri Lanka - die Tropeninsel Ceylon. - Wiss. Buchgesellschaft, Darmstadt

FLOHN, H. (1963): Warum ist die Sahara trocken? - Zs. f. Meteorologie 17, S.316-320

FLOHN, H. (1975): Tropische Zirkulationsformen im Lichte der Satellitenaufnahmen. - Forschungsberichte des Landes NRW, Nr. 2448. Westdeutscher Verlag, Opladen.

FRANZ, H.J. (1973): Physische Geographie der Sowjetunion. - Gotha, Leipzig

GERSTENGARBE, F.-W. & WERNER, P.C. (1993): Extreme klimatologische Ereignisse an der Station Potsdam und an ausgewählten Stationen Europas. - Deutscher Wetterdienst, Offenbach

GRIFFITHS, J.F. (ed.) (1972): Climates of Africa. World survey of climatology 10. - Elsevier, Amsterdam

HENDL, M. (1963): Systematische Klimatologie. - Berlin

HUPFER, P. (Hg.) (1991): Das Klimasystem der Erde. - Akademie Verlag, Berlin

IBRAHIM, F.N. (1996): Ägypten. Wiss. Buchgesellschaft, Darmstadt

KÖPPEN, W. (1900): Versuch einer Klassifikation der Klimate vorzugsweise nach ihren Beziehungen zur Pflanzenwelt. - Geograph. Zeitschrift 6, 1900, S. 593-611, 657-679

KÖPPEN, W. & GEIGER, R. (1930-39): Handbuch der Klimatologie in fünf Bänden. - Borntraeger, Berlin

LANDSBERG, H.E. (ed.) (1969-1977): World survey of climatology. - 15 Bände. Elsevier, Amsterdam

LOCKWOOD, J.G. (1974): World Climatology. - Edward Arnold, London

MARTYN, D. (1992): Climates of the world. - Elsevier, Amsterdam

MEYER, A. (1926): Über einige Zusammenhänge von Klima und Boden in Mitteleuropa. - Chemie der Erde 2, S. 209-261

MITCHELL, B.R. (ed.) (1982): International Historical Statistics, Africa, Asia. - London

MÜLLER, W. (1975): Contribution à l'étude de la dégradation du Niger Septentrional vue sous l'aspect climatologique. - PNUD. FAO, Rom

OLIVER, J. E. & FAIRBRIDGE, R. W. (ed.) (1987): The Encyclopedia of Climatology. Encyclopedia of Earth Sciences Series, Vol. XI: - Van Nostrans Reinhold Company, New York

PAPADAKIS, J. (1966): Climates of the world and their agricultural potentialities. - Buenos Aires

RUDLOFF, W. (1981): World-Climates with tables of climatic data and practical suggestions. - Wissensch. Verlagsgesellschaft, Stuttgart

SCHAMP, H. (1964): Die Winde der Erde und ihre Namen. - Franz Steiner, Wiesbaden

SCHNEIDER, ST. H. (ed.) (1996): Encyclopedia of climate and weather. - 2 Bände. University Press, New York, Oxford

SCHNEIDER-CARIUS, K. (1961): Das Klima, seine Definition und Darstellung. - Veröff. Geophys. Inst. Univ. Leipzig, 2. Ser., 17

SCHRÖDER, P. (1997): Atmosphärische Zirkulation. - Harri Deutsch, Thun, Frankfurt am Main

SCHROEDTER, H. (1985): Verdunstung. Anwendungsorientierte Meßverfahren und Bestimmungsmethoden. - Springer, Berlin, Heidelberg

SCHWERDTFEGER, W. (ed.) (1976): Climates of Central and South America. World survey of climatology 12. - Elsevier, Amsterdam

SCHWIND, M. (1967): Das japanische Inselreich. Bd.1. Die Naturlandschaft. - de Gruyter, Berlin

TREWARTHA G.T. (1966): The earth problem climates. - Madison, Wis.

WALLÉN, C.C. (ed.) (1977): Climates of Central and Southern Europe. World survey of climatology 6. - Elsevier, Amsterdam

WALLÉN, C.C. (Hg.) (1970): Climates of Northern and Western Europe. World survey of climatology 5. - Elsevier, Amsterdam

WEISCHET, W. (1996): Regionale Klimatologie. Teil 1. Die Neue Welt: Amerika, Neuseeland, Australien. - Teubner, Stuttgart

WILHELMY, H. & ROHMEDER, W. (1963): Die La-Plata-Länder. - Westermann, Braunschweig

Register der Klimastationen

Die erste Zahl bezeichnet die Nummer der Station, die zweite Zahl die Seite.

Aberdeen 228, 109
Acapulco 250, 117
Adelaide 203, 92
Agadir 164, 85
Ajaccio 47, 30
Akmola 64, 36
Akureyri 2, 10
Alexander Bay 159, 83
Alice Springs 199, 92
Allahabad 129, 65
Almería 18, 26
Amundsen-Scott 340, 150
Analalava 157, 81
Anchorage 205, 93
Angro dos Reis 269, 129
Ankara 105, 55
Antalya 108, 55
Antananarivo 189, 88
Anzali 107, 55
Archangelsk 3, 11
Arrecife 295, 139
Askaniia-Nova 42, 29
Asmara 171, 86
Assuan 147, 71
Asunción 288, 136
Athen 51, 30
Atlanta 234, 110
Atuona 317, 147
Auckland 324, 148
Auki 316, 147
Austin 236, 110
Bahrein 116, 56
Bamako 173, 86
Bandar Seri Begawan 141, 66
Bangkok 137, 66
Bäreninsel 332, 149
Barrow 222, 109
Base Esperanza 337, 150
Base Orcadas 299, 139
Beijing 81, 45
Bikaner 128, 65
Bishkek 65, 36
Bitam 180, 87
Bogotá 276, 135
Bombay 132, 65
Bora-Bora 318, 147
Brasília 284, 136
Brest (Frankreich) 38, 29
Brest (Weißrußland) 8, 16
Broome 197, 92
Budapest 41, 29
Buenos Aires 290, 136
Bulawayo 190, 88
Byrd Station 339, 150
Cabrobo 265, 125
Cairns 193, 89
Cape Reinga 328, 148
Caracas 275, 135
Catania 17, 25
Chardzhev 59, 35
Charkow 11, 19
Chengdu 89, 46
Cherrapunji 120, 58
Chiang Mai 122, 60
Chinandega 256, 118
Christchurch 325, 148
Chunggang 80, 45
Churchill 207, 95
Churchill Falls 225, 109
Cobar 194, 90
Colombo 126, 64
Conakry 175, 86
Concepción 271, 131
Coro 259, 119
Corumbá 285, 136
Craiova 13, 21
Cuiabá 267, 127
Cuzco 282, 135
Damaskus 99, 51
Danmarkshavn 331, 149
Darwin 196, 92
Davis 338, 150
Des Moines 230, 110
Dezful 112, 56
Djerba 144, 68
Djibouti 174, 86
Dodge City 217, 105
Doha 117, 56
Douala 179 , 87
Dudinka 61, 36
Durban 160, 84
Edinburg 26, 27
Edmonton 224, 109
Ely 215, 103
Erenhot 78, 45
Esengyly 67, 36
Esperance 195, 91
Essen 10, 18
Eureka 221, 109
Fujisan 86, 46
Funchal 294, 139
Georgetown 261, 121
Geraldton 200, 92
Ghardaia 145, 69
Ghazni 98, 50
GMO im. Federova 60, 36
Gough 298, 139
Gustavia 249, 117
Habana 245, 117
Haikou 94, 46
Hakkâri 97, 49
Halls Creek 198, 92
Hamburg 27, 27
Harare 188, 88
Heraklion 53, 30
Hilo 314, 147
Hobart 204, 92
Hongkong 93, 46
Honululu 309, 143
Horta 291, 137
Hotan 68, 36
Hurghada 166, 85
Hyderabad 135, 66
Iquique 286, 136
Irkutsk 63, 36
Itacoatiara 278, 135
Jalta 43, 29
Jan Mayen 334, 149
Jekaterinburg 62, 36
Jerusalem 113, 56
Jiddah 101, 53
Jiuquan 82, 45
Johannesburg 191, 88
Juliaca 283, 136
Jushno-Sachalinsk 77, 45
Kairo 165, 85
Kalkutta 131, 65
Kap Schmidt 55, 31
Kapstadt 192, 88
Karachi 130, 65
Karlsruhe 35, 28
Karonga 183, 87
Kasama 184, 87
Kawambwa 156, 80
Kayes 172, 86
Kerkyra 16, 24
Kerman 100, 52
Kharkiv 11, 19
Khartoum 170, 86
Kidal 168, 85
Kiew 32, 28
Kitale 154, 78
Kokosinsel 306, 142
Koror 315, 147
Kota Bharu 139, 66
Koumac 319, 147
Kozhikode 124, 62
Krakau 34, 28
Kunming 92, 46
Kuwait 115, 56
La Quiaca 268, 128
Labé 151, 75
Lago Argentino 273, 133
Larnaka 111, 55
Las Palmas 297, 139

Lattakia 109, 55
Laucala Bay 312, 146
Le Lamentin 240, 114
Le Raizet 251, 118
Lenkoran 96, 48
Lethbridge 209, 97
Leticia 264, 124
Lhasa 90, 46
Lima 280, 135
Lomé 153, 77
London-Gatwick 31, 28
Louisville 233, 110
Luanda 155, 79
Luqa 54, 30
Lyneham 9, 17
Maan 114, 56
Macquarie 327, 148
Madras 123, 61
Madrid 48, 30
Maiduguri 150, 74
Majuro 310, 144
Makanga 186, 88
Male 302, 142
Malin Head 6, 14
Malye Karmakuly 333, 149
Manila 136, 66
Marion 301, 141
Martin de Viviès 307, 142
Mazatlán 244, 117
Melville Hall 252, 118
Mendoza 289, 136
Mérida 247, 117
Mersa Matruh 163, 85
Mexiko 237, 111
Mildura 202, 92
Milford Sound 326, 148
Minamitorishima 313, 147
Miyazaki 74, 42
Môçamedes (Namibe) 185, 88
Mombasa 182, 87
Mopti 149, 73
Moskau 25, 27
Mt. Washington 212, 100
Mumbai 132, 65
Murmansk 20, 27
Muroran 79, 45
Muskegon 213, 101
Nagasaki 87, 46
Nagpur 121, 59
Naha 91, 46
Nairobi 181, 87
Namibe 185, 88
Nandi 312, 146
Nassau 243, 117
Neapel 44, 29
Neu-Delhi 119, 57
New Orleans 219, 107
New York 231, 110
Ngaoundéré 177, 87
Nizza 14, 22
Norfolk 322, 148
North Platte 214, 102
North Salang 110, 55
Nuuk 335, 149
Ny-Alesund II 330, 149
Oimjakon 57, 33
Omu 69, 37
Örland 4, 12
Orlando 220, 108
Osterinsel 321, 148
Palermo 50, 30
Palma de Mallorca 49, 30
Parakou 176, 86
Paris 36, 28
Paso de los Toros 270, 130
Peace River 208, 96
Peking 81, 45
Penticton 210, 98
Piarco 241, 115
Pietersburg 158, 82
Pisco 266, 126
Plaisance 305, 142
Polar GMO 329, 149
Port 15, 23
Port Blair 303, 142
Port Harcourt 178, 87
Port Sudan 167, 85
Port-aux-Français 308, 142
Potsdam 7, 15
Prag 33, 28
Prins-Christian-Sund 336, 149
Puerto Cabezas 254, 118
Puerto Limón 242, 116
Puntarenas 258, 118
Quibdó 262, 122
Quito 277, 135
Rikitea 320, 147
Rio Branco 279, 135
Rio de Janeiro 287, 136
Riyadh 118, 56
Rize 95, 47
Robinson-Crusoe-Insel 323, 148
Rodrigues 304, 142
Safi 146, 70
Sal 292, 138
Salalah 102, 54
Salechard 56, 32
Salina Cruz 239, 113
Salvador 281, 135
Samarkand 66, 36
San Andres 257, 118
San Cristobál 311, 145
San Fernando de Apure 260, 120
San Francisco 218, 106
San Juan 238, 112
San Salvador 255, 118
Sandakan 140, 66
Sandoway 133, 65
Santa Cruz 296, 139
Santa Maria 293, 139
Säntis 40, 29
Santo Domingo 248, 117
São Luís 263, 123
Sarajevo 45, 29
Saratow 29, 28
Sesheke 187, 88
Sevilla 52, 30
Shanghai 88, 46
Shantou 76, 44
Shenyang 71, 39
Shinjo 72, 40
Singapur 142, 66
Skikda 143, 67
Sliac 37, 29
Sodankylä 1, 9
Srinagar 127, 65
St. Lawrence 211, 99
St. Louis (USA) 216, 104
St. Louis (Senegal) 169, 86
St. Petersburg 23, 27
Stettin 28, 28
Stockholm 24, 27
Surigao 125, 63
Sydney 201, 92
Syktywkar 22, 27
Szczecin 28, 28
Täbriz 106, 55
Taejon 84, 45
Taiyuan 83, 45
Tamanrasset 148, 72
Tampico 246, 117
Tanger 162, 85
Tbilisi 103, 55
Tegucigalpa 253, 118
Tiflis 103, 55
Tokyo 85, 45
Toronto 229, 110
Tórshavn 21, 27
Trelew 272, 132
Trincomalee 138, 66
Tromsö 19, 27
Tucson 235, 110
Tunis 161, 85
Turin 12, 20
Ulaan Gom 58, 34
Ushuaia 274, 134
Vancouver 227, 109
Varna 46, 30
Vestmannaeyjar 5, 13
Victoria 300, 140
Vientiane 134, 65
Viti Levu 312, 146
Vlissingen 30, 28
Washington 232, 110
Wau 152, 76
Wien 39, 29
Winnipeg 226, 109
Wladiwostok 70, 38
Yakutat 206, 94
Yellowknife 223, 109
Yichang 75, 43
Yinchuan 73, 41
Zonguldak 104, 55

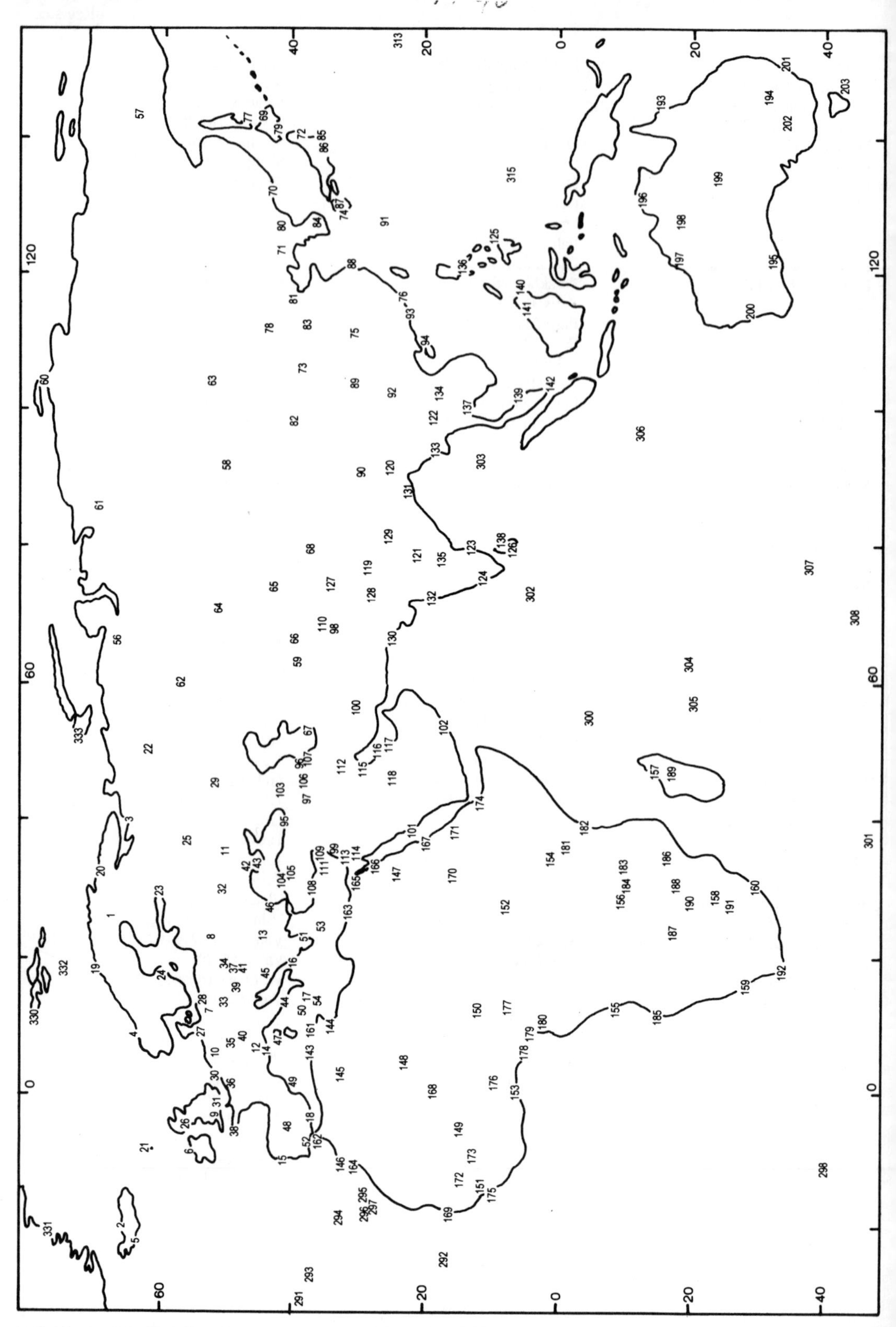

Lage der berücksichtigten Klimastationen in Europa, Asien, Afrika, Australien und im Indischen Ozean. Die Ziffern entsprechen der Numerierung der Tabellen.

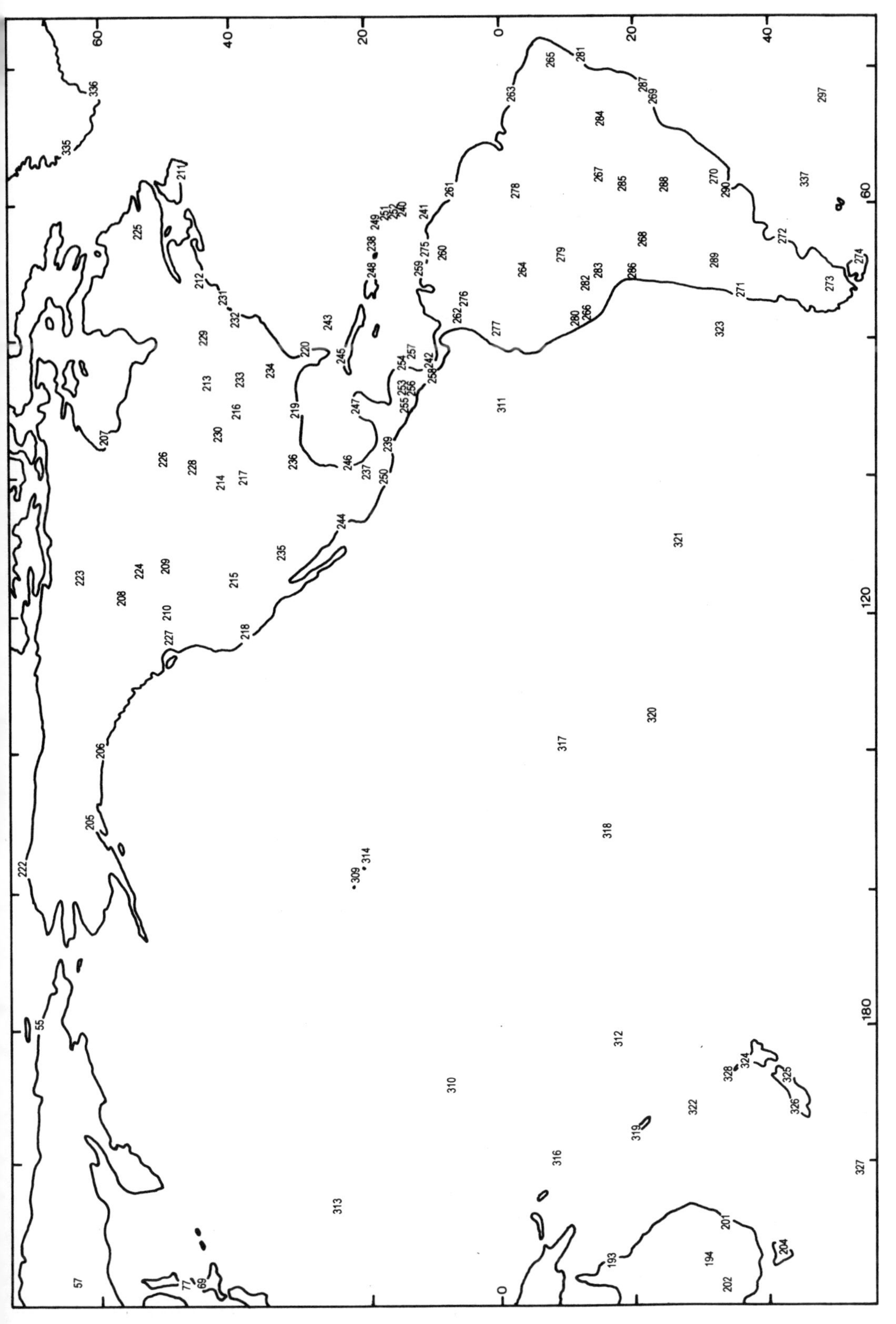

Lage der berücksichtigten Klimastationen in Nord- und Südamerika sowie im Pazifischen Ozean. Die Ziffern entsprechen der Numerierung der Tabellen.